光学工程原理

(第2版)

王志坚　王　鹏　刘智颖　著

U0425904

國防工業出版社

·北京·

内 容 简 介

本书是作者结合多年光学工程专业教学和科研成果撰写而成。本书介绍了物理光学和应用光学专业基础知识。在物理光学方面首次推导出菲涅耳衍射的复振幅及光强的表达式,并解释了其物理意义,利用巴比涅定理导出了圆屏和圆环衍射的复振幅及光强表达式。对光学系统像点附近的光强分布、瑞利判断和斯托列尔准则、激光高斯光束、无衍射(超衍射)光束等提出了独特的见解。在应用光学方面提出了波差法和最小偏向角法两种设计方法。简单介绍了动态光学有关知识。

本书不仅介绍了量子力学的定态薛定谔方程,还指出由此方程得出的波函数和由麦克斯韦方程得出的复振幅是一致的,从而论述了光的波粒二象性;另外,还介绍了激光相干通信的有关知识,给出光放大器的工作原理;最后介绍了2017年诺贝尔化学奖,分析了其得到超高分辨率生物显微镜的原因。

本书特点是探讨和研究如何使基础理论应用到工程实用化。可为从事光学工程学科相关专业的学生及研究人员提供参考。

图书在版编目(CIP)数据

光学工程原理/王志坚, 王鹏, 刘智颖著 .—2版 .—北京:国防工业出版社,2022. 1
ISBN 978-7-118-12357-9

Ⅰ.①光… Ⅱ.①王… ②王… ③刘… Ⅲ.①工程光学-理论 Ⅳ.①TB133

中国版本图书馆 CIP 数据核字(2021)第 245709 号

※

国防工業出版社出版发行
(北京市海淀区紫竹院南路 23 号　邮政编码 100048)
北京富博印刷有限公司印刷
新华书店经售

*

开本 787×1092　1/16　**印张** 15¼　**字数** 346 千字
2022 年 1 月第 2 版第 1 次印刷　**印数** 1—2000 册　**定价** 58.00 元

国防书店:(010)88540777　　书店传真:(010)88540776
发行业务:(010)88540717　　发行传真:(010)88540762

再版前言

随着1925年电视及1960年激光器的问世，人们开启了现代光学的新时代。光学工程学科集光、机、电为一体，以光学为核心，在现代科学技术发展中起着极为重要的作用。物理光学和几何光学是光学工程学科的专业基础课，物理光学依据光的波动理论，成功地导出诸如傅里叶光学、光学信息处理、全息术、光学传递函数等现代光学分支。因此，在某种意义上讲物理光学是现代光学的理论基础，应用光学是工程化的一门学科分支，最终目的是设计光学系统。

本书是作者多年来从事教学科研工作的体会与总结，主要讲述了物理光学和应用光学两大光学分支，上篇物理光学部分主要以光的波动理论讲述衍射、干涉、偏振现象，在此基础上进行简化和抽象，得出下篇应用光学，以便实现工程化。梁铨廷教授在最近出版的《物理光学》一书中指出："菲涅耳衍射问题的定量解决仍然很困难。在许多情况下，需要利用定性和半定量的分析、估算解决问题……"。本书中推导出菲涅耳衍射的复振幅和光强解析表达式，并解释了其物理意义。用此表达式可直接计算接收屏上任一点的复振幅和光强，无须用数字积分法计算。为验证该表达式的正确性，书中分别对圆孔和圆环衍射与国外有关文献用数字积分法得出的结果进行了对比。波恩和沃尔夫在《光学原理》一书中指出："了解焦点附近的三维（菲涅耳）光分布状态，对于估计成像系统中接收平面装配公差等特别重要。"本书推导出光学系统像点附近的光强空间分布计算公式，指出像面处是夫琅禾费衍射，像面前后为菲涅耳衍射。并证明瑞利判断和斯托列尔准则是等价的。应用光学部分在光学设计理论上有了新的突破，提出了波差法和最小偏向角法，并阐述了多年积累的典型光学系统。

《光学工程原理（第2版）》又增加了一些新内容。第1章增加了量子力学一节，麦克斯韦在19世纪60年代提出了电磁理论，认为光是一种波长很短的电磁波，光是一种定态波，本书根据麦克斯韦方程组得出光波复振幅表达式，又根据量子力学中的薛定谔方程得出定态复函数表达式，可以看出，在光学领域两者形式完全相同，均为通解，具有不确定性，该不确定性包括能量、光谱、偏振态和路径等。增加了第5章，对激光光束提出独特的见解，指出光学谐振腔内为驻波场，腔外为行波场，不能用同一个复振幅表达式，光学谐振腔是个法-珀干涉仪，腔外复振幅是多光束衍射干涉的结果，并用多光束衍射干涉推导出圆形平面谐振腔腔外复振幅及光强表达式。由于衍射现象的存在，所有光学系统的焦点都存在束腰，并非激光才有。在第1版严格理论推导证明了德宁的无衍射光束（或称超衍射光束），是在没有考虑衍射或忽略衍射的情况下得出的。

2017年三位诺贝尔化学奖科学家利用冷冻电子显微镜将蛋白质溶液冷冻成玻璃状，并用X光照射其拍摄到的较低分辨率的图像，得到超高分辨率的三维图像，X光波为纳米级，故称超高分辨率。书中指出应严格区分“超分辨”与“超高分辨率”，任何物理概念、名词术语的提出必须科学、严谨。

作者大胆地提出了自己的学术观点与见解，可能存在疏漏与不当之处，敬请光学同仁批评指正。

作者

2021年8月

目　　录

上篇　物 理 光 学

下篇 应用光学

上篇　物理光学

第1章　光的电磁理论

光的特点是波粒二象性。光的粒子说又称光的微粒说，牛顿(Newton)1675年提出假设，认为光是从光源发出的一种物质微粒，在均匀介质中以一定的速度传播。微粒说很容易解释光的直进性，也很容易解释光的反射，因为粒子与光滑平面发生碰撞的反射定律与光的反射定律相同。光的粒子说在发现衍射现象后遇到了瓶颈。

光的波动理论是由惠更斯(Huygens)于1678年提出，并由菲涅耳(Fresnel)等人发展起来的。1918年法国科学院提出了征文竞赛题目：一是，利用精确的实验确定光线的衍射效应；二是，根据实验用数学归纳法推导出光线通过物体附近时的运动情况。在阿拉戈(Arago)的鼓励与支持下，菲涅耳向科学院提出了应征论文，他从横波观点出发，圆满地解释了光的偏振，用半周带的方法定量地计算了圆孔、圆板等形状的障碍物产生的衍射花纹，而且与实验符合得很好。但是，菲涅耳的波动理论遭到了光的粒子说者的反对，评审委员会的成员数学家泊松(Poisson)运用菲涅耳的方程推导出关于盘衍射的一个奇怪的结论：如果这些方程是正确的，那么当把一个小圆盘放在光束中时，就会在小圆盘后面一定距离处的屏幕上盘影的中心点出现一个亮斑；泊松认为这当然是十分荒谬的，所以他宣称已经驳倒了波动理论。会议主席阿拉戈和菲涅耳接受了这个挑战，立即用实验检验了这个理论预言，非常精彩地证实了这个理论的结论，影子中心的确出现了一个亮斑。

普朗克(Planck)1900年提出了量子概念和普朗克常数 h；爱因斯坦(Einstein)1905年提出光子假设并成功解释了光电效应，完善了光的粒子说。光的波动理论也遇到了挑战。现在学术界认可了光的波粒二象性，两者都可以用电磁理论证明。光的另外特点是：时域频率高(10^{14} Hz 量级)、波长短(10^{-6} m 量级)、传播速度快(10^{8}m/s)、单光子的能量小(10^{-19}J 量级)。

由麦克斯韦(Maxwell)方程组得出的定态复振幅表达式和由薛定鄂(Schrodinger)方程得出的定态复函数表达式都是根据光的定态波特点得出的，这是研究光学工程问题的理论依据。

由表1-1可以清楚看出光波和无线电波的时域频率相差非常大。同时也要在探讨工程化问题时，必须考虑光学和电学、力学、热学、声学等在时域频率上的巨大差别。比如声波的时域频率和空域频率差别就不是很大。总之，在研究工程化、实用化时，必须根据光的特点进行。

表 1-1　有关波长数值范围和时域频率

项目	波长范围	时域频率/Hz
长波	$(1\sim6)\times10^3$m	$(3\sim0.5)\times10^5$
中波	$200\sim3000^3$m	$(1\sim15)\times10^5$
短波	$10\sim200$m	$1.5\times10^6\sim3\times10^7$
超短波	$1\sim10$m	$(1.5\sim30)\times10^7$
微波	$0.001\sim1$m	$3\times10^8\sim3\times10^{11}$
毫米波	$0.3\sim10$mm	$3\times10^{10}\sim1\times10^{12}$
长波红外	$8\sim12\mu$m	$(2.5\sim3.75)\times10^{13}$
中波红外	$3\sim5\mu$m	$(6\sim10)\times10^{13}$
短波红外	$1\sim3\mu$m	$(1\sim3)\times10^{14}$
激光	$0.8\sim1.6\mu$m	$(1.875\sim3.75)\times10^{14}$
可见光	$0.4\sim0.8\mu$m	$(3.75\sim7.5)\times10^{14}$

1.1　麦克斯韦方程组

1.1.1　电磁场微分形式的麦克斯韦方程组

电磁场的麦克斯韦方程组有积分形式和微分形式，这里只列出微分形式的麦克斯韦方程组：

$$\begin{cases}\nabla\cdot\widetilde{\boldsymbol{D}}=\rho\\ \nabla\cdot\widetilde{\boldsymbol{B}}=0\\ \nabla\cdot\widetilde{\boldsymbol{E}}=-\dfrac{\partial\widetilde{\boldsymbol{B}}}{\partial t}\\ \nabla\cdot\widetilde{\boldsymbol{H}}=\tilde{j}+\dfrac{\partial\widetilde{\boldsymbol{D}}}{\partial t}\end{cases}\tag{1-1}$$

式中：$\widetilde{\boldsymbol{D}}$为电感强度（电位移矢量）；$\widetilde{\boldsymbol{B}}$为磁感强度；$\widetilde{\boldsymbol{E}}$为电场强度；$\widetilde{\boldsymbol{H}}$为磁场强度；$\rho$为自由电荷密度；$\tilde{j}$为传导电流密度。

式(1-1)中第一式相当于库仑定律；第二式表明除电流外，没有其他磁源，即磁荷不存在；第三式是法拉第电磁感应定律；第四式表示磁场对传导电流密度（电荷的运动速率）和位移电流密度（电场的时间变化率）的依赖关系。

1.1.2　物质方程

在麦克斯韦方程组中，$\widetilde{\boldsymbol{E}}$和$\widetilde{\boldsymbol{B}}$是电磁场的本征物理量，$\widetilde{\boldsymbol{D}}$和$\widetilde{\boldsymbol{H}}$是导出的两个辅助物理量。$\widetilde{\boldsymbol{E}}$和$\widetilde{\boldsymbol{D}}$，$\widetilde{\boldsymbol{B}}$和$\widetilde{\boldsymbol{H}}$的关系与电磁场所在物质的性质有关。它们之间的关系如下：

$$\begin{cases}\widetilde{\boldsymbol{D}}=\varepsilon\widetilde{\boldsymbol{E}}\\ \widetilde{\boldsymbol{B}}=\mu\widetilde{\boldsymbol{H}}\end{cases}\tag{1-2}$$

式中：ε 和 μ 分别为介电常数（或电容率）和磁导率。

另外，在导电物质中还有如下关系：

$$\tilde{\boldsymbol{j}} = \sigma \widetilde{\boldsymbol{E}} \tag{1-3}$$

式中：σ 为电导率。

式(1-2)和式(1-3)为物质方程，它们描述了物质在电磁场作用下的特性。ε、μ 和 σ 表征物质本身的性质，在各向同性均匀介质中，它们为常量；在各向异性均匀介质中，它们为张量；在非均匀介质中，它们为变量。

1.2 光的波动方程

1.2.1 电磁场的波动性

由麦克斯韦方程组可以证明电磁波的传播具有波动性。对于无限大的各向同性均匀介质，在远离辐射源的区域内，$\varepsilon=$常数，$\mu=$常数，$\rho=0$，$\sigma=0$，麦克斯韦方程组变为

$$\begin{cases} \nabla \cdot \widetilde{\boldsymbol{E}} = 0 \\ \nabla \cdot \widetilde{\boldsymbol{B}} = 0 \\ \nabla \times \widetilde{\boldsymbol{E}} = -\dfrac{\partial \widetilde{\boldsymbol{B}}}{\partial t} \\ \nabla \times \widetilde{\boldsymbol{B}} = \varepsilon\mu \dfrac{\partial \widetilde{\boldsymbol{E}}}{\partial t} \end{cases} \tag{1-4}$$

利用场论中有关公式，可以得出

$$\nabla^2 \widetilde{\boldsymbol{E}} - \frac{1}{v^2}\frac{\partial^2 \widetilde{\boldsymbol{E}}}{\partial t^2} = 0 \tag{1-5}$$

$$\nabla^2 \widetilde{B} - \frac{1}{v^2}\frac{\partial^2 \widetilde{B}}{\partial t^2} = 0 \tag{1-6}$$

式中：v 为电磁波在介质中的传播速度。式(1-5)和式(1-6)为偏微分方程，这里称为电磁波的波动方程。

1.2.2 电磁波

由麦克斯韦方程组得出的电磁波理论后来已被人们通过实验证实。电磁波在真空中的传播速度为

$$c = \frac{1}{\sqrt{\varepsilon_0 \mu_0}} \tag{1-7}$$

式中：ε_0 和 μ_0 分别为真空中的介电常数和磁导率。

已知 $\varepsilon_0 = 8.8542 \times 10^{-12}\,\mathrm{F/m}$，$\mu_0 = 4\pi \times 10^{-7}\,\mathrm{H/m}$，所以

$$c = 2.99794 \times 10^8\,\mathrm{m/s}$$

这个数值与实验中测得的真空中的光速非常接近，这又证明了麦克斯韦理论的正确性。光波是电磁波中的一部分，所以式(1-5)和式(1-6)也是光波的波动方程。

光波在真空中的速度与在介质中速度之比称为绝对折射率(简称折射率),即

$$n=\frac{c}{v} \tag{1-8}$$

其中

$$v=\frac{1}{\sqrt{\varepsilon\mu}} \tag{1-9}$$

由式(1-7)和式(1-8),得

$$n=\sqrt{\frac{\varepsilon\mu}{\varepsilon_0\mu_0}}=\sqrt{\varepsilon_r\mu_r} \tag{1-10}$$

式中:ε_r 和 μ_r 分别为相对介电常数和相对磁导率。

除磁性物质外,大多数物质 $\mu_r=1$,故

$$n=\sqrt{\varepsilon_r} \tag{1-11}$$

1.2.3 光波的亥姆霍兹方程[1]

在多数情况下,电磁波的激发源以大致确定的频率做正弦振荡,因而辐射出的电磁波也以相同频率做正弦振荡。这种以一定频率做正弦振荡的波称为定态波,单色光波为定态波,则:

$$\widetilde{\boldsymbol{E}}_{(r,t)}=\widetilde{\boldsymbol{E}}_{(r)}\mathrm{e}^{-\mathrm{i}\omega t} \tag{1-12}$$

$$\widetilde{\boldsymbol{B}}_{(r,t)}=\widetilde{\boldsymbol{B}}_{(r)}\mathrm{e}^{-\mathrm{i}\omega t} \tag{1-13}$$

将式(1-12)和式(1-13)分别代入式(1-5)和式(1-6),得

$$\nabla^2\widetilde{\boldsymbol{E}}+k^2\widetilde{\boldsymbol{E}}=0 \tag{1-14}$$

$$\nabla^2\widetilde{\boldsymbol{B}}+k^2\widetilde{\boldsymbol{B}}=0 \tag{1-15}$$

式(1-14)和式(1-15)中 $\widetilde{\boldsymbol{E}}$ 应为 $\widetilde{\boldsymbol{E}}_{(r)}$,$\widetilde{\boldsymbol{B}}$ 应为 $\widetilde{\boldsymbol{B}}_{(r)}$,它们称为复振幅,以后均省略下角标($r$),$r$ 为波源至空间某一点距离,k 为波数

$$k=\frac{2\pi}{\lambda}=\frac{2\pi}{\lambda_0}n \tag{1-16}$$

式中:λ 为光波在介质中的波长;λ_0 为光波在真空中的波长;n 为介质折射率。

亥姆霍兹方程将定态波的时域和空域区分开来,将偏微分方程变为微分方程。对空域解微分方程,得出的解加上时间因子 $\mathrm{e}^{-\mathrm{i}\omega t}$ 即可得到波动方程的全解,使问题简化。

1.2.4 亥姆霍兹方程的物理意义

光波在介质中的传播最后可简化为单色光波(定态波)的传播。亥姆霍兹方程可解决单色波在介质中传播的问题。也就是说亥姆霍兹方程是现代光学发展的理论基础。

1. 光波在各向同性均匀介质中传播

由亥姆霍兹方程已解出光波在各向同性均匀介质中传播的平面波和球面波的复振幅表达式:式(1-17)和式(1-19)。由于光波时域频率太高,干涉、衍射、偏振在空域中讨论复振幅具有重要意义。

2. 光波在各向同性均匀介质中遇到障碍物时产生光的衍射现象

光波在各向同性均匀介质中传播时,若遇到障碍物,会发生衍射现象,这个问题由基

尔霍夫利用数学中的格林公式解波动方程得出菲涅耳-基尔霍夫衍射积分公式，它是标量波衍射的有效工具。

3. 菲涅耳-基尔霍夫衍射积分公式

在数学上是一个傅里叶变换式，从而产生了傅里叶光学、光信息处理、全息术及光学传递函数等现代光学分支。

4. 激光谐振腔是一种法——珀干涉仪

腔内是驻波场，腔外为行波场，光在腔外均匀介质中传播时，其复振幅为多光束衍射干涉，利用菲涅耳-基尔霍夫衍射积分公式可得出激光束的复振幅和光强表达式。

5. 傅里叶光学

根据亥姆霍兹方程及菲涅耳-基尔霍夫衍射积分公式知数学上是一个傅里叶变换式，从而产生了傅里叶光学，将单色定态波扩展到全光谱。

6. 光学传递函数

光的时域频率太高，接收器件响应非常困难，所以是在空域中讨论问题。传统的光学系统像质评价方法一般是星点法和鉴别率法。20 世纪两个古老学科光学和电学碰撞擦出了火花，将电学时域的改为光学的空域频率，从而可以全面评价光学系统成像质量。

7. 光波在各向异性均匀介质中传播

如在石英等晶体中传播，折射率为张量，三个方向的折射率不等，分别用 $\boldsymbol{n}_x,\boldsymbol{n}_y,\boldsymbol{n}_z$ 表示。在解亥姆霍兹方程时，会得到偏振光，这便是晶体光学和光偏振的理论基础。

8. 光波亦可能在非均匀介质中传播

此时折射率 n 为变量。如在强激光的照射下，介质折射率 n 变成非线性的，这就产生了非线性光学。又如为了校正像差，需要将介质折射率做成梯度变化，即梯度折射率光学等。这些新的光学分支均是按亥姆霍兹方程，将折射率做为变量求解光矢量的。

9. 声光、电光和磁光效应

如果在介质上加上声场、电场或磁场，使介质折射率在某一方向发生周期变化，则会产生声光、电光和磁光效应，这时同样可用亥姆霍兹方程求解有关问题。

10. 新的光学分支

根据界面全反射及亥姆霍兹方程，形成了光波导理论及纤维光学，同时考虑电光效应等又产生了集成光学、光通信等新的光学分支。

11. 光栅

光栅是一种衍射元件，当光栅沟槽和间距比较大时，可用标量波衍射理论解决。但是，当沟槽和间距为波长级时，则应用矢量波衍射理论进行设计。现在比较成熟的是模式理论和共轭波理论。但是无论是标量波衍射理论还是矢量波衍射理论，均可根据亥姆霍兹方程。

12. 二元光学

二元光学是新的光学分支，它是基于光波的衍射理论，运用计算机辅助设计和精密加工工艺，刻蚀和制造高效率的衍射光学元件。所以二元光学又称衍射光学，显然它的理论基础仍然是亥姆霍兹方程。

综上所述，可以看出亥姆霍兹方程和边值条件是解决所有光学问题的理论基础。

1.2.5 单色光波在各向同性均匀介质中自由传播时的振幅表达式

单色光波的波动方程式(1-14)和式(1-15)形式完全相同，在这里只研究电场强度

的 $\widetilde{\boldsymbol{E}}$ 波动方程。$\widetilde{\boldsymbol{E}}$ 为电场复矢量(简称电场矢量),又称为复振幅。

1. 单色平面光波在各向同性均匀介质中自由传播时的解析表达式

解亥姆霍兹方程式(1-14),得复振幅:

$$\widetilde{\boldsymbol{E}}=\boldsymbol{E}\mathrm{e}^{\mathrm{i}\boldsymbol{k}\cdot\boldsymbol{r}} \tag{1-17}$$

全解为

$$\widetilde{\boldsymbol{E}}_{(r,t)}=\boldsymbol{E}\mathrm{e}^{\mathrm{i}(\boldsymbol{k}\cdot\boldsymbol{r}-\omega t)} \tag{1-18}$$

$$\boldsymbol{k}=k\boldsymbol{k}_0$$

式中:$\boldsymbol{k}_0$ 为光波传播方向上的单位矢量;$\boldsymbol{r}$ 为光源至空间某点的矢量;$\boldsymbol{k}$ 为波矢量。

式(1-18)为单色平面波在各向同性均匀介质中传播时的电场矢量的解析表达式。

2. 单色球面光波在各向同性均匀介质中自由传播时的解析表达式

同样解微分方程式(1-14)得单色球面光波在各向同性均匀介质中传播时电场矢量,即复振幅:

$$\widetilde{\boldsymbol{E}}=\frac{\boldsymbol{E}}{r}\mathrm{e}^{\mathrm{i}kr} \tag{1-19}$$

全解为

$$\widetilde{\boldsymbol{E}}_{(r,t)}=\frac{\boldsymbol{E}}{r}\mathrm{e}^{\mathrm{i}(kr-\omega t)} \tag{1-20}$$

3. 辐射能

光波为电磁波,电磁学里,电磁场的能量密度为

$$w=\frac{1}{2}(\widetilde{\boldsymbol{E}}\cdot\widetilde{\boldsymbol{D}}+\widetilde{\boldsymbol{H}}\cdot\widetilde{\boldsymbol{B}})=\frac{1}{2}(\varepsilon E^2+\frac{1}{\mu}B^2) \tag{1-21}$$

式中:第一项为电场的能量密度;第二项是磁场的能量密度。为了描述电磁能量的传播,引入坡印亭(Poynting)矢量,该矢量大小等于单位时间内通过垂直于传播方向的单位面积的电磁能量,矢量的方向取能量的流动方向。

$$S=wv=\frac{v}{2}(\varepsilon E^2+\frac{1}{\mu}B^2) \tag{1-22}$$

由于 $v=\frac{1}{\sqrt{\varepsilon\mu}}=\frac{E}{B}$,所以

$$S=v\varepsilon E^2=\frac{1}{\mu}EB \tag{1-23}$$

$$\widetilde{\boldsymbol{S}}=\frac{1}{\mu}\widetilde{\boldsymbol{E}}\times\widetilde{\boldsymbol{B}} \tag{1-24}$$

由于光波是频率非常高的周期函数,如 $\lambda=589.3\mathrm{nm}$,频率 $f=5.09\times10^{14}\mathrm{Hz}$,任何光电接收器件无法响应。用坡印亭矢量表征光的强度时,只能用标量 S 的时间平均值。用符号< >表示对时间求平均值,则光波的强度为

$$I=\langle S\rangle \tag{1-25}$$

1.3 不连续表面的边值条件及光波在界面上的反射和折射

1.3.1 不连续表面的边值条件

对于诸如式(1-5)、式(1-6)和式(1-14)、式(1-15)这样的微分方程,应当根据初始条件和边值条件求解。光波遇到分界面时,折射率发生突变,两个介质分解面上电磁量不是连续的,但它们之间仍存在一定的关系,通常把这种关系称为电磁场的边值条件。

在界面没有自由电荷和面电流的情况下,$\widetilde{\boldsymbol{B}}$ 和 $\widetilde{\boldsymbol{D}}$ 的法向分量及 $\widetilde{\boldsymbol{E}}$ 和$\widetilde{\boldsymbol{H}}$的切向分量是连续的,这种边值条件可以表达如下:

$$\begin{cases} \boldsymbol{n}\cdot(\widetilde{\boldsymbol{B}}_1-\widetilde{\boldsymbol{B}}_2)=0 \\ \boldsymbol{n}\cdot(\widetilde{\boldsymbol{D}}_1-\widetilde{\boldsymbol{D}}_2)=0 \\ \boldsymbol{n}\times(\widetilde{\boldsymbol{E}}_1-\widetilde{\boldsymbol{E}}_2)=0 \\ \boldsymbol{n}\times(\widetilde{\boldsymbol{H}}_1-\widetilde{\boldsymbol{H}}_2)=0 \end{cases} \tag{1-26}$$

式中:$\boldsymbol{n}$ 为界面法线上的单位矢量。

1.3.2 光波在界面上的反射和折射

当一个单色平面波射到两种不同介质的分界面上时,将分成两个波:一个是反射波;另一个是折射波。由电磁场的边值条件可以证明这两个波的存在,并求出它们的传播方向以及它们和入射波的振幅关系及位相关系。

假设介质 1 和介质 2 的分界面为无穷大的平面。这种假设表明反射波和折射波仍满足自由传播的条件。单色平面波从介质 1 入射到分界面上如图 1-1 所示。显然,入射波在界面上产生的反射波和折射波也是平面波。设入射波、反射波和折射波的波矢量分别为 $\boldsymbol{k}_1$、$\boldsymbol{k}'_1$ 和 $\boldsymbol{k}_2$,角频率分别为 ω_1、ω'_1 和 ω_2,那么 3 个波解析表达式为

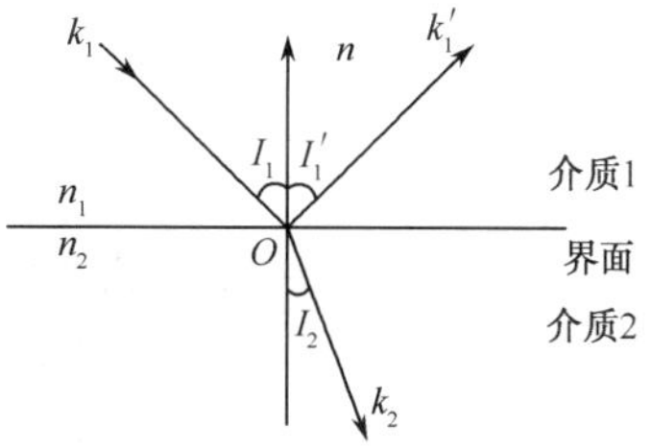

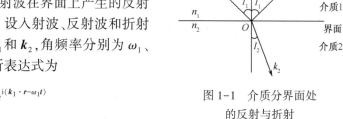

图 1-1 介质分界面处的反射与折射

$$\begin{cases} \widetilde{\boldsymbol{E}}_1=\boldsymbol{E}_1 e^{i(\boldsymbol{k}_1\cdot\boldsymbol{r}-\omega_1 t)} \\ \widetilde{\boldsymbol{E}}'_1=\boldsymbol{E}'_1 e^{i(\boldsymbol{k}'_1\cdot\boldsymbol{r}-\omega'_1 t)} \\ \widetilde{\boldsymbol{E}}_2=\boldsymbol{E}_2 e^{i(\boldsymbol{k}_2\cdot\boldsymbol{r}-\omega_2 t)} \end{cases} \tag{1-27}$$

其中,位置矢量 $\boldsymbol{r}$ 的原点可取在分界面上某点 O,如图 1-1 所示,$\boldsymbol{r}$ 的终点可取在分界面上的任意点,$\boldsymbol{r}$ 在分界面上是任意的。

由边值条件式(1-26)中的第三式,

$$\boldsymbol{n}\times(\widetilde{\boldsymbol{E}}_1+\widetilde{\boldsymbol{E}}'_1)=\boldsymbol{n}\times\widetilde{\boldsymbol{E}}_2 \tag{1-28}$$

将式(1-27)中各项代入上式,并根据 $\omega_1=\omega'_1=\omega_2$,得

$$\boldsymbol{k}_1\cdot\boldsymbol{r}=\boldsymbol{k}'_1\cdot\boldsymbol{r}=\boldsymbol{k}_2\cdot\boldsymbol{r} \tag{1-29}$$

即

$$(\boldsymbol{k}'_1-\boldsymbol{k}_1)\cdot\boldsymbol{r}=0 \tag{1-30}$$

$$(\boldsymbol{k}_2-\boldsymbol{k}_1)\cdot\boldsymbol{r}=0 \tag{1-31}$$

由式(1-30)可得反射定律为

$$I'_1=I_1 \tag{1-32}$$

由式(1-31)可得折射定律为

$$n_2\sin I_2=n_1\sin I_1 \tag{1-33}$$

1.3.3 菲涅耳公式

下面进一步推导表示反射光、折射光和入射光的振幅、位相关系的菲涅耳公式。

1. S 波和 P 波

由上面几节可以看出,描述电磁波可以用电场矢量 $\widetilde{\boldsymbol{E}}$ 和磁场矢量 $\widetilde{\boldsymbol{H}}$,两者是垂直的。仅就电场矢量 $\widetilde{\boldsymbol{E}}$ 而言,它可以在空间任意方向,但总可以分解成为垂直入射面(波矢量 $\boldsymbol{K}$ 和界面法线 n 构成的平面)和平行入射面的波,如图 1-2 所示,前者称为 S 波,显然 S 波的电场矢量 $\widetilde{\boldsymbol{E}}$ 垂直入射面而磁场矢量 $\widetilde{\boldsymbol{H}}$ 平行入射面,后者称为 P 波。

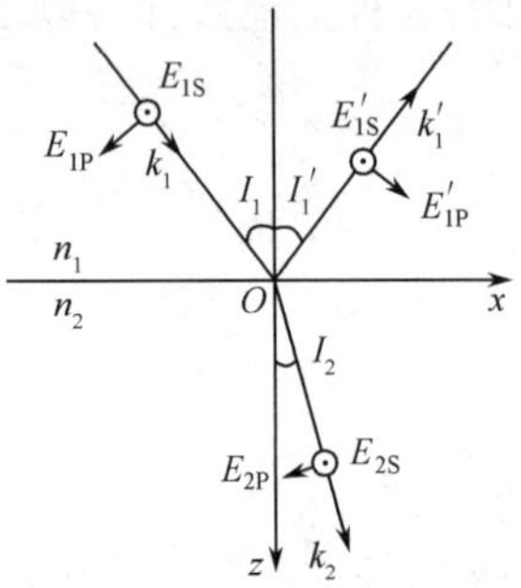

图 1-2　电场矢量的 S 波与 P 波分量

P 波的电场矢量 $\widetilde{\boldsymbol{E}}$ 平行于入射面而磁场矢量 $\widetilde{\boldsymbol{H}}$ 垂直于入射面。$\widetilde{\boldsymbol{E}}\times\widetilde{\boldsymbol{H}}=\widetilde{\boldsymbol{S}}$,符合右手定则。

菲涅耳同样利用边值条件得出反射系数和透射系数。考虑到光与物质的作用,起主导作用的是电场而不是磁场。近代物理光学中,都把电场矢量定义为光波的光矢量,光的振动方向就是指光波电场矢量的方向。将电场矢量与磁场矢量联系起来,有

$$\left|\frac{\widetilde{\boldsymbol{E}}}{\widetilde{\boldsymbol{B}}}\right|=\frac{1}{\sqrt{\varepsilon\mu}}=v \tag{1-34}$$

2. S 波的反射系数 r_S 和透射系数 t_S

$$r_s=\frac{E'_{1S}}{E_{1S}}=-\frac{\sin(I_1-I_2)}{\sin(I_1+I_2)}=\frac{n_1\cos I_1-n_2\cos I_2}{n_1\cos I_1+n_2\cos I_2} \tag{1-35}$$

$$t_s=\frac{E_{2S}}{E_{1S}}=\frac{2\sin I_2\cos I_1}{\sin(I_1+I_2)}=\frac{2n_1\cos I_1}{n_1\cos I_1+n_2\cos I_2} \tag{1-36}$$

3. P 波的反射系数 r_P 和透射系数 t_P

$$r_P=\frac{E'_{1P}}{E_{1P}}=\frac{\tan(I_1-I_2)}{\tan(I_1+I_2)}=\frac{n_2\cos I_1-n_1\cos I_2}{n_2\cos I_1+n_1\cos I_2} \tag{1-37}$$

$$t_P=\frac{E_{2P}}{E_{1P}}=\frac{2\sin I_2\cos I_1}{\sin(I_1+I_2)\cos(I_1-I_2)}=\frac{2n_1\cos I_1}{n_2\cos I_1+n_1\cos I_2} \tag{1-38}$$

4. 反射率 R 和透射率 T

光波在分界面反射和折射时,宏观表现为能量密度之比,称为反射率 R 和透射率 T。由式(1-23)可知能量密度之比正比于 E^2,即

$$
\begin{cases}
R_S = r_S^2 \\
T_S = \dfrac{n_2 \cos I_2}{n_1 \cos I_1} t_S^2 \\
R_P = r_P^2 \\
T_P = \dfrac{n_2 \cos I_2}{n_1 \cos I_1} t_P^2
\end{cases}
\tag{1-39}
$$

根据能量守衡定律,应有

$$
\begin{cases}
R_S + T_S = 1 \\
R_P + T_P = 1
\end{cases}
\tag{1-40}
$$

对于自然光

$$
\begin{cases}
R = \dfrac{1}{2}(R_S + R_P) \\
T = \dfrac{1}{2}(T_S + T_P)
\end{cases}
\tag{1-41}
$$

同样根据能量守恒定律,有

$$
R + T = 1 \tag{1-42}
$$

1.3.4 菲涅耳公式的讨论

由式(1-35)~式(1-38)可以看出,反射系数、透射系数是光矢量中标量间的比值,与入射角 I_1 成函数关系(I_2 根据折射定律由 I_1 确定)。不同的入射角 I_1,反射系数和透射系数不同,比值可能出现正数、负数、零和复数。

图 1-3 所示分别给出光波由空气射向折射率 $n=1.5$ 的介质和光波由折射率 $n=1.5$ 的介质射向空气时,反射系数、透射系数和入射角 I_1 的关系曲线。其中,I_B 为布儒斯特角,I_c 为全反射临界角。图 1-4 给出光波由空气射向折射率 $n=1.5$ 的介质时,反射率和入射角 I_1 的关系曲线。

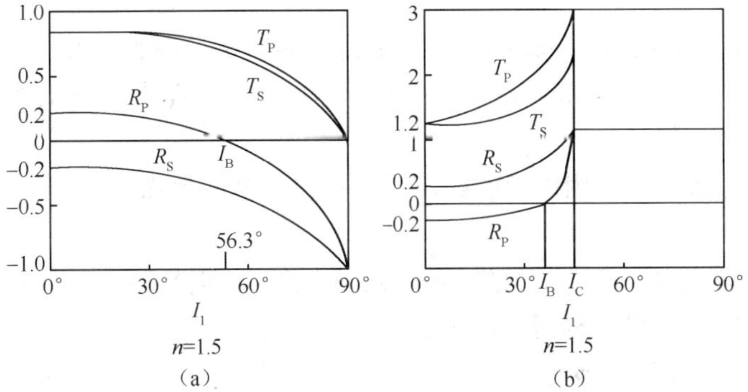

图 1-3 反射系数曲线

(a)由空气射向介质时;(b)由介质射向空气时。

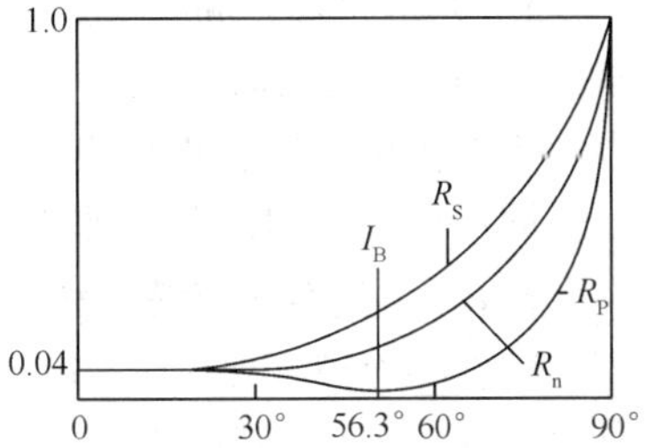

图 1-4 反射率曲线

1. 光波由空气垂直入射到介质表面时的反射率

光波电空气垂直入射到介质表面时的反射率为

$$R=\left(\frac{n-1}{n+1}\right)^2 \tag{1-43}$$

2. 偏振现象——布儒斯特角

当 $I_1+I_2=\pi/2$ 时，$R_P=0$，即反射光中没有 P 波，为线偏振光，此结果称为布儒斯特(Brewster)定律。此时的入射角称为起偏角或布儒斯特角，即为 I_B。将 $I_B+I_2=\pi/2$ 代入折射定律，可得

$$\tan I_B=\frac{n_2}{n_1} \tag{1-44}$$

3. 半波损失

光波由折射率为 n_1 的光疏介质射向折射率为 n_2 的光密介质($n_1<n_2$)时，反射波有 π 的位相变化，称为半波损失。

4. 全反射和倏逝波

光波由光密介质射向光疏介质($n_1>n_2$)时，根据折射定律，若折射角 $I_2=\pi/2$ 时，则入射角 I_1 有如下关系：

$$\sin I_1=\frac{n_2}{n_1}$$

此时入射角用 I_c 表示，即

$$I_c=\arcsin\frac{n_2}{n_1} \tag{1-45}$$

式中：I_c 为全反射临界角。

凡是入射角大于 I_c 的入射光波全部被界面反射，透射波消失，称为全反射。

全反射时，界面处的光矢量中的波数 k 为复数，透射波是一个沿界面方向传播，振幅沿界面法线方向按指数衰减的波，称为倏逝波。

1.4 量子力学简介

普朗克(Max Plank)和爱因斯坦(Albert Einstein)是量子力学的创始人和奠基人。玻尔(Bohr)、海森堡(Heisenberg)、薛定鄂(Schrödinger)等也发表了论文和提出自己的观点。本书仅就光的特性讨论工程化问题。

同样由于光时域频率非常高，量子力学用由定态薛定谔方程得出复函数描述。

1.4.1 定态薛定谔方程

定态薛定谔方程假定：V(位能势场)与时间无关(时域频率太高)，即：$V=V(x,y,z)$，且 $\psi(x,y,z,t)=f(t)\psi(x,y,z)$。由薛定谔方程得出的定态复函数表达式

$$\psi_{(r,t)}=\phi_{(r)}\mathrm{e}^{-iEt/h} \tag{1-46}$$

式中：E 为光子能量；h 为普朗克常数

1.4.2 光的波粒二象性

比较由薛定谔方程得出的定态复函数表达式(1-46)和波动方程给出定态复振幅表达式(1-19)，两者均是根据光的特性得出的(如此相似)，且都是一种通解形式，具有不确定性。反映两者的有机联系。

习　　题

1. 由亥姆霍兹方程求解平面光波和球面光波在各向同性均匀介质中自由传播的光矢量振幅表达式。

2. 玻璃折射率 $n=1.5$，空气折射率 $n_0=1$，波长 $\lambda=0.5\mu m$ 的光波由空气射向玻璃，试求：(1)反射光波在线偏振光时光线的入射角；(2)入射角 $I_1=40°$ 时界面的反射率；(3)光波由玻璃折射入空气时的全反射临界角。

3. 写出倏逝波的振幅表达式，并解释其物理意义。

4. K9 玻璃对波长 $\lambda_D=589.3nm$ 的光波的折射率为 $n_D=1.5163$，对波长 $\lambda_c=656.3nm$ 的光波的折射率 $n_c=1.51839$，写出并计算两个光波在 K9 玻璃中传播时合成波的相速度和群速度的表达式。

第2章　光的干涉及干涉系统

光的干涉现象是光的波动性的重要特征,也是物理光学中的重要内容。产生光的干涉并观察到干涉现象在一定的条件下才能实现。这是因为单色波(定态波)是在点光源,即δ函数这一数学模型下需要建立起来的。由于任何光源均有一定的大小,不可能是严格的δ函数,而且任何光源发出的光波均有一定的频带宽度,所以得到的只能是准单色光而不是纯正的单色光。激光的出现,使光的干涉的实现和观测变得容易多了,因为激光的单色性好,相干性强。

光的干涉技术在科学技术领域内有广泛的应用,大大推动了科学技术的发展和人类文明的进程。

2.1　惠更斯—菲涅耳原理

惠更斯是光的波动说的奠基人。1690年惠更斯为了说明光波在空间各点逐步传播的机理,提出一种假设:波前(波面)上每一点都可以看作一个发出球面波的次级扰动中心(子波),在后一个时刻这些子波的包络面就是新的波前(波面),如图2-1所示。由于波面的法线就是光波的传播方向(在各向同性的均匀介质中也是光线的传播方向),因此应用惠更斯原理可以确定光波从一时刻到另一时刻的传播。

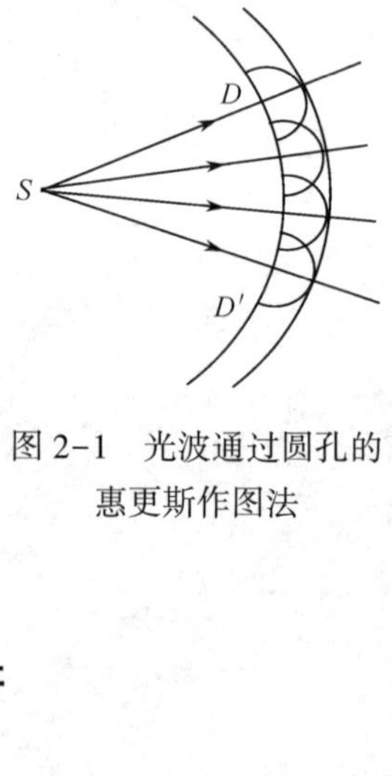

图2-1　光波通过圆孔的惠更斯作图法

菲涅耳基于光的干涉原理,考虑到子波来自同一个光源,它们应该是相干的,因而波前外任意一点的光振动应该是波前上所有子波相干叠加的结果。这种用“子波相干叠加”思想补充的惠更斯原理称为惠更斯—菲涅耳原理。

2.2　单频干涉的相干条件

干涉现象在理论上并不复杂,但是在激光出现以前观察到干涉条纹也不是轻而易举的事。这是因为既要满足相干的必要条件又要满足其充分条件。

2.2.1　必要条件

若两球面光波在空间相遇,它们的复振幅分别为

$$\widetilde{\boldsymbol{E}}_1=\frac{\boldsymbol{A}_1}{r_1}\mathrm{e}^{\mathrm{i}kr_1}=\boldsymbol{a}_1\mathrm{e}^{\mathrm{i}kr_1},\widetilde{\boldsymbol{E}}_2=\frac{\boldsymbol{A}_2}{r_2}\mathrm{e}^{\mathrm{i}kr_2}=\boldsymbol{a}_2\mathrm{e}^{\mathrm{i}kr_2}$$

则光波在空间某点P相遇时合成光强为

$$I=(\widetilde{\boldsymbol{E}}_1+\widetilde{\boldsymbol{E}}_2)(\widetilde{\boldsymbol{E}}_1+\widetilde{\boldsymbol{E}}_2)^*=a_1^2+a_2^2+2a_1^2a_2\cos(k\Delta)=a_1^2+a_2^2+2a_1a_2\cos\delta$$

即 $$I=I_1^2+I_2^2+2\sqrt{I_1 I_2}\cos\delta \tag{2-1}$$

式中：Δ 为光程差，$\Delta=r_1-r_2$；δ 为位相差，$\delta=\frac{2\pi}{\lambda}\Delta$。

由此得出相干的必要条件：

(1)频率相同(对于同一个介质，光波的频率相同，波长也相同)；

(2)光矢量(电场矢量)振动方向相同；

(3)位相差恒定。

2.2.2 充分条件：时空相干性

1. 时间相干性

自然界里纯单色光源是不存在的，实际光源均有一定的光谱宽度 $\Delta\lambda$，如图 2-2 所示。

光波仅能在同一波列相遇时才能干涉，即光程差 Δ 超过波列长度是观察不到干涉条纹的，如图 2-3 所示。波列长度为

$$L=\frac{\lambda^2}{\Delta\lambda} \tag{2-2}$$

故波列长度又称为相干长度，即

$$\Delta_{max}=L=\frac{\lambda^2}{\Delta\lambda} \tag{2-3}$$

光波在一定光程差内才能发生干涉的现象称为时间相干性。

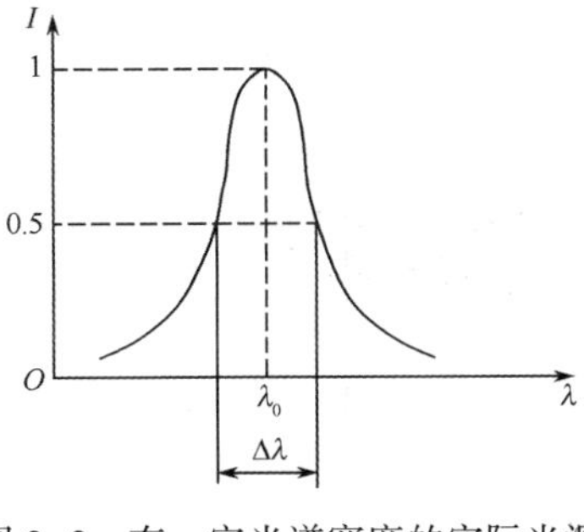

图 2-2 有一定光谱宽度的实际光源

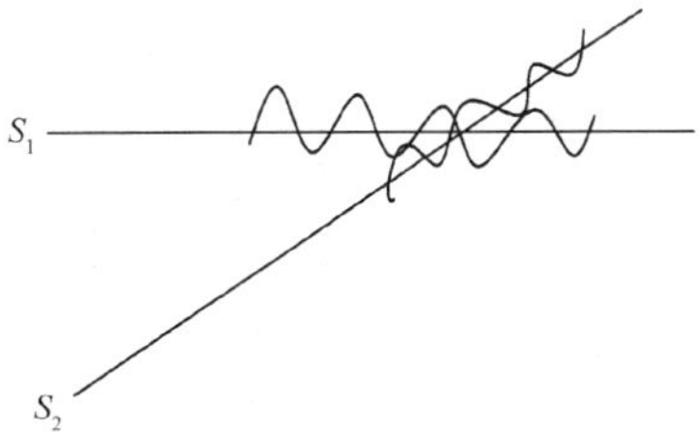

图 2-3 光程差超过波列长度

2. 空间相干性

任何光源均有一定的大小，不可能是严格的点光源，也就是说实际上真正的 δ 函数在现实中是不存在的。所以研究干涉现象时必须讨论空间相干性问题。下面讨论这方面问题。

(1)干涉条纹的对比度。干涉场内条纹对比度定义为

$$M=\frac{I_{max}-I_{min}}{I_{max}+I_{min}} \tag{2-4}$$

式中：I_{max} 为最大光强，I_{min} 为最小光强。式(2-4)表征了干涉场中条纹明暗反差程度。两相干光波干涉形成的合成光强为

$$I=(I_1+I_2)\left(1+\frac{2\sqrt{I_1 I_2}}{I_1+I_2}\cos\delta\right) \tag{2-5}$$

由 M 的定义，可得

$$M=\frac{2\sqrt{I_1I_2}}{I_1+I_2} \tag{2-6}$$

所以

$$I=(I_1+I_2)(1+M\cos\delta) \tag{2-7}$$

由式(2-7)可知,合成光强为余弦分布,将其直流分量归化为1,其余弦部分的振幅调制度反映干涉条纹的对比度。

(2)两相干光波振幅对调制度的影响。由式(2-6)可知

$$M=\frac{2\sqrt{I_1I_2}}{I_1+I_2}=\frac{2(a_1/a_2)}{1+(a_1/a_2)^2} \tag{2-8}$$

式(2-8)表明,两相干光的振幅比对干涉条纹的对比度有影响。a_1 和 a_2 相差越大,对比度越差。由于杨氏干涉装置采用对称结构,$a_1\approx a_2$,故 $M\approx 1$,可获得很好的对比度。

(3)光源大小的影响。为了满足相干的必要条件,一般由一个光源分成两相干点光源。实际光源均有一定的尺寸,可看作许多点光源的集合。若光源尺寸过大,会使条纹对比度下降,乃至观察不到干涉条纹。

如图2-4所示,设光源尺寸为 b,显然由光源边缘点 S' 发出的球面波到达 S_1 和 S_2 距离不相等,产生附加光程差 Δ_0 为

$$\Delta_0=r_{20}-r_{10}\approx\frac{d}{l}\cdot\frac{b}{2}=\beta\cdot\frac{b}{2} \tag{2-9}$$

式中:β 为干涉孔径角;b 为全尺寸 $SS'=\frac{b}{2}$。

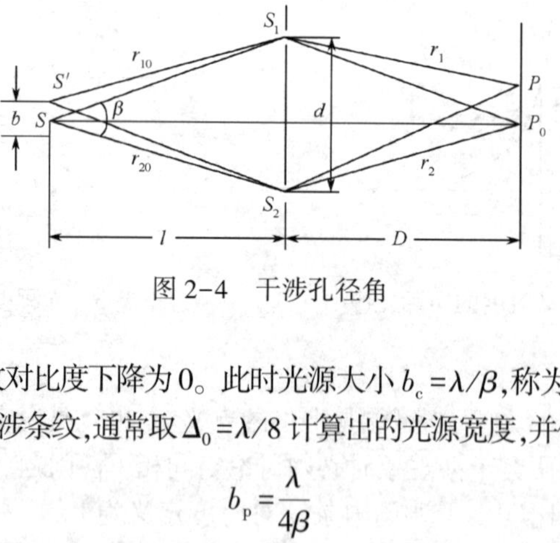

图2-4 干涉孔径角

若 $\Delta_0=\lambda/2$,干涉条纹对比度下降为0。此时光源大小 $b_c=\lambda/\beta$,称为光源的临界宽度。为了能够比较清晰地观察到干涉条纹,通常取 $\Delta_0=\lambda/8$ 计算出的光源宽度,并作为光源的允许宽度 b_p:

$$b_p=\frac{\lambda}{4\beta} \tag{2-10}$$

显然,光源的允许宽度与干涉孔径角 β 成反比。应当指出的是,不同的干涉装置,β 的计算方法不同,不能套用杨氏干涉的公式。

2.3 产生单频干涉的方法

2.3.1 波前分割法

根据惠更斯—菲涅耳原理,波面上的子波来自同一个光源,并且具备相干条件。

1. 杨氏干涉实验

杨氏(Young)是惠更斯光的波动说的拥护者,为了验证波动理论,他做了光的干涉实验,即著名的杨氏干涉实验。杨氏干涉实验的光学原理如图 2-5 所示。

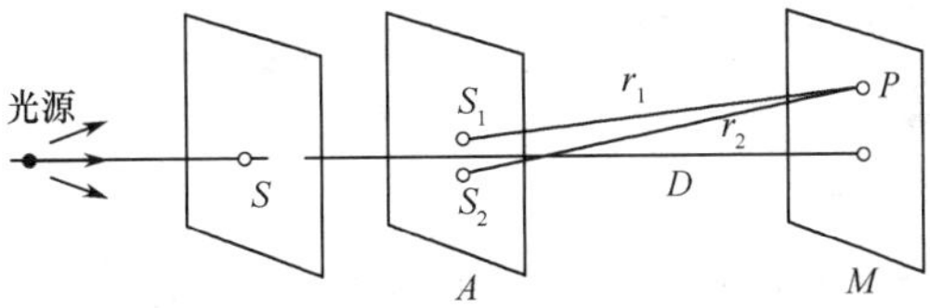

图 2-5　杨氏干涉实验装置

由图 2-5 可知,杨氏首先进行了点光源的模拟,由于小孔 S 和 S_1、S_2 尺寸均非常小,所以根据惠更斯原理 S 可视为波面上的一个子波的波源,即点光源。由 S 发出球面波,S_1 和 S_2 又可视为两个子波的波源。

这样,问题便成为两个点光源 S_1 和 S_2 发出的球面波在空间某点相遇时的干涉问题。此外,杨氏采用了频带比较窄的钠光灯作为准单色光源。这样就实现了单色光波(定态波)的模拟工作。由于 S_1 和 S_2 这两个子波的波源是来自同一个光源,所以具备相干条件。

2. 杨氏干涉实验和干涉场光强计算

分析屏上某点 P 的光强分布。由于 S_1 和 S_2 为对称结构,S_1 和 S_2 是同一个波面上的两个点,所以振幅 $A_1=A_2$,即 $I_1=I_2=I_0$,P 点的光强分布为

$$I=I_1^2+I_2^2+2\sqrt{I_1I_2}\cos\delta=4I_0\cos^2\frac{\delta}{2} \tag{2-11}$$

式中:δ 为位相差,$\delta=k(r_1-r_2)=k\Delta$;$\Delta$ 为光程差。故

$$I=4I_0\cos^2\left[\frac{\pi(r_1-r_2)}{\lambda}\right] \tag{2-12}$$

由图 2-6 可看出

$$\Delta=\frac{2yd}{r_1+r_2}$$

实际上,$d\ll D$,$y\ll D$,$z\ll D$,故 $r_1+r_2\approx 2D$,则有

$$\Delta=r_1-r_2\approx\frac{yd}{D} \tag{2-13}$$

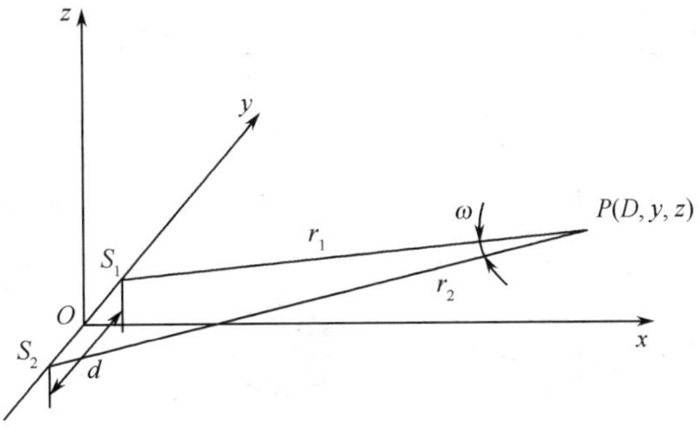

图 2-6　杨氏干涉计算中坐标的选取

于是有

$$I=4I_0\cos^2\left(\frac{\pi yd}{\lambda D}\right) \tag{2-14}$$

当
$$y=\frac{m\lambda D}{d}\quad(m=0,\pm1,\pm2,\cdots) \tag{2-15}$$
时，屏 M 上有最大光程差 $I_{max}=4I_0$ 的亮条纹。

当
$$y=\left(m+\frac{1}{2}\right)\cdot\frac{\lambda D}{d}\quad(m=0,\pm1,\pm2,\cdots) \tag{2-16}$$
时，屏 M 上有最小光程差 $I_{min}=0$ 的暗条纹。

相邻两亮条纹(或暗条纹)间距为

$$e=\frac{D}{d}\lambda \tag{2-17}$$

一般到达屏上某点的两条相干光线(即一条波面法线)间的夹角称为相干光束的会聚角，记为 ω。在杨氏干涉装置中，$\omega\approx d/D$，从而 $e=\dfrac{\lambda}{\omega}$。在干涉理论中，通常将接收屏所在平面称为干涉场。

3. 两个相干单色点光源在空间形成的干涉场

根据惠更斯—菲涅耳原理，S_1 和 S_2 可视为新的子波波源

杨氏完成了两相干单色点光源的模拟工作，通常称这种模拟方法为波前分割法。后来又有许多人进行了这项工作，如菲涅耳双面镜、菲涅耳双棱镜、洛埃(Lioyd)镜、比累(Billet)对切透镜等干涉实验装置。只不过他们和杨氏不同，不是在一个波面上选取两相干单色子波光源，而是将一个单色点光源 S 形成两个像 S_1 和 S_2。然而无论如何实现相干点光源的模拟，最后均归结为两相干单色点光源发出的球面波在空间的干涉光强计算问题。

图 2-7 给出两相干单色点光源发出的球面波在空间形成的干涉场。同级干涉条纹是空间位置对 S_1 和 S_2 等光程差的轨迹。对于这种干涉装置，在空间任意一点均可以观察到干涉条纹称为非定域干涉条纹。

由图 2-7 可以看出：波前分割法产生的非定域干涉条纹，非定域在数学上称为不定解，必须根据初始条件和边界条件进行求解。

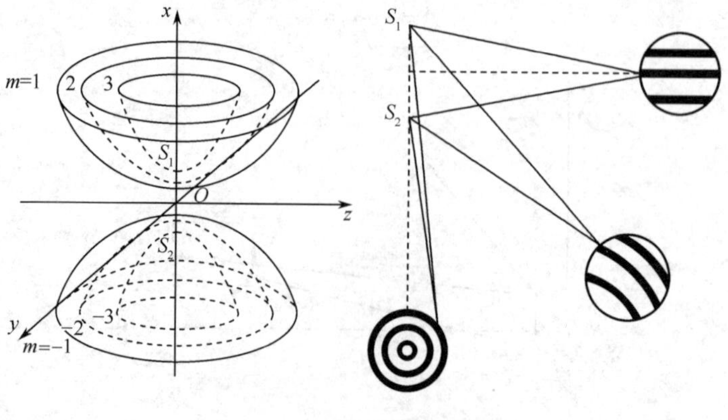

图 2-7　两相干点光源的干涉场

(a)等光程差面；(b)不同位置的条纹形状。

2.3.2 振幅分割法

1. 平板及光楔干涉

杨氏等的干涉装置均是将一个准单色点光源分割或成像为两个单色点光源。由此两单色点光源发出的球面波在空间干涉。受空间相干性的限制，光源尺寸不能大，从而干涉条纹的亮度小，很难研制成实用的干涉仪器。只有在激光出现后才有了激光点光源干涉仪的问世。此外均没有见到以这种原理研制的干涉仪器，只有实验室用的演示装置。

为了解决干涉理论的实用问题，光学工作者做出了不懈的努力，制造了各种类型的干涉仪器。工作原理是利用平板的分光特性。其指导思想是使干涉孔径角$\beta=0°$，这样光源的尺寸就不受限制，如图 2-8 所示。由光源上 S 点发出的一条光线，经平板玻璃上表面反射一条光线，另一条经上表面折射、下表面反射、上表面折射后与上表面直接反射的光线平行，将它们会聚在透镜焦平面上时产生干涉。由于只是一条光线由光源上 S 点发出，故$\beta=0°$。光源上 S'点发出的光线也是一样。当光源各点射出的光线平行时，反射光线也平行，它们均会聚于透镜焦平面上的 P 点，这两条光线会发生干涉。通常将这种一条光线分成两条或两条以上光线产生干涉的方法称为振幅分割法，而杨氏等将一个点光源波面上取两个子波或成像为两个点光源产生干涉的方法称为波前分割法。

2. 定域干涉条纹与非定域干涉条纹

由图 2-8 可以看出，利用振幅分割法得到的干涉条纹，干涉区在无限远，若用透镜会聚，则在透镜焦平面产生干涉条纹。

若上下表面并非严格平行，而是有一定夹角，称为光楔。此时两出射光线在光楔附近相交(或延长线相交)，而干涉区域在光楔附近，如图 2-9 所示。

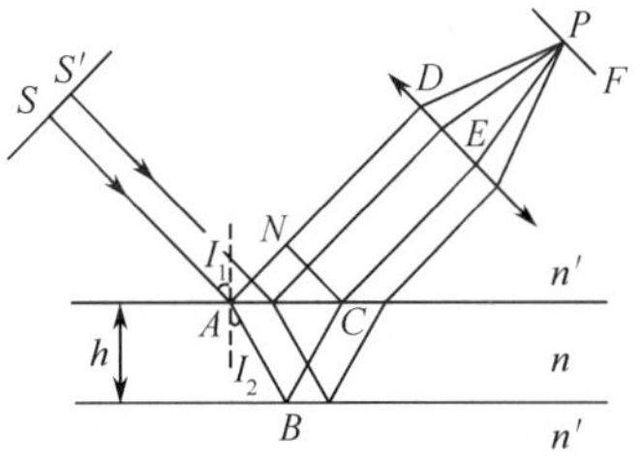

图 2-8　平行平板的分振幅干涉

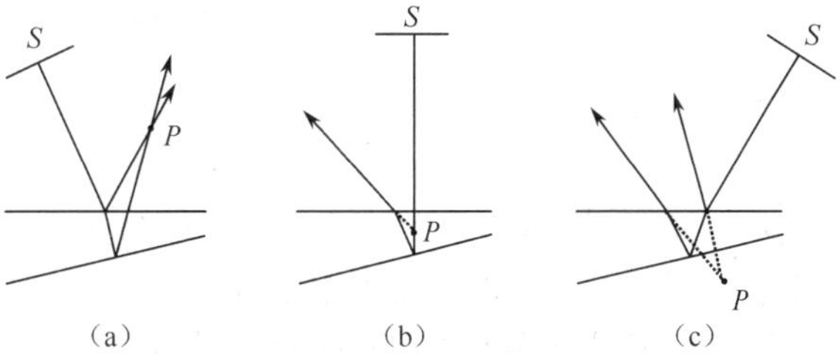

图 2-9　用扩展光源时楔形平板产生的定域条纹

(a)定域面在板上方；(b)定域面在板内；(c)定域面在板下方。

由于振幅分割法($\beta=0°$)只能在固定的区域产生干涉，故将由这种方法产生的干涉条纹称为定域干涉条纹。而波前分割法($\beta\neq0°$)在空间任何区域均能产生干涉，故将由这种方法产生的干涉条纹称为非定域干涉条纹。

应指出，平板玻璃和光楔既可产生定域干涉条纹，又可产生非定域干涉条纹。这取决于是振幅分割法还是波前分割法。

3. 等厚干涉与等倾干涉

由图 2-8 可以得出

$$I_{(p)}=I_1^2+I_2^2+2\sqrt{I_1I_2}\cos(k\Delta) \qquad (2-18)$$

$$\Delta=n(AB+BC)-n'AN$$

利用几何关系和折射定律得

$$\Delta = 2nh\cos I_2 = 2h\sqrt{n^2 - n'^2\sin^2 I_1} \tag{2-19}$$

由于平板玻璃或光楔上下折射率相同,所以两个表面中有一个会产生“半波损失”,则

$$\Delta = 2h\sqrt{n^2 - n'^2\sin^2 I_1} + \frac{\lambda}{2} \tag{2-20}$$

由式(2-20)可以看出,光程差与平板玻璃厚度 h 及入射角 I_1 有关。若保持 I_1 恒定,干涉条纹只与厚度 h 有关,不同的 h 产生不同的干涉级,称这种干涉条纹为等厚干涉条纹;若保持 h 恒定,干涉条纹只与 I_1 有关,不同的 I_1 产生不同的干涉级,这种干涉条纹称为等倾干涉条纹。

2.4 典型的双光束干涉仪器

2.4.1 激光点光源干涉仪

激光点光源干涉仪是一种根据激光的高强度、高单色性成功地利用波前分割法研制的干涉仪器,用于测量平板玻璃的平行度(楔角)。其光学原理如图 2-10 所示。

氦氖激光器发出的激光光束经透镜会聚于 S 点,形成点光源。S 经光楔上表面反射,像点为 S_1;而经上表面折射、下表面反射、再经上表面折射,成像为 S_2。将此二像点视为两球面波的波源,将在空间任意点发生干涉。现在考察 S_1S_2 连线上一点 O 的干涉条纹,它是一个同心圆环。当楔角很小时,有

$$\begin{cases} S_1S_2 = \dfrac{2d}{n}, \quad \alpha' = \dfrac{D}{d}n^2\theta, \quad \alpha = \left(1 + \dfrac{D}{d}n\right)n\theta \\ l = 2D \cdot \alpha = 2nD\left(1 + \dfrac{D}{d}n\right)\theta \\ \theta = \dfrac{dl}{2nD(d+nD)} \end{cases}$$

式中:n 为玻璃折射率;平板厚度 d 及距离 D 为已确定数,只要测得干涉条纹中心至 S 点距离,便可计算出 θ。此仪器可用来测小楔角,精度很高。

2.4.2 迈克尔逊(Macherson)干涉仪

迈克尔逊干涉仪是 1881 年迈克尔逊为了研究“以太”是否存在而设计的,如图 2-11 所示。

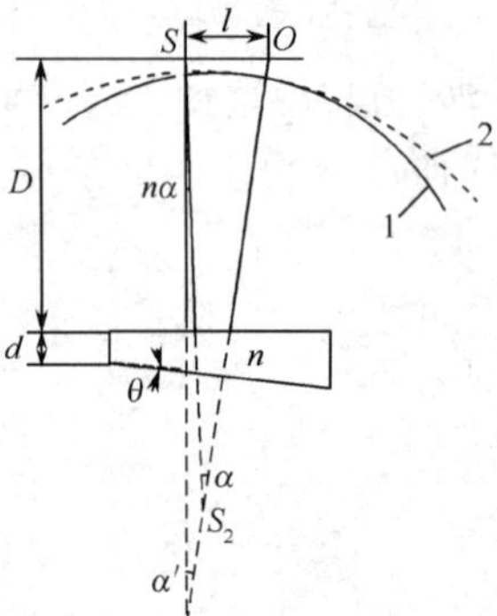

图 2-10 激光点光源干涉仪原理

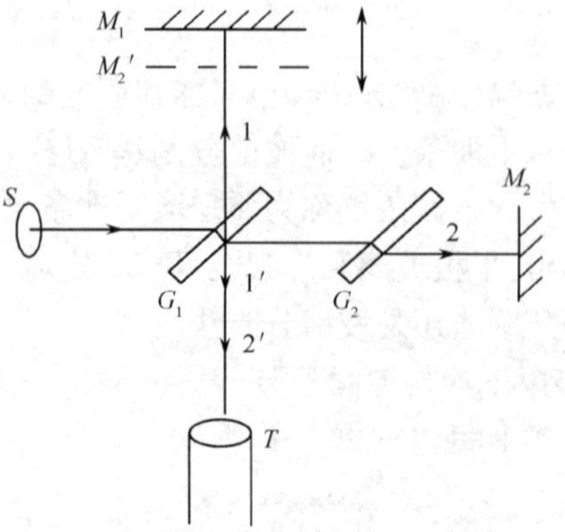

图 2-11 迈克尔逊干涉仪原理

由面光源 S 发出的光波,一部分经 G_1 上表面反射到平面反射镜 M_1,又反射回 G_1,透过 G_1 后射向观察系统;另一部分光波透过 G_1、G_2 经平面反射镜 M_2 反射后又透过 G_2,再经 G_1 下表面反射向观察系统。若 M_1 和 M_2 垂直,G_1 和 G_2 又是严格的平行玻璃,则在观察系统的透镜焦平面上产生等倾干涉条纹。平板玻璃 G_2 的作用是为了使两部分光波透过平行玻璃板的光程相等。主要是针对非单色光,使两光波由平板玻璃产生的色散相等。

若 M_1 和 M_2 不垂直,或 G_1 和 G_2 有平行差,则观察到混合型(等倾和等厚混合)干涉条纹。

2.4.3 泰曼—格林(Twyman-Green)干涉仪

将迈克尔逊干涉仪的面光源改成点光源,去掉 G_2,并使一束光经不同的表面反射、折射后,变为两束光,由振幅分割法可知,此两束光在空间相遇后会发生干涉。为使之产生等厚干涉条纹,应保持入射角 I 不变。泰曼—格林干涉仪就是基于这种指导思想设计出来的。

图 2-12(a)为泰曼—格林干涉仪的光路图。由单色点光源 S 发出的光波,经透镜 L_1 变为一束平行光。它经分光镜 G 反射,反射镜 M_1 反射,再经 G 折射后,入射至透镜 L_2。此外,由于分光镜是半反半透的,还有一部分光经分光镜 G、被测件 Q 透射,再经反射镜 M_2 反射,被测件 Q 透射,分光镜 G 反射,入射至 L_2。这两束光振幅基本相等,方向相同。若被测件无误差,两束光均会聚于透镜 L_2 焦点产生均匀一片的干涉场。若被测件有面形误差或折射率不均匀,则经它折射后,波面就会变形。这时在透镜 L_2 焦平面上会观察到等厚干涉条纹,如图 2-12(b)所示。

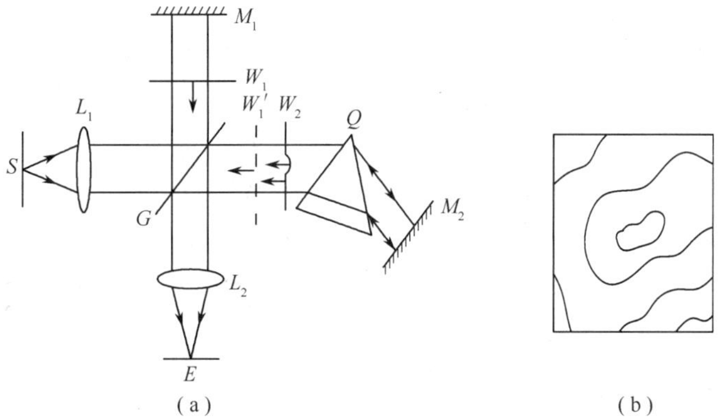

图 2-12 泰曼—格林干涉仪
(a)光路图;(b)干涉图。

若将反射镜 M_2 改为球面反射镜,则可测量光焦度不为零的光学元件(透镜)。

2.4.4 斐索(Fizeau)干涉仪

和泰曼—格林干涉仪一样,斐索干涉仪也是采用了振幅分割法:使入射光垂直于反射面射入,即 $I=0$,保持入射角恒定,产生等厚干涉条纹,用以测量光学元件的误差。

图 2-13 是斐索干涉仪的光路图。单色光源如氦氖激光器照明小孔 H,形成一点光源。点光源射出的光束经分光镜 G 反射后,首先射向透镜 L_2 变成平行光束,然后垂直射向标准平晶 P。一部分光被标准平晶 P 上表面反射,另一部分光透过标准平晶 P 射向被测件 Q。被测件 Q 上表面反射的光束和被标准平晶 P 上表面反射的光束进入观测系统后,会产生等厚干涉条纹,用以测量被测件 Q 上表面的面形误差。若将标准平晶 P 改为

球面样板,即下表面为球面,则可测球面的面形误差。移走标准平晶 P,使被测件 Q 的上、下表面反射的光束产生干涉,则可测 Q 的平行度。

2.4.5 马赫—曾德(Mach-Zehnder)干涉仪

马赫—曾德干涉仪是一种大型干涉仪器,是利用等厚干涉条纹测量。主要用于研究气体密度变化,如在风洞中进行飞机模型试验时产生的空气涡流和爆炸时的冲击波。如图 2-14 所示。图中,点光源 S 发出的光波经反射镜 M_1 和 M_2 反射分成的两束光,在透镜 L_2 焦平面产生等厚干涉条纹。用于测量气体的密度(折射率)变化。

2.4.6 等倾干涉仪

斐索干涉仪和泰曼—格林干涉仪都可利用等厚干涉条纹测量平板玻璃的平行度。但是若平行度 θ 非常小时,干涉场内会出现一条或一条以下的干涉条纹,给测量带来困难。利用等倾干涉仪可以解决这个问题。即等倾干涉仪可以测量更小的光楔角 θ。

图 2-15 是等倾干涉仪的光学原理图。单色点光源发出的球面波,被透镜 L_1 折射、分光镜 G 反射后会聚于被测平板玻璃的上表面。这样便可保证在光束会聚处厚度 h 为定值。入射角不同的光线在干涉场内对应不同的干涉条纹,中心点的干涉级最大,所以干涉条纹为一个同心圆(图 2-15)。当被测件按箭头方向水平移动时,干涉条纹如水纹一样中心不断冒出新的条纹。数出新出现的条纹数,并测得被测件的移动距离,便可计算出光楔角 θ。若光楔角非常小时,则可根据同一级干涉条纹半径的变化量和被测件移动距离计算出光楔 θ。

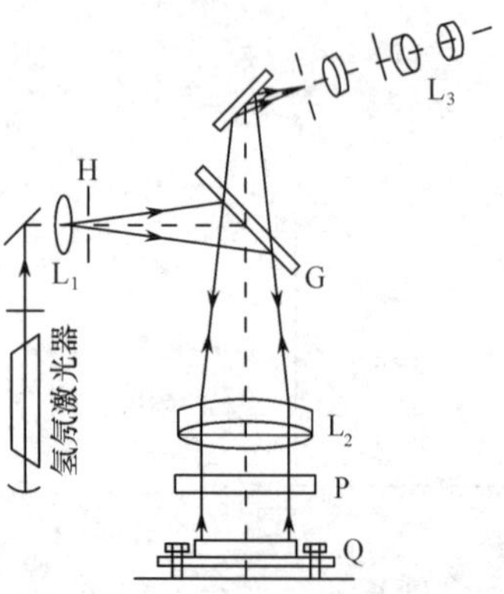

图 2-13 斐索干涉仪光路图

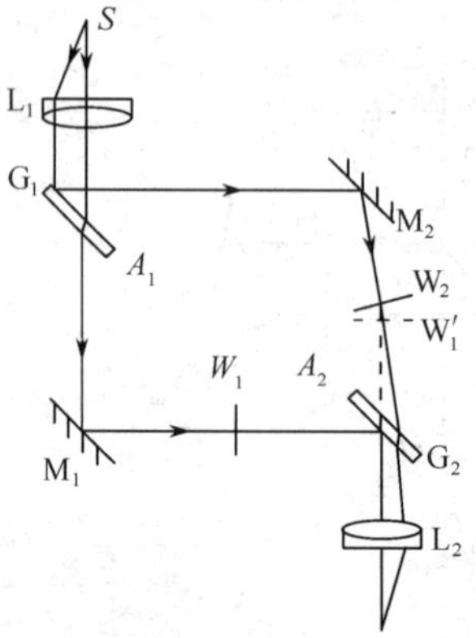

图 2-14 马赫—曾德干涉仪光路图

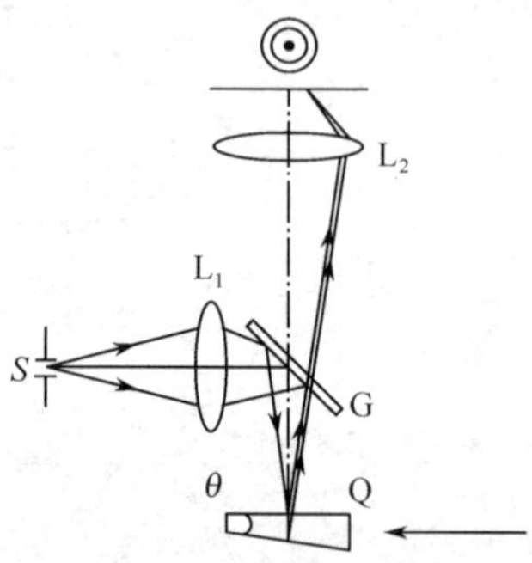

图 2-15 等倾干涉仪光学原理图

2.5 多光束干涉

上面讨论的平板干涉中只论述了双光束干涉,实际上,光束经玻璃平板反射、折射时,会出现许多光束,如图 2-16 所示。只不过经多次折射光束强度衰减很大,斐索干涉仪只取了一次反射的光束,是因为两次以上的反射光已经很弱了。但是,当平板表面镀上高反射率的膜层(如 $R=0.9$),且忽略介质吸收,则平板对光强为 1 的入射光,各反射光的强度依次为 0.9,0.009,0.0073,0.00577,0.0046,……透射光的强度依次为 0.01,0.0081,0.00656,0.00529,0.00431,……除一次反射光外,其余光的光强接近,应按多光束干涉叠加计算干涉场的强度分布。

2.5.1 干涉场的光强分布公式

两支相邻光线的光程差为

$$\delta=\frac{4\pi}{\lambda}nh\cos I_2=\frac{4\pi}{\lambda}h\sqrt{n^2-n'^2\sin^2 I_1} \qquad (2-21)$$

设入射光的振幅为 $A^{(i)}$，从平板反射的各光束振幅分别为

$rA^{(i)}$，$tt'r'A^{(i)}\exp(\mathrm{i}\delta)$，$tt'r'^3A^{(i)}\exp(\mathrm{i}2\delta)$，$tt'r'^5\exp(\mathrm{i}3\delta)$，…

透射光振幅依次为

$tt'A^{(i)}$，$tt'r'^2A^{(i)}\exp(\mathrm{i}\delta)$，$tt'r'^4A^{(i)}\exp(\mathrm{i}2\delta)$，$tt'r'^6\exp(\mathrm{i}3\delta)$，…

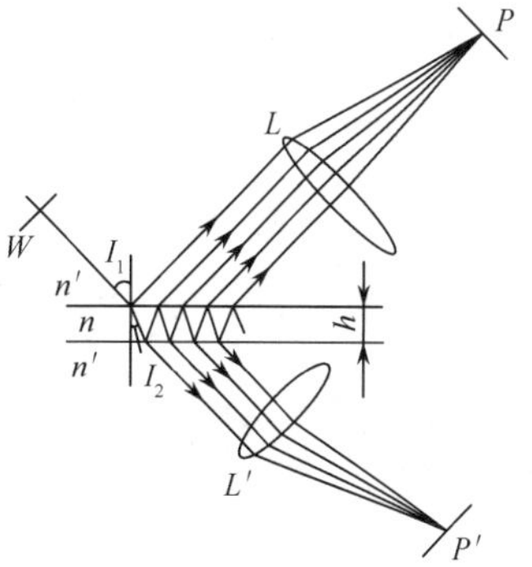

图 2-16 在透镜焦平面上产生的多光束干涉

其中，t、r 分别为光射入平板时的透射系数和反射系数；t'、r'分别为光射出平板时的透射系数和反射系数。反射光合成振幅为

$$A^{(r)}=\{r+tt'r'\exp(\mathrm{i}\delta)[1+r'^2\exp(\mathrm{i}\delta)+r'^4\exp(\mathrm{i}2\delta)+\cdots]\}A^{(i)}$$

上式方括号内为一个递降等比级数，若反射光数目很大，则

$$A^{(r)}=\left[r+\frac{tt'r'\exp(\mathrm{i}\delta)}{1-r'^2\exp(\mathrm{i}\delta)}\right]A^{(i)} \qquad (2-22)$$

由于

$$\begin{cases}r=-r'=\sqrt{R}\\ tt'=1-r^2=1-R=T\end{cases} \qquad (2-23)$$

所以

$$A^{(r)}=\frac{[1-\exp(\mathrm{i}\delta)]\sqrt{R}}{1-R\cdot\exp(\mathrm{i}\delta)}A^{(i)} \qquad (2-24)$$

反射光强为

$$I^{(r)}=A^{(r)}\cdot A^{(r)*}=\frac{4R\sin^2\dfrac{\delta}{2}}{(1-R)^2+4R\sin^2\dfrac{\delta}{2}}I^{(i)} \qquad (2-25)$$

式中：$I^{(i)}$为入射光强。

同理，可得透射光振幅和光强分别为

$$A^{(t)}=\frac{T}{1-R\cdot\exp(\mathrm{i}\delta)}A^{(i)} \qquad (2-26)$$

$$I^{(t)}=\frac{T^2}{(1-R)^2+4R\sin^2\dfrac{\delta}{2}}I^{(i)} \qquad (2-27)$$

2.5.2 干涉条纹特征

由式(2-25)和式(2-27)可以看出，光强是反射率 R 及位相差 δ 的函数。当反射率 R 一定时，光强分布由 δ 确定，得到等倾干涉条纹。为了讨论方便，引入参数：

$$F=\frac{4R}{(1-R)^2} \qquad (2-28)$$

此时，有

$$\frac{I^{(r)}}{I^{(i)}}=\frac{F\sin^2\dfrac{\delta}{2}}{1+F\sin^2\dfrac{\delta}{2}} \tag{2-29}$$

$$\frac{I^{(t)}}{I^{(i)}}=\frac{1}{1+F\sin^2\dfrac{\delta}{2}} \tag{2-30}$$

显然，有

$$\frac{I^{(r)}}{I^{(i)}}+\frac{I^{(t)}}{I^{(i)}}=1 \tag{2-31}$$

对于反射光，有

$$\delta=(2m+1)\pi \quad (m=0,1,2,\cdots)$$

则为亮纹

$$I_{\max}^{(r)}=\frac{F}{1+F}I^{(i)} \tag{2-32}$$

而

$$\delta=2m\pi \quad (m=0,1,2,\cdots)$$

时，为暗纹

$$I_{\min}^{(r)}=0 \tag{2-33}$$

对于透射光，有

$$\delta=2m\pi \quad (m=0,1,2,\cdots)$$

则为亮纹

$$I_{\max}^{(t)}=I^{(i)} \tag{2-34}$$

而

$$\delta=(2m+1)\pi \quad (m=0,1,2,\cdots)$$

则为暗纹

$$I_{\min}^{(t)}=\frac{1}{1+F}I^{(i)} \tag{2-35}$$

图 2-17 所示为不同反射率下透射光的光强曲线。可以看出，反射率越高，条纹越细，对比度越好。

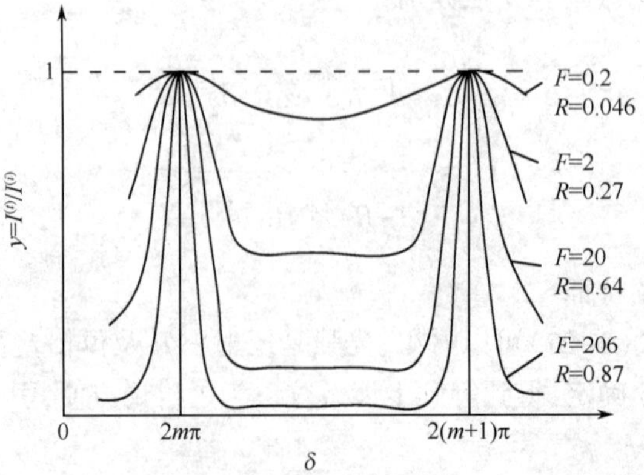

图 2-17　不同反射率下多光束干涉强度分布曲线(透射光)

2.5.3 干涉条纹的锐度与精细度

1. 条纹锐度

为了表征干涉条纹的明锐程度，引入条纹锐度这一概念。条纹的锐度用条纹的位相差半宽度 $\Delta\delta$ 表示，如图 2-18 所示。

对于第 m 级条纹，两个 1/2 光强点对应的位相差为

$$\delta = 2m\pi \pm \frac{\Delta\delta}{2}$$

将上式代入式(2-30)，可得

$$\frac{1}{1+F\sin^2\dfrac{\Delta\delta}{4}} = \frac{1}{2}$$

得

$$\Delta\delta = \frac{4}{\sqrt{F}} = \frac{2(1-R)}{\sqrt{R}} \tag{2-36}$$

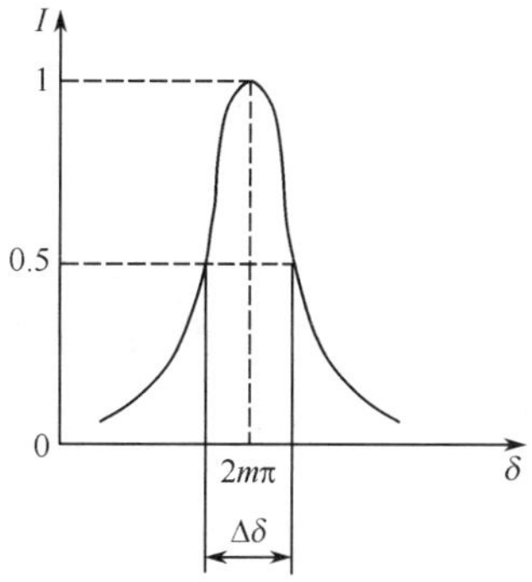

图 2-18　条纹半宽度

2. 条纹精细度

用相邻两干涉条纹间位相差 2π 与条纹锐度 $\Delta\delta$ 之比描述干涉条纹的精细度，即

$$S = \frac{2\pi}{\Delta\delta} = \frac{\pi\sqrt{F}}{2} = \frac{\pi\sqrt{R}}{1-R} \tag{2-37}$$

显然，条纹精细度与参数 F 有关，故称 F 为精细度系数。

2.6 法布里—珀罗干涉仪

法布里—珀罗(Fabry-Perot，F-P)干涉仪，简称 F-P 干涉仪，是根据多光束干涉原理研制出的一种干涉仪器。它广泛应用于光谱分析中，其光路如图 2-19 所示。

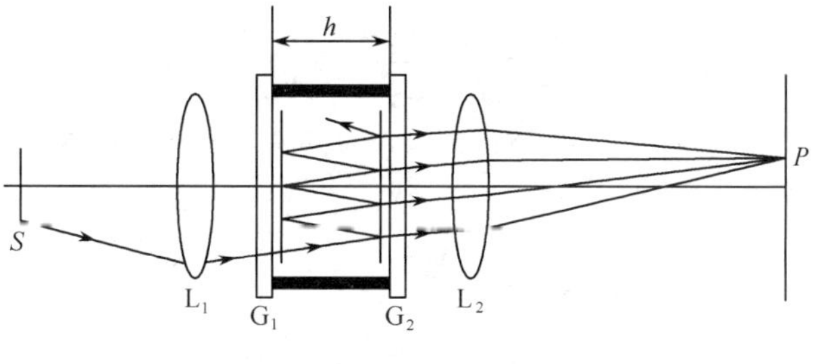

图 2-19　法布里—珀罗干涉仪光路图

2.6.1 F-P 干涉仪工作原理

如图 2-19 所示，G_1 和 G_2 为两块平行玻璃板或石英板。它们的内表面均镀有高反射膜，内平面度达 $\lambda/100 \sim \lambda/20$，严格平行。两平板玻璃有一定的楔角 $1' \sim 10'$，以避免未镀反射膜的外表面反射光的干扰。

干涉仪用扩展光源照明，图中画出某一条光线的光路，在透镜 L_2 的像方焦平面上形成的是多光束等倾干涉条纹，即同心圆环。但是，此干涉条纹比双光束干涉等倾干涉条纹要精细得多，如图 2-20 所示。

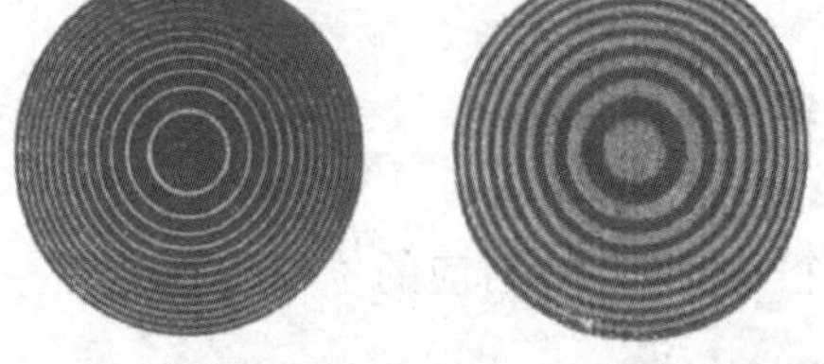

图 2-20　光束条纹图

(a) 多光束条纹；(b) 两光束条纹。

干涉仪两平板的内表面镀金属膜时，应考虑金属表面反射时的位相变化 φ 和多金属的吸收率 A，此时有

$$\frac{I^{(t)}}{I^{(i)}}=\left(1-\frac{A}{1-R}\right)^2\frac{1}{1+F\sin^2\dfrac{\delta}{2}} \tag{2-38}$$

$$\delta=\frac{4\pi}{\lambda}h\cos I+2\varphi \tag{2-39}$$

$$R+T+A=1 \tag{2-40}$$

2.6.2　F-P 干涉仪的应用

F-P 干涉仪主要用来测量波长相差很小的两条光谱线的波长差。因为 F-P 干涉仪具有很高的色分辨本领和很窄的自由光谱范围。

1. 自由光谱范围

光谱仪器中，所能测量的两条谱线的最大波长差 $\Delta\lambda_{max}$ 称为自由光谱范围。

对于 F-P 干涉仪，设含有两种波长 λ_1 和 λ_2 的光波投射到干涉仪上，由于两种波长的同级条纹角半径不等，因而会产生两组干涉条纹，如图 2-21 所示中实线和虚线。

对于条纹中心点，两光波干涉级差为

$$\Delta m=m_1-m_2=\frac{2h}{\lambda_1}-\frac{2h}{\lambda_2}=\frac{2h(\lambda_2-\lambda_1)}{\lambda_1\lambda_2}=\frac{\Delta e}{e}$$

式中：Δe 为两个波长的同级条纹的相对位移；e 为同一波长的条纹间距。

两光波波长差为

$$\Delta\lambda=\lambda_2-\lambda_1=\frac{\lambda_1\lambda_2}{2h}\cdot\frac{\Delta e}{e}\approx\frac{\bar{\lambda}^2}{2h}\cdot\frac{\Delta e}{e} \tag{2-41}$$

式中：$\bar{\lambda}$ 为平均波长。

当两组同级条纹的相对位移 Δe 大于条纹间距 e 时，不同级的干涉条纹会发生重叠，无法测量，故 F-P 干涉仪的自由光谱范围为

$$\Delta\lambda_{max}=\frac{\bar{\lambda}^2}{2h} \tag{2-42}$$

由于 $h\gg\bar{\lambda}^2$，所以 F-P 干涉仪的自由光谱范围很小。

2. 色分辨本领

光谱仪器中，将光波波长 λ 和所能测量的最小波长差 $\Delta\lambda_{min}$ 的比值称为色分辨本领。

如图 2-22 所示，对于 F-P 干涉仪，忽略金属膜的吸收和位相差，λ_1 和 λ_2 两谱线的靠近条纹的合成强度为

$$I=\frac{I^{(i)}}{1+F\sin^2\frac{\delta_1}{2}}+\frac{I^{(i)}}{1+F\sin^2\frac{\delta_2}{2}}$$

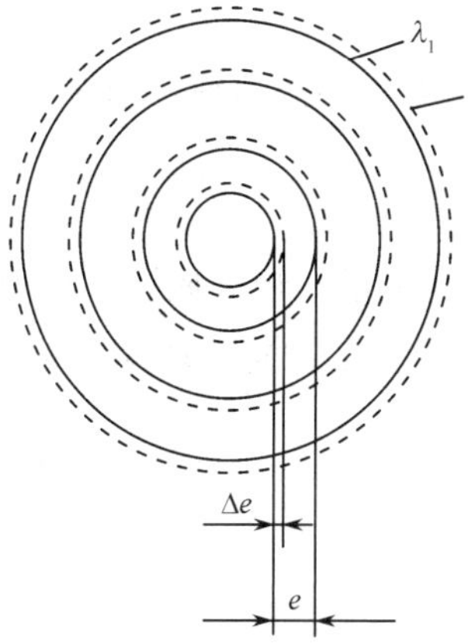

图 2-21　波长 λ_1 和 λ_2 的两组条纹

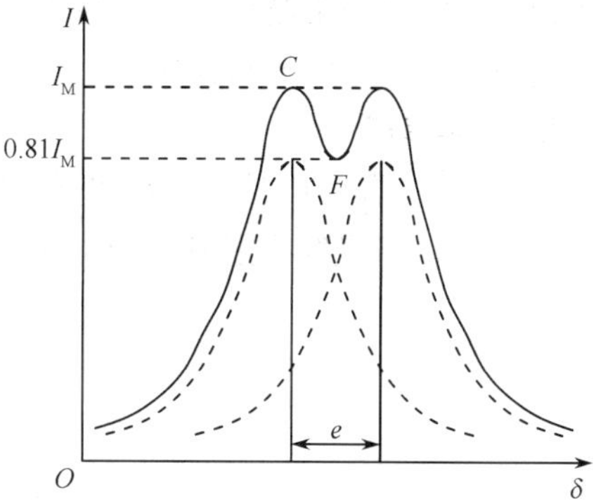

图 2-22　两个波长的条纹刚好被分辨时的强度分布曲线

对应于中央极小处 F 点，$\delta_1=2m\pi+\varepsilon/2$，$\delta_2=2m\pi-\varepsilon/2$，最小光强

$$I_{\min}=\frac{2I^{(i)}}{1+F\sin^2\frac{\varepsilon}{4}} \tag{2-43}$$

对应于合成光强极大处 G，$\delta_1=2m\pi$，$\delta_2=2m\pi-\varepsilon$，最大光强

$$I_{\max}=I^{(i)}+\frac{I^{(i)}}{1+F\sin^2\frac{\varepsilon}{2}} \tag{2-44}$$

根据斯托列尔准则，当 $I_{\min}=0.81I_{\max}$ 时，两光波条纹恰能分辨，得

$$\varepsilon=\frac{4.15}{\sqrt{F}}=\frac{2.07\pi}{S} \tag{2-45}$$

又由式(2-37)可得

$$\Delta\delta=\frac{4\pi h\cos I}{\lambda^2}\Delta\lambda=2m\pi\frac{\Delta\lambda}{\lambda}=\varepsilon=\frac{2.07\pi}{S} \tag{2-46}$$

F-P 干涉仪的色分辨本领为

$$A=\frac{\lambda}{\Delta\lambda_{\min}}=2m\pi\frac{S}{2.07\pi}=0.97mS \tag{2-47}$$

可见，F-P 干涉仪的色分辨本领正比于干涉级次和精细度 S。由于间距 $h\gg\lambda$，故干涉级很高，而且多光束干涉的条纹精细度也很高，因此 F-P 干涉仪色分辨本领很高。有时将 $0.97S$ 记为 N，称为有效光束数，则

$$A=mN \tag{2-48}$$

本书这样写是为了和光栅光谱仪的色分辨本领有同样的形式，但光栅光谱仪中的 N

为光栅的周期数。

必须指出:与杨氏干涉实验装置一样,所有的干涉仪都是在限定路径的条件下研制出来的。

2.7 光学薄膜和干涉滤光片

多光束干涉另一用途是用于制造光学薄膜,使光学元件增加透过率或反射率,以及分光、滤光、控制光束的位相及偏振等。

2.7.1 单层膜

图2-23给出镀在折射率为n_G的玻璃平板上的折射率为n的一层介质膜。周围介质折射率为n_0。一条光线入射到薄膜上时会产生多光束干涉。其反射光的复振幅为

$$\widetilde{A}^{(r)}=\frac{r_1+r_2\exp(i\delta)}{1+r_1r_2\exp(i\delta)}A^{(i)} \tag{2-49}$$

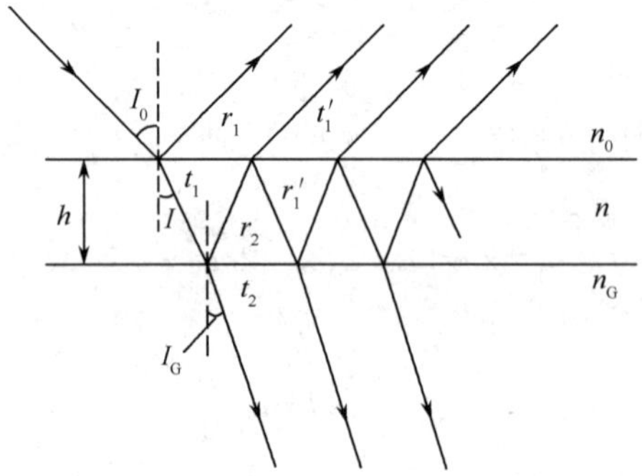

图2-23 单层介质膜的反射与透射

透射光的复振幅为

$$\widetilde{A}^{(t)}=\frac{t_1t_2}{1+r_1r_2\exp(i\delta)}A^{(i)} \tag{2-50}$$

式中:位相差δ为

$$\delta=\frac{4\pi}{\lambda}nh\cos I \tag{2-51}$$

薄膜的反射系数和透射系数分别为

$$r=\frac{r_1+r_2\exp(i\delta)}{1+r_1r_2\exp(i\delta)} \tag{2-52}$$

$$t=\frac{t_1t_2}{1+r_1r_2\exp(i\delta)} \tag{2-53}$$

忽略薄膜的吸收,则反射率和透过率分别为

$$R=\frac{r_1^2+r_2^2+2r_1r_2\cos\delta}{1+r_1^2r_2^2+2r_1r_2\cos\delta} \tag{2-54}$$

$$T=\frac{n_G\cos I_G}{n_0\cos I_0}\cdot\frac{t_1^2t_2^2}{1+r_1^2r_2^2+2r_1r_2\cos\delta} \tag{2-55}$$

$$R+T=1 \tag{2-56}$$

正入射时，$I_0=I=I_G=0$，则

$$r_1=\frac{n_0-n}{n_0+n}, \quad r_2=\frac{n-n_G}{n_G+n}$$

得

$$R=\frac{(n_0-n_G)^2\cos^2\frac{\delta}{2}+\left(\frac{n_0 n_G}{n}-n\right)^2\sin^2\frac{\delta}{2}}{(n_0+n_G)^2\cos^2\frac{\delta}{2}+\left(\frac{n_0 n_G}{n}+n\right)^2\sin^2\frac{\delta}{2}} \tag{2-57}$$

当 $n_0=1$、$n_G=1.5$ 时，对于波长为 λ_0 的光波，图 2-24 给出反射率 R 随 nh 变化的曲线。

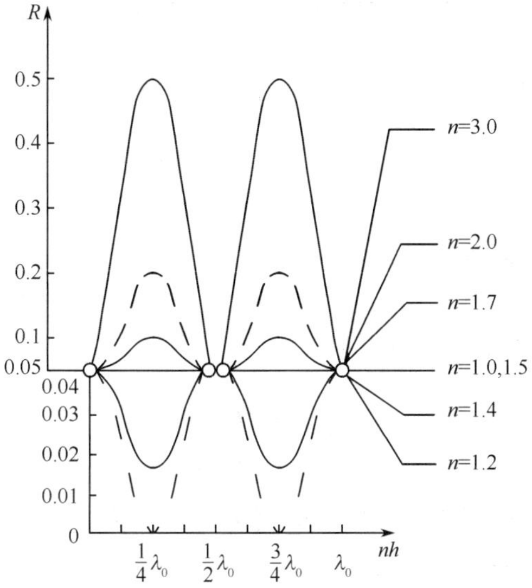

图 2-24　介质膜反射率 R 随 nh 变化的曲线

1. 单层增透膜

由图 2-24 可知，当 $n<n_G$ 时，反射率 R 小。当 $nh=\lambda_0/4$ 时，$\delta=\pi$ 反射率最小，增透效果最好。此时式(2-57)变为

$$R=\left(\frac{n_0-\frac{n^2}{n_G}}{n_0+\frac{n^2}{n_G}}\right)^2\times 100\% \tag{2-58}$$

显然，当

$$n=\sqrt{n_0 n_G} \tag{2-59}$$

时，反射率为 $R=0$。当 $n_0=1$，$n_G=1.5$ 时，$n=1.22$。但目前尚没有这种材料。通常在玻璃上镀氟化镁（MgF_2），此时 $R=1.3\%$，而不镀时反射率为 4%，镀膜后增透效果比较明显。

图 2-25 给出不同波长在不同入射角时的反射率曲线。可知，斜入射时，入射角小于 40°时，反射率和正入射相差不大。

2. 单层增反膜

由图 2-24 还可以看出，当 $n>n_G$ 时，若 $nh=\lambda_0/4$，可得到增反膜。正入射时反射公式

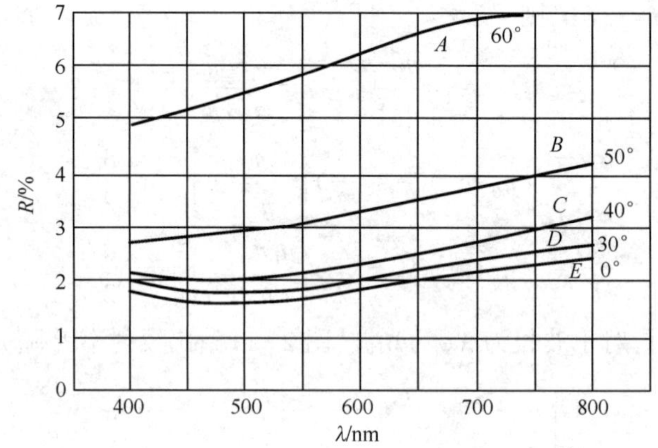

图 2-25　不同入射角下 MgF_2 单层膜的反射率曲线

和式(2-57)相同,由此可求得 n。常用的高反射率膜层材料为硫化锌(ZnS),$n=2.38$、$R=33\%$。

2.7.2　双层膜和多层膜

1. 双层增透膜

对于 n_0—n_G 界面,当正入射时反射率

$$R=\left(\frac{n_0-n_G}{n_0+n_G}\right)^2 \tag{2-60}$$

式(2-58)和式(2-59)比较,可知单层膜可以等效为一个界面。该界面基底介质的折射率称为等效界面折射率,记 n'_G 为

$$n'_G=\frac{n^2}{n_G} \tag{2-61}$$

镀不同折射率 n 的膜层,可以得到不同的 n'_G,有

$$R=\left(\frac{n_0-n'_G}{n_0+n'_G}\right)^2 \tag{2-62}$$

对于 n_0—n_1—n_2—n_G 的双层膜,有

$$n_2=\sqrt{\frac{n_G}{n_0}}n_1 \tag{2-63}$$

双层膜的增透效果更佳。正入射时,$n_0=1$,$n_G=1.5$,$n_1=1.38$(ZnS),$n_2=1.70$(SiO)的 $\lambda/4$ 膜系,对特定波长 λ_0 可达到极高的增透效果。

2. 多层高反膜

常用的多层高反膜是由 nh 均为 $\lambda_0/4$ 的低折射率层(MgF_2)和高折射率层(ZnS)交替镀成的膜系,称为 $\lambda_0/4$ 膜系。符号表示为

$$GHLHL\cdots LHA=G(HL)^pHA \quad (p=1,2,3,\cdots)$$

式中:G 和 A 分别表示玻璃和空气,H 和 L 分别为高、低折射率层。

此时反射率为

$$R=\left[\frac{n_0-\left(\frac{n_H}{n_L}\right)^{2P}\frac{n_H^2}{n_G}}{n_0+\left(\frac{n_H}{n_L}\right)^{2P}\frac{n_H^2}{n_G}}\right]^2 \tag{2-64}$$

一般取 $2p+1$ 层。膜层越多,反射率越高。如氦氖激光器谐振腔反射镜镀 15 层~19 层,反射率可高达 99.6%。

2.7.3 干涉滤光片

1. 干涉滤光片

干涉滤光片是利用多光束干涉原理得出的一种从白光中滤出准单色光的多层膜系,类似于间隔很小的 F-P 干涉仪。

2. 彩色分光膜

在彩色电视和印刷中,需把白光分成红、绿、蓝三原色光。采用多层膜系可以做出不同的滤光片,得到三原色光。

2.8 驻　　波

两频率相同、振动方向相同、传播方向相反的两光波复振幅分别为

$$\widetilde{\boldsymbol{E}}_1=\boldsymbol{A}\cdot \mathrm{e}^{\mathrm{i}kx} \tag{2-65}$$

$$\widetilde{\boldsymbol{E}}_2=\boldsymbol{A}\cdot \mathrm{e}^{-\mathrm{i}kx} \tag{2-66}$$

合成复振幅为

$$\widetilde{\boldsymbol{E}}=\widetilde{\boldsymbol{E}}_1+\widetilde{\boldsymbol{E}}_2=2\boldsymbol{A}\cdot\cos(kx) \tag{2-67}$$

光强为

$$\boldsymbol{I}=\widetilde{\boldsymbol{E}}\cdot\widetilde{\boldsymbol{E}}^*=4A^2\cdot\cos^2(kx) \tag{2-68}$$

不同的 x 有不同的振幅和光强。一系列振幅和光强为零的点(这些点始终不振动)称为波节,波节的位置由下式确定:

$$x=\frac{m\lambda}{4},\quad (m=1,3,5,\cdots) \tag{2-69}$$

相邻两个波节的中点振幅和光强最大,称为波腹。其位置由下式确定:

$$x=\frac{m\lambda}{2},\quad (m=0,1,3,5,\cdots) \tag{2-70}$$

图 2-26 为振幅和光强随空间位置的变化曲线。

由式(2-69)、式(2-70)和图 2-26 可以看出,波节和波腹间距离为$\frac{\lambda}{4}$,它所在 x 上为固定点。这一点和某一方向传播的波,如球面波和平面波(称为行波)不同,故称为驻波。

实际上驻波的形成是通过反射镜实现的,在反射面含有 π 位相突变,故两光波的复振幅分别为

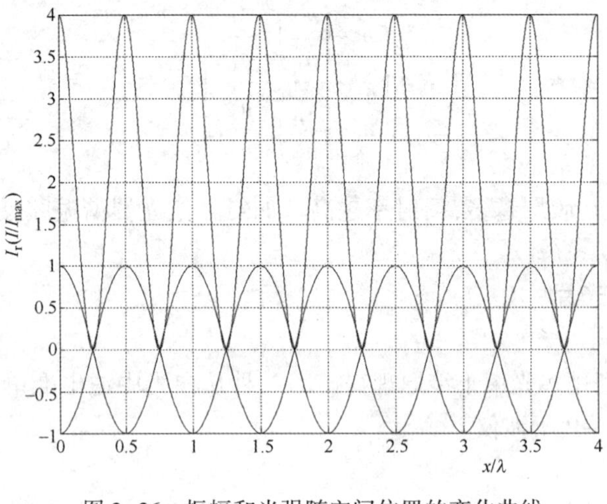

图 2-26　振幅和光强随空间位置的变化曲线

$$\widetilde{\boldsymbol{E}}_1=\boldsymbol{A}\cdot \mathrm{e}^{\mathrm{i}(kx+\pi)} \tag{2-71}$$

$$\widetilde{\boldsymbol{E}}_2=\boldsymbol{A}\cdot \mathrm{e}^{-\mathrm{i}kx} \tag{2-72}$$

合成振幅为

$$\widetilde{\boldsymbol{E}}=\widetilde{\boldsymbol{E}}_1+\widetilde{\boldsymbol{E}}_2=2\boldsymbol{A}\cdot \mathrm{e}^{\mathrm{i}\frac{3}{2}\pi}\sin(kx) \tag{2-73}$$

合成光强为

$$I=4\boldsymbol{A}^2\sin^2(kx) \tag{2-74}$$

波节位置为

$$x=\frac{m\lambda}{2}\quad (m=0,1,3,5,\cdots) \tag{2-75}$$

波腹位置为

$$x=\frac{m\lambda}{4}\quad (m=1,3,5,\cdots) \tag{2-76}$$

图 2-27 为振幅和光强随空间位置的变化曲线。

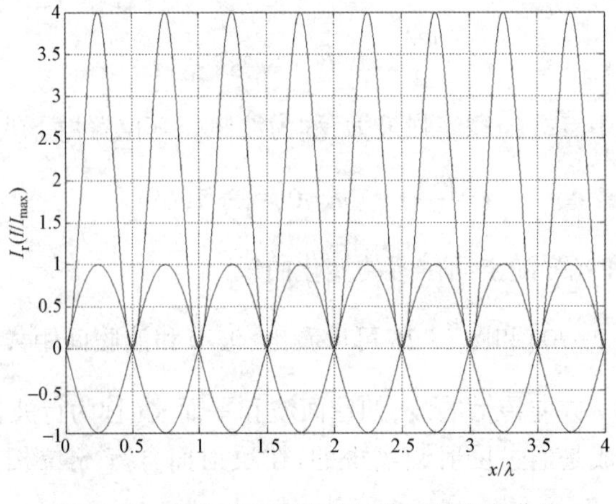

图 2-27　振幅和光强随空间位置的变化曲线

2.9　双波长干涉

2.9.1　双波长干涉现象

光波进入介质中,频率不变,但波长会发生变化,从而不同波长的光波在介质中传播的速度不同,即介质对不同波长光波的折射率不同,这种现象称为介质的色散。

若两个不同颜色的光在介质中发生干涉,称为双波长干涉。

设两波长沿同一方向传播的光矢量分别为

$$\widetilde{\boldsymbol{E}}_1=\boldsymbol{A}\cdot e^{ik_1x}e^{-i\omega t} \tag{2-77}$$

$$\widetilde{\boldsymbol{E}}_2=\boldsymbol{A}\cdot e^{ik_2x}e^{-i\omega t} \tag{2-78}$$

则合成光矢量为

$$\widetilde{\boldsymbol{E}}=\widetilde{\boldsymbol{E}}_1+\widetilde{\boldsymbol{E}}_2=\boldsymbol{A}\left(e^{ik_1x}+e^{ik_2x}\right)e^{-i\omega t} \tag{2-79}$$

即

$$\widetilde{\boldsymbol{E}}=2\boldsymbol{A}\cos\left(\frac{k_1-k_2}{2}x\right)\cdot e^{i\left(\frac{k_1+k_2}{2}x-e^{i\omega t}\right)} \tag{2-80}$$

光强为

$$I=4A^2\cdot\cos^2\left(\frac{k_1-k_2}{2}x\right) \tag{2-81}$$

令

$$k^{+}=\frac{k_1+k_2}{2},k^{-}=\frac{k_1-k_2}{2} \tag{2-82}$$

由式(2-80)可以看出,光矢量 $\widetilde{\boldsymbol{E}}$ 中 $e^{i(k^{+}x-e^{i\omega t})}$ 相当于波数为 $k^{+}=\frac{k_1+k_2}{2}$,角频率为 ω 的光波。光电接收器件响应的光强波数为 $k^{-}=\frac{k_1-k_2}{2}$,若两波长相差比较小,则对应的波长变长,即

$$\lambda^{-}=\frac{2\lambda_1\lambda_2}{\lambda_2-\lambda_1} \tag{2-83}$$

此波长对应的频率为

$$f^{-}=\frac{\nu}{\lambda^{-}} \tag{2-84}$$

虽然 f^{-} 比 f_1 和 f_2 要低许多,但是能被接收器件响应,观察到干涉条纹。

例如:设 $\lambda_1=1\mu m$, $\lambda_2=1.02\mu m$,则 $\lambda^{-}=102\mu m$,若 $n=1.5$,则

$$f^{-}=\frac{c}{n\lambda^{-}}=1.960784314\times10^{10}(\text{Hz})$$

图 2-27 所示为 $\boldsymbol{E}_1=\boldsymbol{A}\cos(k_1x)$, $\boldsymbol{E}_2=\boldsymbol{A}\cos(k_2x)$; $\boldsymbol{E}=2\boldsymbol{A}\cos(k^{-}x)$ 和 $\boldsymbol{I}=4\boldsymbol{A}^2\cdot\cos^2(k^{-}x)$ 的曲线。

2.9.2　光拍

光波在真空(空气)中传播时,不发生色散,群速度 v^{-}(等幅面的传播速度)等于相速度 v^{+}(等相面的传播速度)。光波在介质中传播时,由于双波长干涉,两者不相等。

平均角频率为

$$\omega^{+}=\frac{\omega_1+\omega_2}{2} \tag{2-85}$$

相速度为

$$v^{+}=\frac{\omega^{+}}{k^{+}} \tag{2-86}$$

群速度为

$$v^{-}=\frac{\omega^{-}}{k^{-}}=\frac{\omega_1-\omega_2}{k_1-k_2}=\frac{\Delta\omega}{\Delta k} \tag{2-87}$$

当 $\Delta\omega$ 很小时,

$$v^{-}=\frac{\mathrm{d}\omega}{\mathrm{d}k}=\frac{\mathrm{d}kv}{\mathrm{d}k} \tag{2-88}$$

即

$$v^{-}=v^{+}-\lambda\frac{\mathrm{d}v}{\mathrm{d}\lambda} \tag{2-89}$$

对于正常色散介质,$\frac{\mathrm{d}n}{\mathrm{d}\lambda}<0$;$\frac{\mathrm{d}v}{\mathrm{d}\lambda}>0$,$v^{-}<v^{+}$,群速度小于相速度;非正常色散介质,$\frac{\mathrm{d}n}{\mathrm{d}\lambda}>0$;$\frac{\mathrm{d}v}{\mathrm{d}\lambda}<0$;$v^{-}>v^{+}$;群速度大于相速度。

由式(2-81)及图 2-28 可以看出,由于双波长干涉,出现合成光强时大时小,能被接收器件响应,这种现象称为光拍。光拍现象是福莱斯特(A. Forrester)等人于 1955 年首先观测到的。

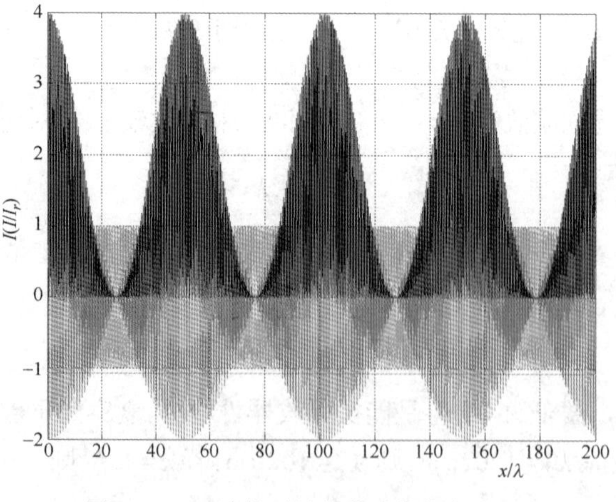

图 2-28　双波长干涉的合成振幅与光强

2.10　双 频 干 涉

在介质中发生双波长干涉,探测有一定的困难,从而限制了它的应用。若在满足单频干涉后两个相干必要条件的前提下,在两个频率差很小的条件下,让两波在空气中干涉,使之合成振幅和光强达到被探测器件响应的程度,则有广泛的应用前景。双频干涉在激光通信中传输率高,抗大气干扰能力强,目前已受到世界各国的重视。

设两光波的光矢量分别为

$$\widetilde{\boldsymbol{E}}_{1(r,t)} = \boldsymbol{A}_1 \cdot \mathrm{e}^{\mathrm{i}(k_1 x - \omega_1 t)} \tag{2-90}$$

$$\widetilde{\boldsymbol{E}}_{2(r,t)} = \boldsymbol{A}_2 \cdot \mathrm{e}^{\mathrm{i}(k_2 x - \omega_2 t)} \tag{2-91}$$

合成光强为

$$I = (\widetilde{E}_{2(r,t)} + \widetilde{E}_{2(r,t)})(\widetilde{E}^*_{1(r,t)} + \widetilde{E}^*_{2(r,t)}) \tag{2-92}$$

若已知:

$$\delta_r = (k_{1(r)} - k_{2(r)})r = 2\pi\left(\frac{1}{\lambda_{1(r)}} - \frac{1}{\lambda_{2(r)}}\right)r = 2\pi(\gamma_1 - \gamma_2)r;$$

$$\delta_t = (\omega_{1(t)} - \omega_{2(t)})t = 2\pi\left(\frac{1}{T_{1(t)}} - \frac{1}{T_{2(t)}}\right)t = 2\pi(f_1 - f_2)t$$

则得

$$I = A^2{}_{1(t)} + A^2{}_{2(t)} + 2A_{1(t)}A_{2(t)}\cos\delta_t\cos\delta_r$$

显然空域频率远大于时域频率,则

$$I = A^2_{1(t)} + A^2_{2(t)} + 2A_{1(t)}A_{2(t)}\cos\delta_t \tag{2-93}$$

例如,$f_1 = 1.935483871 \times 10^{14}\mathrm{Hz}$, $\lambda_1 = 1.55\mu\mathrm{m} = 1.55 \times 10^{-3}\mathrm{mm}$; $f_2 = 1.9475483871 \times 10^{14}\mathrm{Hz}$, $\lambda_2 = 1.540398185 \times 10^{-3}\mathrm{mm}$ 。$A_1 = 1$;$A_2 = 5$,混频后频率

$$\Delta f = f_2 - f_1 = 1 \times 10^{12}\mathrm{Hz}$$

混频器又称光信号放大器,已成功用于光纤通信的中继站上。根据式(2-93)计算的该光信号放大器。图2-29为双频干涉的振幅和光强曲线。由该图可以看出:信号光振幅$A_1=1$,本振光振幅$A_2=5$, 混频后合成光强放大36倍。如$A_1=1$,$A_2=10$,则混频后合成光强放大121倍。这种光信号放大器已成功地用于光纤激光通信和空间激光通信中。

可见,双频干涉与单频干涉不同, 双频干涉本振振幅远大于信号光振幅,起放大作用的是式(2-93)中的第三项(数学上称为相关项), 混频器类似于无线电收音机中的中频;单频干涉为保证干涉条纹的对比度要求A_2和A_1相等。

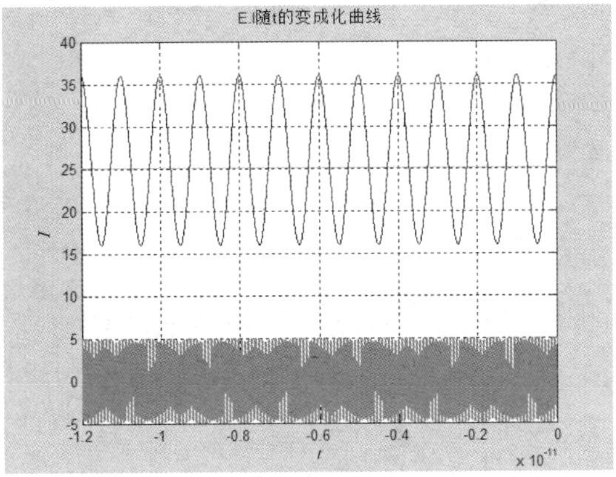

图2-29 双频干涉的合成振幅和光强曲线

习　　题

1. 菲涅耳双棱镜干涉装置如习题图 2-1 所示。S 为点光源，发射出波长 $\lambda=0.5\mu m$ 的光波，棱镜顶角 $\alpha=4\times10^{3}$ 弧度（rad），玻璃折射率 $n=1.5$，各元件尺寸如图所示。求：(1)条纹间隔 e；(2)接收屏上最多能观察到多少亮条纹？(3)光源允许宽度 b_p。

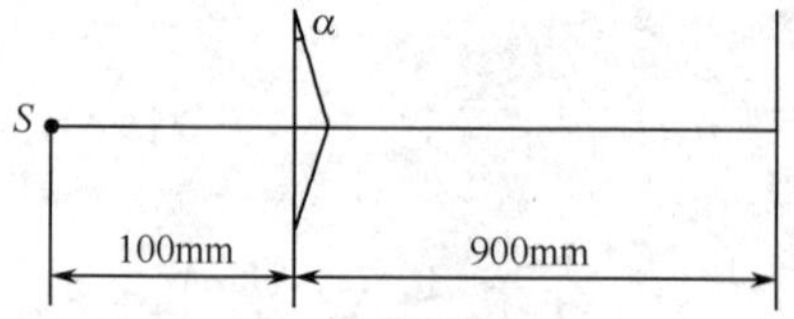

习题图 2-1　菲涅耳双棱镜干涉装置

2. 一台 F-P 干涉仪，标准具两反射面间距 $h=5mm$，单色光源波长 $\lambda=500nm$，两反射面反射率 $R=0.9\%$，试求(1)条纹精细度 S；(2)色分辨本领；(3)自由光谱范围。

3. Kr^{86}同位素发出波长 $\lambda=605.7nm$ 的光波，光谱宽度 $\Delta\lambda=4.7\times10^{-4}nm$，氦氖激光器发出波长 $\lambda=632.8nm$ 的光波，光谱宽度 $\Delta\lambda=1\times10^{-8}nm$，分别求它们的相干长度。

4. 用钠光灯做 F-P 干涉仪的光源，钠光灯包含两条谱线，$\lambda_1=0.589\mu m$；$\lambda_2=0.5896\mu m$，P_1 和 P_2 为两反射面。P_1 和 P_2 间距 $h=2mm$，试求：(1)第四个干涉环中两波长的角间距；(2)当 P_1 连续移动时，两个波长的干涉不周期性重叠，问 Δh 等于多少重叠一次？

5. 用斐索干涉仪（见图 2-13）测一平行玻璃板的平行差，玻璃折射率 $n=1.5$，在照明区 $L=50mm$ 内有 10 个亮条纹，求此平行玻璃板的平行差。

6. 有一干涉滤光片，在正入射的条件下，透射峰值波长是镉红线（$\lambda=0.6438\mu m$），且光学厚度 $nh=\lambda$，(1)观察者通过这个干涉滤光片看太阳光，在转动滤光片时，观察者能看到什么现象？(2)在入射角 $I=30°$时，若膜层折射率 $n=1.32$，求透射光波长。

7. 指出 F-P 干涉仪和迈克尔逊干涉仪的异同点。

8. 计算两个 7 层高反膜的反射率，(1) $n_G=1.50$，$n_H=2.40$，$n_L=1.38$；(2) $n_G=1.50$，$n_H=2.20$，$n_L=1.38$。

第3章 光的衍射

第1章给出的平面波和球面波光矢量表达式,是以单色点光源在各向同性均匀介质中的自由传播为基础解亥姆霍兹方程得到的。第2章讨论干涉问题时,也同样是模拟两单色点光源发出的球面波在各向同性均匀介质中的自由传播,讨论两光波在空间相遇后的干涉叠加情况。自由传播是指光波在传播过程中没有遇到任何障碍物。实际上这是很难做到的,光波遇到障碍物就要发生衍射,光的衍射是光的波动性的主要标志之一。

历史上最早成功地运用波动光学原理解释光的衍射现象是菲涅耳(1818年)。他把惠更斯在17世纪提出的惠更斯原理用干涉理论加以补充,发展成为惠更斯—菲涅耳原理,从而完善地解释了光的衍射现象。要解决光波经小孔之类的衍射问题,应根据边值条件解波动方程。基尔霍夫运用数学上的格林公式成功地解决了这个问题,完善了菲涅耳的衍射积分公式,得出了菲涅耳—基尔霍夫衍射公式,建立了标量波衍射理论。

第2章讨论干涉问题时,忽略了衍射,如杨氏干涉中将 S_1 和 S_2 视为单色点光源。实际这两个小孔不可能无限小,总有一定的尺寸,不可能只含有一个子波。单色点光源 S 发出的球面波经此两个小孔时发生衍射,严格来讲接收屏上的光场应是经此两小孔衍射后的光波干涉叠加的结果。只不过当小孔很小时,衍射角大,可近似视为两个点光源而已。

过去的物理光学书中,均将衍射分为菲涅耳衍射和夫琅禾费(Fraunhofer)衍射,认为菲涅耳衍射和夫琅禾费衍射之间是由量变到质变的关系。为此还引入了所谓的傍轴条件和远场条件,这种解释是很牵强的。1999年3月,在JOSA上发表的一篇文章[3]从理论上严格地论述了菲涅耳衍射和夫琅禾费衍射的本质区别及两者的联系。

3.1 标量波衍射理论菲涅耳—基尔霍夫衍射公式

1818年菲涅耳成功解决了光的衍射现象以后,1882年基尔霍夫应用格林定理予以证明,得出著名的标量波衍射菲涅耳—基尔霍夫衍射公式。基尔霍大的推导是建立在入射光遇到障碍物表面的两个假设边值条件基础上的。1884年,索末菲等认为这两个假设互不相容[4],他用两个假定中的一个,得出所谓的瑞利—索末菲衍射理论。其实无论哪种理论均是在一定的近似条件下成立的,即:①衍射孔尺寸远远小于光波波长;②衍射孔至点光源和接收屏距离远大于衍射孔尺寸。在这种条件下,菲涅耳—基尔霍夫衍射公式得出的结果与实验惊人地吻合。所以没有必要在数学上过分追求严谨,重要的是物理概念要清晰。

至于菲涅耳—基尔霍夫衍射公式,诸多文献均有论述。其中参考文献[5]给出的公式为

$$\widetilde{\boldsymbol{E}}_p=\frac{1}{4\pi}\iint_{\Sigma+\Sigma_1+\Sigma_2}\left\{\frac{\partial\widetilde{\boldsymbol{E}}}{\partial n}\left[\frac{\exp(\mathrm{i}kr)}{r}\right]-\widetilde{\boldsymbol{E}}\frac{\partial}{\partial n}\left[\frac{\exp(\mathrm{i}kr)}{r}\right]\right\}\mathrm{d}\sigma \tag{3-1}$$

这里将 Σ 修正一下,将平面改为球面,如图3-1所示,这样才有普遍意义,且和惠更

斯—菲涅耳原理结合起来。

菲涅耳—基尔霍夫衍射公式：

$$\widetilde{\boldsymbol{E}}_p=\frac{A}{\mathrm{i}\lambda}\frac{\exp(\mathrm{i}kR)}{R}\iint_\sigma k(\theta)\frac{\exp(\mathrm{i}kr)}{r}\mathrm{d}\sigma \tag{3-2}$$

式中：$k(\theta)$为倾斜因子，表达如下：

$$k(\theta)=\frac{1+\cos\theta}{2} \tag{3-3}$$

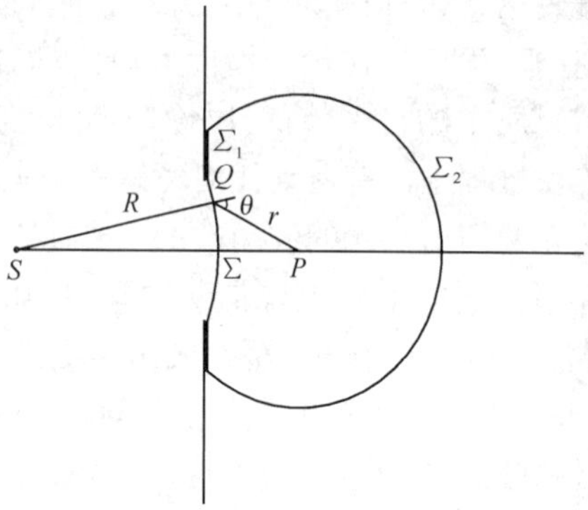

（a）

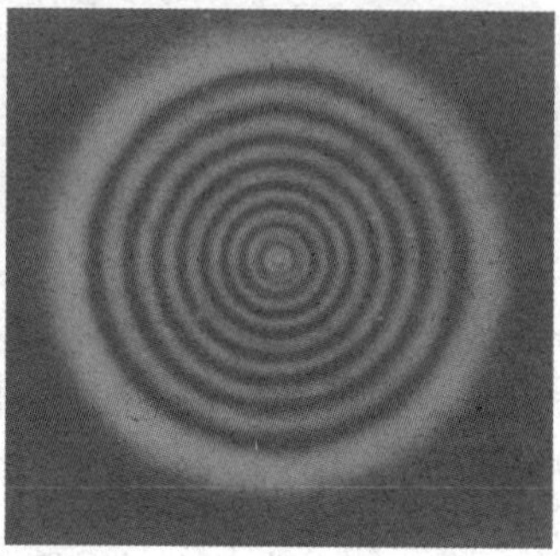

（b）

图 3-1　菲涅耳—基尔霍夫衍射公式积分区域和衍射现象

在满足上述近似条件下，$k(\theta)\approx1$，否则不仅计算起来非常复杂，更重要的是在衍射孔尺寸和其至接收屏距离比值大时，$k(\theta)$变化很大，导致振幅变化很大，从而观察不到衍射条纹，这是大孔衍射现象不明显的原因之一。

另一个影响振幅的因素是积分号内的分子 r，r 变化大，同样观察不到衍射条纹。在近似条件下，$r\approx L$，L 为衍射孔至衍射屏距离。一些文献将这种近似称为旁轴条件，而把位相因子中 r 近似等于衍射孔至衍射屏距离 L 称为远场条件。其实既满足旁轴条件又满足远场条件对讨论衍射已无任何实际意义。

在满足 $k(\theta)=1$ 和旁轴条件的基础上，位相因子中 r 同样不能变化太大，否则同样观察不到衍射条纹，将 r 展成级数，取到二次方项，称为菲涅耳近似。衍射孔上任意点 Q 在衍射孔坐标的二次项值为零，则为夫琅禾费近似（详见圆孔衍射）。因此，夫琅禾费是菲涅耳衍射的特例。

总之，在菲涅耳近似的条件下，用菲涅耳—基尔霍夫衍射公式计算的结果和实验完全吻合，证明在这种近似情况下，该衍射公式是完全正确的。

3.2　圆孔衍射

3.2.1　圆孔衍射的复振幅及光强解析表达式

圆孔衍射是最常见的衍射现象。因为光学仪器中，孔径绝大部分是圆形的，所以应重点加以研究。

圆孔衍射是轴对称的。故参考文献[3]在运用菲涅耳—基尔霍夫衍射公式推导接收屏上的复振幅及光强分布时，采用的是圆柱坐标系。此时式(3-1)变为

$$\widetilde{\boldsymbol{E}}_p=\frac{\boldsymbol{A}}{\mathrm{i}\lambda}\frac{\exp\left[\mathrm{i}k\left(R+L+\dfrac{\rho^2}{2L}\right)\right]}{RL}\int_0^a\exp\left(\mathrm{i}k\frac{M}{2L}q^2\right)q\mathrm{d}q\int_0^{2\pi}\exp\left(-\mathrm{i}k\frac{q\rho}{L}\cos\alpha\right)\mathrm{d}\alpha \quad (3-4)$$

式中：ρ 为接收屏上任意一点，是 P 至中心点 P_0 的距离。q 为衍射孔上任一点 Q 至衍射孔中心距离。

积分后得

$$\widetilde{\boldsymbol{E}}_p=\widetilde{\boldsymbol{E}}_0\exp\left[\mathrm{i}MN\pi\left(1+\frac{\rho^2}{Ma^2}\right)\right]\cdot\sum_{n=1}^{\infty}\left(-\mathrm{i}M\frac{a}{\rho}\right)^n\mathrm{J}_n\left(2N\pi\frac{\rho}{a}\right) \quad (3-5)$$

式中：$\mathrm{J}_n\left(2N\pi\dfrac{\rho}{a}\right)$则为 n 阶贝塞尔(Bessel)函数。

其中，

$$\widetilde{\boldsymbol{E}}_0=\frac{\boldsymbol{A}}{R\pm L}\exp[\mathrm{i}k(R\pm L)] \quad (3-6)$$

$\widetilde{\boldsymbol{E}}_0$ 表示自由传播时，接收屏上中心点 P_0 处的复振幅，可表达如下：

M 的物理意义如图 3-2 所示，$M=1$(平面波)，$M=\dfrac{R+L}{R}$(发散球面波)，$M=\dfrac{R-L}{R}$(会聚球面波)。

由点光源 S 发出的光束若按直线传播，经衍射孔边缘的光线到达接收屏上 P_{m} 点，M 表示 P_{m} 点至接收屏中心 P_0 的距离 ρ_{m} 和衍射孔半径 a 的比值，即

$$M=\frac{\rho_{\mathrm{m}}}{a} \quad (3-7)$$

同时

$$N=\frac{a^2}{\lambda L} \quad (3-8)$$

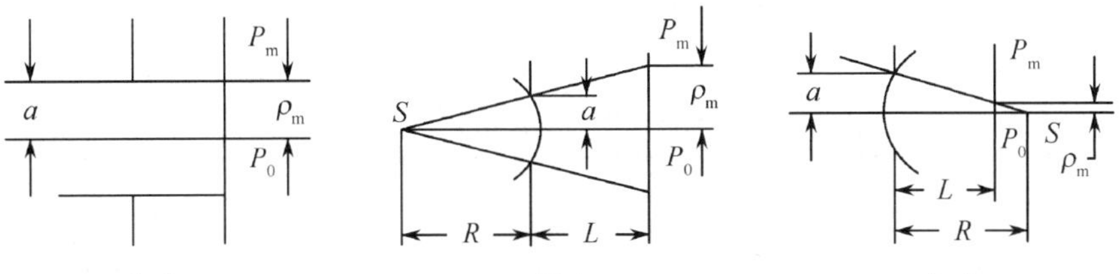

图 3-2　M 的物理意义

(a)平面波；(b)发散球面波；(c)会聚球面波。

若令

$$\widetilde{\boldsymbol{B}}=\sum_{n=1}^{\infty}\left(-\mathrm{i}M\frac{a}{\rho}\right)^n\mathrm{J}_n\left(2N\pi\frac{\rho}{a}\right)=B\exp(\mathrm{i}\beta) \quad (3-9)$$

$$\boldsymbol{B}=\left|\sum_{n=1}^{\infty}\left(-\mathrm{i}M\frac{a}{\rho}\right)^n\mathrm{J}_n\left(2N\pi\frac{\rho}{a}\right)\right| \quad (3-10)$$

则 P 点光强为

$$I_p=\widetilde{\boldsymbol{E}}_p\cdot\widetilde{\boldsymbol{E}}_p^*=B^2I_0 \quad (3-11)$$

其中

$$I_0 = \widetilde{\boldsymbol{E}}_0 \cdot \widetilde{\boldsymbol{E}}_0^*$$

由于贝塞尔函数是常用的特殊函数(目前一些计算机软件中均有此函数),所以按上面公式计算接收屏上的光强分布很方便。

在没有得出上面公式以前,人们在计算菲涅耳衍射的光强分布时,采用的是数值积分法。图 3-3(a)就是由数学积分法得出的菲涅耳波带数 $F_r = MN = 4$ 时光强分布曲线[6];图 3-3(b)为按上述公式计算的光强分布曲线[7-8]。两者完全相同。证明参考文献[3]的理论是正确的。

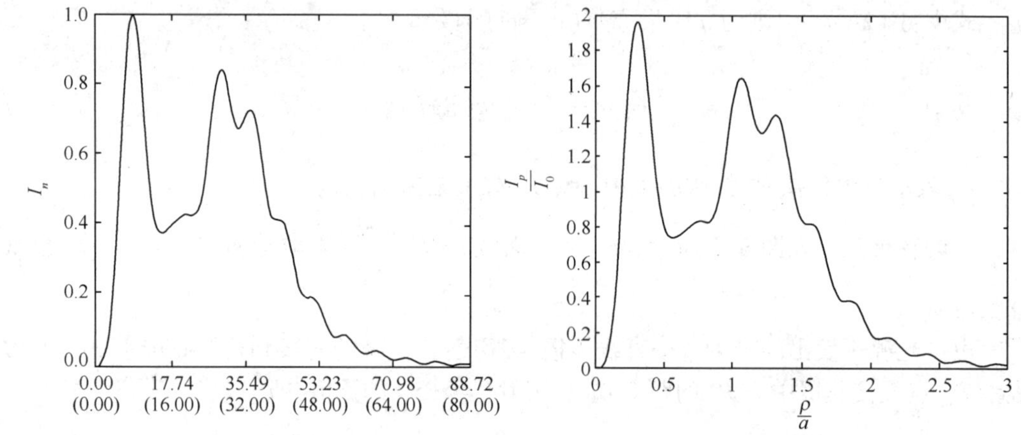

(a) (b)

图 3-3 $F_r = MN = 4$ 的光强分布曲线

(a)数值积分计算得出的结果;(b)按式(3-11)计算出的结果。

应当指出,在编计算程序时,n 的取值随菲涅耳波带数 $F_r = MN$ 而定,F_r 越大,n 的取值应越大。表 3-1 列出不同的 F_r 对应的 n 值。

表 3-1 F_r 与 n 的对应值

F_r	≤0.2	≤1	≤2	≤3	≤4	≤5	≤6	≤8	≤10
n	1	10	18	26	34	42	50	68	86

由表 3-1 可以看出,当 $F_r = MN$ 比较小时,如 $F_r \leqslant 0.2$,计算很简单,式(3-4)变为

$$\widetilde{\boldsymbol{E}}_p = \widetilde{\boldsymbol{E}}_0 \exp\left[\mathrm{i}MN\pi\left(1+\frac{\rho^2}{Ma^2}\right)\right] \cdot \left(-\mathrm{i}M\frac{a}{\rho}\right)\mathrm{J}_1\left(2N\pi\frac{\rho}{a}\right) \tag{3-12}$$

即

$$\widetilde{\boldsymbol{B}} = \left(-\mathrm{i}M\frac{a}{\rho}\right)\mathrm{J}_1\left(2N\pi\frac{\rho}{a}\right) \tag{3-13}$$

3.2.2 菲涅耳衍射与夫琅禾费衍射

上面给出的光矢量及光强解析表达式为一个通用公式。在推导过程中,由于 r 和 L 相差很小,故在分子中用 L 代替了 r。这就是在一些物理光学书中说的傍轴条件。实际上引入傍轴条件并没有什么太大的意义,它只对各干涉光束的振幅起作用。由光波叠加原理得知,不同振幅的光波干涉叠加只影响干涉条纹的对比度,何况一般 r 和 L 相差很

小，振幅变化并不大。实际上认为倾斜因子 $K(\theta)\approx 1$ 也是基于这种设想。下面讨论夫琅禾费衍射条件，一些物理书中将式(3-3)中位相的二次项满足下述条件

$$k\frac{M}{2L}q^2=\frac{2\pi}{\lambda}\cdot\frac{M}{2L}q^2\ll\pi \tag{3-14}$$

此时有

$$\exp\left(\mathrm{i}k\frac{M}{2L}q^2\right)\approx\exp(0)=1 \tag{3-15}$$

这样式(3-3)中就没有了位相的二次项，积分变得简单，称为夫琅禾费衍射。而不满足式(3-14)的条件则为菲涅耳衍射。这种定义，使人很费解。似乎菲涅耳衍射和夫琅禾费衍射的区别只是量的差别。这无论在数学上还是在物理上均是不严谨的。

那么，菲涅耳衍射和夫琅禾费衍射的本质区别是什么？它们之间又有什么联系呢？由式(3-3)的位相二次项可以看出欲使 $\mathrm{i}kMq^2/(2L)=0$，只有 $L=\infty$ 或 $M=0$。

1. $L=\infty$ 的条件

平面波衍射时，$M=1$，接收屏位于无限远，$L=\infty$ 。

2. $M=0$ 的条件

会聚球面波衍射时，若接收屏垂直通过该波面球心，则 $R=L,M=0$。

因此，可以得出结论：菲涅耳衍射是普遍现象。夫琅禾费衍射是菲涅耳衍射的特例。只有两种情况才能发生夫琅禾费衍射：即第一种情况平面波衍射且接收屏位于无限远，这是无法实现的；另一种情况是会聚球面波衍射，接收屏垂直通过波面球心。这种情况经常遇到，因为成像光学系统的接收器件如分划板、照相底片、CCD 等均位于成像面上，接收器件上接收的均是夫琅禾费衍射光强。所以虽然夫琅禾费衍射是特殊情况，但是对成像光学系统却是普遍的，夫琅禾费衍射对光学仪器具有重要的现实意义。

3.2.3 菲涅耳数的物理意义

一些文献，特别是关于激光原理的书中，定义 $N=a^2/(\lambda L)$ 为菲涅耳数。顾名思义它表示菲涅耳波带数。但是这只适用于平面波衍射。对于球面波衍射，具有通用意义的菲涅耳数应为

$$F_r=MN \tag{3-16}$$

当平面波衍射时，$M=1,F_r=N$。

例如，一个望远镜或照相物镜，其焦平面处 $M=0$，为夫琅禾费衍射，菲涅耳波带数为零。这是因为对于理想光学系统，焦点位于球面波的球心上。焦前或焦后则为菲涅耳衍射，这时 M 非常小，尽管 N 很大，菲涅耳数 F_r 仍很小。所以，此时只考虑 N 是没有意义的，必须讨论 MN 才能正确反映衍射特性。这里顺便指出，这类系统的 θ 均很小，倾斜因子 $K(\theta)\approx 1$，所以本章开始指出的忽略倾斜因子处理，是根据实际情况而做出的。

正如梁铨廷教授在《物理光学》一书中所说："菲涅耳衍射的定量解决仍很困难。在许多情况下，需要利用定性和半定量的分析、估算来解决问题。"研究菲涅耳衍射时采用的是菲涅耳波带法和菲涅耳积分法，菲涅耳数也是由此来引出来的。

从光矢量的振幅解析表达式得出和菲涅耳波带法及菲涅耳积分法同样的结论，下面论述这个问题。

3.2.4 圆孔衍射解析表达式的物理意义

利用贝塞尔函数母函数的概念,经数学推导,可得出

$$\widetilde{\boldsymbol{E}}_p=\widetilde{\boldsymbol{D}}A\frac{\exp\left\{\mathrm{i}k\left[R+L+\dfrac{\rho^2}{2(R+L)}\right]\right\}}{R+L}\left\{1-\exp\left[\mathrm{i}Mn\pi\left(1+\frac{\rho^2}{M^2a^2}\right)\right]\cdot \mathrm{J}_0\left(2N\pi\frac{\rho}{a}\right)\right\} \tag{3-17}$$

其中

$$\widetilde{\boldsymbol{D}}=\frac{1}{1+\widetilde{\boldsymbol{P}}}=\boldsymbol{D}\exp(\mathrm{i}\gamma) \tag{3-18}$$

式中:$\widetilde{\boldsymbol{D}}$ 为振幅衰减系数。

$$\widetilde{\boldsymbol{P}}=\frac{\sum\limits_{n=1}^{\infty}\left(-\mathrm{i}\dfrac{\rho}{Ma}\right)^n\mathrm{J}_n\left(2N\pi\dfrac{\rho}{a}\right)}{\sum\limits_{n=1}^{\infty}\left(-\mathrm{i}\dfrac{Ma}{\rho}\right)^n\mathrm{J}_n\left(2N\pi\dfrac{\rho}{a}\right)} \tag{3-19}$$

P 点光强为

$$I_p=\widetilde{\boldsymbol{D}}^2I_0\left\{1-2\mathrm{J}_0\left(2N\pi\frac{\rho}{a}\right)\cos\left[\left(1+\frac{\rho^2}{M^2a^2}\right)MN\pi\right]+\mathrm{J}_0^2\left(2N\pi\frac{\rho}{a}\right)\right\} \tag{3-20}$$

由式(3-17)可以看出,接收屏上任意一点 P 的振幅由两项构成:一项为几何波(直线传播光束);另一项为衍射波(非直线传播光束)。两者均受到振幅衰减系数 $\widetilde{\boldsymbol{D}}$ 的调制,对于衍射波,其振幅按零阶贝塞尔函数分布,而其位相由两项构成。

(1)$MN\pi=\dfrac{2\pi}{\lambda}\dfrac{R+L}{2RL}\cdot a^2$,反映衍射孔边缘子波(边界波)对接收屏上各点的作用。

(2)$N\pi\dfrac{\rho^2}{Ma^2}=\dfrac{2\pi}{\lambda}\cdot\dfrac{1}{M}\cdot\dfrac{\rho^2}{2L}$,反映衍射孔中心子波对屏上任意点 P 的作用。此讨论是经过严格数学推导得出的,它比边界衍射波理论更准确、更完善。

此外,对于接收屏中心点 P_0,将 $\widetilde{\boldsymbol{D}}=1$,$\rho=0$ 代入式(3-20),可得

$$I_{P_0}=4I_0\sin^2\left(\frac{MN\pi}{2}\right)=4I_0\sin^2\left(\frac{R+L}{2RL}\cdot a^2\cdot\frac{\pi}{\lambda}\right) \tag{3-21}$$

显然,当

$$\begin{cases}a=\sqrt{\dfrac{(2m+1)RL}{R+L}\lambda}\\[2ex] a=\sqrt{\dfrac{2mRL}{R+L}\lambda}\end{cases}\quad(m=0,\pm1,\pm3,\cdots) \tag{3-22}$$

即波带数为奇数时,中心点 P_0 是亮的;波带数为偶数时,中心点 P_0 是暗的。这和菲涅耳波带法得出的结论是一致的。

用式(3-17)来分析圆孔衍射的物理意义,但计算比式(3-5)还复杂,虽然计算结果

完全一致。振幅衰减系数 $\widetilde{\boldsymbol{D}}$ 的近似表达式，即

$$\widetilde{\boldsymbol{D}}=\frac{\mathrm{e}-1}{\mathrm{e}+\exp\left(\dfrac{\rho^2}{M^2a^2}\right)-2} \tag{3-23}$$

这使计算大大简化。但应指出，只有当 $\rho=0$ 和 $\rho/(Ma)=1$，$\widetilde{\boldsymbol{D}}$ 值才是准确的，其他点均为近似值。在 $F_r=MN$ 在 0.25～1.5 范围内，近似程度相当高。图 3-4(a) 与 (b) 分别给出 $F_r=MN=1$ 与 $F_r=MN=4$ 时的近似和精确光强曲线，虚线为近似计算光强曲线，实线为精确计算光强曲线，可见在图 3-4(a) 中两者非常接近，在图 3-4(b) 中两者的区别就比较明显了，所以若菲涅耳数大时，仍应按准确公式计算。

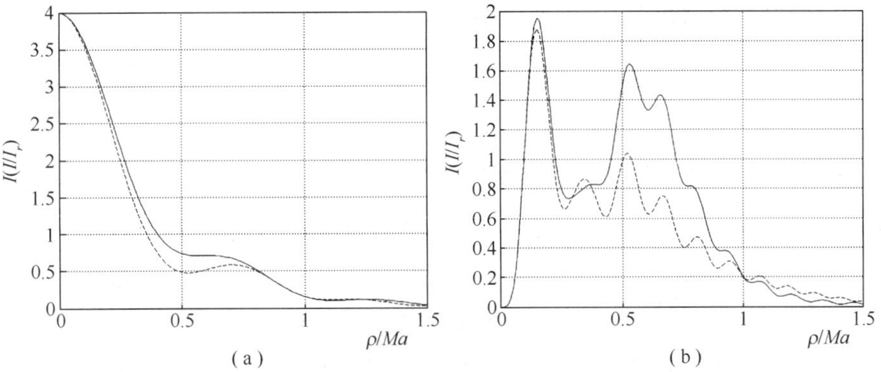

图 3-4　近似和精确光强计算曲线对比

(a) $F_r=MN=1$ 时光强的近似与精确计算；(b) $F_r=MN=4$ 时光强的近似与精确计算。

由上面分析、讨论可以看出，光波遇到障碍物时，振幅和光强与自由传播明显不同。光能重新分布，接收屏上光强分布不再均匀。在几何阴影区外 $[\rho/(Ma)>1]$ 也会有照度，这便是衍射现象。

3.3　光学系统像点附近的光强空间分布、瑞利（Rayleigh）判断与斯托列尔（Strehl）准则

玻恩（Born）和沃尔夫（Wolf）在《光学原理》一书中说："了解焦点附近的三维（菲涅耳）光分布状态，对于估计成像系统中接收平面的装配公差等特别重要。"在应用光学中评价光学系统成像质量有两条标准：一为瑞利判断；二为斯托列尔准则。由像点附近的空间光强分布可以证明这两条标准实际是一回事。

3.3.1　像点附近的空间光强分布

1885 年，洛梅耳（Lommel）就论述了一个点光源的单色像由圆孔衍射造成的离焦性质，并为此引入了洛梅耳函数，对照明区和几何阴影区采用不同的公式计算（见文献[11]）。

首先讨论振幅衰减系数取近似值的情况。由于此时 $\rho=0$（光轴上点）或 $\rho/(Ma)=1$（几何阴影区边界上的点），式(3-23)计算的 $\widetilde{\boldsymbol{D}}$ 是准确的，因而计算此二点用式(3-23)即可。将像面中心点光强归化为 1，且令 $u=2MN\pi$，$v=2N\pi\rho/a$，则光强表达式(3-20)变为

$$I_p=\frac{4}{u^2}D^2\left\{1-2J_0(\nu)\cos\left[\frac{1}{2}u\left(1+\frac{\nu^2}{u^2}\right)\right]+J_0^2(\nu)\right\}\tag{3-24}$$

(1)成像面上,$u=0$,为夫琅禾费衍射。

$$I_p=\left[\frac{2J_1(\nu)}{\nu}\right]^2\tag{3-25}$$

(2)光轴上,$\nu=0$,$D=1$。

$$I_p=\frac{\sin^2\left(\frac{u}{4}\right)}{\left(\frac{u}{4}\right)^2}\tag{3-26}$$

(3)几何阴影区边界,$\frac{\nu}{u}=\frac{\rho}{Ma}=\pm1$,$D=\frac{1}{2}$。

$$I_p=\frac{1-2J_0(\nu)\cos\nu+J_0^2(\nu)}{\nu^2}=\frac{1-2J_0(u)\cos u+J_0^2(u)}{u^2}\tag{3-27}$$

上述结论和波恩、沃尔夫的《光学原理》中的结论是一样的。

其次要准确计算空间任一点的光强,应采用 $\widetilde{D}$ 的准确表达式,此时有

$$\widetilde{E}_P=\frac{A}{R-L}\exp\left[ik\left(R-L+\frac{\rho^2}{2L}\right)\right]\sum_{n=1}^{\infty}\left(-i\frac{R-L}{R}\frac{a}{\rho}\right)^n J_n\left(\frac{2\pi}{\lambda}\frac{a}{L}\rho\right)\tag{3-28}$$

在像面处建立直角坐标 $Oxyz$,x 轴为光轴方向,yOz 为像平面。由于是轴对称的,故 xOy 平面和 xOz 平面情况相同。在 xOy 平面,$x=L-R$,$y=\rho$,$\sin u'=a/R$,如图 3-5 所示。

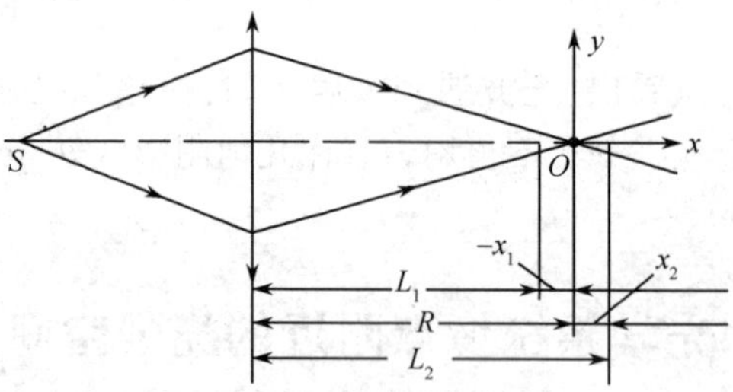

图 3-5 xy 平面图

将有关数据代入式(3-28),经推导并将像面处轴上点光强归化为 1,得

$$\widetilde{E}_P=\exp\left[ik\left(x+\frac{y^2}{2L}\right)\right]\cdot\left[-i\frac{J_1\left(\frac{2\pi}{\lambda}y\sin u'\right)}{\frac{\pi}{\lambda}y\sin u'}+\frac{\lambda}{\pi\sin^2u'}\cdot\right.$$

$$\left.\sum_{n=2}^{\infty}J_n\left(\frac{2\pi}{\lambda}y\sin u'\right)\left(-i\frac{\sin u'}{y}\right)^n x^{n-1}\right]\tag{3-29}$$

可改为

$$\widetilde{E}_P=\exp\left[ik\left(x+\frac{y^2}{2L}\right)\right]\cdot B\exp(i\beta)\tag{3-30}$$

式中

$$B\exp(\mathrm{i}\beta)=-\mathrm{i}\frac{\mathrm{J}_1\left(\frac{2\pi}{\lambda}y\sin u'\right)}{\frac{\pi}{\lambda}y\sin u'}+\frac{\lambda}{\pi\sin^2 u'}\sum_{n=2}^{\infty}\left(-\mathrm{i}\frac{\sin u'}{y}\right)^n x^{n-1}\mathrm{J}_n\left(\frac{2\pi}{\lambda}y\sin u'\right) \tag{3-31}$$

光强为

$$I_P=\widetilde{\boldsymbol{E}}_P\cdot\widetilde{\boldsymbol{E}}_P^*=B^2$$

在像面处，$x=0$，$B=\frac{2\mathrm{J}_1\left(\frac{2\pi}{\lambda}y\sin u'\right)}{\frac{2\pi}{\lambda}y\sin u'}=\frac{2\mathrm{J}_1(\nu)}{\nu}$，$\beta=-\frac{\pi}{2}$

$$I_P=\left[\frac{2\mathrm{J}_1(\nu)}{\nu}\right]^2 \tag{3-32}$$

式(3-32)是许多文献已给出的圆孔夫琅禾费衍射光强计算公式。再次证明上面引用的圆孔衍射解析表达式是通用公式，既适用于菲涅耳衍射，又适用于夫琅禾费衍射。即 $MN=0$ 为圆孔夫琅禾费衍射(像面上)，其他空间区域为菲涅耳衍射。

3.3.2 瑞利判断与斯托列尔准则

图 3-6 所示为按圆孔衍射解析表达式计算的像点附近光强的空间分布，其中 $\lambda=600\mathrm{nm}$，$\sin u'=0.1$(将最大光强规化为 1)。

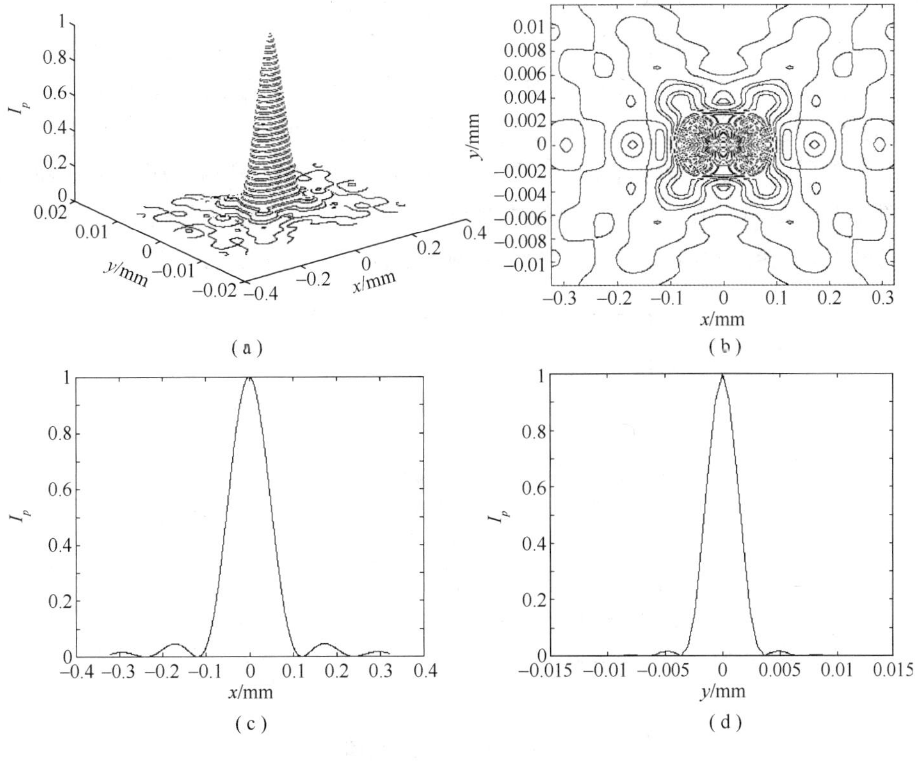

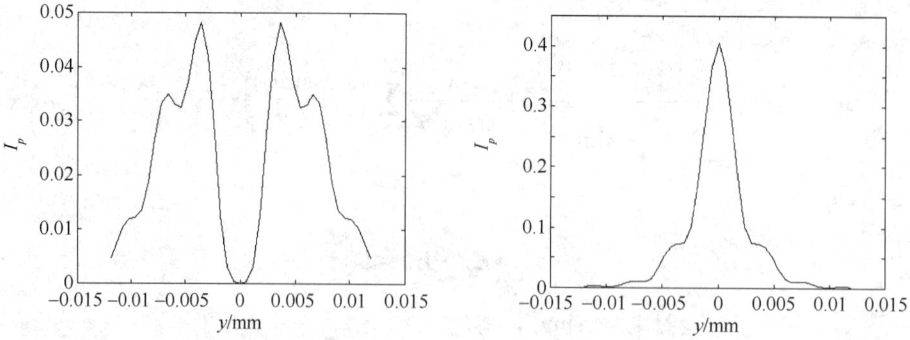

(e) (f)

图 3-6 像点附近光强的空间分布

(a)空间光强分布曲线；(b)xOy 平面截取的光强分布曲线；(c)沿光轴方向的光强分布曲线；

(d)像面上光强分布曲线，即艾里斑；(e)$|x|=2\lambda/\sin^2u'$垂轴截面光强分布曲线；

(f)$|x|=\lambda/\sin^2u'$垂轴截面光强分布曲线。

瑞利判断和斯托列尔准则是评价光学系统成像质量的两个原则。瑞利认为“当实际波面与参考波面之间的最大波像差不超过 $\lambda/4$ 时，此波面可看作是无缺陷的。”斯托列尔认为“当衍射光斑中心亮度与理想衍射斑中心亮度的比值 S.D≥0.8 时，则光学系统的成像质量可视为完善的”。实际上，此两种评价标准均是对目视光学系统（望远镜和显微镜）而言，是根据人眼对亮度变化的敏感度得出的，理论上可以证明两者是一致的。

应明确清晰成像这一概念。由空间光强分布图可以看出，光学系统像面附近的光强绝大部分集中在一个圆柱区内。此圆柱直径 $\varphi=1.22\lambda/\sin^2u'$，长为 $2l=4\lambda/\sin^2u'$。只要接收器件放在此区域内，就可认为成像是清晰的。因为中心亮斑尺寸变化不大，只是中心亮度变了。这对非目视光学系统（如摄影系统）给定光学系统公差是有指导意义的。但是，对于目视光学系统，由于人眼对光斑中心亮度变化是很敏感的，斯托列尔指出实际衍射光斑中心亮度和理想成像光斑中心亮度比 S.D≤0.8 时，眼睛就会感觉到这种变化。

图 3-7 给出离焦 $0.5\lambda/\sin^2u'$时，垂轴截面的光强曲线。此时光斑中心亮度恰为理想像面光斑中心亮度的 0.8 倍。这可以作为确定景深和定焦精度的依据，亦可作为目视光

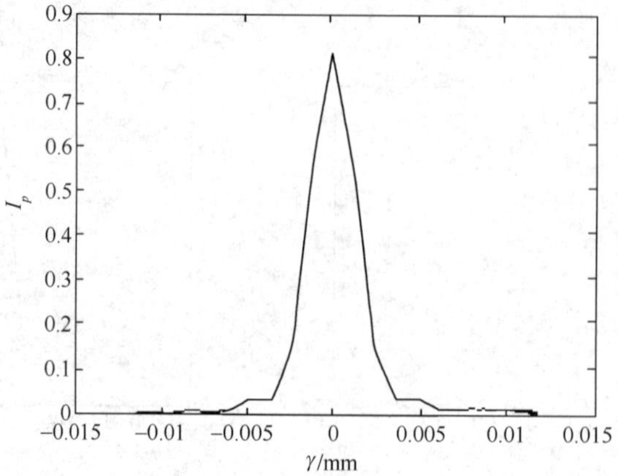

图 3-7 光强曲线图

学系统给定公差的标准。显然考虑到像面前后，则此范围为 $\lambda/\sin^2 u'$，恰为文献[17]中所说的 1 倍焦深，而它是由瑞利判断（$\lambda/4$）导出的。瑞利判断是瑞利 100 年前经实验给出的，在理论上并没有证明。这里在理论上证明了瑞利判断，同时使它和斯托列尔准则统一起来。由此可见，目视光学系统的公差并不是根据成像是否清晰，而是根据眼睛对光斑中心亮度变化的灵敏度确定的。

3.3.3 光学系统的分辨角

1. 瑞利判断

瑞利除研究了眼睛对单个衍射斑中心亮度变化的灵敏度外，还讨论了两个衍射光斑光强叠加后，眼睛对亮度差的灵敏度。他认为当一个艾里斑的中心恰好位于另一艾里斑的第一暗环上时，即两衍射光斑相距为中心亮斑的半径 r 时，眼睛可以感到亮度的明暗变化，如图 3-8 所示。此时有

$$\theta_0 = \frac{1.22\lambda}{D} \tag{3-33}$$

式中：θ_0 为光学系统的最小分辨角，它是艾里斑第一暗环到光学系统光瞳中心的张角；D 为光瞳直径。

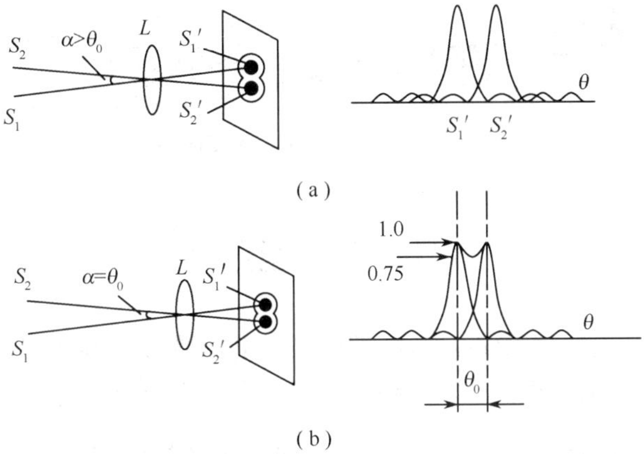

图 3-8　眼睛对亮度差的敏感度

图 3-9 为瑞利判断的光强曲线。

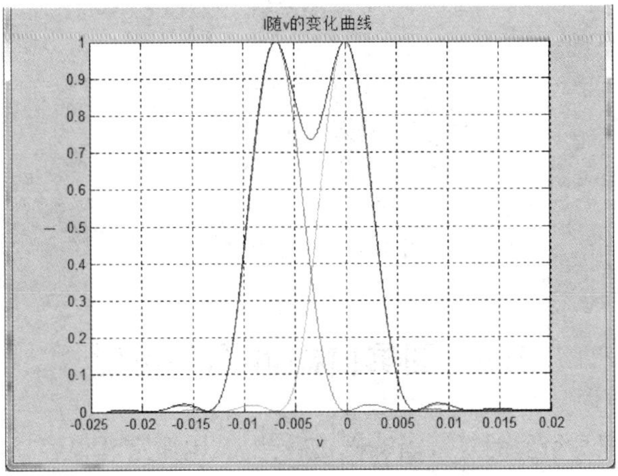

图 3-9　瑞利判断的光强曲线

2. 道威判断

道威(Dawes)则认为,当两个艾里斑距离恰为0. 85r时,眼睛就能分辨。此时有

$$\theta_0=\frac{1.02\lambda}{D} \tag{3-34}$$

式(3-33)和式(3-34)均可作为确定光学系统或零件分辨率的依据。图3-10为道威判断的光强曲线。目前光学设计用软件CODEV和Zemax计算衍射极限。

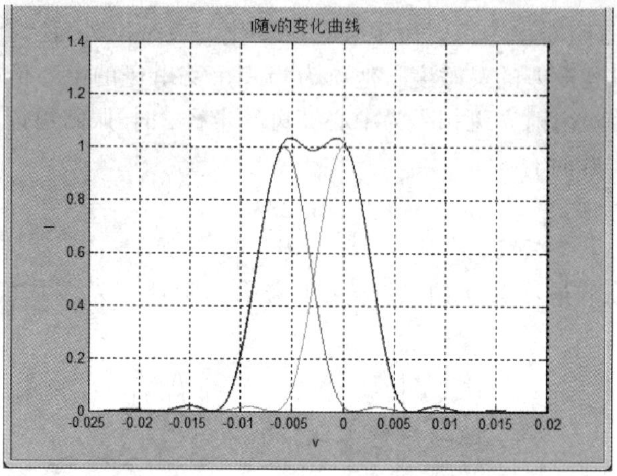

图3-10　道威判断的光强曲线

3.4　巴比涅原理

根据圆孔衍射和巴比涅(Babinet)原理可以得出圆屏(球)和圆环衍射的解析表达式。

巴比涅指出,在一对衍射屏中,如果一个屏的透光部分恰为另一个屏的遮光部分,称此二屏为互补屏(图3-11)。设其中一个屏的衍射光场复振幅为$\widetilde{\boldsymbol{E}}_1$,另一个衍射光场复振幅为$\widetilde{\boldsymbol{E}}_2$,则互补屏产生的衍射光场,即合成复振幅为自由传播的复振幅。即

$$\widetilde{\boldsymbol{E}}_1+\widetilde{\boldsymbol{E}}_2=\widetilde{\boldsymbol{E}}_0 \tag{3-35}$$

这就是巴比涅原理。

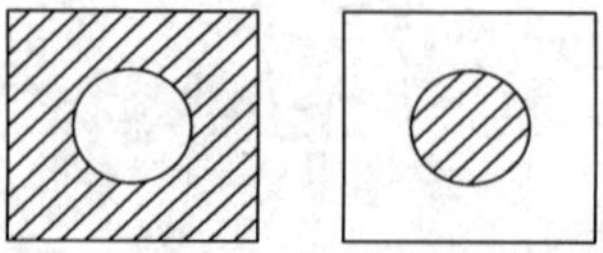

图3-11　两个互补屏

3.5　圆屏(球)和圆环衍射

得出了圆孔菲涅耳衍射的复振幅解析式后,由巴比涅定理很容易求出圆屏(球)和圆

环菲涅耳衍射的表达式。

3.5.1 圆屏(球)衍射

根据巴比涅定理,将圆屏(球)衍射复振幅分为两部分:一部分为自由传播的光波,其到达接收屏上 P 点的复振幅为

$$\widetilde{\boldsymbol{E}}_{P_1}=\frac{\boldsymbol{A}}{R+L}\exp\left\{-\mathrm{i}k\left[R+L+\frac{\rho^2}{2(R+L)}\right]\right\}=\widetilde{\boldsymbol{E}}_0\exp\left[\mathrm{i}N\pi\left(1-\frac{1}{M}\right)\frac{\rho^2}{a^2}\right] \tag{3-36}$$

另一部分为半径为 a 的圆孔(与圆屏尺寸相等)的衍射复振幅为

$$\widetilde{\boldsymbol{E}}_{P_2}=\widetilde{\boldsymbol{E}}_0\exp\left[\mathrm{i}MN\pi\left(1+\frac{\rho^2}{Ma^2}\right)\right]\cdot\sum_{n=1}^{\infty}\left(-\mathrm{i}\frac{Ma}{\rho}\right)^n\mathrm{J}_n\left(2N\pi\frac{\rho}{a}\right)=\widetilde{\boldsymbol{E}}_0B\exp\left[\mathrm{i}MN\pi\left(1+\frac{\rho^2}{Ma^2}\right)+\beta\right] \tag{3-37}$$

式中:B 和 β 分别为 $\sum_{n=1}^{\infty}\left(-\mathrm{i}\frac{Ma}{\rho}\right)^n\mathrm{J}_n\left(2N\pi\frac{\rho}{a}\right)$ 的模和辐角。

由巴比涅定理得圆屏(球)衍射后接收屏上的复振幅为

$$\widetilde{\boldsymbol{E}}_P=\widetilde{\boldsymbol{E}}_{P_1}-\widetilde{\boldsymbol{E}}_{P_2}=\widetilde{\boldsymbol{E}}_0\exp\mathrm{i}N\pi\frac{\rho^2}{a^2}\left\{\exp\left(-\mathrm{i}N\pi\frac{\rho^2}{Ma^2}\right)-B\exp(MN\pi+\beta)\right\} \tag{3-38}$$

光强为

$$I_P=\widetilde{\boldsymbol{E}}_P\cdot\widetilde{\boldsymbol{E}}_P^*=I_0\left\{1-2B\cos\left[MN\pi\left(1+\frac{\rho^2}{M^2a^2}\right)+\beta\right]+B^2\right\} \tag{3-39}$$

图 3-12 为按式(3-39)计算得到的光强曲线,圆屏尺寸和参考文献[13]一致,图 3-13则为应用数值积分法得出的光强曲线[13],两者完全一样,说明本书给出的解析表达式是完全正确的。

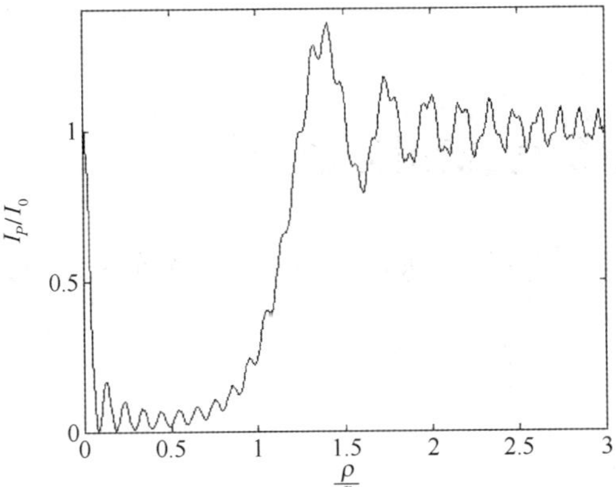

图 3-12　根据式(3-39)得到的光强曲线

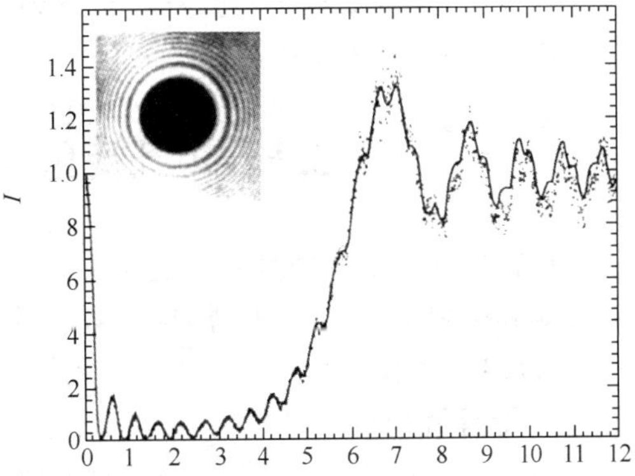

图 3-13　根据参考文献[13]得到的光强曲线

3.5.2 圆环衍射

同样根据巴比涅定理,将圆环衍射视为大小两圆孔衍射复振幅之差,得

$$\widetilde{\boldsymbol{E}}_{P_1}=\widetilde{\boldsymbol{E}}_0B_1\exp\left\{\mathrm{i}\left[MN_1\pi\left(1+\frac{\rho^2}{Ma_1^2}\right)+\beta_1\right]\right\} \tag{3-40}$$

$$\widetilde{\boldsymbol{E}}_{P_2}=\widetilde{\boldsymbol{E}}_0 B_2 \exp\left\{\mathrm{i}\left[MN_2\pi\left(1+\frac{\rho^2}{Ma_2^2}\right)+\beta_2\right]\right\} \tag{3-41}$$

$$\widetilde{\boldsymbol{E}}_P=\widetilde{\boldsymbol{E}}_{P_1}-\widetilde{\boldsymbol{E}}_{P_2} \tag{3-42}$$

光强为

$$I_p=I_0\left\{B_1^2-2B_1B_2\cos\left[M\pi(N_1+N_2)+\left(\frac{N_1}{a_1^2}+\frac{N_2}{a_1^2}\right)\pi\rho^2+\beta_1+\beta_2\right]+B_2^2\right\} \tag{3-43}$$

图 3-14 为宽环：$M=7.5, N_1=0.8, N_2=0.2$ 球面波经其衍射的光强曲线。

图 3-15 为窄环：$M=3.0, N_1=1.0, N_2=0.8$ 球面波经其衍射的光强曲线。

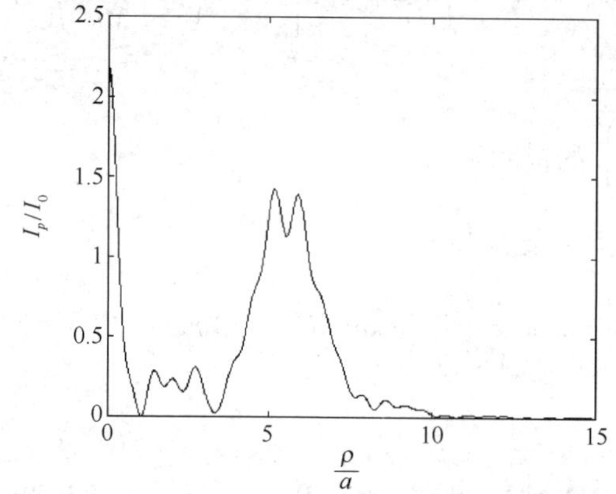

图 3-14 宽环衍射的光强曲线

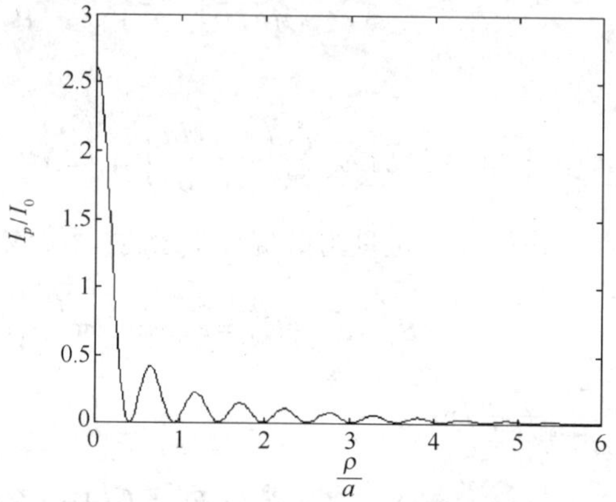

图 3-15 窄环衍射的光强曲线

无论是圆屏(球)还是圆环衍射，中心点 P_0 均为亮点，当圆环很细时，其光强分布很像零阶贝塞尔函数的平方，如图 3-13 所示，称为准零阶贝塞尔函数光束，若环细到可视为一条线时，把线上每一点视为一个子波的波源，则光强分布曲线为纯正的零阶贝塞尔函数的平方，即零阶贝塞尔函数光束。

3.6 矩孔衍射、狭缝衍射、衍射光栅

讨论矩孔衍射采用笛卡儿坐标系比较方便，一般光学系统很少用矩形孔径光阑，因此研究矩孔衍射的主要目的是推导衍射光栅方程。

3.6.1 矩孔衍射

1. 菲涅耳衍射

取直角坐标系，矩孔菲涅耳衍射的复振幅为

$$\widetilde{\boldsymbol{E}}_P=\frac{4c}{Q_yQ_z}\exp\left[\mathrm{i}G\frac{y^2+z^2}{4}\right]\left[\sin\frac{Q_ya}{2}\sum_{n=0}^{\infty}\frac{H_n\left(\frac{Ga}{2}\right)}{Q_y^n}+\mathrm{i}\cos\frac{Q_ya}{2}\sum_{n=0}^{\infty}\frac{H_{n+1}\left(\frac{Ga}{2}\right)}{Q_y^{n+1}}\right]\cdot$$
$$\left[\sin\frac{Q_zb}{2}\sum_{n=0}^{\infty}\frac{H_n\left(\frac{Gb}{2}\right)}{Q_z^n}+\mathrm{i}\cos\frac{Q_zb}{2}\sum_{n=0}^{\infty}\frac{H_{n+1}\left(\frac{Gb}{2}\right)}{Q_z^{n+1}}\right] \tag{3-44}$$

式中：$c=\dfrac{\boldsymbol{A}}{\mathrm{i}\lambda RL}\exp\left(R+L+\dfrac{y^2+z^2}{2L}\right)$；$Q_y=k\dfrac{y}{L}$；$Q_z=k\dfrac{z}{L}$；$G=k\dfrac{M}{2L}$。

如图 3-16 所示，y、z 分别为接收屏上任意点 P 的坐标；a、b 分别为衍射孔两个方向边长；$H_n\left(\dfrac{Ga}{2}\right)$、$H_n\left(\dfrac{Gb}{2}\right)$ 为埃尔比多项式。

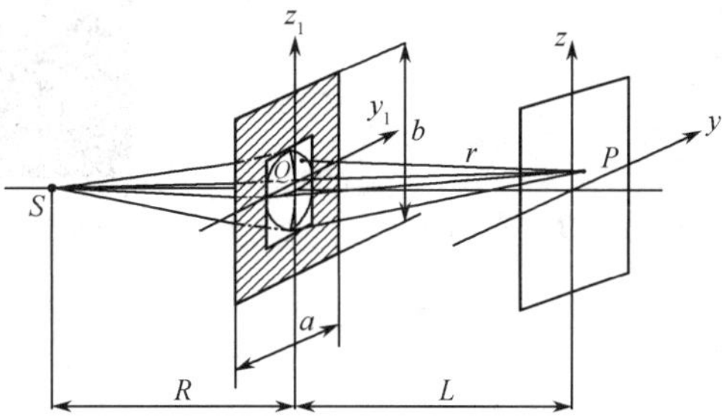

图 3-16　矩孔衍射

2. 夫琅禾费衍射

当 $G=0$，根据埃尔比多项式性质，$H_n\left(\dfrac{Ga}{2}\right)=H_{n+1}\left(\dfrac{Gb}{2}\right)=0(n\neq0)$，当 $n=0$ 时，$H_0(0)=1$

故
$$\widetilde{\boldsymbol{E}}_P=c\exp\left[\mathrm{i}G\left(\frac{y^2+z^2}{4}\right)\right]\left(\frac{2\sin\dfrac{Q_y a}{2}}{Q_y}\right)\left(\frac{2\sin\dfrac{Q_z b}{2}}{Q_z}\right)\tag{3-45}$$

即
$$\widetilde{\boldsymbol{E}}_P=c\exp\left[\mathrm{i}G\left(\frac{y^2+z^2}{4}\right)\right]ab\left(\frac{\sin\dfrac{Q_y a}{2}}{Q_y\dfrac{a}{2}}\right)\left(\frac{\sin\dfrac{Q_z b}{2}}{Q_z\dfrac{b}{2}}\right)\tag{3-46}$$

$$\widetilde{\boldsymbol{E}}_P=abc\exp\left[\mathrm{i}G\left(\frac{y^2+z^2}{4}\right)\right]\left(\frac{\sin\alpha}{\alpha}\right)\left(\frac{\sin\beta}{\beta}\right)\tag{3-47}$$

光强
$$I_P=\widetilde{\boldsymbol{E}}_P\cdot\widetilde{\boldsymbol{E}}_P^*=I_0\left(\frac{\sin\alpha}{\alpha}\right)^2\left(\frac{\sin\beta}{\beta}\right)^2\tag{3-48}$$

式中：$I_0=a^2b^2c^2$；$\alpha=\dfrac{Q_y a}{2}=\dfrac{kya}{2L}=\dfrac{\pi a}{\lambda}\sin\theta_y=N_y\pi\dfrac{y}{a}$；$\beta=\dfrac{Q_z a}{2}=\dfrac{kza}{2L}=\dfrac{\pi a}{\lambda}\sin\theta_z=N_z\pi\dfrac{z}{a}$；$N_y=\dfrac{a^2}{\lambda L}$；$N_z=\dfrac{b^2}{\lambda L}$；$\sin\theta_y\approx\dfrac{y}{L}$；$\sin\theta_z\approx\dfrac{z}{L}$；$\theta_y$、$\theta_z$ 分别为 y 方向和 z 方向衍射角。

矩孔衍射在 yOz 平面强度分布曲线如图 3-17 所示。矩孔衍射图样如图 3-18 所示。

3.6.2　单缝衍射

如果矩孔一个方向的宽度远大于另一个方向的宽度，如 $b\gg a$，矩孔就变成了狭缝。

单缝的夫琅禾费衍射光路，如图 3-19 所示，由于 $b\gg a$，y 方向的衍射效应可忽略。光强表达式为

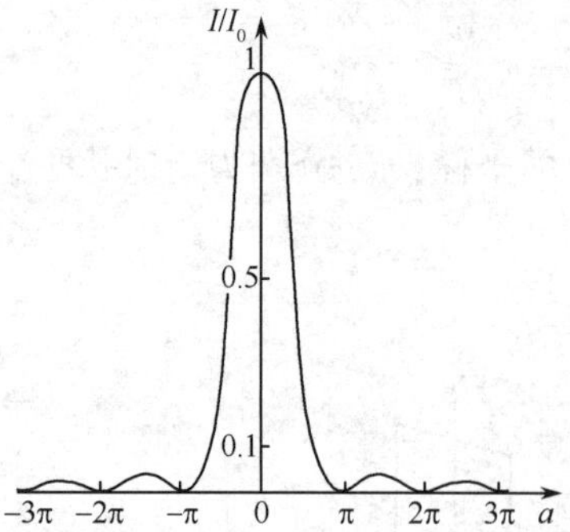

图 3-17　矩孔衍射在 yz 平面强度分布曲线

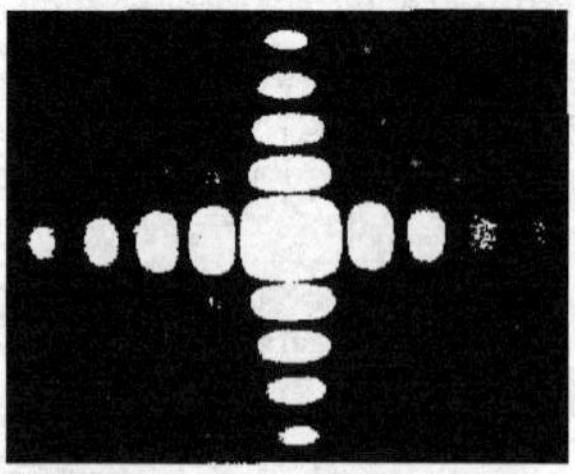

图 3-18　矩孔衍射图样

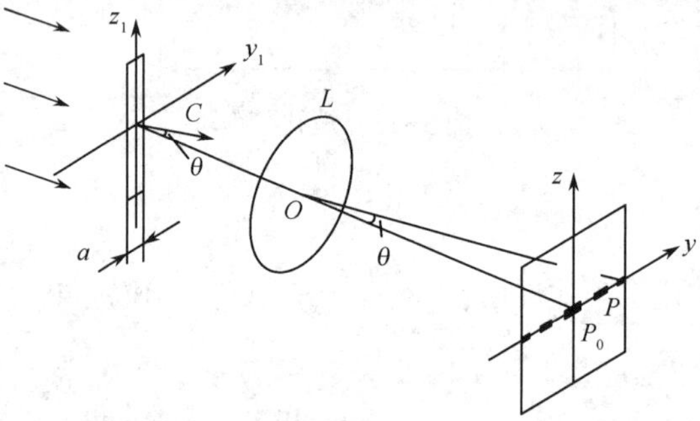

图 3-19　单缝夫琅禾费衍射装置

$$I=I_0\left(\frac{\sin\alpha}{a}\right)^2 \tag{3-49}$$

中央亮纹半角宽度为

$$\Delta\theta=\frac{\lambda}{a} \tag{3-50}$$

3.6.3　多缝衍射

多缝夫琅禾费衍射装置，如图 3-20 所示。图中 S 是与图面垂直的线光源，位于透镜 L_1 的焦平面上，G 是开有多个等宽等间距狭缝（缝宽为 a，缝距为 d）的衍射屏，缝的方向与线光源平行。

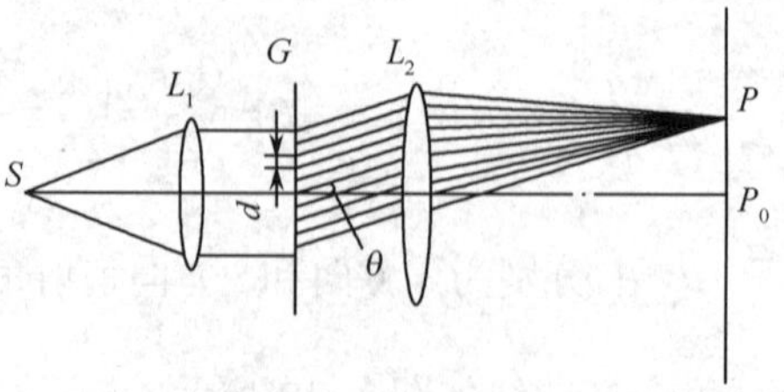

图 3-20　多缝夫琅禾费衍射的实验

1. 衍射光强分布

每个单缝均发生衍射，单缝衍射场之间相干，多缝夫琅禾费衍射的复振幅分布是所有单缝夫琅禾费衍射振幅的干涉叠加。

透镜 L_2 后焦平面处的接收屏上任意点 P 的单缝衍射复振幅为

$$\widetilde{\boldsymbol{E}}_P=\boldsymbol{A}\left(\frac{\sin\alpha}{\alpha}\right) \tag{3-51}$$

相邻单缝在 P 点产生的位相差为

$$\delta=\frac{2\pi}{\lambda}d\sin\theta$$

多缝在 P 点产生的复振幅是 N 个振幅相同、位相差相等的多光束干涉的叠加，即

$$\begin{aligned}\widetilde{\boldsymbol{E}}_P&=\boldsymbol{A}\frac{\sin\alpha}{\alpha}\{1+\exp(\mathrm{i}\delta)+\exp(\mathrm{i}2\delta)+\cdots+\exp[\mathrm{i}(N-1)\delta]\}\\&=\boldsymbol{A}\frac{\sin\alpha}{\alpha}\left[\frac{\sin\left(N\dfrac{\delta}{2}\right)}{\sin\dfrac{\delta}{2}}\right]\exp\left[\mathrm{i}(N-1)\frac{\delta}{2}\right]\end{aligned}$$

P 点光强为

$$I_P=I_0\left(\frac{\sin\alpha^2}{\alpha}\right)\left[\frac{\sin N\dfrac{\delta}{2}}{\sin\dfrac{\delta}{2}}\right]^2 \tag{3-52}$$

式(3-52)中包含两个因子：单缝衍射因子$\left(\dfrac{\sin\alpha}{\alpha}\right)^2$和多光束干涉因子$\left[\dfrac{\sin\left(N\dfrac{\delta}{2}\right)}{\sin\dfrac{\delta}{2}}\right]^2$，两者相乘相当于无线电学中的调制。

2. 衍射图样

多缝衍射的亮纹和暗纹的位置可以通过分析干涉因子和衍射因子的极大值和极小值得到。由分析干涉因子得知，当

$$\delta=\frac{2\pi}{\lambda}d\sin\theta=2m\pi\quad(m=0,\pm1,\pm2,\cdots) \tag{3-53}$$

或

$$d\sin\theta=m\lambda \tag{3-54}$$

时，有极大值，其数值为 N^2，称为主极大。式(3-54)又称为光栅方程。它表明主极大的位置与缝数无关。当 $N\delta/2$ 为 π 的整数倍，而 $\delta/2$ 不是 π 的整数值时，即

$$d\sin\theta=\left(m+\frac{m'}{N}\right)\lambda\quad(m=0,\pm1,\pm2\cdots;m'=1,2,3,\cdots,N-1)$$

它有极小值，其数值为零。不难看出，在两个相邻主极大间有 $N-1$ 个零值。相邻两个零值之间($\Delta m'=1$)的角距离

$$\Delta\theta=\frac{\lambda}{Nd\sin\theta} \tag{3-55}$$

主极大和相邻零值间角距离也是如此，故 $\Delta\theta$ 称为主极大的半角宽度。它表明缝数 N 越大，主极大的宽度越小，反映在观察面上的亮纹越细。

此外，相邻零值间有次极大。次极大的强度与它离开主极大的远近有关，但主极大旁

边的最强次极大,其强度也只有主极大强度的4%。显然,次极大的宽度也随 N 增大而减小。当 N 很大时,它们将与零值点混成一片,成为衍射图样的背景。

图 3-21(a)为干涉因子曲线,图 3-21(b)为衍射因子曲线,图 3-21(c)给出了 $d=3a$ 的四缝衍射的光强分布曲线。

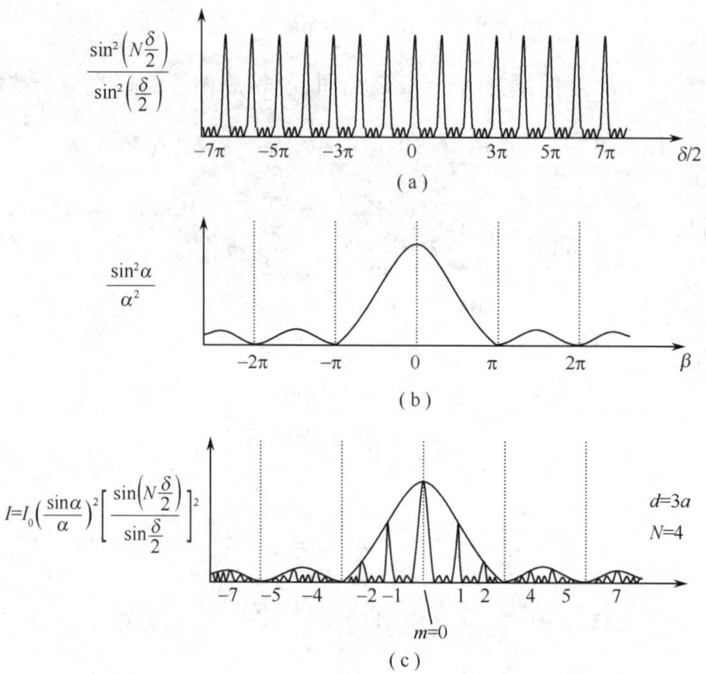

图 3-21 4缝衍射的强度分布曲线

(a)干涉因子曲线;(b)衍射因子曲线;(c)由(a)、(b)调制后得到。

显然(a)经(b)调制后得(c)。由图 3-19(c)可以看出,各级主极大强度为

$$I=N^2I_0\left(\frac{\sin\alpha}{\alpha}\right)^2 \tag{3-56}$$

零级主极大强度最大,为 N^2I_0。

当干涉因子的某级主极大恰与衍射因子某级零值重合时,这些主极大被调制为零,对应的主极大就消失了。这种现象称为缺级,缺级的条件是:

$$m=n\left(\frac{d}{a}\right) \tag{3-57}$$

式中:m 为干涉因子的级次;n 为衍射因子的级次。

图 3-22 为不同缝数的衍射图样。

3.6.4 衍射光栅

多缝的缝数 N 很大,缝宽 a 和缝距 d 很小就变成了衍射光栅。衍射光栅的种类很多,分类方法也不尽相同。按对光波的调制方式划分,可分为振幅型和位相型;按工作方式划分,可分为透射型和反射型;按形状划分,可分为平面光栅和凹面光栅;按入射波的空间划分,可分为二维平面光栅和三维体积光栅;按制作方式划分,可分为机刻光栅、复制光栅及全息光栅等。此外,随着制造工艺的发展,现在已可以制造缝宽和缝距为波长级的光

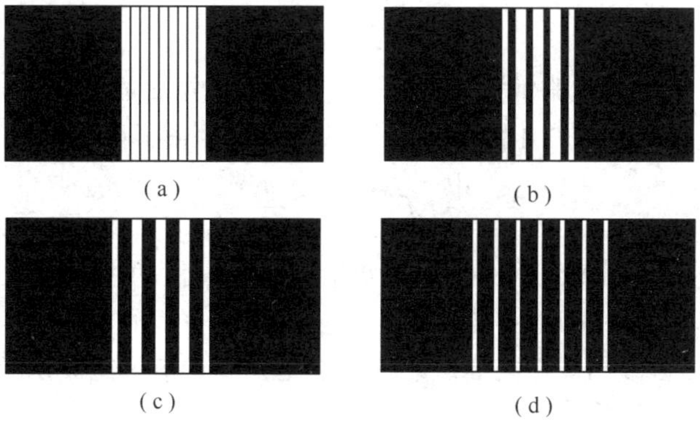

图 3-22　双缝和多缝衍射图样

(a)双缝；(b)3 缝；(c)6 缝；(d)20 缝。

栅，此时已不能用标量波衍射理论去分析，而应用矢量波衍射理论设计光栅。因篇幅所限，这里只讨论衍射光栅的基本工作原理及其分光性能。

1. 光栅方程

式(3-54)为正入射时的光栅方程。下面以反射光栅为例，推导出更为普遍的斜入射情况的光栅方程。如图 3-23 所示，设平行光束以入射角 i 斜入射到反射光栅上，并且考察的衍射光与入射光分居于光栅法线的两侧，当入射光束到达光栅时，两支相邻光束的光程差为 $\Delta=d\sin i\pm d\sin\theta$。因此，光栅方程的普遍形式为

$$d(\sin i\pm\sin\theta)=m\lambda \quad (m=0,\pm1,\pm2,\cdots) \tag{3-58}$$

在考察与入射光同一侧的衍射光时，式(3-58)取正号；考察与入射光异侧的衍射光时，取负号。式(3-58)对透射光栅也适用。

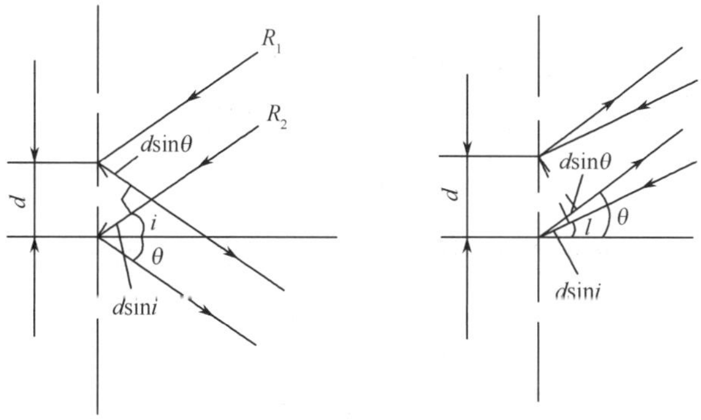

图 3-23　光束斜入射到反射光栅上发生的衍射

2. 光栅的色散

由光栅方程得知，除零级外，不同波长的同级主极大对应不同的衍射角，可见光栅会产生色散，故而光栅有分光性能。

光栅的色散可分别用角色散和线色散表示。波长相差 0.1nm 的两条谱线分开的角距离称为角色散。它与光栅常数 d 和谱线干涉级次 m 的关系可由光栅方程式(3-58)求得。对光栅方程两边取微分，色散表达式为

$$\frac{d\theta}{d\lambda}=\frac{m}{d\cos\theta} \tag{3-59}$$

表明光栅的角色散与光栅常数 d 成反比，与干涉级次 m 成正比。光栅的线色散是聚焦在透镜焦平面上波长相差 0.1nm 的两条谱线分开的距离，即

$$\frac{dl}{d\lambda}=f'\frac{d\theta}{d\lambda}=f'\frac{m}{d\cos\theta} \tag{3-60}$$

角色散和线色散是光谱仪器的一个重要指标。光谱仪的色散越大，越容易将两靠近谱线分开。当 θ 不大时，$\cos\theta$ 随 θ 变化很小，色散是均匀的，可得到均匀的光谱线。测得各种光谱的波长时，可以用线性内插法。这一点是光栅光谱仪比棱镜光谱仪优越的地方。

3. 光栅的色分辨本领

与法布里-珀罗干涉仪类似，光栅的色分辨本领定义为

$$A=\frac{\lambda}{\Delta\lambda} \tag{3-61}$$

根据谱线的半角宽度式(3-55)及角色散表达式(3-59)，可得

$$\Delta\lambda=\left(\frac{d\lambda}{d\theta}\right)\Delta\theta=\frac{\lambda}{mN} \tag{3-62}$$

光栅色分辨本领为

$$A=\frac{\lambda}{\Delta\lambda}=mN \tag{3-63}$$

式(3-63)和 F-P 干涉仪的色分辨本领计算公式在形式上是一样的，但这里的 N 是光栅的刻线数，又称光栅数，它是一个很大的数。虽然 F-P 干涉仪和光栅色分辨本领都很高，但 F-P 干涉是靠高干涉级 m 得到的，光栅是靠大光栅数 N 得到的。

4. 光栅的自由光谱范围

在波长为 λ 的 $m+1$ 级谱线和波长为 $\lambda+\Delta\lambda$ 的 m 级谱线重叠时，在此范围内还会发生 λ 到 $\lambda+\Delta\lambda$ 的不同级谱线的重叠。因此，不重叠区 $\Delta\lambda$ 可由下式确定：

$$m(\lambda+\Delta\lambda)=(m+1)\lambda$$

得

$$\Delta\lambda=\frac{\lambda}{m} \tag{3-64}$$

由于光栅使用的光谱级 m 很小，所以自由光谱范围 $\Delta\lambda$ 比较大，这一点和 F-P 干涉仪形成明显对照。

3.7 傅里叶(Fourier)光学

玻恩和沃尔夫在《光学原理》中指出：“衍射问题是光学中遇到的最困难的问题之一。”事实确实如此。直至今日，衍射依然是国内外学术界研究的热门话题。1987 年德宁(Durnin)等提出了无衍射光束(non-diffraction beams 或 diffraction-free beams)的概念，光学工作者就此问题进行着讨论和争论。后来出现的二元光学，又称为衍射光学。可以说现代光学的发展，基本上是在衍射理论的基础上派生出来的。

3.7.1 傅里叶变换与菲涅耳-基尔霍夫衍射公式的关系

本章前面已指出，圆孔衍射在圆柱坐标内，菲涅耳-基尔霍夫衍射积分公式表示如下：

$$\widetilde{\boldsymbol{E}}_p = \frac{\boldsymbol{A}}{\mathrm{i}\lambda} \frac{\exp\left[\mathrm{i}k\left(R + b + \frac{\rho^2}{2L}\right)\right]}{RL} \int_0^a \exp\left(\mathrm{i}k \frac{M}{2L}q^2\right) q\mathrm{d}q \int_0^{2\pi} \exp\left(-\mathrm{i}k \frac{q\rho}{L}\cos\alpha\right) \mathrm{d}\alpha$$

其中,积分号内可记为

$$\int_0^a \int_0^{2\pi} G(q) \exp\left(-\mathrm{i}k \frac{q\rho}{L}\cos\alpha\right) q\mathrm{d}q\mathrm{d}\alpha \tag{3-65}$$

若将积分拓宽为 0~∞,即

$$\int_0^{\infty} \int_0^{2\pi} G(q) \exp\left(-\mathrm{i}k \frac{q\rho}{L}\right) q\mathrm{d}q\mathrm{d}\alpha \tag{3-66}$$

式(3-66)恰为数学中的傅里叶-贝塞尔变换,即零阶汉克尔(Hankel)变换。对于菲涅耳衍射,有

$$G(q) = \begin{cases} \exp\left(\mathrm{i}k \dfrac{M}{2L}q^2\right) & (q \leqslant a) \\ 0 & (q > a) \end{cases} \tag{3-67}$$

对于夫琅禾费衍射,有

$$G(q) = \mathrm{Circ}(q) = \begin{cases} 1 & (q \leqslant a) \\ 0 & (q > a) \end{cases} \tag{3-68}$$

式中:$\mathrm{Circ}(q)$称为圆域函数。当光学系统不是理想光学系统时,瞳孔波面有波差,此时$G(q)$可用波差表示出来,称为光瞳函数。因此光学系统的像面的复振幅分布是光瞳函数的傅里叶-贝塞尔变换。

同理,在笛卡儿坐标系内表示矩孔衍射,其积分号内

$$\int_{-a}^{a} \int_{-b}^{b} \exp\left(\mathrm{i}k \frac{x_0^2 + y_0^2}{2L}\right) \cdot \exp\left(-\mathrm{i}k \frac{xx_0 + yy_0}{L}\right) \mathrm{d}x_0\mathrm{d}y_0 \tag{3-69}$$

将积分拓宽为(−∞ ~+∞),有

$$\int_{-\infty}^{\infty} \int_{-\infty}^{\infty} G(x_0, y_0) \exp\left(-\mathrm{i}k \frac{xx_0 + yy_0}{L}\right) \mathrm{d}x_0\mathrm{d}y_0 \tag{3-70}$$

式(3-70)恰为傅里叶变换表达式。对于菲涅耳衍射,有

$$G(x_0, y_0) = \begin{cases} \exp\left(\mathrm{i}k \dfrac{x_0^2+y_0^2}{2L}\right) & (x_0 \leqslant a, y_0 \leqslant b) \\ 0 & (x_0 > a, y_0 > b) \end{cases} \tag{3-71}$$

对于夫琅禾费衍射,有

$$G(x_0, y_0) = \mathrm{rec}(x_0, y_0) = \begin{cases} 1 & (x_0 \leqslant a, y_0 \leqslant b) \\ 0 & (x_0 > a, y_0 > b) \end{cases} \tag{3-72}$$

式中:$\mathrm{rec}(x_0, y_0)$为矩形函数。对于光瞳为矩形的光学系统,其像面复振幅也是光瞳函数傅里叶变换。

3.7.2 平面光波的空间频率

傅里叶变换是一种频谱变换,广泛用于频谱分析。由于菲涅耳-基尔霍夫衍射公式恰是一种傅里叶变换式,从而产生了傅里叶光学。光场的复振幅分布和光强分布的空间

频率是傅里叶光学中的重要概念，透彻地理解它的物理意义是很重要的。

频率在时域内表示随时间做简谐振动（正弦或余弦）的信号在单位时间内重复的次数。空域频率则表示在空间成正弦或余弦分布的物理量在某个方向上的单位长度内重复的次数。

单色平面波复振幅表达式为

$$\begin{aligned}\widetilde{\boldsymbol{E}}(x,y,z)&=\boldsymbol{A}\exp(\boldsymbol{k}\cdot\boldsymbol{r})\boldsymbol{A}\exp[\mathrm{i}k(x\cos\alpha+y\cos\beta+z\cos\gamma)]\\&=\boldsymbol{A}\exp\left[\mathrm{i}\frac{2\pi}{\lambda}(x\cos\alpha+y\cos\beta+z\cos\gamma)\right]\end{aligned}\tag{3-73}$$

式中：$\cos\alpha,\cos\beta,\cos\gamma$ 分别为波矢 $\boldsymbol{k}_0$ 的方向余弦。如图 3-24 所示的单色平面波在 $x=x_0$ 平面的复振幅为

$$\begin{aligned}\widetilde{\boldsymbol{E}}(y,z)&=\boldsymbol{A}\exp\left(\mathrm{i}\frac{2\pi}{\lambda}x_0\cos\alpha\right)\cdot\exp\left[\mathrm{i}\frac{2\pi}{\lambda}(y\cos\beta+z\cos\gamma)\right]\\&=\boldsymbol{A}'\exp\left[\mathrm{i}\frac{2\pi}{\lambda}(y\cos\beta+z\cos\gamma)\right]\end{aligned}\tag{3-74}$$

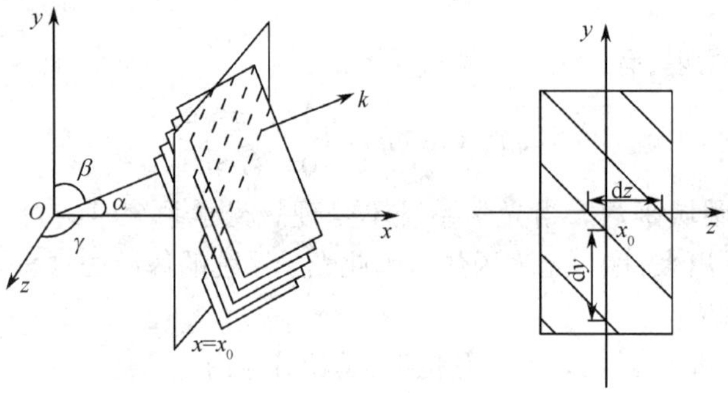

图 3-24　平面波在 $x=x_0$ 平面上的等相位线

可见，在 $x=x_0$ 平面上等相面方程为

$$y\cos\beta+z\cos\gamma=C\tag{3-75}$$

式中：不同的与 C 值对应的等位相线是一些平行斜线。在图 3-24 中用虚线表示出位相差为 2π 的一些等位相线，它们实际就是位相差依次为 2π 的平面波与 $x=x_0$ 平面的交线。由于位相差相等的光振动相同，所以在 $x=x_0$ 平面上的复振幅为周期性分布。而空间周期在 y,z 方向分别为

$$d_y=\frac{\lambda}{\cos\beta},\quad d_z=\frac{\lambda}{\cos\gamma}\tag{3-76}$$

对应的空间频率分别为

$$\nu_y=\frac{\cos\beta}{\lambda},\quad \nu_z=\frac{\cos\gamma}{\lambda}\tag{3-77}$$

将式(3-77)代入式(3-74)得

$$\widetilde{\boldsymbol{E}}(y,z)=\boldsymbol{A}'\exp[\mathrm{i}2\pi(\nu_y y+\nu_z z)]\tag{3-78}$$

上式便是用空间频率表示光场复振幅的表达式。在圆柱坐标下，由于轴对称的性质，式(3-78)变为

$$\widetilde{\boldsymbol{E}}(\rho)=\boldsymbol{A}'\exp(\mathrm{i}2\pi\nu_{\rho}) \tag{3-79}$$

空间频率有时用β或γ的余角表示,如图3-25所示。此时

$$\nu_y=\frac{\sin\theta_y}{\lambda},\quad \nu_z=\frac{\sin\theta_z}{\lambda} \tag{3-80}$$

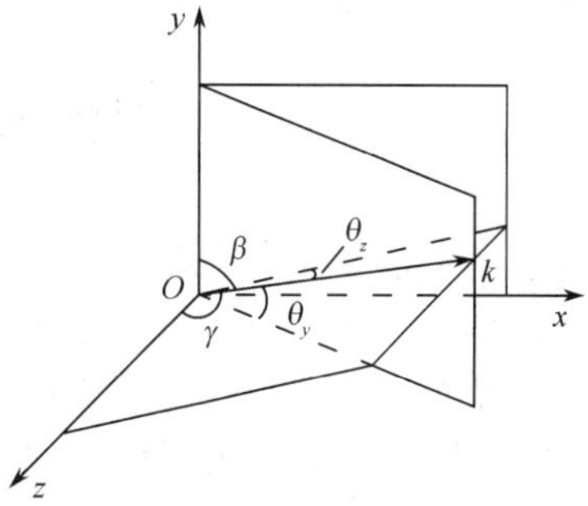

图3-25 β、γ及其余角θ_y、θ_z

3.7.3 傅里叶光学的频谱分析

由于已将光场的复振幅分布表示成空间频率的函数,光学系统衍射便可表示为傅里叶变换式,即

$$g(\nu_y,\nu_z)=\iint_{-\infty}^{\infty}G(y_0,z_0)\exp[-\mathrm{i}2\pi(\nu_y y_0+\nu_z z_0)]\mathrm{d}y_0\mathrm{d}z_0 \tag{3-81}$$

即

$$G(y_0,z_0)\leftrightarrow g(\nu_y,\nu_z) \tag{3-82}$$

上式为傅里叶变换的书写形式,在圆柱坐标下

$$G(\nu)\leftrightarrow g(\rho) \tag{3-83}$$

将

$$G(y_0,z_0)=\iint_{-\infty}^{\infty}g(\nu_y,\nu_z)\exp[\mathrm{i}2\pi(\nu_y y_0+\nu_z z_0)]\mathrm{d}\nu_y\mathrm{d}\nu_z \tag{3-84}$$

称为傅里叶反变换。由于傅里叶变换具有许多特殊性质,这样便可运用傅里叶变换的性质及运算公式对光场的复振幅分布和光强分布进行频谱分析。

这里应当指出,傅里叶变换是一种积分变换,必须对函数进行逐步积分才能得到。对一些简单函数,数学手册上已给出其傅里叶变换,如矩形函数的傅里叶变换为$\mathrm{sinc}(\nu_y,\nu_z)$,圆域函数的傅里叶变换为$2J_1(2\pi a\nu)/(2\pi a\nu)$;$\delta$函数的傅里叶变换为1。但是对于一个任意函数的傅里叶变换,若数学手册上没有,则须按积分变换式去逐步导出。例如,理想光学系统的圆孔衍射,根据参考文献[3]给出的结果,应为

$$G(q)=\exp\left(\mathrm{i}k\frac{M}{2L}q^2\right)$$

$$g(\nu)=\sum_{n=1}^{\infty}\left(-\mathrm{i}\frac{Ma}{\rho}\right)^n J_n\left(2N\pi\frac{\rho}{a}\right),\nu=\frac{\sin\theta}{\lambda}=\frac{\rho}{L\lambda}$$

即

$$g(\nu)=\sum_{n=1}^{\infty}\left(-\mathrm{i}\frac{Ma}{L\lambda\nu}\right)^n J_n(2\pi a\nu) \tag{3-85}$$

3.7.4 实际光学系统的傅里叶变换

实际光学系统是有波差的,且不同光学系统的波差不一样,光瞳函数$G(q)$中不但有二次项,而且有四次项、六次项、八次项……,其变换更复杂,以至于无法给出解析式。对于“傅里叶光学”这门选修课,同学们觉得难懂,老师觉得难讲,物理概念虽然是很清楚的,但主要问题是数学基础,特别是对数学中傅里叶变换内容的掌握。

综上所述,傅里叶光学将衍射孔(光瞳)面上的光场(光瞳函数)分解成不同空间频率的平面波,接收屏(像面)上的光场是这些不同空间频率平面波的波谱。例如,一个理想光学系统,成像面上的波谱曲线为艾里斑。中心亮斑对应于基频(零频)平面波谱,其他各点对应于不同空间频率的平面波波谱。距中心点距离越远,所对应的平面波谱空间频率越高。距中心点距离远到没有光强,对应于截止频率。所以光学系统可视为空间滤波器。

傅里叶光学的频谱分析可以将单色定态波扩展到全光谱。

3.8 光学传递函数

对于光学系统成像质量的评价,过去采用的是分辨率法和星点法。虽然分辨率法具有定量、简单、方便、意义明确等优点,但是它只能表达细节能否分辨,对于粗线条的成像质量,不能做出定量的评价,有的还出现“伪分辨”现象。星点法可以根据星点图(艾里斑)评价像质,但主观性大,且为定性或半定量检验。因此,如何使像质检验更为合理、客观,一直是困扰光学工作者的问题。傅里叶光学的出现、电视的问世,打开了科学工作者的思路,于是产生了用光学传递函数评价光学系统成像质量的新方法。

3.8.1 光学传递函数的定义

用一个正弦光栅做为物体成像,若光学系统是理想的,像和物体形状完全相同(只是放大或缩小)。这种理想成像的光强曲线如图 3-26(a)所示实线。若光学系统有像差,光强曲线如图 3-26(b)中虚线所示。显然,它不如理想成像清晰。用调制度(对比度)比较两者,则

$$M_{物}=\frac{I_a}{I_0},M_{像}=\frac{I'_a}{I_0} \tag{3-86}$$

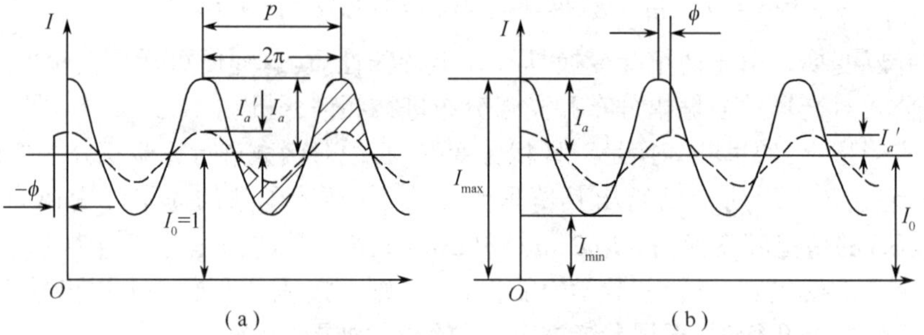

图 3-26 理想成像的光强曲线

(a) $2\pi\nu x$(rad)或 x(mm);(b) $2\pi\nu x$(rad)或 x(mm)。

显然,$M_{物}>M_{像}$。

某一空间频率(正弦光栅的频率)的调制度比值 $T(\nu)$ 为

$$T(\gamma)=\frac{M_{像}(\nu_y)}{M_{物}(\nu_y)} \tag{3-87}$$

$T(\nu)$ 称为调制传递函数(modulation transfer function,MTF)。在不对称像差的作用下,实际像的光强曲线(虚线)还可能产生位相位移,此位移用 $\phi(\nu)$ 表示,称为位相传递函数(phase transfer function,PTF)。综合起来,理想光强和实际光强可分别表示为

$$I(y)=1+M_{物}(\nu_y)\cos(2\pi\nu_y y) \tag{3-88}$$

$$I'(y)=1+M_{像}(\nu_y)\cos(2\pi\nu_y y) \tag{3-89}$$

将调制传递函数和位相传递函数结合,用下式表示

$$d(\nu)=T(\nu)\mathrm{e}^{-\mathrm{i}\phi(\nu)} \tag{3-90}$$

式中:$d(\nu)$ 称为光学传递函数(optical transfer function,OTF)。

3.8.2 光学传递函数和点扩散函数的关系

假如光学系统完全理想成像,那么像平面上也应是一个几何点并与物面上的一个点

对应，即 δ 函数。但这是不可能的，因为夫琅禾费衍射，像面上对应的是艾里斑。实际光学系统还存在像差，其衍射斑会比艾里斑大，且不规则。光学传递函数中称衍射斑为点扩散函数。由于物面上各点的像均为点扩散函数，像的光强曲线会变得平滑且可能有位移。这种现象可用数学上的卷积描述：

$$I'(y,z)=\iint_{-\infty}^{\infty} I(y_1,z_1)D(y-y_1,z-z_1)\mathrm{d}y_1\mathrm{d}z_1 \tag{3-91}$$

式中：$D(y,z)$ 为点扩散函数。此式表示像的光强分布，是完全理想成像光强分布和点扩散函数的卷积。

基于光学传递函数的定义及上述关系产生了测量光学传递函数的光学傅氏法（正弦板扫描）和光电傅氏法（矩形光栅扫描）。

式（3-91）用卷积符号可写为

$$I'(y,z)=I(y,z)*D(y,z) \tag{3-92}$$

光学仪器大多用非相干照明。此时像面表现为光强叠加。在等晕区为线性不变系统。傅里叶变换表现为光强的傅里叶变换。由电学中传递函数的物理意义得知，光学传递函数表示线性系统对信号的频率响应。设 I，I' 和 D 的频谱分别为 i，i' 和 d，即

$$I(y,z)\leftrightarrow i(\nu_y,\nu_z) \tag{3-93}$$

$$I'(y,z)\leftrightarrow i'(\nu_y,\nu_z) \tag{3-94}$$

$$D(y,z)\leftrightarrow d(\nu_y,\nu_z) \tag{3-95}$$

式（3-93）和式（3-95）运用傅里叶变换的卷积定理，得

$$I(y,z)*D(y,z)\leftrightarrow i(\nu_y,\nu_z)\cdot d(\nu_y,\nu_z) \tag{3-96}$$

和式（3-92）比较，得

$$I'(\nu_y,\nu_z)\leftrightarrow i(\nu_y,\nu_z)\cdot d(\nu_y,\nu_z) \tag{3-97}$$

再将此式和式（3-94）比较，得

$$i'(\nu_y,\nu_z)=i(\nu_y,\nu_z)\cdot d(\nu_y,\nu_z) \tag{3-98}$$

上式表征了光学传递函数的频率响应特性。由式（3-95）可知

$$d(\nu_y,\nu_z)=\int_{-\infty}^{\infty}\int_{-\infty}^{\infty} D(y,z)\exp[-\mathrm{i}2\pi(\nu_y y+\nu_z z)]\mathrm{d}y\mathrm{d}z \tag{3-99}$$

上式表明：光学传递函数是点扩散函数的傅里叶变换。由光学传递函数的定义可知它是由点扩散函数确定的。基于这种概念，人们产生了测量光学传递函数的刀口法。

3.8.3 光学传递函数与光瞳函数的关系

点扩散函数的形状是由光瞳函数确定的，所以光学传递函数是由光瞳函数确定的。

点扩散函数是一个光强表达式，它和复振幅的关系为

$$D(y,z)=\widetilde{\boldsymbol{E}}(y,z)\cdot\widetilde{\boldsymbol{E}}^*(y,z) \tag{3-100}$$

式中：$\widetilde{\boldsymbol{E}}(y,z)$ 为像面处复振幅。

它与光瞳函数 $\widetilde{\boldsymbol{G}}(y_0,z_0)$ 的关系为

$$\widetilde{\boldsymbol{E}}(y,z)\leftrightarrow\widetilde{\boldsymbol{G}}(y_0,z_0) \tag{3-101}$$

式中：y_0，z_0 为光瞳面上坐标。由式（3-95）、式（3-100）和式（3-101），并根据傅里叶光学中的维纳-肯欣（Wiener-Khintchine）定理，得

$$d(\nu_y,\nu_z)=\widetilde{\boldsymbol{G}}(y_0,z_0)\star\widetilde{\boldsymbol{G}}(y_0,z_0) \tag{3-102}$$

式中:☆为相关符号,即

$$d(\nu_y,\nu_z)=\int_{-\infty}^{\infty}\int\widetilde{\boldsymbol{G}}^*(y_0,z_0)\widetilde{\boldsymbol{G}}(y_0+y,z_0+z)\mathrm{d}y_0\mathrm{d}z_0 \tag{3-103}$$

上式表示光学传递函数是光瞳函数的自相关。由此概念测量光学传递函数又产生了干涉法。

3.9 无衍射光束与零阶贝塞尔函数

自从 1987 年德宁(Durnin)等发表了有关无衍射光束(nondiffraction beams)或称自由(超)衍射光束(diffraction-free beams)论文以来,围绕着无衍射光束的物理实质,是否可以在实验室实现,以及它是否比高斯激光束优等问题一直争论不休。直到今天,无衍射光束仍是人们讨论的热门话题。这种光束是否真的没有衍射?它是如何推导出来的?德宁等并没有给出推导过程,只是认为它是波动方程的解。须知波动方程是多解的,正弦函数、余弦函数、贝塞尔函数及厄米多项式等代入波动方程,均能使等式两端相等,这种实验物理方法往往会导致谬误。严格来讲,应采用理论物理方法,即根据边界条件确定波动方程的解。参考文献[12]指出圆环衍射时,"当圆环的环宽很小时,光强曲线很像零阶贝塞尔函数的平方,其振幅表达式似乎为零阶贝塞尔函数,其实它不是零阶贝塞尔函数。""当圆环无限细时,衍射振幅表达式为零阶贝塞尔函数,光强为零阶贝塞尔函数的平方,这是一种理想情况。实际圆环总是有一定的宽度,宽度越小,光强分布越接近零阶贝塞尔函数的平方。因此,圆环比较小时只能称为准零阶贝塞尔函数光束。"这里根据圆环衍射按德宁等实验装置推导出了复振幅表达式,但是整个推导过程是在把圆环视为圆线光源,且忽略透镜衍射的前提下得出的。此外,为了说明无衍射光束的物理本质,有必要对光的自由传播、干涉、衍射等物理现象予以概述。

3.9.1 光的自由传播、衍射和干涉

首先无衍射光束的提法使人费解。顾名思义,无衍射即没有衍射,衍射现象是相对光的自由传播而言的,为了说明光的自由传播现象,人们建立了点光源(δ 函数)这一数学模型,点光源在各向同性均匀介质中自由传播(没有遇到任何障碍物)时,根据初始条件和边界条件解波动方程可得出平面波振幅为

$$\widetilde{\boldsymbol{E}}_P=\boldsymbol{A}\mathrm{e}^{\mathrm{i}(k\cdot r-\omega t)}$$

球面波振幅为

$$\widetilde{\boldsymbol{E}}_P=\frac{\boldsymbol{A}}{r}\mathrm{e}^{\mathrm{i}(k\cdot r-\omega t)}$$

根据光强计算公式

$$I_P=\widetilde{\boldsymbol{E}}_P\cdot\widetilde{\boldsymbol{E}}_P^*$$

可得出空间接收屏上各点光强是相等的,即照度是均匀的。但是,光波遇到障碍物,就要发生衍射,根据惠更斯—菲涅耳原理,空间接收屏上各点的振幅是衍射孔面上各子波干涉叠加的结果,接收屏上能量重新分布,照度是不均匀的,光的自由传播和衍射或干涉的区

别完全可以从接收屏的照度分布来确定。无衍射光束在接收屏上照度是不均匀的,它不具备光的自由传播特性。此外,光的干涉和衍射现象不能截然分开。比如杨氏(Thomas Young)干涉实验装置中,用点光源 S 照明两小孔 S_1 和 S_2,将 S_1 和 S_2 上的光波视为一个子波,从而将 S_1 和 S_2 视为两个点光源,由它们发出的球面波在接收屏上干涉叠加。严格来讲,S_1 和 S_2 尺寸再小,总有一定的大小,光波经过它们要发生衍射,接收屏上的振幅应为这两个衍射波干涉叠加结果。只不过当 S_1 和 S_2 尺寸很小时,衍射角大,忽略了其宽度引起的振幅和位相变化而已。

3.9.2 德宁等的无衍射光束实验装置及其振幅、光强表达式

德宁等人没有根据初始条件和边界条件去解波动方程,而是先给出无衍射光束的振幅表达式

$$\widetilde{\boldsymbol{E}}_{(\mathrm{r},t)}=\exp\left[\mathrm{i}(\beta z-\omega t)\mathrm{J}_0(\alpha\rho)\right] \tag{3-104}$$

并认为它是波动方程

$$\left(\nabla^2-\frac{1}{v^2}\frac{\partial^2}{\partial t^2}\right)\widetilde{\boldsymbol{E}}_{(\mathrm{r},t)}=0 \tag{3-105}$$

须知此波动方程是多解的,任何正、余弦函数,e 指数函数,贝塞尔函数,厄米多项式,拉盖尔多项式等乃至它们的组合均可使波动方程成立。这种思维方式恰是人们容易犯的错误。参考文献[12]已指出圆环菲涅耳衍射在环宽较小时,其光强分布接近于零阶贝塞尔函数的平方。并导出在特殊情况下,即圆环的环宽无限细时,可视为一条圆线,将其代入菲涅耳—基尔霍夫衍射积分公式,得到振幅表达式为零阶贝塞尔函数

$$\widetilde{\boldsymbol{E}}_P=-\mathrm{i}\cdot\widetilde{\boldsymbol{E}}_a\exp\left[\mathrm{i}N\pi\left(M+\frac{\rho^2}{a^2}\right)\right]\mathrm{J}_0\left(2N\pi\frac{\rho}{a}\right) \tag{3-106}$$

光强为

$$I_P=I_a\mathrm{J}_0^2\left(2N\pi\frac{\rho}{a}\right) \tag{3-107}$$

这里与杨氏干涉一样,进行了数学抽象后得出的结果。至于德宁等人的实验装置和其振幅表达式,如果按严格的理论推导,应该首先考虑圆环衍射,此衍射光波再经透镜衍射才能准确得到其振幅表达式,这是得不到德宁等人给出的那种振幅和光强表达式的。那么,它们是如何得出来的呢?只有在忽略圆环宽度引起的衍射效应和透镜的衍射才能得出这种结果。下面我们进行理论推导(为与德宁文章对应,坐标系选取与之相同)。

如图 3-27 所示,圆环位于透镜的焦平面上,将其视为一条圆线,平行光照明此圆线,圆线上每一点均视为新的子波的波源,圆线上某一点 G 发出的光经透镜后变为一束平行光,其在接收屏上 P 点的光矢量为

$$\widetilde{\boldsymbol{E}}_P=\boldsymbol{A}\mathrm{e}^{\mathrm{i}(k\cdot r-\omega t)}$$

式中:$K=K\cdot K_0=\dfrac{2\pi}{\lambda}K_0$;$K_0=-\mathrm{i}\sin\theta\cos\phi-\mathrm{j}\sin\theta\sin\phi+\cos\theta k$;$r=\rho\mathrm{i}+zk$;$\rho=p_0p$。

所以

$$\widetilde{\boldsymbol{E}}_{P\Sigma}=\boldsymbol{A}\mathrm{e}^{\mathrm{i}[k(z\cos\theta-\rho\sin\theta\cos\phi)-\omega t]} \tag{3-108}$$

圆线上所有点发出的光波经透镜后干涉叠加，在接收屏上 P 点的振幅为

$$\begin{aligned}\widetilde{\boldsymbol{E}}_{P\Sigma} &= \int_0^{2\pi} \boldsymbol{A}\mathrm{e}^{\mathrm{i}[k(z\cos\theta-\rho\sin\theta\cos\phi)-\omega t]}\mathrm{d}\phi \\ &= \boldsymbol{A}\mathrm{e}^{\mathrm{i}(kz\cos\theta-\omega t)}\int_0^{2\pi}\mathrm{e}^{-\mathrm{i}k\rho\sin\theta\cos\phi}\mathrm{d}\phi \\ &= \boldsymbol{A}\mathrm{e}^{\mathrm{i}(kz\cos\theta-\omega t)}\mathrm{J}_0(k\rho\sin\theta)\end{aligned} \tag{3-109}$$

令 $\alpha=k\sin\theta,\beta=k\cos\theta$，则 $\alpha^2+\beta^2=k^2$，从而有

$$\widetilde{\boldsymbol{E}}_{P\Sigma} = \boldsymbol{A}\mathrm{e}^{\mathrm{i}(\beta z-\omega t)}\mathrm{J}_0(\alpha\rho) = \boldsymbol{A}\exp(\beta z)\mathrm{J}_0(\alpha\rho)\mathrm{e}^{-\mathrm{i}\omega t} \tag{3-110}$$

显然式(3-110)和德宁等人给出的式(3-104)是完全一样的。但必须指出，这是在进行了数学抽象，把圆环视为圆线，即不考虑圆环宽度引起的衍射效应（德宁等人的实验装置中圆环的宽度为 0.01mm），且不考虑透镜衍射的前提下才能得出的结果。因此，无衍射光束实际上是在不考虑衍射时得出的结果。

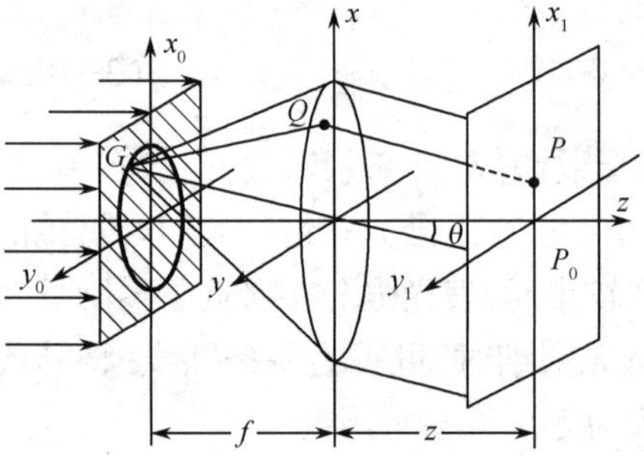

图 3-27　德宁等人的实验装置光学原理图

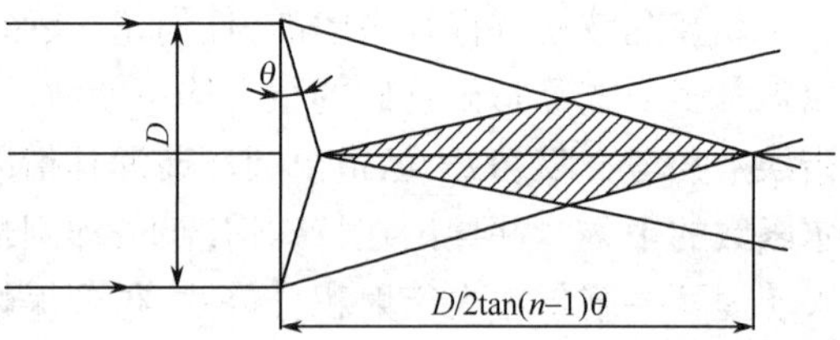

图 3-28　平行光经锥透镜后的现象

同样用平行光照明圆锥透镜，在忽略锥透镜衍射的条件下也会得到上述结果式(3-104)和式(3-110)类似的复振幅。在 $z=D/2\tan(n-1)\theta$ 范围内衍射斑形状和大小均不变，D 为透镜口径，θ 为圆锥透镜的锥角，这种装置更有实用意义。

3.10　光学信息处理、全息术、二元光学简介

3.10.1　光学信息处理

光学信息处理是在傅里叶光学的基础上产生的。它是指用光学方法实现对输入信号的各种变换或处理。光学系统记录在感光底片或 CCD 上的图像，表现为光的复振幅或光强的空间调制；如果是电信号或声信号，则可用电光或声光转换器将其变为光信号再输入光学处理系统。用光学方法可以实现各种变换和运算，如图像信息的编码、解码、加减、微分、积分运算等，它们广泛应用于图像识别、模拟、仿真等各个领域。

光学信息处理根据使用光源的时间和空间相干性分为相干光学处理和非相干光学处理。因篇幅所限，这里只以相干光学处理为例说明其基本原理。

在相干光照明下，系统中光信息的传递是以复振幅的形式出现的，系统对复振幅成线性。

透镜是光学信息处理中的基本元件。一个理想透镜（没有像差）是一个光波波面变换器；将平面光波变为球面光波（或相反），或是将球面光波变为不同曲率的球面光波。

此外，由于它的口径总有一定的大小，光波经过它要发生衍射。从傅里叶光学角度看来，它又是一个空间滤波器。实际透镜（有像差）除上面两属性外，还会产生波差，从而使波面有位相差。所以它还是一个位相调制器。

图 3-29 为一典型的光学信息系统，又称为 4f 系统。图中透镜 L_1 和 L_2 为理想透镜（又称傅里叶透镜）。从几何光学角度看 4f 系统是两个透镜组成的放大倍率 $\beta=-1$ 的成像系统。

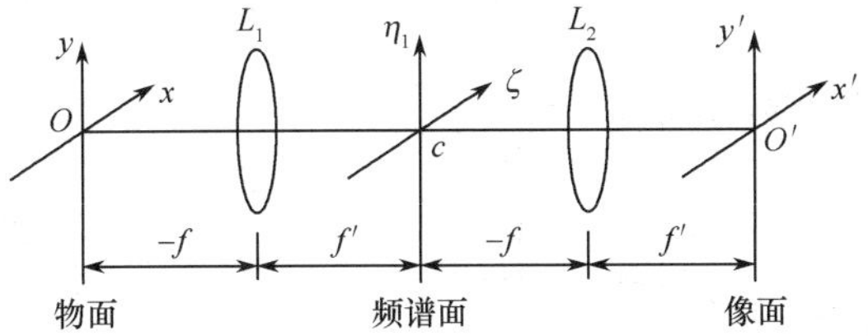

图 3-29　典型的光学信息系统

输入图像位于透镜 L_1 的前焦面（物面）上，在单色平面波的垂直照射下，在透镜 L_1 的后焦面上得到输入图像函数 $F(y,z)$ 的傅里叶变换为

$$f(\nu_y,\nu_z)=\iint_{-\infty}^{\infty}F(y,z)\exp[-\mathrm{i}2\pi(\nu_y y+\nu_z z)]\mathrm{d}y\mathrm{d}z \tag{3-111}$$

透镜 L_1 的后焦面又称输入图像函数的频谱面。由于透镜 L_1 的后焦面和透镜 L_2 的前焦面重合，所以在 L_2 的后焦面又得到频谱函数 $f(\nu_y,\nu_z)$ 的傅里叶变换为

$$F(y',z')=\iint_{-\infty}^{\infty}f(\nu_y,\nu_z)\exp[\mathrm{i}2\pi(\nu_y y+\nu_z z)]\mathrm{d}\nu_y\mathrm{d}\nu_z \tag{3-112}$$

由式（3-111）和式（3-112）得

$$F(y',z')=F(-x,-y) \tag{3-113}$$

此式表明经两次傅里叶变换函数复原，只是自变量改变符号。这意味着输出图像和输入图像相同，只是变成倒像。

如果输入图像是一个模糊图像，可在 4f 系统中加一个空间滤波器，将高频空间频率的谐波滤掉，使图像变得清晰。

3.10.2　全息术简介

全息术是伽柏（Gaber）于 1948 年首先提出的。20 世纪 60 年代激光的出现解决了高强度和高相干性光源问题，使全息术得到迅速的发展。过去的照相技术，在底片记录的是光强即振幅的信息。全息术在照相底片上除记录振幅信息，还记录位相信息，故称全息术，即记录光波的全部信息之意。再现图像时，可以观察到立体图像。全息图有同轴和离轴之分。离轴全息图的记录光路如图 3-30 所示。下面简单介绍离轴全息图的记录和再现过程。

设照相底片为 yOz 平面，物光波和参考光波在该平面的复振幅分别为

$$\widetilde{\boldsymbol{E}}_B(y,z)=B(y,z)\exp[\mathrm{i}\phi_B(y,z)]$$

$$\widetilde{\boldsymbol{E}}_G(y,z)=G(y,z)\exp[\mathrm{i}\phi_G(y,z)]$$

两光波在照相底片平面干涉产生的光强为

$$I(y,z)=(\widetilde{\boldsymbol{E}}_B+\widetilde{\boldsymbol{E}}_G)(\widetilde{\boldsymbol{E}}_B^*+\widetilde{\boldsymbol{E}}_G^*)=B^2+G^2+2BG\cos(\phi_B-\phi_G) \tag{3-114}$$

将照相底片曝光冲洗后可得全息图。

再现物光波的光路，如图 3-31 所示。用一种与参考光波完全相同的光波作为再现时的照明光波，全息图相当于一个复合光栅，根据傅里叶变换的可逆性，照明光波经全息图衍射会再现参考光波的复振幅和物光波的复振幅。照明光波和它们叠加后得

$$\widetilde{\boldsymbol{E}}(y,z)=(B^2+G^2)G\exp(\mathrm{i}\phi_G)+G^2B\exp(\mathrm{i}\phi_B)+G^2\exp(\mathrm{i}2\phi_G)\cdot B\exp(-\mathrm{i}\phi_B) \tag{3-115}$$

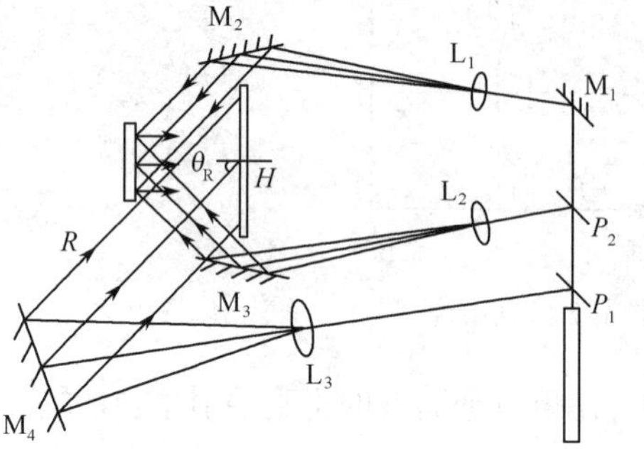

图 3-30　离轴全息图的记录光路

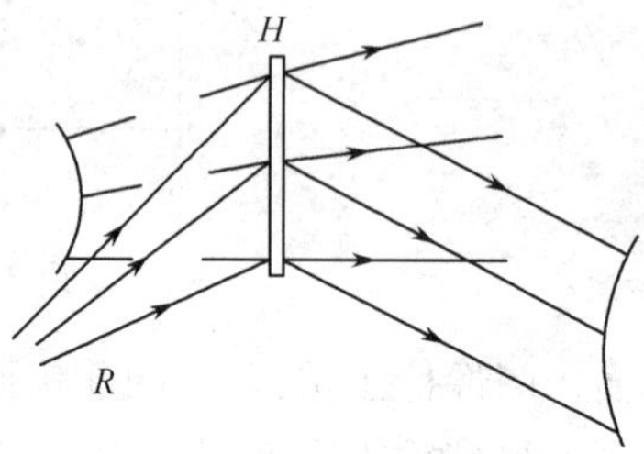

图 3-31　用参考光照明再现

式(3-90)中第一项是照明光波本身，只是它的振幅受到(B^2+G^2)的调制。如果照明光波是均匀的，那么 G^2 在整个全息图上为常数，振幅只受到 B^2 的调制，这部分光波仍沿着照明光波方向传播。式中第二项除常数因子 G^2 外，和物光波表达式完全相同。因而它代表原来的物光波。观察这个光波的效果与观察物体本身相同，当迎着这个光波观察时，会看到一个和原来物体一模一样的虚像。式中第三项表示物光波的共轭波。共轭波在全息图的另一侧形成物体的"实像"，称为共轭像。

3.10.3　二元光学简介

二元光学是最近几年光学工作者热衷研究的课题。其主要目的是利用二元光学元件补偿光学系统的波差，使光学系统变得简单。道理很简单，实际光学系统总有一定的像差，使得光瞳函数 $\widetilde{\boldsymbol{G}}(x_0,y_0)$ 不为常数，这样不但使傅里叶变换非常复杂，而且使衍射光斑偏离艾里斑。如果加一个补偿光学元件，使之产生的波差和原有光学系统的波差抵消，衍射公式中的位相因子中没有了二次以上的项，为完全的夫琅禾费衍射，得到的便是艾里斑。其实早在 1931 年施密德(Schmide)为天文望远镜设计的校正板，1922 年菲涅耳设计的螺纹透镜(又称菲涅耳透镜)就是基于这种思想。

目前研究二元光学的科学技术人员把主要精力用在二元光学元件的设计和制造上。运用计算机辅助设计，并利用超大规模集成电路(VISI)制造工艺，在基片(或光学元件表面)上刻蚀产生两个或多个台阶深度的浮雕结构，形成纯相位、同轴再现、具有极高衍射效率的衍射光学元件，即二元光学元件，又称为衍射光学。实际上将圆孔衍射(绝大部分光学系统孔径均为圆形的)理论上研究清楚，问题会大为简化。

习　题

1. 利用巴比涅定理导出圆屏(球)菲涅耳衍射的振幅和光强表达式。

2. 利用巴比涅定理导出圆环菲涅耳衍射的振幅和光强表达式。

3. 在双缝夫琅禾费衍射实验中，照明波长 $\lambda=632.8\text{nm}$，透镜焦距 $f'=500\text{mm}$，观察到两相邻亮条纹间距 $e=1.5\text{mm}$，第四级缺级，试求：①双缝间距 d 和宽度 a；②第 1、第 2、第 3 级亮条纹和中心亮点的相对光强。

4. 有一台望远镜，物镜焦距 $f'=100\text{mm}$，口径 $D=20\text{mm}$，$\lambda=0.5\mu\text{m}$（视为理想薄透镜），试求：①沿轴方向第一个暗点的位置（离焦时中心亮点为暗点的位置）和菲涅耳数；②沿轴方向中心亮点光强为艾里斑（焦平面处光斑）中心点光强的 0.8 倍的位置和菲涅耳数 F_r；③求理论分辨率。

5. 一个铜丝，用平行光照明，后面放一个焦距 $f'=632.8\text{mm}$，口径 $D=50\text{mm}$ 的理想透镜。若中心暗纹宽度为 2mm，试求铜丝直径，并用巴比涅定理给出物镜焦面光强表达式。

6. 一个激光点光源，$\lambda=500\text{nm}$，距衍射孔距离 $R=500\text{mm}$，衍射孔直径 $D=2\text{mm}$，问接收屏在衍射孔后 125mm 处衍射斑中心是亮点还是暗点。

第 4 章　光的偏振

光的干涉和衍射说明了光的波动性,光的偏振进一步证实光是横波。产生偏振的原因是介质的折射率发生突变或者各向异性。第 1 章已讲到光波在界面折射、反射时,产生偏振的现象(布儒斯特角),这就是折射率突变发生偏振的例子。当光波在各向异性均匀介质(晶体)中传播时,由麦克斯韦方程组得出的光矢量具有偏振光性质。光的偏振现象在科学技术中有着重要的应用。

4.1　偏振态与偏振度

4.1.1　偏振态

麦克斯韦的电磁理论阐明了光波是一种横波,即光矢量垂直于传播方向。若光矢量的振动方向在传播过程中方向始终不变,只是它的大小随位相变化,这种光称为线偏振光。线偏振光是一种特殊的偏振光。此外,还有圆偏振光和椭圆偏振光。圆偏振光的特点是:在传播过程中,光矢量方向绕传播轴均匀地转动,端点轨迹是一个圆。椭圆偏振光的光矢量的大小和方向在传播过程中均发生有规律的变化,光矢量端点沿着一个椭圆轨迹转动。

从普通光源发出的光不是偏振光,而是自然光。自然光可以看作是具有一切可能的振动方向的许多光波的总和,即在观察时间内,光矢量在各个方向的振动概率和大小相同。自然光可以用两个光矢量互相垂直、大小相同、相位无关联的线偏振光表示,但不能将这两相位没有关联的光矢量合成为一个稳定的偏振光。

自然光在传播过程中,受外界作用,造成各个振动方向上的强度不等,使某一方向的振动比其他方向大,这种光称为部分偏振光(见图 4-1)。

一些光源,包括激光光源,发出的光强和自然光不同,为部分偏振光。

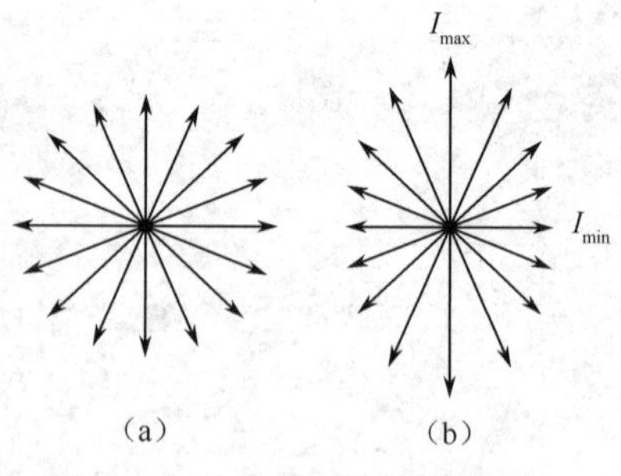

图 4-1　自然光和部分偏振光
(a)自然光;(b)部分偏振光。

4.1.2　偏振度

偏振度表达式为

$$P = \frac{I_{max} - I_{min}}{I_{max} + I_{min}} \tag{4-1}$$

显然,对于自然光有 $P = 0$,圆偏振光 $P = 0$,完全线偏振光 $P = 1$,其他情况即椭圆偏振光和部分偏振光 $0 < P < 1$。

4.1.3　两个频率相同、振动方向互相垂直的光波叠加

1. 椭圆偏振光

如图 4-2 所示,假设点光源 S_1 和 S_2 发出的单色光波的频率相同,但振动方向不同,

在各向同性均匀介质中传播，且 S_1 和 S_2 均位于 x 轴上，一个波的光矢量的振动方向平行于 y 轴，另一个波的光矢量振动方向平行于 z 轴，现在考察垂直于 x 轴的任意平面上 P 点两光波的叠加。两光波在该处产生的光振动分别为

$$\begin{cases} \boldsymbol{E}_y = a_1\cos(kx_1-\omega t) = a_1\cos(\alpha_1-\omega t) \\ \boldsymbol{E}_z = a_2\cos(kx_2-\omega t) = a_2\cos(\alpha_2-\omega t) \end{cases} \tag{4-2}$$

因为两个振动分别在 y 轴方向和 z 轴方向，所以两个振动叠加作矢量相加。

根据叠加原理，P 点处的合成振动为

$$\boldsymbol{E} = \boldsymbol{y}_0\boldsymbol{E}_y + \boldsymbol{z}_0\boldsymbol{E}_z = \boldsymbol{y}_0 a_1\cos(\alpha_1-\omega t) + \boldsymbol{z}_0 a_2\cos(\alpha_2-\omega t) \tag{4-3}$$

由式(4-3)可以看出，合振动的大小和方向一般是随时间变化的。消去参数 t，得合振动矢量末端运动轨迹方程为

$$\frac{\boldsymbol{E}_y^2}{a_1^2}+\frac{\boldsymbol{E}_z^2}{a_2^2}-2\frac{\boldsymbol{E}_y\boldsymbol{E}_z}{a_1a_2}\cos(\alpha_2-\alpha_1) = \sin^2(\alpha_2-\alpha_1) \tag{4-4}$$

一般而言，这是一个椭圆方程式，表示合成矢量末端的轨迹为一个椭圆。此椭圆内接于一个长方形，长方形各边与坐标轴平行，边长为 $2a_1$ 和 $2a_2$，如图 4-3 所示。

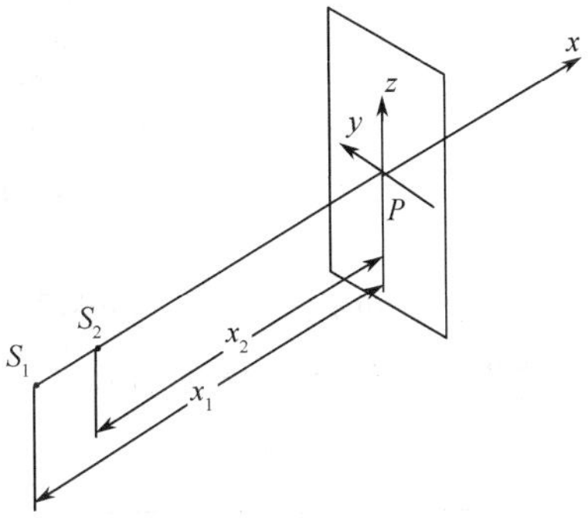

图 4-2　两个频率相同、振动方向互相垂直的光波叠加

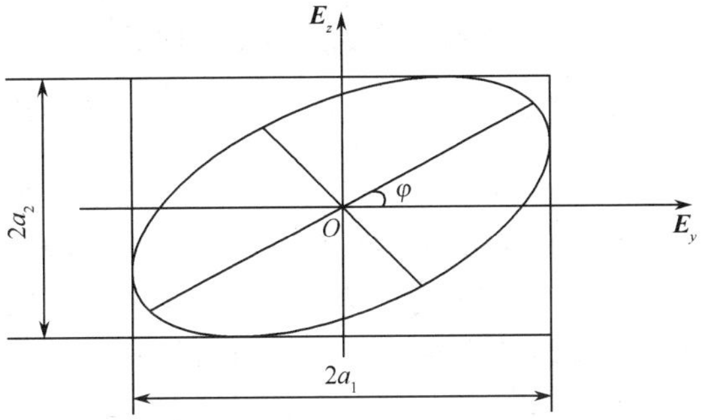

图 4-3　合振动矢量末端运动轨迹

可以证明，椭圆的长轴和 y 轴的夹角由下式确定：

$$\tan(2\varphi) = \frac{2a_1a_2}{(a_1^2-a_2^2)}\cos\delta \tag{4-5}$$

式中：$\delta=\alpha_2-\alpha_1$，是振动方向平行于 z 轴的光波，以及振动方向平行于 y 轴的光波的位相差。如果引入辅助角 α，使得

$$\tan\alpha = \frac{a_2}{a_1} \tag{4-6}$$

则式(4-5)可以写成

$$\tan(2\varphi) = \tan(2\alpha)\cos\delta \tag{4-7}$$

由于两叠加光波的角频率为 ω，显然，P 点合成矢量沿椭圆旋转的角频率也为 ω。将光矢量周期性地旋转，其末端运动轨迹为一个椭圆的光波称为椭圆偏振光。一般来讲，两个在同一方向上传播的频率相同、振动方向互相垂直的单色光波叠加，得到的是椭圆偏振光。

2. 几种特殊情况

图 4-4 是根据式(4-3)画出的与几种不同 δ 值相对应的偏振椭圆形状。椭圆的形状由位相差 δ 和振幅比值 a_2/a_1 决定。在两种特殊情况下,合成矢量的运动轨迹为直线,为线偏振光。即

(1) $\delta=\pm 2m\pi$　($m=0,1,2,3,\cdots$)。

$$\boldsymbol{E}_z=\frac{a_2}{a_1}\boldsymbol{E}_y \tag{4-8}$$

表示合成矢量端点的运动沿着一条通过坐标原点而斜率为 a_2/a_1 的直线进行,如图 4-4(a)所示。

(2) $\delta=\pm m\pi$　($m=0,1,2,3,\cdots$)。

$$\boldsymbol{E}_z=-\frac{a_2}{a_1}\boldsymbol{E}_y \tag{4-9}$$

表示合成矢量端点的运动沿着一条通过坐标原点而斜率为 $-a_2/a_1$ 的直线进行,如图 4-4(e)所示。

此外,当 $\delta=\pm\pi/2$ 及其奇数倍时,有

$$\frac{\boldsymbol{E}_y^2}{a_1^2}+\frac{\boldsymbol{E}_z^2}{a_2^2}=1 \tag{4-10}$$

这是一个标准的椭圆方程,表示一个长短半轴 a_1、a_2 和坐标轴 $\boldsymbol{E}_y$、$\boldsymbol{E}_z$ 重合的椭圆,如图 4-4(c)、(g)所示。若同时有 $a_1=a_2=a$,则式(4-10)变为 $\boldsymbol{E}_y^2+\boldsymbol{E}_z^2=a^2$,表示合成矢量端点的运动轨迹为一个圆,称为圆偏振光。

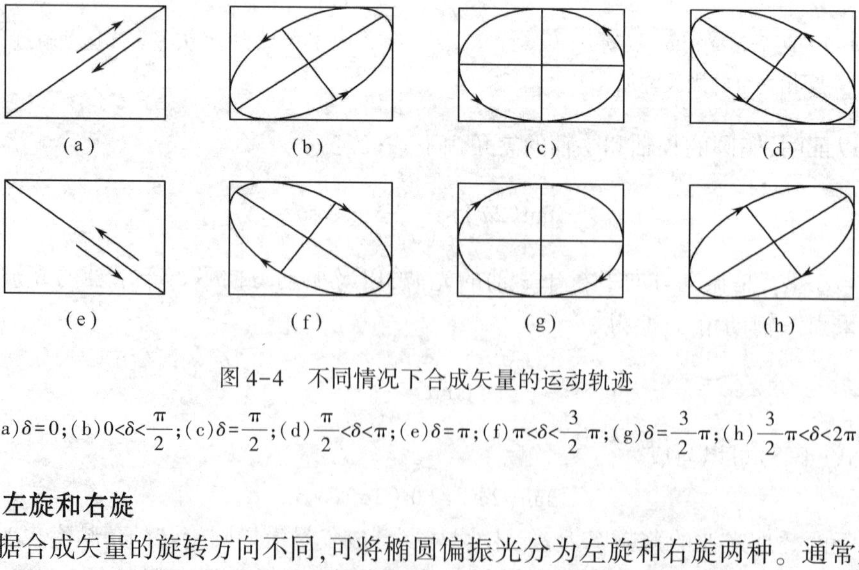

(a)　(b)　(c)　(d)

(e)　(f)　(g)　(h)

图 4-4　不同情况下合成矢量的运动轨迹

(a) $\delta=0$;(b) $0<\delta<\frac{\pi}{2}$;(c) $\delta=\frac{\pi}{2}$;(d) $\frac{\pi}{2}<\delta<\pi$;(e) $\delta=\pi$;(f) $\pi<\delta<\frac{3}{2}\pi$;(g) $\delta=\frac{3}{2}\pi$;(h) $\frac{3}{2}\pi<\delta<2\pi$。

3. 左旋和右旋

根据合成矢量的旋转方向不同,可将椭圆偏振光分为左旋和右旋两种。通常规定沿着光的传播方向(即 x 方向)看去,合成矢量顺时针方向旋转时,偏振光是右旋的,反之是左旋的。偏振光的旋转方向可由位相差 δ 确定。即当 $\sin\delta<0$ 时为右旋,如图 4-4(f)、(g)、(h)所示;当 $\sin\delta>0$ 时为左旋,如图 4-4(b)、(c)、(d)所示。

4.1.4 产生偏振光的方法

1. 界面折射、反射产生偏折光

第 1 章已经讲到,当光线以布儒斯特角 I_B 入射时,反射光中没有 P 波,只有垂直入射面的 S 波,为线偏振光。折射光含有全部 P 波和部分 S 波,是 P 波占优势的部分偏振光。在此基础上可以采用多层膜系,得到反射光和折射光偏振度高达 98% 的线偏振光。

2. 由各向异性介质和偏振片产生偏振光

一些各向异性介质对向不同方向振动的偏振光有不同的吸收称为二色性,如电气石就有很强的二色性,这种二色性会产生偏振光。一些各向异性介质对不同方向的光振动有不同的折射率,会产生偏振光。各向同性介质在外界的作用下,也会使不同方向振动的光矢量有不同的折射率,从而产生偏振光。

4.1.5 马吕斯(Malus)定律

将自然光变为偏振光的器件称为起偏器,用于检验偏振光的器件称为检偏器。一束自然光通过偏振器后,出射光光矢量的振动方向依赖于偏振器,偏振器和检偏器允许透过的光矢量的方向是偏振器的透光轴。光通过起偏器、检偏器后的光强 I 和两透光轴夹角 θ 间关系为

$$I=I_0\cos^2\theta \tag{4-11}$$

式中:I_0 为入射光强。由此可见,若改变两偏振器间的夹角则出射光强将发生变化。

实际上偏振器不可能是理想的。自然光透过起偏器后不是完全线偏振光,而是部分偏振光。用检偏器检验时,即使两偏振器的透光轴互相垂直,透射光强也不为零。检偏器相对起偏器转动时最小透射光强与最大透射光强之比称为消光比。消光比越小,偏振器件质量越好。

4.2 单色平面光波在各向异性均匀介质中的传播

4.2.1 波面与光线

单色平面光波在各向异性介质中的传播比在各向同性均匀介质中传播复杂。此时介电常数 $\boldsymbol{\varepsilon}$ 不再是定值,而是张量。

对于各向异性均匀介质,$\boldsymbol{\varepsilon}$ 为对角形张量,则

$$\begin{bmatrix}\boldsymbol{D}_x\\\boldsymbol{D}_y\\\boldsymbol{D}_z\end{bmatrix}=\begin{bmatrix}\boldsymbol{\varepsilon}_x&0&0\\0&\boldsymbol{\varepsilon}_y&0\\0&0&\boldsymbol{\varepsilon}_z\end{bmatrix}\begin{bmatrix}\boldsymbol{E}_x\\\boldsymbol{E}_y\\\boldsymbol{E}_z\end{bmatrix} \tag{4-12}$$

设介质中的单色平面波电场强度、电感强度和磁场强度的表达式分别为

$$\widetilde{\boldsymbol{E}}=\boldsymbol{E}\mathrm{e}^{\mathrm{i}(k\cdot r-\omega t)},\widetilde{\boldsymbol{D}}=\boldsymbol{D}\mathrm{e}^{\mathrm{i}(k\cdot r-\omega t)},\widetilde{\boldsymbol{H}}=\boldsymbol{H}\mathrm{e}^{\mathrm{i}(k\cdot r-\omega t)}$$

将它们分别代入麦克斯韦方程组(3-1)中的第一式和第二式,得

$$\begin{cases}\boldsymbol{k}\times\widetilde{\boldsymbol{E}}=\omega\mu_0\widetilde{\boldsymbol{H}}\\\boldsymbol{k}\times\widetilde{\boldsymbol{H}}=-\omega\widetilde{\boldsymbol{D}}\end{cases} \tag{4-13}$$

可见$\widetilde{\boldsymbol{H}}$垂直于 $\boldsymbol{k}$ 和 $\widetilde{\boldsymbol{E}}$,$\widetilde{\boldsymbol{D}}$ 垂直于 $\boldsymbol{k}$ 和$\widetilde{\boldsymbol{H}}$。又由坡印廷矢量表达式,可得如下

$$\begin{cases}\widetilde{\boldsymbol{E}}_0\times\widetilde{\boldsymbol{H}}_0=\boldsymbol{S}_0\\ \widetilde{\boldsymbol{D}}_0\times\widetilde{\boldsymbol{H}}_0=\boldsymbol{k}_0\end{cases} \tag{4-14}$$

式中：下角标“0”表示单位矢量。通过上面分析可以看出，在各向异性均匀介质中，光波的 $\widetilde{\boldsymbol{D}}$ 和 $\widetilde{\boldsymbol{E}}$ 一般是不同向的。因此波法线方向 $\boldsymbol{k}$（波面传播方向）与光线方向 $\boldsymbol{S}$（能流传播方向）一般是不同向的。$\widetilde{\boldsymbol{D}}$ 和 $\widetilde{\boldsymbol{E}}$ 的夹角 α 就是 $\boldsymbol{k}$ 和 $\boldsymbol{S}$ 的夹角，如图 4-5 所示。

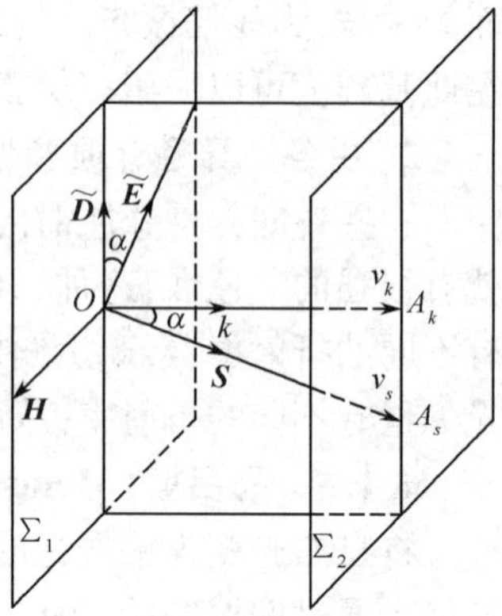

图 4-5　晶体中 D,E,k

由图 4-5 可以看出，光线速度 v_s 和波面法线速度（相速度）v_k 之间的关系为

$$v_k=v_s\cos\alpha \tag{4-15}$$

折射率之间的关系为

$$n_s=\frac{c}{v_s}=\frac{c}{v_k}\cos\alpha=n_k\cos\alpha=n\cos\alpha \tag{4-16}$$

4.2.2　菲涅耳方程

将式(4-13)中消去 $\widetilde{\boldsymbol{H}}$，得

$$\widetilde{\boldsymbol{D}}=\varepsilon_0 n^2[\widetilde{\boldsymbol{E}}-\boldsymbol{k}_0(\widetilde{\boldsymbol{E}}\cdot\boldsymbol{k}_0)] \tag{4-17}$$

对于 x,y,z 轴上分量

$$\boldsymbol{D}_x=\frac{\varepsilon_0\boldsymbol{k}_{0_x}(\boldsymbol{k}_0\cdot\widetilde{\boldsymbol{E}})}{\frac{1}{\varepsilon_{rx}}-\frac{1}{n^2}},\boldsymbol{D}_y=\frac{\varepsilon_0\boldsymbol{k}_{0_y}(\boldsymbol{k}_0\cdot\widetilde{\boldsymbol{E}})}{\frac{1}{\varepsilon_{ry}}-\frac{1}{n^2}},\boldsymbol{D}_z=\frac{\varepsilon_0\boldsymbol{k}_{0_z}(\boldsymbol{k}_0\cdot\widetilde{\boldsymbol{E}})}{\frac{1}{\varepsilon_{rz}}-\frac{1}{n^2}} \tag{4-18}$$

利用 $\boldsymbol{D}\cdot\boldsymbol{k}_0=0$，即 $\boldsymbol{D}_x\boldsymbol{k}_{0_x}+\boldsymbol{D}_y\boldsymbol{k}_{0_y}+\boldsymbol{D}_z\boldsymbol{k}_{0_z}=0$，得

$$\frac{\boldsymbol{k}_{0_x}^2}{\frac{1}{n^2}-\frac{1}{\varepsilon_{rx}}}+\frac{\boldsymbol{k}_{0_y}^2}{\frac{1}{n^2}-\frac{1}{\varepsilon_{ry}}}+\frac{\boldsymbol{k}_{0_z}^2}{\frac{1}{n^2}-\frac{1}{\varepsilon_{rz}}}=0 \tag{4-19}$$

式(4-19)便为波法线菲涅耳方程。它表明各向异性均匀介质中对应于一个光波传播方向 $\boldsymbol{k}_0$ 可以有不同的折射率 n，即不同的相速度。

4.2.3　单轴晶体的双折射

单轴晶体 $\varepsilon_y=\varepsilon_z\neq\varepsilon_x$，即 $\varepsilon_{ry}=\varepsilon_{rz}\neq\varepsilon_{rx}$，根据折射率与介电常数的关系，可以定义三个主折射率：

$$n_x=\sqrt{\varepsilon_{rx}},n_y=\sqrt{\varepsilon_{ry}},n_z=\sqrt{\varepsilon_{rz}}$$

令 $n_y=n_z=n_o,n_x=n_e$，则 $n_o^2\neq n_e^2$。由于单轴晶体是以 x 轴为对称的，x 轴称为光轴。为使问题简化，只讨论 xOy 平面即可。设 $\boldsymbol{k}_0$ 与 x 轴夹角为 θ，则

$$\boldsymbol{k}_{0_x}=\cos\theta,\boldsymbol{k}_{0_y}=\sin\theta,\boldsymbol{k}_{0_z}=0$$

将其代入菲涅耳方程式(4-19)，可得

$$(n^2-n_o^2)[n^2(n_o^2\sin^2\theta+n_e^2\cos^2\theta)-n_o^2n_e^2]=0 \tag{4-20}$$

解得两个实根为

$$\begin{cases}n_1=n_o\\ n_2^2=\dfrac{n_o^2n_e^2}{n_o^2\sin^2\theta+n_e^2\cos^2\theta}\end{cases}\tag{4-21}$$

式(4-21)表示单轴晶体中对应于一个波法线方向 $\boldsymbol{k}_0$ 可能有两种不同折射率(相速度)的光波。一个光波的折射率与 $\boldsymbol{k}_0$ 无关,$n_1=n_o$,称为寻常光,即 o 光;另一个光波的折射率随 $\boldsymbol{k}_0$ 和 x 轴夹角 θ 的变化而变化,称为非常光,即 e 光。这种现象称为双折射。对于 e 光,当 $\theta=\pi/2$ 时,$n_2=n_e$;当 $\theta=0$ 时,$n_2=n_o$。$\boldsymbol{k}_0$ 和 x 轴重合,即光波沿 x 轴传播时,o 光和 e光有相同的折射率和相速度,不发生双折射,故 x 轴称为光轴。至于 o 光和 e 光的振动方向,可由式(4-19)求得。

1. o 光

将 $n=n_1=n_o$ 代入式(4-9),得

$$\begin{cases}(n_e^2-n_o^2\sin^2\theta)\boldsymbol{E}_x+n_o^2\sin\theta\cos\theta\boldsymbol{E}_y=0\\ (n_o^2-n_o^2\cos^2\theta)\boldsymbol{E}_y+n_o^2\sin\theta\cos\theta\boldsymbol{E}_x=0\\ (n_o-n_o)\boldsymbol{E}_z=0\end{cases}\tag{4-22}$$

上式组中第一、二式为 $\boldsymbol{E}_x$ 和 $\boldsymbol{E}_y$ 的二元一次方程,由于系数行列式不等于零,故 $\boldsymbol{E}_x=\boldsymbol{E}_y=0$;第三式表示 $\boldsymbol{E}_z\neq0$,故 o 光的光矢量振动方向平行于 z 轴,即垂直于我们所考察的 xy 平面(波矢 $\boldsymbol{k}$ 所在平面)。

2. e 光

将 $n=n_2$ 代入式(4-19),得

$$\begin{cases}(n_e^2-n_2^2\sin^2\theta)\boldsymbol{E}_x+n_2^2\sin\theta\cos\theta\boldsymbol{E}_y=0\\ (n_o^2-n_2^2\cos^2\theta)\boldsymbol{E}_y+n_2^2\sin\theta\cos\theta\boldsymbol{E}_x=0\\ (n_o^2-n_2^2)\boldsymbol{E}_z=0\end{cases}\tag{4-23}$$

上式组中第一、二式也为 $\boldsymbol{E}_x$ 和 $\boldsymbol{E}_y$ 的二元一次方程,但系数行列式等于零,$\boldsymbol{E}_x\neq0$,$\boldsymbol{E}_y\neq0$。第三式中 $n_2\neq n_o$,只有 $\boldsymbol{E}_z=0$。可见 e 光的光矢量振动方向即在我们所考察的 xy 平面内。

由此可得出结论,单色平面波在单轴晶体内传播时是以两束光出现的,且均为线偏振光,两者的光矢量振动方向互相垂直。其中 o 光的光矢量振动方向垂直于波矢所在平面(xy 平面),而 e 光的光矢量振动方向在光波矢所在平面。由于 $\widetilde{\boldsymbol{D}}$ 垂直于 k,所以 o 光的 $\widetilde{\boldsymbol{D}}$ 和 $\widetilde{\boldsymbol{E}}$ 重合,e 光的 $\widetilde{\boldsymbol{D}}$ 和 $\widetilde{\boldsymbol{E}}$ 均在 xy 平面内,但两者不重合,有一夹角 α,如图 4-6 所示。e 光的 $\widetilde{\boldsymbol{E}}$ 矢量在 xy 平面内的具体指向,可根据第一式或第二式由 $\boldsymbol{E}_x$ 和 $\boldsymbol{E}_y$ 之比确定,将 n_2 值代入得

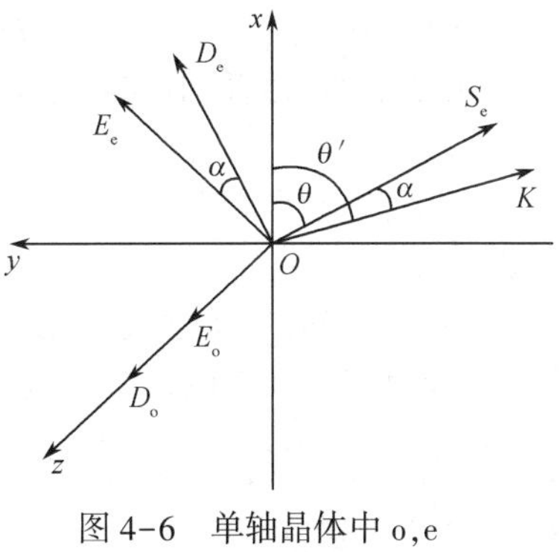

图 4-6 单轴晶体中 o,e 各矢量的方向

$$\frac{E_x}{E_y}=-\frac{n_o^2\sin\theta}{n_e^2\cos\theta}=-\frac{n_o^2}{n_e^2}\tan\theta \tag{4-24}$$

且

$$\frac{D_x}{D_y}=\frac{\varepsilon_{rx}E_x}{\varepsilon_{ry}E_y}=-\tan\theta \tag{4-25}$$

可见 e 光的 $\widetilde{D}$ 矢量和 $\widetilde{E}$ 矢量方向一般不一致，因而 e 光的波法线方向与光线方向一般也不一致。

在晶体光学中把光波波法线方向与光线方向的夹角 α 称为离散角。在实际问题中，如已知波法线方向，由离散角 α 可确定相应的光线方向。对于单轴晶体，o 光的离散角恒等于零，e 光的离散角可根据式(4-25)求出。由图 4-6 可知 $\alpha=\theta-\theta'$，其中 θ' 是 e 光线 S_e 与光轴（x 轴）的夹角，且有

$$\tan\theta'=-\frac{E_x}{E_y}=\frac{n_o^2}{n_e^2}\tan\theta \tag{4-26}$$

即

$$\tan\alpha=\tan(\theta-\theta')=\left(1-\frac{n_o^2}{n_e^2}\right)\frac{\tan\theta}{1+\frac{n_o^2}{n_e^2}\tan^2\theta} \tag{4-27}$$

4.2.4 单轴晶体的折射率椭球、波矢面、光线面与法线面间的关系

由于晶体光学的复杂性，在实际中常使用一些表示晶体光学性质的几何图形帮助说明问题。常用的几何图形有折射率椭球、波矢面、法线面和光线面等。但是，建立的物理概念越多，人们的思维越复杂，反而容易引起混乱。实际上，这些物理概念之间是互相关联的，这里只介绍折射率椭球、波矢面及光线面与法线面的几何关系。

1. 折射率椭球

双轴晶体的折射率椭球方程为

$$\frac{x^2}{n_x^2}+\frac{y^2}{n_y^2}+\frac{z^2}{n_z^2}=1 \tag{4-28}$$

单轴晶体的折射率椭球方程为

$$\frac{x^2}{n_e^2}+\frac{y^2}{n_o^2}+\frac{z^2}{n_o^2}=1 \tag{4-29}$$

其几何图形如图 4-7 所示。其中图 4-7(a)为负单轴晶体（$n_e<n_o$，如方解石），图 4-7(b)为正单轴晶体（$n_e>n_o$，如石英）的折射率椭球形状。

由单轴晶体的折射率椭球可以看出以下特性。

(1) 椭球在 yz 平面的截线是一个圆，半径为 n_o。光矢量在此平面内振动速度为 c/n_o，表示光波沿光轴（x 轴）传播的速度为 c/n_o（对于双轴晶体，可得两个截线圆，故称双轴晶体）。

(2) 当波矢量 $\boldsymbol{k}$ 垂直于光轴时，即光波沿垂直 x 轴方向传播时，对应截线为一个椭圆，其长短轴分别对应折射率 n_o 和 n_e。这表明，当波法线方向垂直光轴时，允许两个线偏振光传播。$\widetilde{D}$ 平行于光轴的为 e 光波，n_e 称为 e 光的主折射率；$\widetilde{D}$ 垂直于光轴的为 o 光波，主折射率为 n_o。

(3) 当波矢量 $\boldsymbol{k}$ 与光轴成 $\theta(\theta\neq0,\theta\neq\pi/2)$ 时，通过椭球中心垂直于 $\boldsymbol{k}$ 的平面与椭球的截线也是一个椭圆，如图 4-8 所示，它的长短轴分别为 $n_1(n_1=n_o)$ 和 n_2。由几何关系可证明：

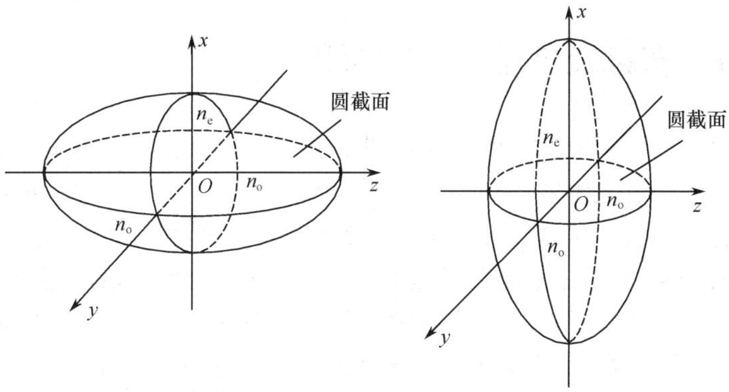

(a)　　　　　　　　(b)

图 4-7　单轴晶体的折射率椭球
(a)负单轴晶体;(b)正单轴晶体。

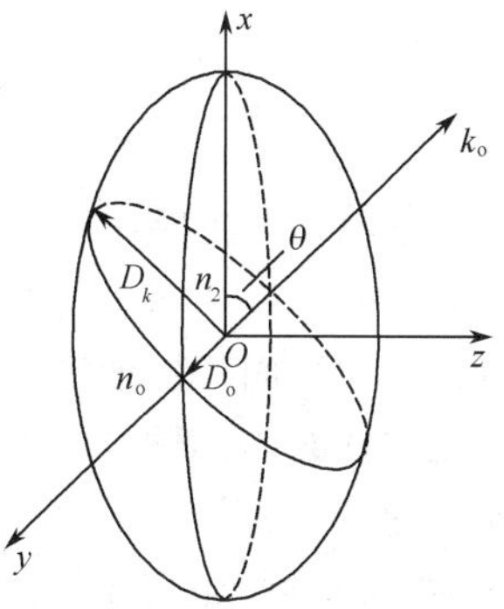

图 4-8　对应于 k_o 的单轴晶体折射率椭球截面

$$n_2=\frac{n_o n_e}{\sqrt{n_o^2\sin^2\theta+n_e^2\cos^2\theta}} \tag{4-30}$$

此结果和前面理论分析是一致的。

2. 波矢面

波矢面即法线面的解析式可由波法线菲涅耳方程式(4-19)求得。对于单轴晶体,可得如下两个方程:

$$\begin{cases} x^2+y^2+z^2=\dfrac{\omega^2}{c^2}n_o^2 \\ \dfrac{x^2}{\left(\dfrac{\omega}{c}n_o\right)^2}+\dfrac{y^2+z^2}{\left(\dfrac{\omega}{c}n_e\right)^2}=1 \end{cases} \tag{4-31}$$

第一个方程的图形是半径为 $\omega n_o/c$ 的球面。第二个方程是旋转椭球面,旋转轴为 x 轴(光轴)。两个波矢面在 x 轴相切,如图 4-9 所示。显然第一个波矢面对应于 o 光,第二个波矢面对应于 e 光。

波矢面确定后,根据光线面和法线面的几何关系可以得到光线面。两者的几何关系如图 4-10所示。法线面是光线面的垂直曲面。通过法线面上任意点作法线面的垂面,这些垂面的包络面就是光线面。

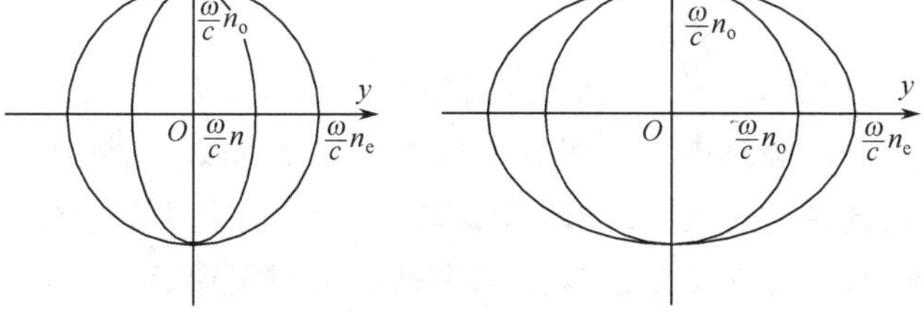

(a)　　　　　　　　(b)

图 4-9　单轴晶体波矢面
(a)负单轴晶体;(b)正单轴晶体。

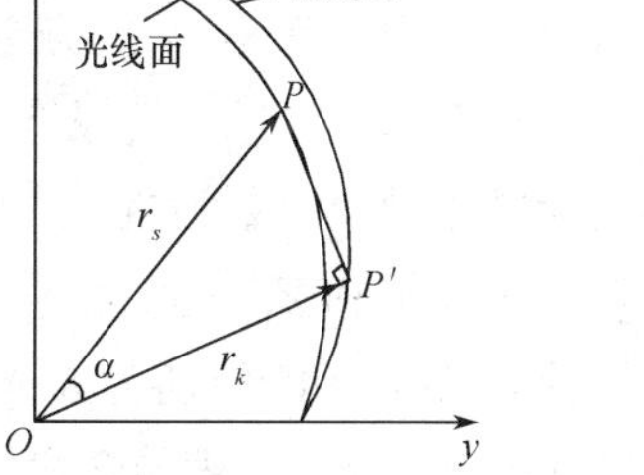

图 4-10　光线面与法线面的几何关系

4.3 光波经单轴晶体的折射

单轴晶体主要用来作为偏振元件。单轴晶体是以光轴(x 轴)旋转对称的。所以 o 光和 e 光的波矢和坡印廷矢量均在通过光轴的平面内,称为主平面。即主平面是波矢和光轴构成的平面。物理光学又将晶体表面法线和光轴构成的平面称为主截面。如果入射光线在主截面内,根据折射定律,折射光线必然也在主截面内,因此主平面和主截面重合。这会使所研究的双折射现象大为简化。实践中将晶体做成平行六面体,光波在一个表面入射,在其平行的表面出射。在晶体内 o 光和 e 光的波矢和坡印廷矢量均在主截面(主平面)内,只不过 e 光的波矢和坡印廷矢量分开,但经出射表面后两者又合在一起。由于 o 光和 e 光在晶体内折射率不同,且 e 光的波矢和坡印廷矢量分开,坡印廷矢量表征能流的传播方向,即光线方向。故在经晶体出射表面出射的光为两偏振光 o 光和 e 光,即 o 光和 e 光分开。图 4-11 为方解石晶体的主截面。

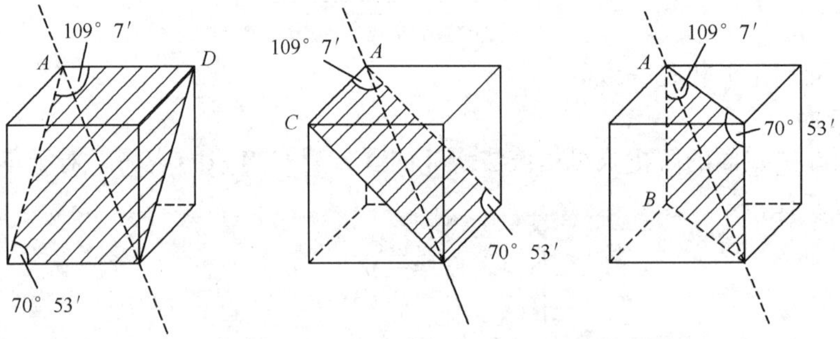

图 4-11　方解石晶体的主截面

应当指出光波经晶体表面折射时,o 光的波法线(波矢)和光线(坡印廷矢量)均严格遵守折射定律。e 光的波法线遵守折射定律,但光线只遵守折射定律的第一条,即折射光线位于入射光线和通过入射点的折射面法线所确定的平面内,但不遵守折射定律的第二条 $n'\sin I'=n\sin I$,遇到的困难是折射后的波矢和光轴的夹角不容易求得。一般采用的方法是作图法结合解析法,且取特殊入射角。作图法主要有斯涅耳(Snell)作图法和惠更斯作图法。斯涅耳作图法是根据波法线遵守折射定律,从而可求出折射后的波法线方向。由折射后 e 光波法线和光轴的夹角 θ_e,再根据离散角 α 求得 e 光折射光线和光轴夹角 θ',从而求得折射光线方向。但一般情况 θ_e 也不易得到,为此入射角取特殊值,以便得到 θ_e。斯涅耳作图法如图 4-12 所示。

平面单色光波首先从各向同性均匀介质射向晶体表面,入射角为 I,入射点为 O,以 O 点为球心画出入射波的波矢面 $\boldsymbol{\Sigma}_1$,然后画出晶体中 o 光和 e 光的波矢面 $\boldsymbol{\Sigma}'_2$ 和 $\boldsymbol{\Sigma}''_2$。将入射光线延长和 $\boldsymbol{\Sigma}_1$ 交点为 A,过 A 点作垂直界面的直线,与 $\boldsymbol{\Sigma}'_2$ 和 $\boldsymbol{\Sigma}''_2$ 的交点分别为 B 点及 C 点,则 OB 和 OC 分别为 o 光的波矢 $\boldsymbol{k}'_2$ 和 e 光波矢 $\boldsymbol{k}''_2$。这是因为根据折射定律 $\boldsymbol{k}_1\cdot\boldsymbol{r}=\boldsymbol{k}'_2\cdot\boldsymbol{r}=\boldsymbol{k}''_2\cdot\boldsymbol{r}$。道理虽然简单,但是折射后的波矢面,尤其 $\boldsymbol{\Sigma}''_2$ 不是轻而易举便可画出的,所以一般使入射光线和晶体光轴成特殊角度。

例 4-1　平面钠光($\lambda=589.3\text{nm}$)正入射到方解石(负晶体)上,($n_o=1.6584$,$n_e=$

1.4864),光轴在图面内(即图面为主截面),且与晶体表面成30°(图4-13)。试求:(1)o光和e光经晶体后的出射方向及偏振方向;(2)当晶体厚度 $d=1\text{mm}$ 时,o光和e光射出晶体后的位相差。

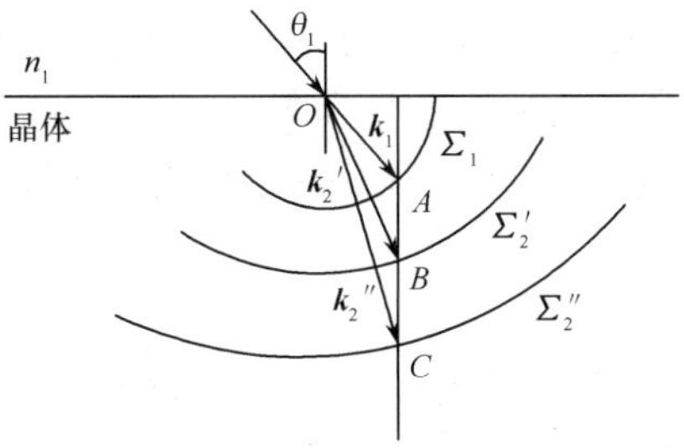

图4-12　斯涅耳作图法

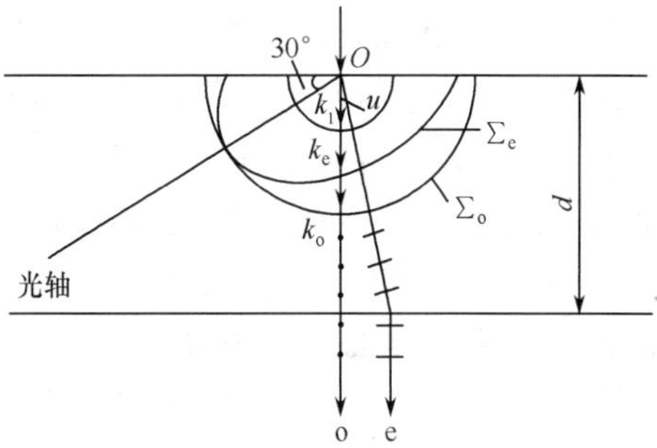

图4-13　光波正入射时方解石晶体的双折射

解　(1)由于是正入射,光波经晶体表面后波矢均在入射光线和光轴所确定的平面内(主截面),且与晶体表面垂直。由于o光的波法线(波矢)和光线重合,故o光的光线也与晶面垂直。对于e光,光线不与波法线重合,它与波法线夹角 α 根据式(4-27)计算得

$$\tan\alpha=\left(1-\frac{n_o^2}{n_e^2}\right)\frac{\tan\theta}{1+\dfrac{n_o^2}{n_e^2}\tan^2\theta}=\left[1-\frac{(1.6584)^2}{(1.4864)^2}\right]\frac{\tan60°}{1+\left(\dfrac{1.6584}{1.4864}\tan60°\right)^2}=-0.0896$$

即 $\alpha=\theta-\theta'=-5.7'$,负号表示e光线与光轴夹角 θ' 大于e光波法线与光轴夹角 θ,故e光线较其波法线远离光轴。经晶体另一表面折射后,o光和e光的光线又与波法线重合,但两光线不再重合而是平行。o光的光矢量振动方向垂直图面,而e光的光矢量振动方向平行于图面。故得到两个振动方向互相垂直的线偏振光。

e光波在与光轴成60°方向的折射率为

$$n_2=n(60°)=\frac{1.6584\times1.4864}{\sqrt{1.6584^2\times\sin^2 60°+1.4864^2\times\cos60°}}=1.5246$$

o光和e光的光程差

$$\Delta=[n_o-n(60°)]d=(1.6584-1.4864)\times1=0.1338(\text{mm})$$

位相差

$$\delta=\frac{2\pi}{\lambda}\Delta=\frac{2\pi\times0.1338}{589.3\times10^{-6}}=454\pi(\text{rad})$$

惠更斯作图法是根据惠更斯原理得出的,即任意时刻波前上的每一点均可视为新的球面子波的波源,新的波前是这些子波的包络面。作图法用的是光线面,这里就不论述了。

4.4　偏振器件

偏振器件分为晶体偏振器件和波片。

4.4.1　晶体偏振器件

晶体偏振器件根据晶体的双折射和偏振特性,利用特殊入射角及晶体组合得到一束

偏振光或两束振动方向互相垂直的线偏振光，这里举两个示例。

1. 格兰—汤姆逊(Glan-Thompson)棱镜

格兰—汤姆逊棱镜由两块方解石直角棱镜沿斜面相对胶合而成。它们的光轴垂直于图面且互相平行(图 4-14)。当光垂直于端面入射时，o 光和 e 光均不发生偏折。它们在入射面的入射角等于斜面和直角面的夹角 θ。胶合面折射率 n_g 大于并接近非常光的折射率但小于寻常光的折射率，且角 θ 大于 o 光在胶合面的全反射临界角。这样 o 光在胶合面全反射，并被直角面的涂层吸收；e 光则由于折射率几乎不变而无偏折地从棱镜射出，得到一束线偏振光。

2. 渥拉斯顿(Wollaston)棱镜

渥拉斯顿棱镜是由两块光轴正交的方解石直角棱镜胶合而成，如图 4-15 所示。平行自然光垂直入射棱镜端面，在第一块棱镜内 o 光和 e 光以不同的速度沿同一方向传播。进入第二块棱镜时，由于光轴转过 90°，o 光和 e 光发生转化，即 o 光变为 e 光，e 光变为 o 光。由于方解石 $n_o>n_e$，前者在胶合面是由光密进入光疏介质，折射角大于入射角；后者相反，折射角小于入射角。故分为两束光矢量振动方向互相垂直的线偏振光，再经出射面折射，两偏振光张角更大。最后由棱镜出射的两偏振光夹角为

$$2\phi \approx 2\arcsin[(n_o-n_e)\tan\theta]$$

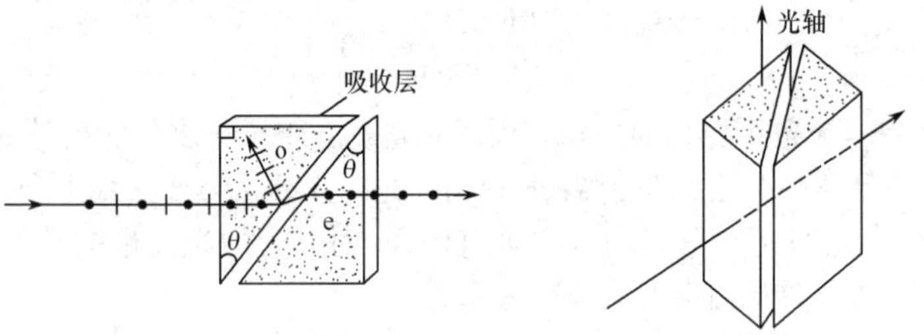

图 4-14 格兰—汤姆逊棱镜

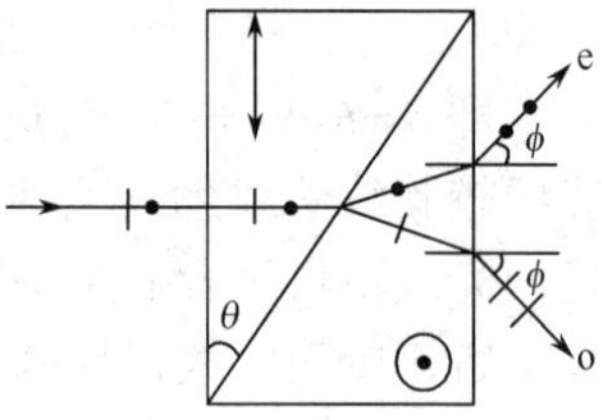

图 4-15 渥拉斯顿棱镜

4.4.2 偏振片

偏振片是用塑料薄膜经特殊工艺处理后，只让某个方向振动的光波通过，从而得到线偏振光的元件。

4.4.3 波片

波片又称位相延迟器，它能使互相垂直的光矢量之间产生相对位相差，从而改变偏振状态。

1. $\lambda/4$ 波片

$\lambda/4$ 波片产生的光程差为

$$\Delta=(n_o-n_e)d=\left(m+\frac{1}{4}\right)\lambda \quad (m=0,1,2,\cdots)$$

当入射的线偏振光的光矢量振动方向和 $\lambda/4$ 波片的快轴(或慢轴)呈±45°时，经 $\lambda/4$ 波片后变为圆偏振光。反之，$\lambda/4$ 波片可以使圆偏振光变为线偏振光。

2. $\lambda/2$ 波片

$\lambda/2$ 波片产生的光程差为

$$\Delta=\left(m+\frac{1}{2}\right)\lambda \quad (m=0,1,2,\cdots)$$

圆偏振光经 $\lambda/2$ 波片后仍为圆偏振光,但旋转方向改变(右旋变为左旋,左旋变为右旋)。线偏振光经 $\lambda/2$ 波片后仍为线偏振光,但光矢量振动方向改变。设入射的线偏振光的光矢量振动方向和波片快轴(或慢轴)夹角为 α,则经 $\lambda/2$ 波片后光矢量振动方向向着快轴(或慢轴)转过 2α 角,如图 4-16 所示。

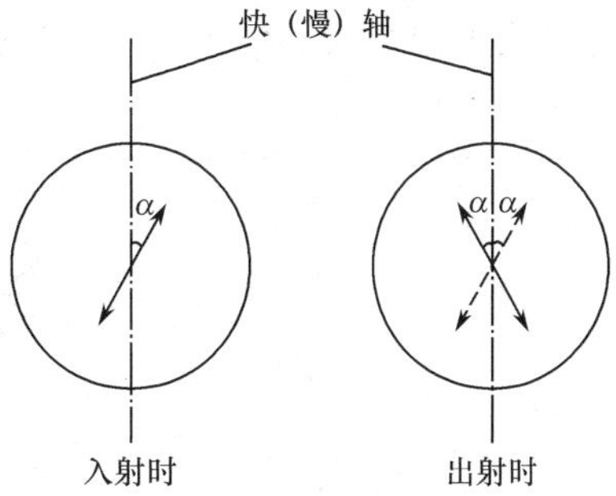

图 4-16　线偏振光通过 $\lambda/2$ 波片后光矢量的转动

3. 全波片

全波片产生的光程差为

$$\Delta=m\lambda \quad (m=0,1,2,\cdots)$$

4.5　偏振光和偏振器件的矩阵表示

偏振光的光矢量可以用一列矩阵描述。偏振光经一系列偏振器件后的偏振态可以用入射偏振光列矩阵和这些偏振器件的作用矩阵连乘得到。偏振矢量的列矩阵称为琼斯(Jones)矢量,而偏振器件的作用矩阵称为琼斯矩阵。它们均在统一的笛卡儿坐标系 $Oxyz$ 内标定,即在 yOz 平面内标定。

4.5.1　琼斯矢量

沿光轴(x 轴)方向传播的偏振光,光矢量 $\widetilde{\boldsymbol{E}}$ 在 yOz 平面内可分解为两正交分量 $\widetilde{\boldsymbol{E}}_y$ 和 $\widetilde{\boldsymbol{E}}_z$。令光矢量 $\widetilde{\boldsymbol{E}}$ 的模为单位矢量,则可根据光矢量的振动方向和 y 轴的夹角 θ 写出其琼斯矢量。表 4-1 列出一些偏振态的琼斯矢量。

表 4-1　一些偏振态的归一化琼斯矢量

偏振态	琼斯矢量
线偏振光{光矢量沿 y 轴 光矢量沿 z 轴 光矢量与 y 轴成±45° 光矢量与 z 轴成±θ	$\boldsymbol{E}_k=\begin{bmatrix}1\\0\end{bmatrix}$ $\boldsymbol{E}_k=\begin{bmatrix}0\\1\end{bmatrix}$ $\boldsymbol{E}_{\pm45^\circ}=\frac{1}{\sqrt{2}}\begin{bmatrix}1\\\pm1\end{bmatrix}$ $\boldsymbol{E}_{\pm\delta}=\begin{bmatrix}\cos\theta\\\pm\sin\theta\end{bmatrix}$
圆偏振光{右旋 左旋	$\boldsymbol{E}_R=\frac{1}{\sqrt{2}}\begin{bmatrix}1\\-\mathrm{i}\end{bmatrix}$ $\boldsymbol{E}_L=\frac{1}{\sqrt{2}}\begin{bmatrix}1\\\mathrm{i}\end{bmatrix}$

4.5.2 琼斯矩阵

偏振光经偏振器件后，偏振态发生变化。可以用偏振器件的琼斯矩阵与偏振光的琼斯矢量相乘得到新的偏振光。一些典型偏振器件的琼斯矩阵如表 4-2 所列。

表 4-2 一些典型偏振器件的琼斯矩阵

器 件	琼 斯 矩 阵
线偏振光：透光轴沿 y 轴	$\begin{bmatrix}1 & 0\\0 & 0\end{bmatrix}$
线偏振光：透光轴沿 z 轴	$\begin{bmatrix}0 & 0\\0 & 1\end{bmatrix}$
线偏振光：透光轴与 y 轴成±45°	$\frac{1}{2}\begin{bmatrix}1 & \pm1\\\pm1 & 1\end{bmatrix}$
线偏振光：透光轴与 z 轴成±θ	$\begin{bmatrix}\cos^2\theta & \frac{1}{2}\sin2\theta\\\frac{1}{2}\sin2\theta & \sin^2\theta\end{bmatrix}$
$\lambda/4$ 波片：快轴在 y 方向	$\begin{bmatrix}1 & 0\\0 & \mathrm{i}\end{bmatrix}$
$\lambda/4$ 波片：快轴在 z 方向	$\begin{bmatrix}1 & 0\\0 & -\mathrm{i}\end{bmatrix}$
$\lambda/4$ 波片：快轴与 y 轴成±45°	$\frac{1}{\sqrt{2}}\begin{bmatrix}1 & \pm\mathrm{i}\\\pm\mathrm{i} & 1\end{bmatrix}$
一般波片（产生位相差 δ）：快轴在 x 方向	$\begin{bmatrix}1 & 0\\0 & \exp(\mathrm{i}\delta)\end{bmatrix}$
一般波片（产生位相差 δ）：快轴在 y 方向	$\begin{bmatrix}1 & 0\\0 & \exp(-\mathrm{i}\delta)\end{bmatrix}$
一般波片（产生位相差 δ）：快轴与 x 轴成±45°	$\cos\frac{\delta}{2}\begin{bmatrix}1 & \pm\mathrm{i}\tan\frac{\delta}{2}\\\pm\mathrm{i}\tan\frac{\delta}{2} & 1\end{bmatrix}$
$\lambda/2$ 波片：快轴在 y 或 z 方向	$\begin{bmatrix}1 & 0\\0 & -1\end{bmatrix}$
$\lambda/2$ 波片：快轴与 y 轴成±45°	$\begin{bmatrix}0 & 1\\1 & 0\end{bmatrix}$
各向同性位相延迟（产生相延 φ）	$\begin{bmatrix}\exp(\mathrm{i}\varphi) & 0\\0 & \exp(\mathrm{i}\varphi)\end{bmatrix}$

（续）

器　件	琼斯矩阵
圆偏振器 右旋	$\frac{1}{2}\begin{bmatrix}1 & i\\ -i & 1\end{bmatrix}$
圆偏振器 左旋	$\frac{1}{2}\begin{bmatrix}1 & -i\\ i & 1\end{bmatrix}$

4.5.3 应用实例

（1）一自然光经偏振片 P，$\lambda/4$ 波片 Q_1、$\lambda/2$ 波片 Q_2 透射，P 振动方向和 y 轴成 45°，$\lambda/4$ 波片快轴为 z 轴，$\lambda/2$ 波片快轴为 y 轴，求透射光的偏振态，如图 4-17 所示。

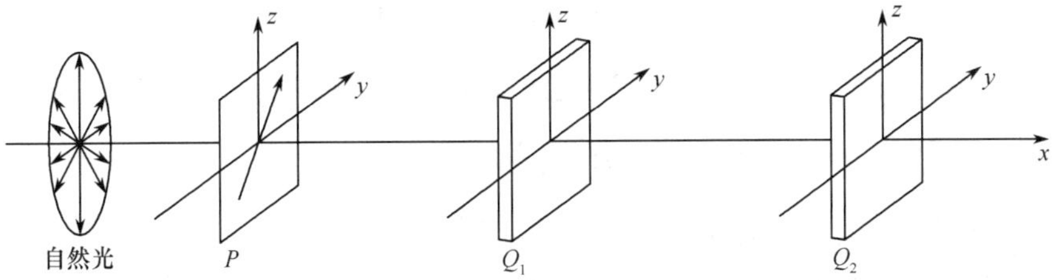

图 4-17　自然光经偏振片、1/4 波片、1/2 波片透射后的分析

解：P 的琼斯矢量为

$$\boldsymbol{P}=\frac{1}{\sqrt{2}}\begin{bmatrix}1\\1\end{bmatrix}$$

Q_1 的琼斯矩阵为

$$\boldsymbol{G}_1=\begin{bmatrix}1 & 0\\0 & -i\end{bmatrix}$$

Q_2 的琼斯矩阵为

$$\boldsymbol{G}_2=\begin{bmatrix}1 & 0\\0 & -1\end{bmatrix}$$

得透射光琼斯矢量

$$\widetilde{\boldsymbol{E}}=\begin{bmatrix}\boldsymbol{E}_y\\\boldsymbol{E}_z\end{bmatrix}=\boldsymbol{G}_2\boldsymbol{G}_1\boldsymbol{P}=\begin{bmatrix}1 & 0\\0 & -1\end{bmatrix}\cdot\begin{bmatrix}1 & 0\\0 & -i\end{bmatrix}\cdot\frac{1}{\sqrt{2}}\begin{bmatrix}1\\1\end{bmatrix}=\frac{1}{\sqrt{2}}\begin{bmatrix}1\\i\end{bmatrix}$$

答：透射光为左旋圆偏振光。

（2）图 4-18 为测定玻璃内应力的光学原理图。图中 P_1 为起偏器，P_2 为检偏器，P_2 可以旋转，开始时两者正交。$\lambda/4$ 波片快轴 y 和 P_1 的光矢量振动方向（透光轴）平行。被测玻璃残存内应力，具有双折射性质。设其快轴和 P_1 的透光轴成 45°，单色平面光波由 P_1 入射。由检偏器 P_2 测定玻璃应力。

先用琼斯矩阵法求光波通过 $\lambda/4$ 波片的偏振态。琼斯矩阵和琼斯矢量均在 yz 坐标内标定，则起偏器的琼斯矢量为 $\boldsymbol{P}_1=\begin{bmatrix}1\\0\end{bmatrix}$，被测玻璃的琼斯矩阵为

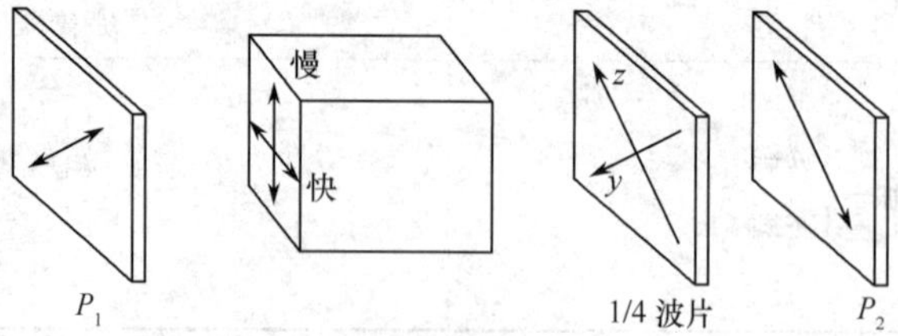

图 4-18　1/4 波片法测定玻璃内应力

$$\boldsymbol{G}_1=\cos\frac{\delta}{2}\begin{bmatrix}1 & -\mathrm{i}\tan\dfrac{\delta}{2}\\ -\mathrm{i}\tan\dfrac{\delta}{2} & 1\end{bmatrix}$$

式中:δ 为位相差。它和玻璃产生的光程差 Δ 关系为 $\delta=2\pi\Delta/\lambda$。$\lambda/4$ 波片的琼斯矩阵为

$$\boldsymbol{G}_2=\begin{bmatrix}1 & 0\\ 0 & \mathrm{i}\end{bmatrix}$$

光波通过 $\lambda/4$ 波片后的偏振矢量为

$$\widetilde{\boldsymbol{E}}=\boldsymbol{G}_2\boldsymbol{G}_1\boldsymbol{P}_1=\begin{bmatrix}\cos\dfrac{\delta}{2}\\ \sin\dfrac{\delta}{2}\end{bmatrix}$$

表明它是线偏振光。转动检偏器 P_2,转角为 θ。使之与 E 垂直,则

$$\boldsymbol{P}'_2=\begin{bmatrix}-\cos\theta\\ \sin\theta\end{bmatrix}=\begin{bmatrix}-\cos\dfrac{\delta}{2}\\ \sin\dfrac{\delta}{2}\end{bmatrix}$$

即 $\delta=2\theta$(图 4-19),这时视场为暗的。实际上玻璃应力比较大时,$\delta>360°$,此时视场内看到的是多个暗条纹,如图 4-20 所示。各条纹对应的位相差为

$$\delta=2\theta+m\cdot 360°\quad (m=0,1,2,\cdots)$$

由位相差 δ 可求得光程差 Δ,从而测得玻璃的内应力。

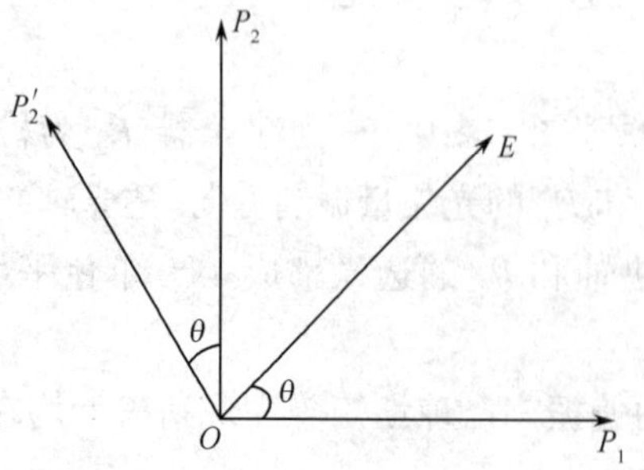

图 4-19　从波片出射的线偏振光的方位

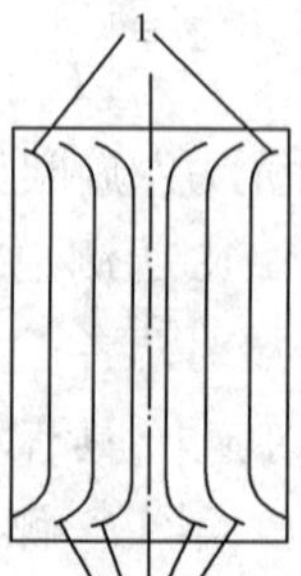

图 4-20　应力仪视场中的黑条纹

4.5.4 思索与探讨

在当今信息时代,光的能量、光谱、路径、视场和分辨率等信息已开发和利用得比较充分,如何将偏振信息用于工程实践中是值得深思的。例如,隐身飞机是采用措施:①减少雷达、红外波反射面积;②表面涂层吸收雷达、红外波。可涂层不可能吸收所有光谱,飞机形状越规则,偏振度越大,但天空背景偏振度确很小,可以利用偏振信息发现隐身飞机。应注意以下几点。

(1) 纯偏振光(线偏振光、椭圆偏振光等)是人为控制的(包括路径、光谱等),如左旋和右旋椭圆偏振光是在线偏振光后加 $\lambda/4$ 波片得到的,绝非光子的原生态。

(2) 分清偏振度和偏振态的概念,一般光源发出的是部分偏振光,激光器发出的是偏振度很大的部分偏振光。

(3) 光强是标量,绝非矢量。

4.6 声光效应、电光效应、磁光效应简介

光波在各向异性均匀介质中传播情况已很复杂,在各向异性非均匀介质中传播就更为复杂。此时介电常数已非对角张量。若对各向同性均匀介质加以外界干扰,介质的折射率可能发生规律性变化。利用这种折射率的非线性可以发现一些新的光学现象,在科学技术上得到应用。本节将简单介绍声光效应、电光效应、磁光效应。

4.6.1 声光效应

声波是一种弹性纵波。它在介质中传播时,由于应变缘故,使介质的折射率随空间和时间周期性地变化,可视为一运动光栅。由于声速仅为光速的万分之一,因此对入射光波而言,运动光栅可认为是静止的,其光栅方程为

$$\lambda_s(\sin\theta-\sin\theta_i)=m\lambda \tag{4-32}$$

式中:λ_s 为声波波长。声光效应产生的衍射分为拉曼—奈斯(Raman-Nath)衍射和布喇格(Bragg)衍射。前者衍射效率低,目前已较少应用,这里简单介绍布喇格衍射。

布喇格衍射时,衍射光栅可视为一排排反射层,如图 4-21 所示。根据衍射光栅方程,得

$$\theta_i=\theta=\theta_B,\quad \mathrm{i}k\sin\theta_B=mk_s \tag{4-33}$$

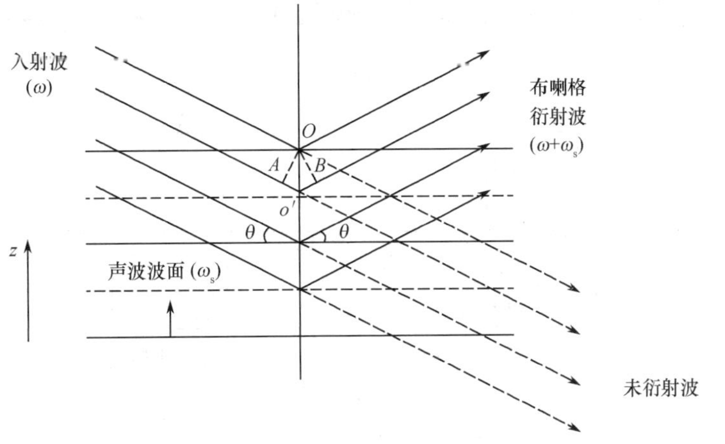

图 4-21　布喇格衍射

由于声波为正弦波,介质的折射率空间分布也为正弦函数,布喇格衍射条件应为

$$2\lambda_s \sin\theta_B = \lambda = \frac{\lambda_0}{n} \tag{4-34}$$

式中:λ_s 为声波波长;θ_B 为入射角。衍射波中只有唯一的峰(衍射级次 1 或-1)。布喇格衍射理论上可达 100%。利用声光效应可制成声光偏转器和声光调制器。

4.6.2 电光效应

外电场加在光学介质上引起的折射率变化称为电光效应。电光效应是使介质的介电常数发生变化从而折射率发生变化,使各向同性均匀介质变为各向异性,从而产生双折射现象。而各向异性均匀介质在电场的作用下,它的双折射会发生变化,利用电光效应也可制成电光偏转器和电光调制器。

4.6.3 磁光效应

1. 旋光物质

某些晶体当入射平行线偏振光在晶体内沿光轴方向传播时线偏振光发生偏转,称为旋光现象。这种旋光现象的物理机理目前尚没有较为完满的解释,菲涅耳曾做了一些假设并用实验证实这种假设。

2. 磁光效应

1846 年,法拉第(Faraday)发现在磁场的作用下,本来不具有旋光性的物质也发生了旋光性,即使光矢量发生偏转。这种现象称为磁光效应或法拉第效应。磁光效应与磁场方向有关,而与光波的传播方向无关。磁光效应的物理机理目前也没有较为完善的解释,这是否与洛伦兹力有关?利用磁光效应可以制成磁光调制器。

习　　题

1. 一束自然光以 30°入射到空气—玻璃界面。玻璃折射率 $n=1.5$,计算反射光的偏振度。若反射光为线偏振光,入射角应为何值。

2. 格兰-傅科(Clan-Foucault)棱镜由两块直角棱镜构成,均用方解石制造,方解石的折射率 $n_o=1.658$,$n_e=1.486$,如习题图 4-1 所示。光线垂直直角面和光轴入射,分别求(a)、(b)两种情况时,θ 角满足什么条件透射光才变为线偏振光,并求其透射率。

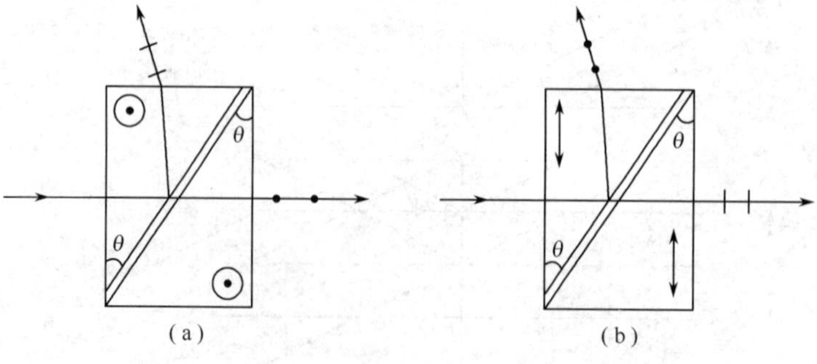

习题图 4-1

(a)光轴垂直入射面;(b)光轴平行入射面。

3. 洛匈(Rochon)棱镜如习题图 4-2 所示,两直角棱镜也由同样单轴晶体制成,但光轴互相垂直,光线垂直直角面入射,假设 e 光在斜面入射角很小,证明两光束的出射光夹角 $\alpha=\arcsin[(n_o-n_e)\tan\theta]$。

4. 渥拉斯顿棱镜如习题图 4-3 所示,两直角棱镜也用同样单轴晶体制成,但光轴互相垂直,假设 o 光和 e 光在斜面入射角均很小,证明两出射光夹角 $\alpha=2\arcsin[(n_e-n_o)\tan\theta]$。

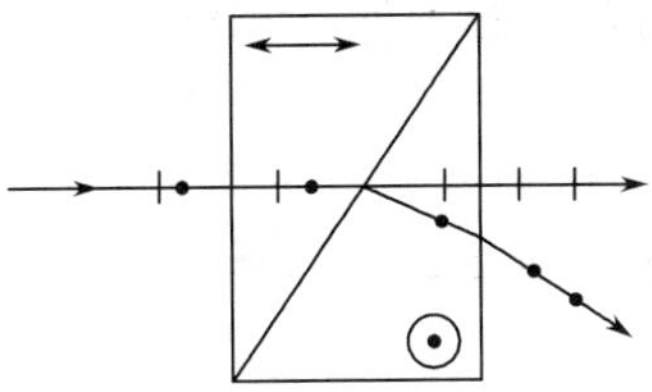

习题图 4-2

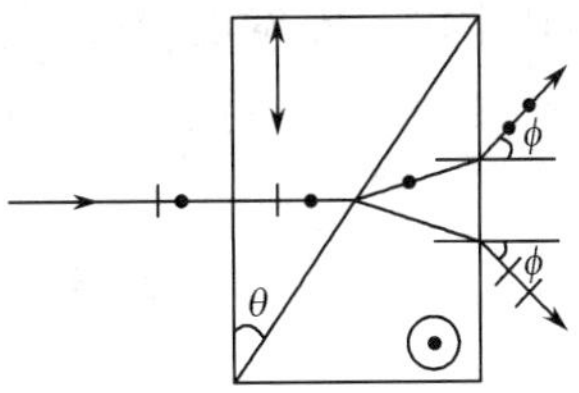

习题图 4-3

第5章 激光、激光器和激光通信

随着光学技术的不断发展,新的光源(激光)和接收器件(CCD)的出现,产生了许多新的应用,本章介绍激光的特点与几种激光的应用。

5.1 激光和激光器

20世纪初爱因斯坦根据量子理论曾预言可能出现一种新的光束。1960年世界上第一台红宝石激光器问世,我国也于1961年成功地研制了红宝石激光器和氦氖激光器,所以中国激光研究起步并不算晚。激光与普通光源不同,它具有亮度高,方向性、单色性和相干性好等特性,这些特性是普通光源发出的光所达不到的。

5.1.1 激光的方向性以及高亮度

任何一个光源总是有一个发光面,并通过发光面向外发光,如日光灯,它的发光面是涂有荧光物质的玻璃管,而接电源的两个端面并不向外发光。由于光线是直线传播的,因此可用发光面上的每一点向发光方向画出的直线代表该点发出的光线,两光线之间的最大夹角称为该光源发出光的发散角 2θ,如图5-1(a)所示。图中 OA 与 OE 之间的夹角最大,故日光灯的发散角 $2\theta=180°$。而激光器则不同,由于它的发光面仅仅是一个端面上的一个圆光斑(以氦氖激光器为例,其光斑半径仅为十分之几毫米),所以激光器通过这一光斑向外发出的光的发散角 $2\theta\approx0.18°$,如图5-1(b)仅为毫弧度数量级。

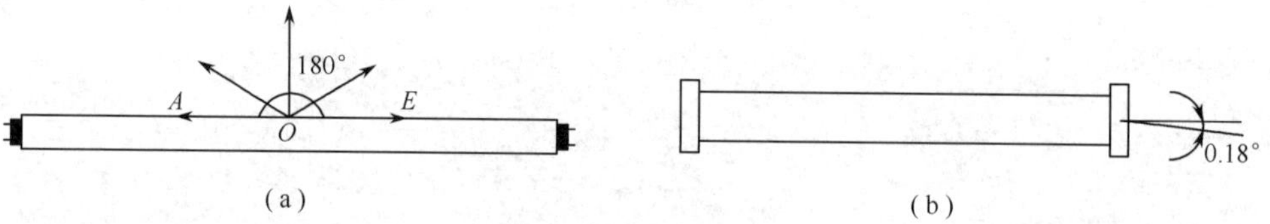

图5-1 发散角图

(a) $2\theta=180°$;(b) $2\theta=0.18°$。

激光束是在空间传播的圆锥光束,如图5-2所示。可用立体角表示光束发射的情况。面积为 S 的一块球面对 O 点所张的立体角为 ω,等于这块面积 S 与球半径 R 的平方之比,即

$$\omega=\frac{S}{R^2}$$

而当 θ 角很小时,其立体角为

$$\omega=\frac{\pi(\theta R)^2}{R^2}=\pi\theta^2$$

当 $\theta=10^{-3}\,\mathrm{rad}$,$\omega=\pi\times10^{-6}$。这就是说,一般的激光器只向着数量级约为 10^{-6} 的立体角

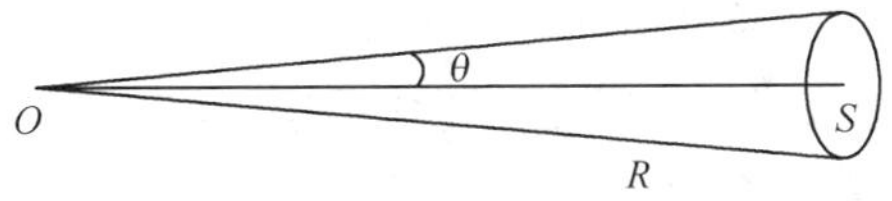

图 5-2　圆锥光束

范围内输出激光光束。由此可见，激光的方向性比普通光源发出的光好得多。

一个发光面积为 dS 的光源，在时间 dt 内向着法线方向上的立体角 dω 范围内发射的辐射能量为 dϕ，则光源表面在该方向上的亮度 L 为

$$L=\frac{\mathrm{d}\phi}{\mathrm{d}S\mathrm{d}\omega\mathrm{d}t} \tag{5-1}$$

L 为单位面积的光源表面在其法线方向上的单位立体角范围内输出的辐射功率。从式(5-1)可以看出，在其他条件不变的情况下，光束的立体角 dω 越小，亮度越高；发光时间 dt 越短，亮度也就越高。而一般的激光光束的立体角可小至 10^{-6} 数量级，比普通光源发出的立体角小百万倍，因此，即使两者在单位面积上的辐射功率相差不大，激光的亮度也比普通光源高上百万倍；并且激光的发光时间很短（如红宝石激光器发一次激光的时间约为 10^{-4}s），所以光输出功率可以很高。

总之，正是由于激光能量在空间和时间上的高度集中，才使得激光具有普通光所达不到的高亮度。

5.1.2　激光的单色性和时间相干性

1. 激光的单色性

同一种原子从一个高能级 E_2 跃迁到另一个低能级 E_1 总要发出一条频率为 ν 的光谱线。其频率为

$$\nu=\frac{E_2-E_1}{h}$$

式中：h 为普朗克常数，$h=6.62620\times10^{-34}$J·s。

实际上，光谱线的频率并不是单一的，总有一定的频率宽度 $\Delta\nu$，这是由于原子的激发态总有一定的能级宽度以及其他原因引起的。在图 5-3 中，曲线 $f(\nu)$ 表示一条光谱线内光的相对强度按频率 ν 分布的情况。$f(\nu)$ 称为光谱线的线性函数。不同的光谱线可以有不同形式的 $f(\nu)$。若令 ν_0 为光谱线的中心频率，当 $\nu=\nu_0$ 时，$f(\nu)$ 为极大值，则将 $f(\nu)=0.5f_{max}(\nu)$ 时所对应的两个频率 ν_2 与 ν_1 之差的绝对值作为光谱线的频率宽度 $\Delta\nu$，即

$$\Delta\nu=|\nu_2-\nu_1|$$

与频率宽度相对应，光谱线也有一个波长宽度 $\Delta\lambda$，并且 $\Delta\lambda$ 与 $\Delta\nu$ 有如下的关系：

$$\frac{\Delta\lambda}{\lambda}=\frac{\Delta\nu}{\nu}$$

由此可见，对于一条光谱线来说，若已知 $\Delta\nu$ 则可求出 $\Delta\lambda$，反之亦然。

一般地说，宽度 $\Delta\lambda$ 与 $\Delta\nu$ 越窄，光的单色性就越好。例如，在普通光源中，同位素 Kr^{86} 灯发出的波长 $\lambda=6057$Å 的光谱线，在低温条件下，其宽度 $\Delta\lambda=0.0047$Å。而单模稳频氦氖激光器发出的波长 $\lambda=6328$Å 的激光，其 $\Delta\lambda<10^{-7}$Å。

2. 激光的时间相干性

以第 2 章讲过的迈克尔逊干涉仪为例，由光源射来的单色光，在分光镜上分为两束光

a 和 b,这两束光经过不同的路径最后在屏上发生干涉。而反射镜 M_2 每移动 $\lambda/2$,屏 P 中心处两束光干涉后的光强度 I 将亮、暗交替变化一次,其光程差为 $\Delta L=K\lambda$(K 为亮暗交替的次数)。我们知道,包括激光在内的一切光束都不会是完全单色的,总有一定的波长宽度 $\Delta\lambda$,最短的波长为($\lambda-\Delta\lambda/2$),最长的波长为($\lambda+\Delta\lambda/2$)。在这一范围内,每一波长的光在屏 P 中心处干涉后的合成光强度亮、暗交替的情况均如上所述,但合成强度达到峰值的光程差 ΔL 的数值却因波长不同而有所不同。当光程差达到某一数值 ΔL_{max} 时,波长为($\lambda-\Delta\lambda/2$)的第 $K+1$ 个强度峰值与波长为($\lambda+\Delta\lambda/2$)的第 K 个强度峰值将重合在一起,至此以后,光程差再增加,则屏 P 中心处已不能再观察到亮、暗交替的现象,如图 5-4 所示。因此波长宽度 $\Delta\lambda$ 的光能够在屏 P 中心处形成合成强度亮、暗交替的条件是

$$\Delta L<\Delta L_{max}=(K+1)\left(\lambda-\frac{\Delta\lambda}{2}\right)=K\left(\lambda+\frac{\Delta\lambda}{2}\right)$$

式中:ΔL_{max} 为相干的最大光程差。

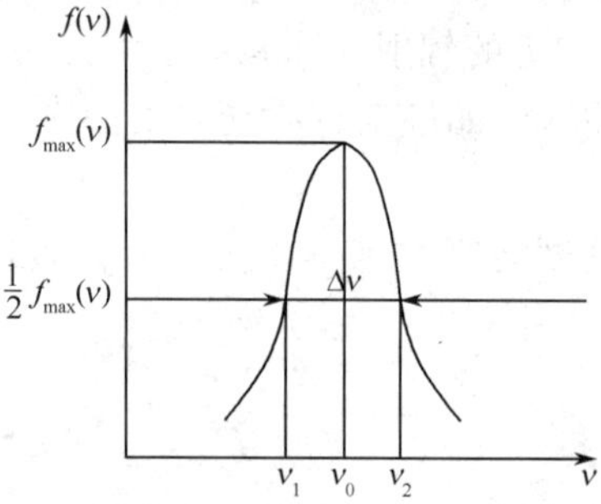

图 5-3　光谱的线性函数

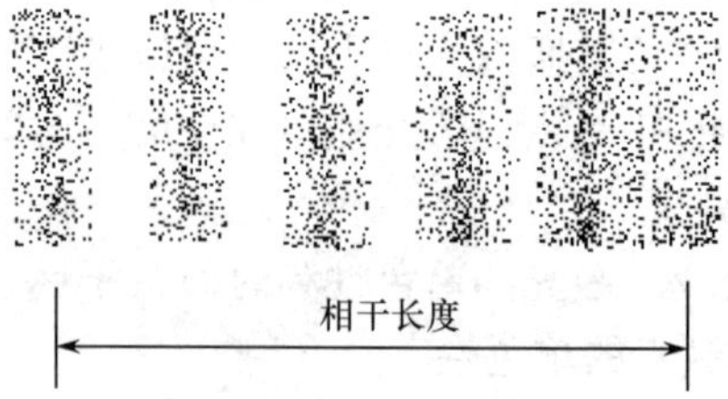

图 5-4　相干长度

因 $\lambda\gg\Delta\lambda$,故由上式可得

$$K=\frac{\lambda}{\Delta\lambda}$$

$$\Delta L_{max}=K\lambda=\frac{\lambda^2}{\Delta\lambda} \tag{5-2}$$

由式(5-2)可以看出,当光谱线的波长 λ 一定时,其波长宽度 $\Delta\lambda$ 越窄,可相干的最大光程差 ΔL_{max} 也越长。我们称可相干的最大光程差 ΔL_{max} 为相干长度,记为 L_c。则光通过相干长度所需的时间称为相干时间,记为 τ_c。并有 $\tau_c=L_c/c$。

把 $\tau_c=L_c/c$ 代入式(5-2)中,可得

$$c\tau_c=\frac{\lambda^2}{\Delta\lambda}$$

又因为 $\Delta\lambda/\lambda=\Delta\nu/\nu$,$\lambda\nu=c$,所以可得

$$\tau_c\cdot\Delta\nu=1 \tag{5-3}$$

上式表示光谱线的频率宽度 $\Delta\nu$ 越窄,相干时间 τ_c 越长。

通过上面的讨论可以看出,在迈克尔逊干涉中,由同一光源在相干时间 τ_c 内不同时刻发出的光,经过不同的路程到达屏 P 中心处将能产生干涉,光的这种相干性就称为时间相干性。由此可见,光的相干长度越长,光的时间相干性越好。例如,以 Kr^{86} 做光源的

干涉仪,理论上其可相干的最大光程差 $\Delta L_{max}=77cm$,但利用氦氖激光器作光源,其可相干的最大光程差可达几十千米,所以激光的时间相干性比普通光源所发出的光好得多。

5.1.3 激光的空间相干性

空间相干性指同一时间,由空间不同点发出的光波的相干性。

在第 2 章杨氏双缝干涉实验中,采用狭缝作为线光源,当光源的宽度 $2b$ 内各点所发出的光通过空间不同的点 S_1 和 S_2 时,若其张角 $2\theta<\lambda/(2b)$,则将会在观察屏上发生干涉,这就是空间相干性。

若用单模激光器作为单色光源进行杨氏实验,则可用激光直接照明点 S_1 和 S_2,不必再使用狭缝。由于这种激光光束在其截面不同点上有确定的位相关系,因此可产生干涉条纹。即激光光束的空间相干性是很好的。

5.2 激 光 器

5.2.1 光学谐振腔

光学谐振腔是一种法布里—珀罗干涉仪。腔内为驻波场,腔外为行波场。它的作用是使激光在腔内反复传播以达到一定的增益系数,最后达到增益饱和发出稳定的激光。

光学谐振腔不仅是产生激光的重要条件,而且是直接影响激光器工作特性和激光输出特性的极其重要的因素。例如,激光器的输出功率、频率特性、光强分布特性、光束发散角的大小等,都与谐振腔的结构有着极其密切的关系。

激光器中常用的光学谐振腔主要有平行平面腔、凹面反射镜腔、平面凹面腔,如图 5-5 所示。而就其结构的稳定性而言,光学谐振腔又可以分为稳定谐振腔和非稳定谐振腔,如图 5-6 所示。

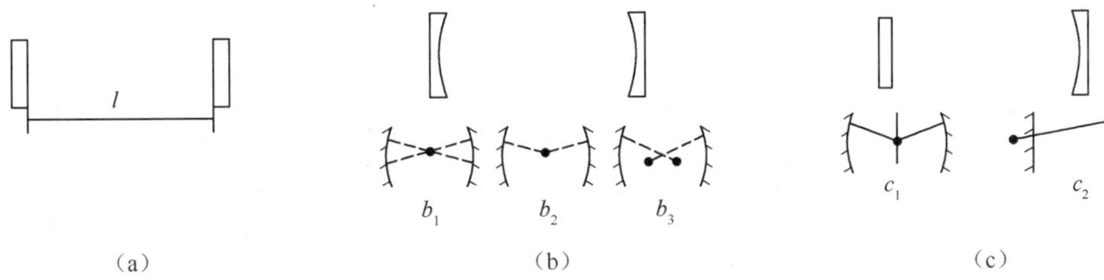

图 5-5 激光谐振腔

对于腔长为 l,反射镜曲率半径分别为 R_1 和 R_2 的谐振腔,其稳定条件为

$$0<\left(1-\frac{l}{R_1}\right)\left(1-\frac{l}{R_2}\right)<1 \tag{5-4}$$

或满足

$$R_1=R_2=R,\left(1-\frac{l}{R}\right)^2=0 \tag{5-5}$$

若令

$$g_1=1-\frac{l}{R_1},\quad g_2=1-\frac{l}{R_2}$$

则稳定条件就变为

$$0<g_1g_2<1 \text{ 或 } g_1=g_2=0 \tag{5-6}$$

为了直观起见，常用稳定图 5-7 表示稳定条件。令 g_1 为横坐标，g_2 为纵坐标，则 $g_1g_2=1$ 是图中的双曲线。图中无斜线区和坐标原点是满足稳定条件的稳定区，斜线处是非稳定区。对于每一种腔，均可计算出一组 g_1g_2 值，相应地在图上可以找到一点。如落在稳定区就是稳定腔，落在非稳定区则是非稳定腔。图 5-7 中双曲线和横坐标（原点除外）代表稳定性较差的腔，只有某些傍轴光线能在腔内来回反射而不逸出腔外。

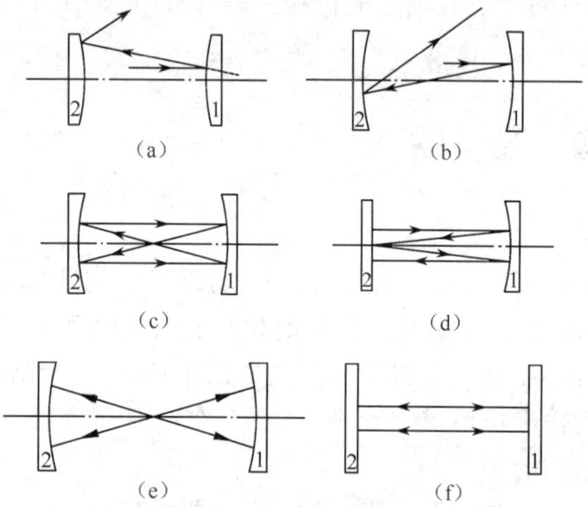

图 5-6　稳定谐振腔和非稳定谐振腔

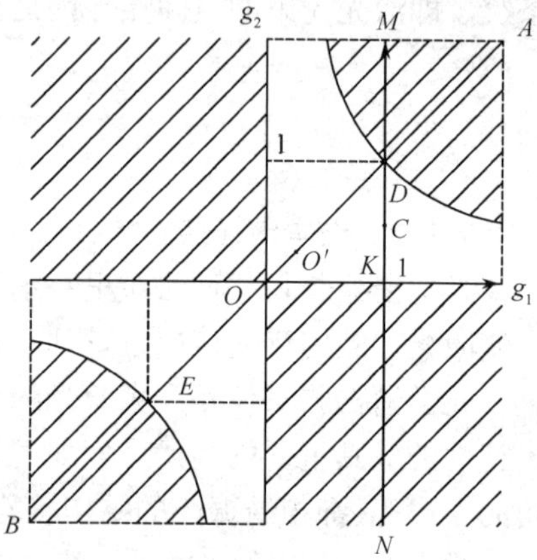

图 5-7　稳定图条件

5.2.2　激光的纵模和横模

1. 激光的纵模

光波也是种电磁波，每一种光都是具有一定频率的电磁振荡，当谐振腔满足稳定条件时，在谐振腔内就构成一种稳定的电磁振荡。这种电磁振荡与谐振腔参数及振荡模式之间有着密切的联系，图 5-8 所示为一平行平面腔，对于沿轴线方向传播的光束，由于两平面反射镜镜面的反射而形成干涉，其谐振条件为

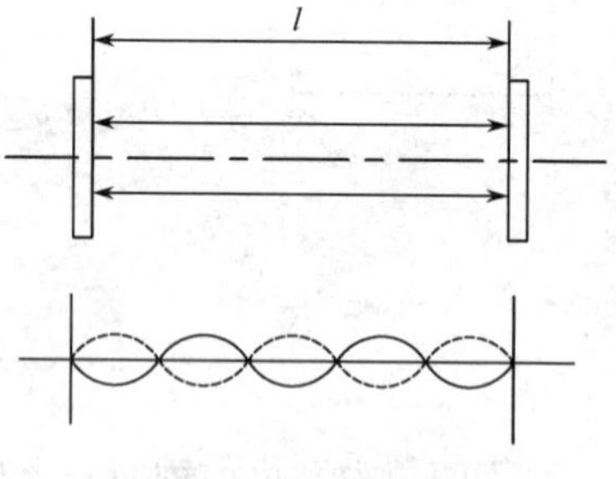

图 5-8　平行平面腔

$$nl=q\,\frac{\lambda}{2} \tag{5-7}$$

式中：n 为激光介质的折射率；l 为谐振腔长度；λ 为振荡波长；q 为正整数。也就是说不是任一波长的光都能在谐振腔内形成稳定的振荡，只有谐振腔的光学长度等于 $\lambda/2$ 波长整数倍的那些光波才能形成稳定的振荡。把式（5-7）写成频率的形式为

$$\nu_q=\frac{c}{2nl}q$$

式中：c 为真空中的光速。

由于 q 可以取任意正整数,所以原则上谐振腔内有无限多个谐振频率,每一种谐振频率的振荡代表一种振荡方式,称为一个“模式”。对于上述沿轴向传播的振动,称为“轴向模式”,简称“纵模”。而实际上由于每一种激活介质都有一个特定的光谱曲线,且由于谐振腔存在着透射、衍射及散射等各种损耗,所以只有那些落在增益曲线范围内,并且增益大于损耗的那些频率才能形成激光。可见,激光器输出激光的频率并不是无限多个,而是由激活介质的光谱特性和谐振腔频率特性共同决定的,在这里谐振腔起到频率选择器的作用,正是由于这种作用,才使激光具有良好的单色性。

2. 激光的横模

在使用激光器的过程中,可以观察到激光输出的强弱和光斑形状,除了对称的圆形光斑以外,有时还会出现一些形状更为复杂的光斑,如图 5-9 所示。激光的纵模也就是对应于谐振腔中纵向不同的稳定的光场分布,而光场在横向不同的稳定分布,则通常称为不同的横模。图 5-9 就是各种横模的图形。

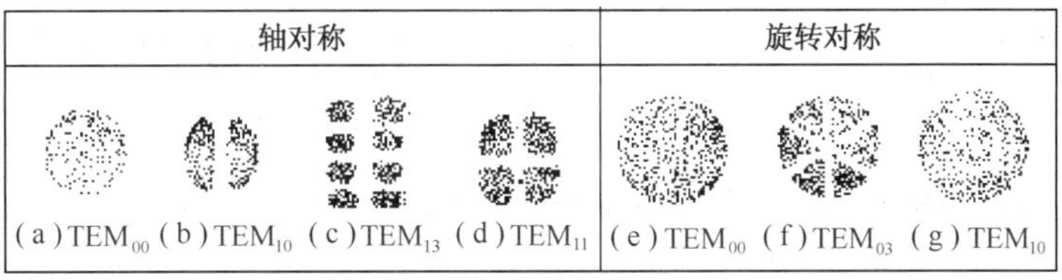

图 5-9　各种横模图形

激光的模式一般用 TEM_{mnq} 标记,其中 q 为纵模序数,m、n 为横模序数。图 5-9 中 (a)、(e) 所画的图形称为基模,记作 TEM_{00},而其他的横模称为高阶(序)横模。角标 m 代表光强分布在 x 方向上的极小值的数目,n 代表光强分布在 y 方向上的极小值的数目。

通常激活介质的横截面是圆形的,所以横模图形应是旋转对称的。但却常出现轴对称横模,这是由于激活介质的不均匀性,或谐振腔内插入元件(如布儒斯特窗)破坏了腔的旋转对称性的缘故。

纵模与横模之间是有联系的。纵模和横模各从一个侧面反映了谐振腔内稳定的光场分布,只有同时用纵模和横模两个概念才能全面反映腔内的光场分布。另外,不同的纵模和不同的横模都各自对应不同的光场分布和频率,但不同的纵模光场分布之间差异甚小,不能用肉眼观察到,所以人们只能从频率的差异加以区分;而不同的横模,由于其光场分布差异甚大,可以很容易地从光斑图形加以区分,但应注意不同的横模之间也有频率的差异。

5.2.3　激光器分类

激光器按激光物质分类,包括:固体激光器、液体激光器、气体激光器和半导体激光器,其中半导体激光器最有发展前途。它的优点是发光效率高、体积小。不足之处是因发光面尺寸小,窄的方向不足 1μm,宽的方向也只有几微米,衍射角大,且两个方向发散角不相等,如 30°×120°。如何压缩发散角和光束整形是半导体激光器亟待解决的问题。

5.2.4　高斯光束

在凹面镜所构成的稳定的谐振腔中产生的激光束既不是均匀平面光波,也不是均匀球面光波，而是一种结构比较特殊的高斯光束，如图 5-10 所示。高斯光束沿 x 轴方向传播的。

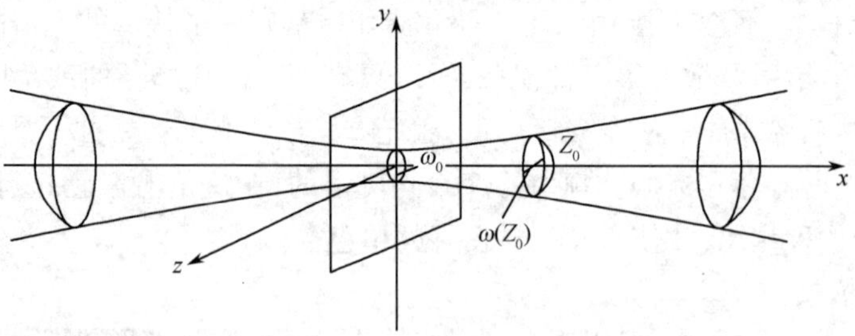

图 5-10　特殊的高斯光束

电矢量 $\tilde{\boldsymbol{E}}$ 的复振幅表达式为

$$\tilde{\boldsymbol{E}}=\underbrace{\frac{A}{\omega(x)}\exp\left[\frac{-(y^2+z^2)}{\omega^2(x)}\right]}_{\text{振幅部分}}\cdot\underbrace{\exp\left\{\left[-\mathrm{i}k\left(\frac{y^2+z^2}{2R(x)}+x\right)\right]+\mathrm{i}\phi(x)\right\}}_{\text{位相部分}} \tag{5-8}$$

式中：$\omega(x)$是光轴（x 轴）上某点的光斑半径，它是 x 的函数

$$\omega(x)=\omega_0\left[1+\left(\frac{x\lambda}{\pi\omega_0^2}\right)^2\right]^{\frac{1}{2}} \tag{5-9}$$

ω_0 是 $x=0$ 处的光斑半径，称为"束腰"，它是高斯光束的一个特征参量。

$R(x)$是 x 处波振面的曲率半径，也是 x 的函数

$$R(x)=x\left[1+\left(\frac{\pi\omega_0^2}{x\lambda_0}\right)^2\right] \tag{5-10}$$

$\phi(x)$是与 x 有关的位相因子

$$\phi(x)=\arctan\frac{\lambda x}{\pi\omega_0^2} \tag{5-11}$$

下面对式(5-8)进行分析。

(1) 当 $x=0$ 时，将 $x=0$ 代入式(5-10)，可得

$$\lim_{x\to 0}R(x)=\infty \tag{5-12}$$

所以有

$$\frac{z^2+y^2}{2R(x)}=0 \tag{5-13}$$

并由式(5-11)知，当 $x=0$ 时，$\phi(x)=0$。若令 $\rho^2=z^2+y^2$，并将各相应值代入式(5-8)，便得到 $x=0$ 处的电矢量 $\tilde{\boldsymbol{E}}$ 的复振幅表达式为

$$\tilde{\boldsymbol{E}}=\frac{A_0}{\omega_0}\exp\left(\frac{-\rho^2}{\omega_0^2}\right) \tag{5-14}$$

从上式可见，①当 $x=0$ 时，位相部分消失，此时的波阵面是等相面；②振幅部分是一

个指数表达式,称为高斯函数,并将振幅的这种分布称为高斯分布。图 5-11 为 $x=0$ 处 $\tilde{\boldsymbol{E}}$ 的分布曲线,由图可知当 $\rho=0$(即光斑中心)处振幅的值最大,为

$$A=\frac{A_0}{\omega_0}$$

而当

$$\rho=\omega_0$$

$$A=\frac{1}{\mathrm{e}}\cdot\frac{A_0}{\omega_0}$$

此时电矢量下降到极大值的 1/e。若 ρ 继续增大,则 $\tilde{\boldsymbol{E}}$ 值继续下降而逐渐趋向于零。可见光斑中心最亮,向外逐渐减弱,且无清晰的轮廓。故通常以电矢量振幅下降到中心值的 1/e 倍处的光斑半径 ω_0 作为光斑大小的量度,称为束腰。

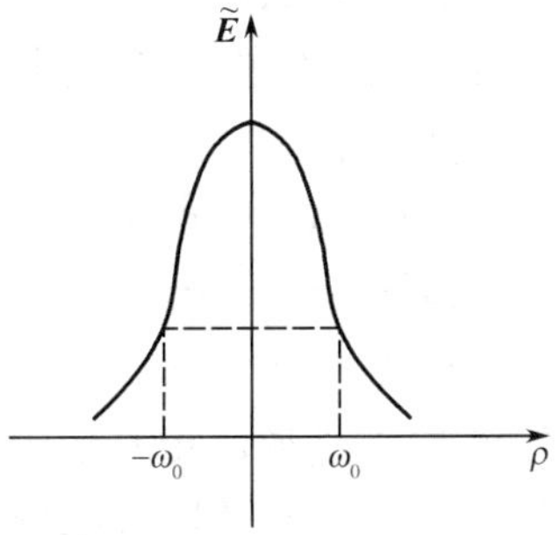

图 5-11 $x=0$ 处 $\tilde{\boldsymbol{E}}$ 分布曲线图

从上面分析看到,高斯光束在 $x=0$ 处的波阵面是一平面,这一点与平面波相同,但其光强分布是一种特殊的高斯分布,这一点不同于均匀平面波。正是由于这一差别,决定了它向 x 方向传播时不再保持平面波的特性,而以高斯球面波的特殊形式传播。

(2) 当 $x=x_0>0$ 时,电矢量 $\tilde{\boldsymbol{E}}$ 的复振幅表达式为

$$\tilde{\boldsymbol{E}}=\underbrace{\frac{A}{\omega(x_0)}\exp\left[\frac{-(y^2+z^2)}{\omega^2(x_0)}\right]}_{\text{振幅部分}}\cdot\underbrace{\exp\left\{\left[-\mathrm{i}k\left(\frac{y^2+z^2}{2R(x_0)}+x_0\right)\right]+\mathrm{i}\phi(x_0)\right\}}_{\text{位相部分}} \tag{5-15}$$

从式(5-15)中可以看出:

① 位相部分表示此时的高斯光束的波阵面是一球面,其曲率半径为 $R(x_0)$

$$R(x_0)=x_0\left[1+\left(\frac{\pi\omega_0^2}{x_0\lambda_0}\right)^2\right]>x_0 \tag{5-16}$$

即波阵面的曲率半径 $R(x_0)$ 大于 x_0,且 R 随 x 而异。这意味着波阵面的球面的曲率中心不位于原点处,并随 x 的变化而不断变化,如图 5-12 所示。

② 振幅部分与 $x=0$ 处相仿,仍为中心最强,同时按高斯函数形式向外逐渐减弱。

③ 光束的发散角用 2θ 表示,如图 5-13 所示。

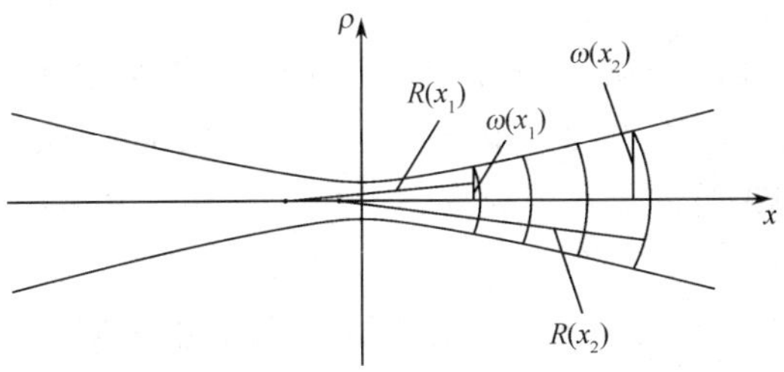

图 5-12 高斯光束

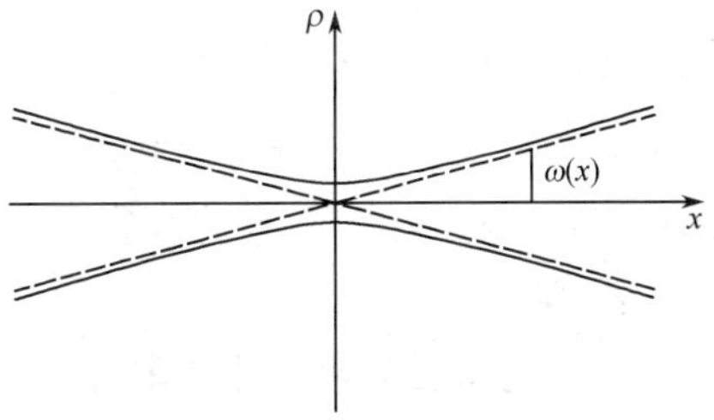

图 5-13 光束发散角

(3) 当 $x=-x_0$ 时的情况与 $x=x_0$ 情况相似,它的振幅分布与 $x=x_0$ 处完全一致,只是

$R(-x_0)=-R(x_0)$，且在 x_0 处为一向 x 方向传播的发散球面波，而在 $-x_0$ 处，则是向 x 方向传播的会聚球面波，两者曲率半径的绝对值相等。

综上所述，式(5-8)表示高斯光束是从 $x<0$ 处沿 x 方向传播的会聚球面波，当它到达 $x=0$ 处变成一个平面波，当继续传播时又变成一个发散球面波，而光束各处上的光强分布均为高斯分布。

5.2.5 激光光束探讨

从预见激光可能出现到研制成激光器这段过程，科学工作者采用的是理论物理的方法。但是，在激光器问世以后，由于它的强度高，很容易观察到光束的走向，即光强空间分布的包络线，它的高相干性又使人们很易观察到衍射光斑。后来采用的研究多是运用实验物理方法，即根据观察到的光斑形状，假设复振幅，将其代入波动方程（亥姆霍兹方程），若成立，则认为是波动方程的特解，得出的结论是不严谨的，尚有待深入探讨。

1. 问题

（1）激光谐振腔内是驻波场，有波腹和波节，腔外是行波场，用统一的高斯光束复振幅表达式(5-8)显然是没有道理的。

（2）激光谐振腔是法—珀干涉仪的一种，它的特点是多光束干涉。一般的法—珀干涉仪因口径大，衍射现象不明显，激光谐振腔则不然，口径很小，衍射不可忽略，且激光在腔内往返传播，每次均发生衍射，衍射后多光束在接收屏上干涉叠加（激光相干性强，如单模氦氖激光相干长度几十千米），所以腔外激光束是多光束衍射干涉的结果，可惜的是现有的激光书中只分析了多次衍射，而没有考虑多光束干涉。

（3）激光光束口径远小于谐振腔反射镜通光口径（一般为 1/5），原因为何，尚未有人对此做出合理地解释。

（4）一个理想的激光理论上只能单横模（基模）输出，可以说同一厂家生产的同一型号的激光器，有的是单横模，有的是多横模，原因何在？根据多横模的光强分布假定复振幅，代入波动方程，认为其是波动方程的解，这种处理方法严谨吗？

（5）高斯光束的特点是截面光强分布中心强，随着口径的增大，逐渐变小，而且光强为中心 $1/e^2$ 时就忽略了，如按此，艾里斑也是所谓的高斯光束了。光强中心 $I_0/e^2=0.135I_0$ 可以忽略吗？眼睛和光电器件对这样的相对强度肯定有响应。

（6）束腰是什么概念？它是高斯光束特有的吗？由光学系统像面附近光强分布可知，任何理想光学系统像面处为艾里斑，艾里斑半径 $r_0=\dfrac{1.22\lambda}{D}l'$，对于望远系统焦面处 $r_0=1.22\lambda F$，任何激光器均可视为 F 数很大的望远系统，如腔长 $L=500\text{mm}$，反射镜通光口径 $D=2\text{mm}$ 的氦氖激光器的共焦腔，其在谐振腔中点的艾里斑半径 $r_0=0.193\text{mm}$。由于衍射是普遍存在的，任何望远系统均存在束腰，它不是激光光束的专利。

2. 探讨

高斯光束复振幅表达式中有一个按二次方衰减项。其实正如第 3 章所述，只要发生衍射复振幅就是不均匀的，复振幅表达式中有一衰减系数 $\widetilde{\boldsymbol{D}}$。比如圆孔衍射，中心点 $|\widetilde{\boldsymbol{D}}|=1$，几何阴影区边界($\rho=Ma$) $|\widetilde{\boldsymbol{D}}|=0.5$。根据多光束干涉及衍射，则腔外复振幅为

$$
\begin{cases}
\widetilde{\boldsymbol{E}}_1=\widetilde{\boldsymbol{E}}_P t \\
\widetilde{\boldsymbol{E}}_2=\widetilde{\boldsymbol{E}}_P t r^2 \widetilde{\boldsymbol{D}}^2 \mathrm{e}^{\mathrm{i}\delta} \\
\widetilde{\boldsymbol{E}}_3=\widetilde{\boldsymbol{E}}_P t r^4 \widetilde{\boldsymbol{D}}^4 \mathrm{e}^{\mathrm{i}2\delta} \\
\vdots
\end{cases}
$$

式中：t 为反射镜透射系数；r 为反射镜反射系数；$\widetilde{\boldsymbol{D}}$ 为衍射时振幅衰减系数。

$\widetilde{\boldsymbol{E}}_P$ 计算如下：

$$
\widetilde{\boldsymbol{E}}_P=\widetilde{\boldsymbol{D}}\cdot\bar{A}\cdot\frac{\exp\left\{\mathrm{i}k\left[R+L+\dfrac{\rho^2}{2(R+L)}\right]\right\}}{R+L}\left\{1-\exp\left[\mathrm{i}MN\pi\left(1+\frac{\rho^2}{M^2a^2}\right)J_0\left(2N\pi\frac{\rho}{a}\right)\right\}\right. \quad (5-17)
$$

腔外复振幅为

$$
\widetilde{\boldsymbol{E}}=\sum_{i=0}^{\infty}\widetilde{\boldsymbol{E}}_i=\frac{T}{1-\widetilde{\boldsymbol{D}}^2r^2\mathrm{e}^{\mathrm{i}\delta}}\widetilde{\boldsymbol{E}}_P=\frac{T}{1-\widetilde{\boldsymbol{D}}^2R\mathrm{e}^{\mathrm{i}\delta}}\widetilde{\boldsymbol{E}}_P
$$

式中：T 为透过率，$T=t^2$；R 为反射率，$R=r^2$。

根据谐振条件，$\mathrm{e}^{\mathrm{i}\delta}=1$，故

$$
\widetilde{\boldsymbol{E}}=\frac{T}{1-\widetilde{\boldsymbol{D}}^2R}\widetilde{\boldsymbol{E}}_P \quad (5-18)
$$

光强为

$$
I=\widetilde{\boldsymbol{E}}\cdot\widetilde{\boldsymbol{E}}^* \quad (5-19)
$$

下面以腔长 $L=500$mm，反射镜口径 $D=2$mm，$\lambda=0.6328\mu$m 的平面谐振腔为例，将中心光强规划为 1，按式（5-19）求得腔外 2.0m，5.0 m，和 7.5m 处的光强分布曲线，如图 5-14～图 5-16 所示。

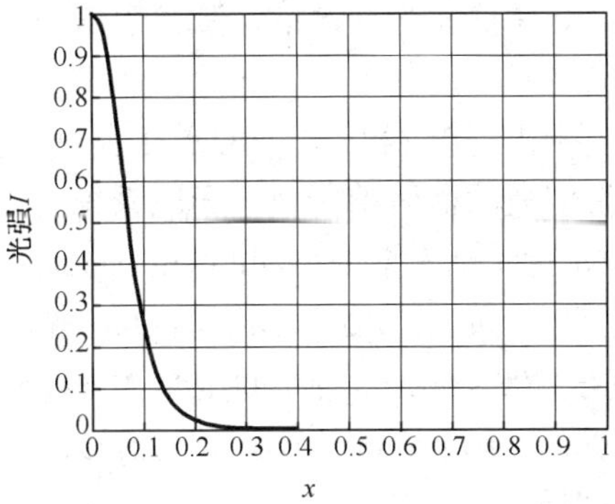

图 5-14　腔外 2.0m 处光强分布曲线

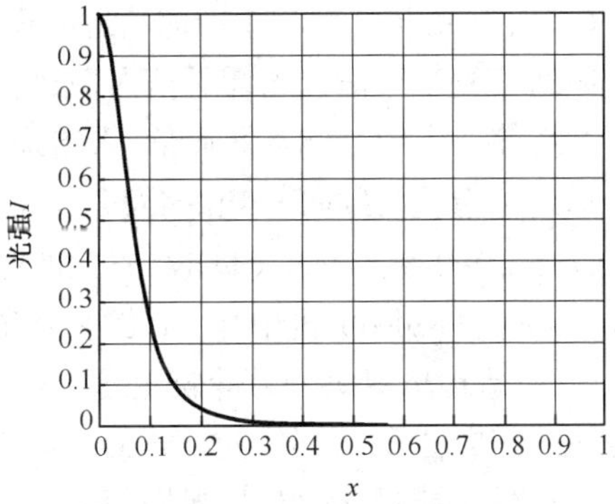

图 5-15　腔外 5.0m 处光强分布曲线

由腔外光强分布曲线知，激光光束口径为 0.4mm 左右，这是复振幅衰减系数 $\widetilde{\boldsymbol{D}}$ 的作用，见式（5-18）与式（5-19）。

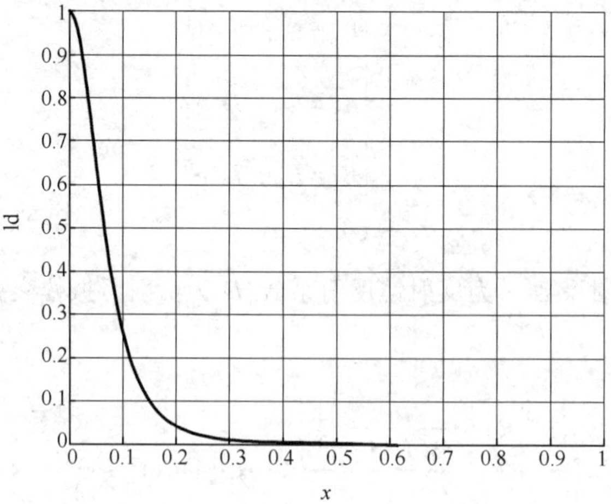

图 5-16　腔外 7.5m 处光强分布曲线

5.3 激光通信

激光光束的特点是高亮度、高方向性和高单色性。高亮度是光束在非常狭小的范围内传播,即光束很细,能流密度大;高方向性是光束的发散角非常小,如激光器经扩束准直系统后的发散角仅为 20 微弧度(10″)左右;高单色性则表现为高的相干性,如普通光源中单色性最好的 Kr^{86}同位素发出 $\lambda = 605.7\text{nm}$ 的单色光,光谱宽度 $\Delta\lambda = 4.7 \times 10^{-4}\text{nm}$,相干长度为 0.78m ,而单模氦氖激光器发出 $\lambda = 632.8\text{nm}$ 的单色光,光谱宽度 $\Delta\lambda = 10^{-8}\text{nm}$,相干长度为 $4 \times 10^4\text{m}$ 。基于上述这些特点,激光得到广泛的应用。激光光学系统的特点是光束传输,如何控制激光光束的结构和方向是激光光学系统重点考虑的问题。

5.3.1 激光空间通信

激光通信就是根据激光器的特点,对式(1-20)的不确定性予以限定,首先是路径的限定(和所有光电仪器一样),成功地实现了激光空间通信和光纤通信。激光通信分为激光空间通信光纤通信。光纤通信人们比较熟悉。

这里简要介绍激光空间通信,人造地球卫星主要用于定位和导航。目前主要有:美国的全球定位系统(global positioning system,GPS)、俄罗斯的格洛纳斯卫星导航系统(global navigation satellite system,GLONASS)、欧盟的伽利略卫星导航系统(Galileo navigation satellite system, Galileo)和中国的北斗卫星导航系统(BeiDou navigation satellite system, BDS)。人造地球卫星分为低轨卫星 LEO(轨道高度 200~500km);中轨卫星 MEO(轨道高度 500~1500km);高轨卫星 MEO(轨道高度 20000~45000km)。低轨卫星拍摄的地面图像(含光谱、能量、分辨率、视场信息),用激光发射到高,其中,GPS 是世界上第一个建立低轨卫星(轨道高度 350km 左右)拍摄的图像(含光谱、能量、分辨率、视场等海量信息)清晰,一般是用激光发射到高轨卫星(地球同步卫星,又称中继星),再由高轨卫星发射到地面。此外还有天网中各卫星间的通信。在此过程中遇到的问题是:发射端需多大的功率才能被接收端探测到。首先要选高灵敏度的探测器件,如雪崩二极管 APD。

激光空间通信最重要的技术指标:通信速率 $B = 300\text{Mb/s} \sim 10\text{Gb/s}$;误码率 10^{-7} 。

1. 光电探测器件接收到的光功率计算

对于波长1550nm通信光需要使用InGaAs接收器件,即雪崩二极管APD。APD具有比较良好的接收性能,低噪声、灵敏度高,有好的量子效率。

噪声等效功率NEP:表示信噪比 $K_p=1$,传输速率 $B=1\text{bit/s}$ 时接收器件暗电流噪声的等价功率,它表征光电接收器件本身固有特性。

最小探测功率 P_{rmin}:

$$P_{rmin}=\text{NEP}\sqrt{B}$$

表示在信噪比 $K_p=1$,传输速率为 B 时光电接收器件所能探测的最小功率。

根据通信速率、误码率可得出要求的功率信噪比 K_p,选用KG-APR-1G-A型号,APD上接收到的功率和关系为

$$K_p=\frac{S}{N}=\frac{M^2R_0^2P_r^2}{2e(R_0P_r+I_{db}+I_B)M^2F(M)B+2eI_{ds}B+4K_BBTF_t/R_L} \tag{5-20}$$

式中:M 为APD的增益因子,$M=10$;R_0 为APD的响应率,$R_0=0.9$;e为电子电荷,$e=1.6\times10^{-19}C$;$\text{NEP}=1.5\text{pW}=1.5\times10^{-12}\text{W}$;灵敏度为$-33\text{dBm}$;光谱响应范围为850~1650nm;$I_{db}$ 为暗电流噪声;$I_{db}=R_0{}^2\text{NEP}^2/2e$;$I_B$ 为背景噪声电流;I_{ds} 为APD表面泄露电流,$I_{ds}=1\times10^{-10}(\text{A})$;$B$ 为通信速率,$B=1\text{Gb/s}=10^9\text{b/s}$;$F(M)$ 为APD附加噪声因子,$F(M)=5$;T 为绝对温度,取 $T=300\text{K}$;F_t为放大器噪声系数,取 $F_t=1.2$;R_L 为电路负载电阻,$R_L=50\Omega$;K_B 为玻尔兹曼常数,$K_B=1.3806505\times10^{-23}\text{J/K}$。

由式(5-20)可得一元二次方程

$$aP_r^2+bP_r+c=0 \tag{5-21}$$

式中:$a=M^2R_0^2$;$b=-2eK_pM^2R_0F_MB$;$c=-K_p[2e(I_{db}+I_B)M^2F_MB+2K_p\,eI_{ds}B+4k_t\cdot BR_t/R_L]$

由式(5-20)可以看出,功率信噪比 K_p 和诸多因素有关,它由要求的通信速率和误码率决定。当 $B=1\text{Gb/s}=10^9\text{b/s}$、误码率为 10^{-7} 时,得 $K_p=113$ 即可。

根据式(5-21)计算出接收器件上所需接收的功率 P_r。

通信距离 $1.5\times10^4\text{km}$,光束发散通信角 $20\mu\text{rad}$,通信速率 $B=1\text{Gb/s}=10^9\text{b/s}$、误码率为 10^{-7} 时,由式(5-21)可以得出 $P_r=9.6821\times10^{-7}$ W。

根据普朗克和爱因斯坦量子方程可得出的单个光子的能量 $E=1.28158\times10^{-19}\text{J}$,由式(5-21)得出的 P_r 和通信速率 $B=1\text{Gb/s}=1\times10^9\text{b/s}$,可得每秒传输 10^9 个码中,每个码(比特)上接收到的光子数为

$$N=\frac{9.6821\times10^{-6}}{1.28158\times10^{-19}\times10^9}=7555\text{(个)}$$

在式(5-20)中,分母表示噪声,任何一项都远大于单个乃至几十个光子的能量。

2. 发射功率计算

$$P_t=\frac{16L^2\lambda^2}{T_oT_tT_rD_t^2D_r^2}\frac{\varphi_o^2}{\varphi^2}P_r \tag{5-22}$$

式中：D_r 为接收系统口径；L 为通信距离；φ_0 为发射系统激光衍射极限角；φ 为发射系统激光实际发散角；T_0 为通信空间介质透过率；T_t 为发射光学系统透过率；T_r 为接收光学系统透过率。

应指出：受接收器件灵敏度的限制，按式(5-21)得出的 P_r 比较大，从而由式(5-22)计算发射端激光器功率 P_t 很大，所以在高速率通信时需在探测器前加第 2 章由双频干涉得出的光信号放大器。

5.3.2 相干通信

1. 干涉计量、干涉仪

干涉计量是一种测量手段，为此研制了干涉仪器如迈克尔逊干涉仪、斐索干涉仪等，例如，现在基本物理量中的长度单位米是以 1m 等于多少氦-氖激光的波长为计量基准。

第 1 章已明确指出：所有的干涉仪器都是在限定了光谱、偏振态和路径的基础上研制出来的。

上面讲的是将 CCD 或 CMOS 放在采用振幅分割法研制的干涉仪上，干涉条纹是定域的，实用、工程化的干涉仪器。

2. 空间通信中干涉条纹的能量

激光光源发出的是偏振很大的部分偏振光，实际激光间通信时为减少能量损失在发射端是在部分偏振光的长轴方向放偏振片变成偏振光，再经 $\lambda/4$ 波片以圆偏振光（左旋或右旋）形式发出的。

一束圆偏振光经偏振分光棱镜 PBS 可分成两束光矢量垂直的线偏振光（V 波和 H 波），再经 $\lambda/4$ 波片分别变成左旋圆偏振光和右旋圆偏振光，或相移 90°的线偏振光。应指出：无论是发射端发射的线偏振光（V 波和 H 波）或圆偏振光，还是接收端接收到的线偏振光（V 波和 H 波）或圆偏振光，光子（量子）都是人为控制的，绝非所谓的光子原始隐形态。

由公式得出的光强由电接收通信器件（CCD 或 CMOS）接收。CCD 或 CMOS 的探测灵敏度用最小幅照度表示。据此计算此类电接收器件探测到干涉条纹的图像所需光子数应以亿计。

取 $\gamma = \dfrac{c}{\lambda} = 5.540167 \times 10^{14}/\mathrm{S}$ 根据普朗克和爱因斯坦量子方程可得出得一个光子的能量为 $E_1 = 3.670966 \times 10^{-19}\mathrm{J}$。

光电接收器件用 GS2020-BIN 高灵敏度相机上传感器芯片 SCMOS，其技术参数如下：

分辨率：1024 × 1024

像素尺寸：$d = 13\mu\mathrm{m}$

帧频：$H = 86$

最小照度：$E' = 0.001\mathrm{lx}$

光效率系数：$K_m = \dfrac{1}{683}$（即 $1\mathrm{lm} = \dfrac{1}{683}\mathrm{W}$）

由此可在 SCMOS 上一个像素在瞬间接收到的能量 Q：

$$Q = \frac{E' \times K_m}{1024 \times 1024 \times H} = \frac{0.001}{1024 \times 1024 \times 86 \times 683} = 1.62361 \times 10^{-14}\mathrm{J}$$

光电接收器件用 GS2020-BIN 高灵敏度相机上传感器芯片 SCMOS,其技术参数如下：
分辨率：1024 × 1024
像素尺寸：$d = 13\mu m$
帧频：$H = 86$
最小照度：$E' = 0.001lx$
光效率系数：$K_m = \frac{1}{683}$（即 $1lm = \frac{1}{683}W$）
由此可在 SCMOS 上一个像素在瞬间接收到的能量 Q：

$$Q = \frac{E' \times K_m}{1024 \times 1024 \times H} = \frac{0.001}{1024 \times 1024 \times 86 \times 683} = 1.62361 \times 10^{-14} J$$

光子数 N 为

$$N = \frac{Q}{E_1} = \frac{1.62361 \times 10^{-14}}{3.670966 \times 10^{-19}} = 44228\ (个)$$

3. 相干通信

在 2.10 节双频干涉里介绍光信号放大器,相干通信需用到光信号放大器。研究相干通信是为了解决激光传输过程中能量损耗问题,是最近发展起来的新技术。仍以激光空间通信为例,为了在保证误码率的前提下提高通信速率,科技人员提出了相干通信。图 5-17 为光混频器框架图,光混频器就是基于双频干涉原理的光信号放大器;图 5-18 为光混频器的光路示意图。相干通信是采用波分复用方法提高通信速率。

经长距离传输光信号损耗严重,如卫星与地面间 1000km 激光通信,激光器光束发散角 10 微弧度(2″),到达卫星处光斑直径为 10m,如光学系统入瞳直径 250mm, 卫星光学系统获得的能量仅剩 6.25/10000,探测起来非常困难。

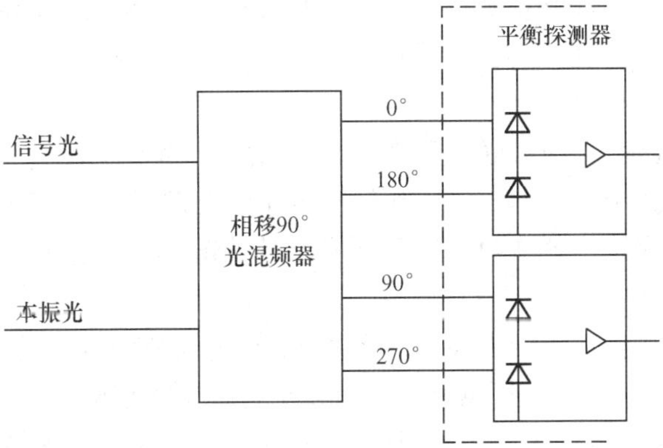

图 5-17　光混频器(光放大器)框架图

相干通信是用混频器将光信号放大,图 5-17 是光混频器的框架图,图 5-18 是光混频器的光路示意图。本振激光器发出的本振光为偏振度很大的部分偏振光(它的强度远大于信号强度),经和其长轴重合的偏振片 P_1(垂直光轴截面)变成线偏振光 S_1(波),信号光经偏振片 P_2(和 P_1 方向相同)也变成线偏振光(S_2 波),两线偏振光方向相同,但频率相差很小,经分光棱镜 L_1 混频后发生双频干涉。混频器的作用是:①将信号放大;②混

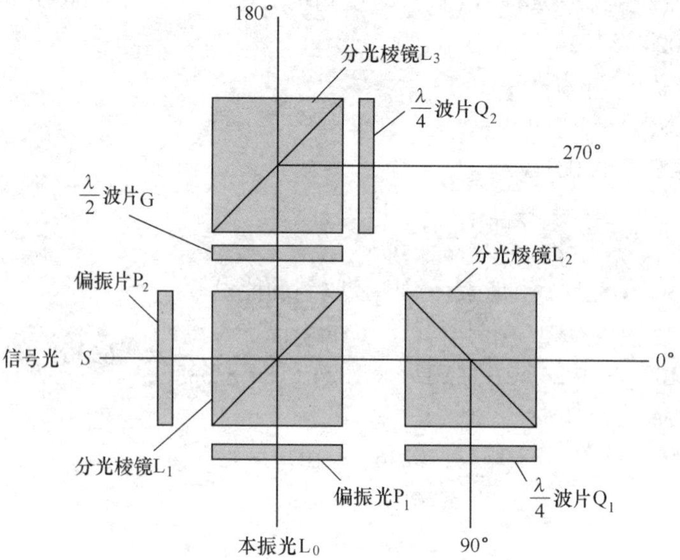

图 5-18 光混频器(光放大器)光路图示意图

频后合成频率变低。混频器中分光棱镜混 L_1 的作用是将混频后的偏振光分为两路:其中一路经分光棱镜 L_2 又分为两路,见图中 0°和 90°,$\lambda/4$ 波片 Q_1 的作用是将偏振光相位变化 90°;另一路经 $\lambda/2$ 波片 G 将偏振光相位变化 180°,见图中 180°和 270°,$\lambda/4$ 波片 Q_2 的作用和 $\lambda/4$ 波片 Q_1 波片相同。

另外一种方法是将 $\lambda/4$ 波片 Q_1 和 $\lambda/4$ 波片 Q_2 分别移动到偏振片 P_1 和偏振片 P_2 后面,P_1、P_2 分别位于 $\lambda/4$ 波片的快轴和慢轴角平分线上。$\lambda/2$ 波片 G 将左旋圆偏振光变成右旋圆旋偏振光。分光棱镜 L_2 和分光棱镜 L_3 分别用偏振分光棱镜(PBS)代替。

目前激光相干通信光信号放大器用的是掺铒光纤放大器,光纤为单膜保偏光纤,内径 6~9μm,偶合效率是关键技术。

谈到激光相干通信,会使人联想到光的干涉,光学工程学科专业基础课物理光学是在空域中讨论问题,论述单频干涉,给出相干条件等。激光相干通信却是在时域中讨论问题,用的是双频干涉理论。分清两者的区别才能对激光相干通信有全面、正确的认识。

5.3.3 结论

(1) 和已工程化、实用化的干涉仪一样,激光通信是利用激光的特性,激光器装在发射端精确指向接收端,路径是完全限定的;激光单色性强,光谱是限定的;特别是 APD 和 CCD 接收到的是数以亿计的光子,能量限定了;激光空间通信发射端激光精确指向接收端,路径是完全限定的。千万不能把已工程化、实用化和简单化的问题变复杂。

(2) 激光空间通信的核心问题是能量和接收器件的探测灵敏度问题。从上面计算可以看出:目前探测灵敏度很高的 KG-APR-1G-A 型号 APD 和 GS2020-BIN 型号 SCMOS 通信时需数以亿计的光子,在其前面须加光信号放大器;要想探测少量光子须用制冷超导光子探测器,但这种探测器件制冷时耗电量很大,其在室内做些简单实验可以,很难实现工程化和实用化。目前正探讨和研究的太赫兹 ($1THz = 10^{12}Hz$) 非制冷光子探测器,由附录知其时域频率和激光相比差两个数量级,波长 0.3mm 左右,和激光相差甚远。

5.3.4 探讨和建议

根据式(5-22)可知,激光通信是在无线电通信功率计算公式基础上,根据光的特性修正得出的。

无线电通信功率计算公式为

$$P_r = \frac{D_t^2 D_r^2}{16L^2\lambda^2}P_t \tag{5-23}$$

式中:D_r 为接收天线口径;L 为通信距离;λ 为通信波长;P_r 为接收功率;P_t 为发射功率。

将式(5-23)分解,得

$$P_r = \left(\frac{\pi D_t}{\lambda}\right)^2\left(\frac{\lambda}{4\pi L}\right)^2\left(\frac{\pi D_r}{\lambda}\right)^2 P_t = G_t\left(\frac{\lambda}{4\pi L}\right)^2 G_r P_t \tag{5-24}$$

式中:G_t为发射天线增益 $G_t = \left(\frac{\pi D_t}{\lambda}\right)^2$;$\left(\frac{\lambda}{4\pi L}\right)^2$ 为自由空间损耗;G_t为接收天线增益,$G_r = \left(\frac{\pi D_r}{\lambda}\right)^2$。

将式(5-24)两端分别以 10 为底的对数,称为 db。然后再取反对数得出 P_r(或 P_t)。这是否太繁琐了?随科学技术的发展,电子计算机的广泛应用,现已经没有必要将乘除运算变成加减运算的计算尺了。建议与时俱进,研究和讨论激光通信时,可根据选择的光电接收器件的探测灵敏的度,由式(5-21)算出 P_r,然后按式(5-22)计算 P_t。

下篇　应用光学

应用光学是工程化的一门学科，为了工程设计的需要必然要进行一些简化，建立一种实用化的数学模型。例如，力学中引用了质点，电学中引用了点光源，上篇物理光学中也引用了点光源，又引用了数学中的 δ 函数。应用光学又分为几何光学、像差理论及光学设计。

几何光学是以光线为基础，用几何方法研究光在各向同性均匀介质中的传播规律及光学系统的成像特性。在此基础上建立了理想光学系统这一数学模型，以它为标准，评定光学系统的成像质量。由物理光学可知，因衍射作用，即使理想光学系统，像点也不是 δ 函数，而是一个艾里斑。从光线角度研究光在介质中的传播，由于折射定律的非线性，点光源发出的光束经光学系统成像后产生几何像差，导致弥散斑大于艾里斑，从而出现了像差理论，它是光学设计的理论基础。三级几何像差理论及光学设计的 PW 法在许多著作均有论述，本书不再赘述，提出一种新的光学设计方法，并以实例说明光学设计应注意的问题。

评价光学系统的成像质量应根据几何像差和波差，即将应用光学和物理光学结合起来考虑。

第 6 章　几何光学的基本定律及光学系统

6.1　几何光学的基本定律和成像的概念

6.1.1　光线和光束的概念

上篇物理光学中曾提到光线，它为坡印廷矢量的方向，即能流的传播方向。在各向同性的均匀介质中坡印廷矢量和波矢重合，故光线又是波矢的方向，即波面法线方向。在几何光学中，光线是一条直线，而不仅表示一个方向。点光源是把物点抽象为尺寸无限小的几何点（δ 函数）。与此相似，几何光学中的光线抽象为尺寸无限细的几何线。平面波的复振幅表达式中，当 $\lambda \to 0$ 时，位相部分始终为零，振幅为常量。所以光线可视为波长无限大时光波传播的一种特例。

与波面对应的光线集合称为光束。平面波对应于平行光束，发散球面波对应发散光束，会聚球面波对应会聚光束，如图 6-1 所示。

6.1.2　几何光学的基本定律

1. 光的直线传播定律

几何光学认为，在各向同性均匀介质中，光沿着直线传播。这就是光的直线传播定

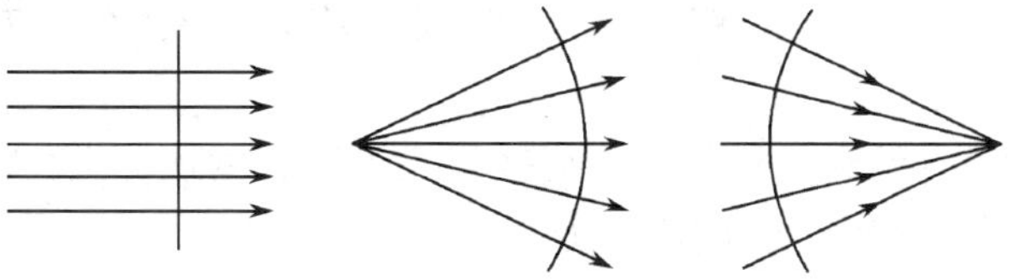

图 6-1　波面与光束

(a)平面光波与平行光束;(b)球面光波与发散光束;(c)球面光波与会聚光束。

律。显然它排除了光的衍射现象。

2. 光的独立传播定律

各光束在传播过程中,光线在空间某点相遇时,彼此互不影响。这就是光的独立传播定律。它排除了光的干涉现象。

3. 光的折射定律和反射定律

当光束通过两各向同性均匀介质的光滑分界面时会发生折射和反射。几何光学中的折射定律、反射定律与物理光学的折射定律、反射定律的区别在于不考虑偏振现象。

几何光学中的折射定律可由坡印廷矢量的计算式两端分别与界面法线矢量进行矢积相乘得到。因为此时电场强度、磁场强度均可用纯矢量表示,且坡印廷矢量即为光线方向。矢量形式的折射定律为

$$n'(\boldsymbol{S}' \times \boldsymbol{N}_0) = n(\boldsymbol{S} \times \boldsymbol{N}_0) \tag{6-1}$$

式中:n 和 n'分别是入射光所在介质和折射光所在介质的折射率;$\boldsymbol{S}$ 和 $\boldsymbol{S}'$分别是入射光和折射光的坡印廷矢量;$\boldsymbol{N}_0$ 为界面法线方向的单位矢量。

若入射光和折射光分别用矢量 $\boldsymbol{A}$ 和 $\boldsymbol{A}'$表示($|\boldsymbol{A}'| = |\boldsymbol{A}|$),则

$$n'(\boldsymbol{A}' \times \boldsymbol{N}_0) = n(\boldsymbol{A} \times \boldsymbol{N}_0) \tag{6-2}$$

式(6-2)表明折射光线、入射光线和通过入射点的法线共面。$\boldsymbol{N}_0$ 与上式两端矢积相乘,可得

$$n'[\boldsymbol{A}' - \boldsymbol{N}_0(\boldsymbol{A}' \cdot \boldsymbol{N}_0)] = n[\boldsymbol{A} - \boldsymbol{N}_0(\boldsymbol{A} \cdot \boldsymbol{N}_0)] \tag{6-3}$$

式(6-3)为另一种形式的矢量折射定律。

反射定律是折射定律的特例, 可认得出相应的两种表达:

$$\boldsymbol{A}' \times \boldsymbol{N}_0 = \boldsymbol{A} \times \boldsymbol{N}_0 \tag{6-4}$$

$$\boldsymbol{A}' = \boldsymbol{A} - 2\boldsymbol{N}_0(\boldsymbol{A} \cdot \boldsymbol{N}_0) \tag{6-5}$$

根据标量形式的折射定律有

$$n'\sin I' = n\sin I \tag{6-6}$$

几何光学中,将标量反射定律视为折射定律式(6-6)的特例,即 $n' = -n$,用 I''代表反射角,代入上式得

$$I'' = -I \tag{6-7}$$

由此可见,标量折射定律和反射定律形式上和物理光学中的一样,只不过反射定律差一负号。这是因为应用光学中有一套符号规则(见 6.3 节)。

几何光学中同样也涉及全反射现象。它在反射棱镜这种光学元件中得到广泛地应用。

4. 光路的可逆性

在图 6-2 中,若折射光线反向,即光线在折射率为 n 的介质中沿 CO 方向入射,由折

射定律得知折射光线必沿 OA 方向出射。同样,反射光线反向,沿 BO 方向入射。

5. 费马(Fermat)原理

费马原理用“光程”的概念对光线的传播规律进行了阐述。光程是指光在介质中传播的几何路程 l 乘以介质折射率 n,用 S 表示:

$$S = nl \tag{6-8}$$

光线连续经过多种介质时,总光程为

$$S_{\Sigma} = \sum n_i l_i \tag{6-9}$$

设介质中光的速度为 v,则

$$l = vt, n = \frac{c}{v}$$

故

$$S = ct \tag{6-10}$$

由此可见,在一段时间内光在介质中传播的光程,等价于同一时间间隔内光在真空中走过的路程。由光程的概念可以得出光程差,从而得出位相差,使几何像差和波差联系起来。

费马原理:光线由一点 A 传播到一点 B,中间可能经过多次反射和折射,其光程 $S_{\Sigma} = \sum n_i l_i$ 之值为极值。在数学上用变分表示为

$$\delta S = \delta \sum nS = 0$$

即

$$\delta S = \delta \int_A^B n\mathrm{d}l = 0 \tag{6-11}$$

在各向同性均匀介质中, 根据“两点间距离以直线为最短”的几何公理,可见费马原理可以直接证明和解释光的直线传播定律。同时, 利用费马原理也可以推导出折射定律和反射定律。

费马原理又称为极端光程定律。即光线不但按光程极小传播,也可能按光程极大传播。如图 6-3 所示,一个以 F 和 F' 为焦点的椭球反射面,按其性质可知,由 F 点发出的光线,都被反射到 F' 点,其光程相等,即光程 $FM+MF'$ 为常数。如有另一反射镜 PQ 和椭球面相切于 M 点,FM 和 MF' 分别为入射光线和反射光线。由 F 点发出的经 M 点反射到 F' 点的光线光程为极值, 即一阶导数为零。但因为反射面 PQ 比椭球面更凹,因此光程 $FM+MF'$ 对 PQ 反射面为极大值。同样道理,对于反射面 ST,其弯曲程度较椭球面的小,所以光程 $FM+MF'$ 为极小值。

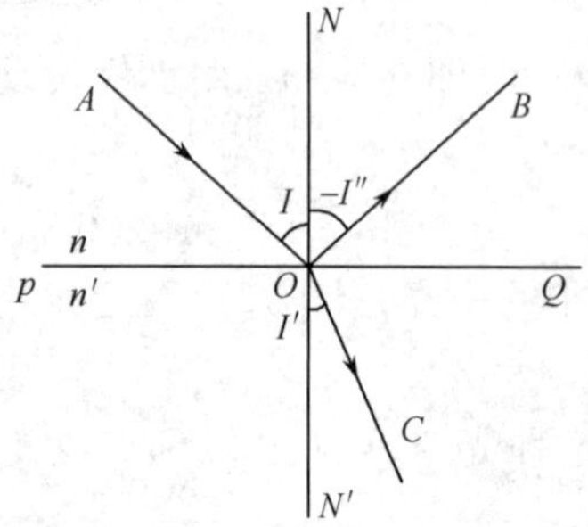

图 6-2　光的反射与折射现象

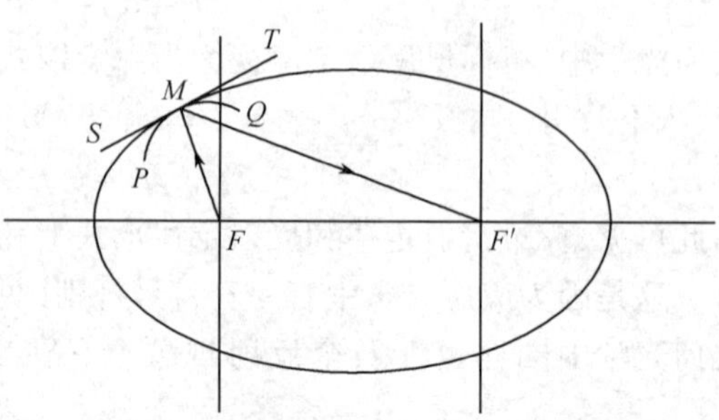

图 6-3　椭球反射面、平面反射面及曲率更大反射面的光程

6. 马吕斯定律

马吕斯定律是指垂直于波面的光线束经过多次折射和反射后，出射面仍和出射光束垂直,且入射波面和出射波面上对应点之间光程为定值。

显然马吕斯定律反映了光线和波矢统一的概念。点光源发出的是标准球面波,光线垂直波面。它经过光学系统后，无论出射波面是否还是标准球面波,光线仍垂直波面。故马吕斯定律表达的是正交系光线束通过光学系统的传播过程。如图 6-4 所示,点光源发出的球面波 W 经光学系统后共轴光学系统变为波面 W',轴上光线由 O 点到 O'的光程和任意一条光线由 E 点到 E'点的光程均相等。

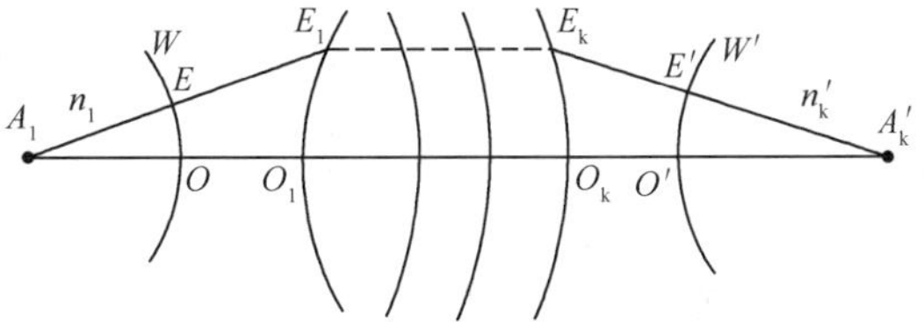

图 6-4　马吕斯定律光束传播示意图

费马原理、马吕斯定律和折反射定律三者可以互相推导出来,只不过前两者较为概括和抽象,后者较为具体和实际。

6.2　光学系统成像的概念及完善成像的条件

光学系统由一系列折射面和反折射面构成。这些表面可以是平面、球面和非球面。各个表面的曲率中心在一条直线上的光学系统称为共轴光学系统,该直线称为光轴。有些光学系统含有反射镜、棱镜。光轴要发生折转,但仍具有轴对称的特性,因此仍归为共轴光学系统,对于不具备轴对称特性的光学系统称为非共轴光学系统。

物体经光学系统后可形成按一定比例放大或缩小的像。像上每一点是由光线交点构成的称为实像,实像可被接收器件如照相底片感光。像上每一点是由光线沿长线交点构成的称为虚像,虚像不能使照相底片感光。物体所在的空间称为物空间,像体所在的空间称为像空间。前面光学系统的像为后面光学系统的物。若它的每一个点是光线交点称为实物,它的每一点是光线延长线的交点则称为虚物。

物体是由无数个点构成的,每一个点均可视为点光源(δ 函数)。经光学系统成像后,与之对应的像若仍为一个点,即由点光源发出的球面波在像空间仍对应一个球面波,则称为完善成像。因此,光学系统完善成像的条件是当入射为球面波时,出射仍为球面波。如图 6-4 所示,根据马吕斯定律,若轴上点 A 完善成像,则波面 W'必为球面波,A 点的像为 A'。

6.3　光路计算公式

光学系统是由多个折、反射面构成的。反射定律可视为 $n'=-n$ 的折射定律的特例。因此,首先讨论光线经过单个折射面的光路计算问题,然后再逐面过渡到整个光学系统。

6.3.1　单个折射面的光路计算公式

图 6-5 所示为单个折射面的光路图。图中 A 为光轴上的一个点(或某条光线和光轴的交点),折射面 OE 是两折射率分别为 n 和 n' 的分界面(球面),C 为球心,O 为顶点,此球面半径为 r。AE 为入射到球面的一条光线。经球面折射后光线为 EA',和光轴交点为 A',L 为物方截距,L'为像方截距,U 为物方孔径角,U'为像方孔径角。

由 L、U、r 求得 L'、U',采用以下符号规定。

1. 沿轴线段

规定光线由左往右传播,以顶点 O 为原点。如果光线与光轴交点或球心位于顶点 O 右方为正,位于左方为负。

2. 垂轴线段

光轴上方为正,光轴下方为负。

3. 光线与光轴夹角 U 和 U'

光轴以锐角方向转向光线,顺时针为正,逆时针为负。

4. 光线和法线夹角 I 和 I'

光线以锐角方向转向法线,顺时针为正,逆时针为负。

5. 光轴和法线夹角 ϕ

光轴以锐角方向转向法线,顺时针为正,逆时针为负。应当指出,光路图中所有量均为绝对值,即按符号规定得出的负线段或负角度在光路图中应在其字母前加一负号。

由图 6-5 的几何关系及折射定律可得

$$\begin{cases} \sin I = \dfrac{L - r}{r}\sin U \\ \sin I' = \dfrac{n}{n'}\sin I \\ U' = U + I - I' \\ L' = r\left(1 + \dfrac{\sin I}{\sin U'}\right) \end{cases} \tag{6-12}$$

上述方程组中,第 4 式为实际光线的光路计算公式。由于折射定律的非线性,即正弦函数是非线性函数,故 A 点发出的不同孔径角 U 对应的光线,与光轴的交点不同,如图 6-6所示。并根据轴对称性,折射后的光束对应的波面不再是球面波。故单个折射面对轴上点成像是不完善的,应用光学中称为“球差”。

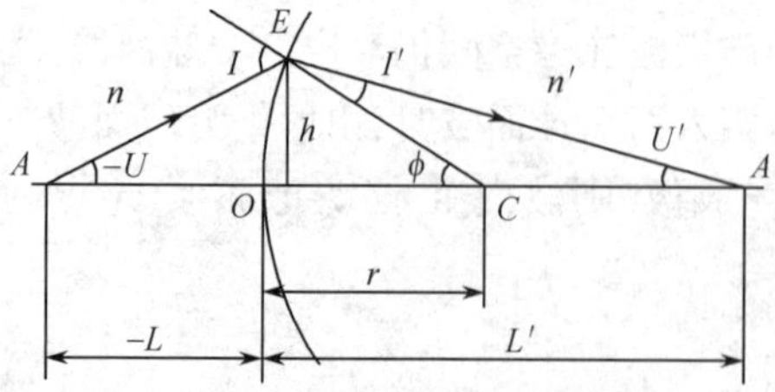

图 6-5　单个折射面的光路

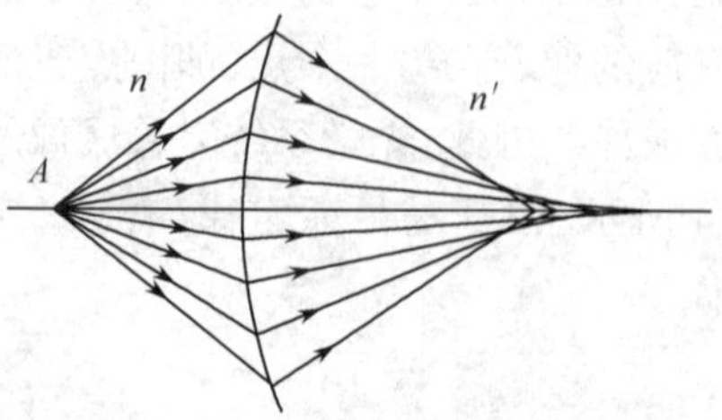

图 6-6　不同孔径角与光轴交点不同

6.3.2　单个折射面的近轴光路计算公式及高斯光学

单个折射面成像不完善的原因是公式中正弦函数的非线性。若公式中的正弦值用弧度值代替，则光路计算公式变为线性公式，不会出现球差现象。从数学上讲，只有角 U 很小时，I、I' 及 U' 很小，才能用弧度值近似代替正弦值。这时光线靠近光轴，称为近轴光线，光轴附近这个区域称为近轴区。至于角度值小到什么程度才能用弧度值代替正弦值，这是一个难于确定的问题。实际上只要将上面的光路计算公式的正弦函数用角度代替，即得到线性关系式。不管角度多大，A' 点的位置是唯一的。此时线段和角度用相应的小写英文字母 l、l'、y、y'、u、u'、i、i' 等表示，得到如下公式

$$\begin{cases} i = \dfrac{l - r}{r}u \\ i' = \dfrac{n}{n'}i \\ u' = u + i - i' \\ l' = r\left(1 + \dfrac{i'}{u'}\right) \end{cases} \tag{6-13}$$

用式(6-13)进行光路计算，不论 u 为何值，l' 皆为定值，并满足完善成像条件，称为高斯像。过高斯像并垂直于光轴的像面称为高斯像面。故式(6-13)为高斯光学的基础，由它可以推导出相应的高斯光学公式。高斯光学的特点是光路计算中凡是角度的正弦、正切都用角度的弧度值表示。如图 6-5 所示，有

$$h = lu = lu' = r\phi \tag{6-14}$$

将式(6-13)中第 1 式、第 4 式的 i、i' 代入第 2 式，然后再代入式(6-14)得

$$n\left(\frac{1}{r} - \frac{1}{l}\right) = n'\left(\frac{1}{r} - \frac{1}{l'}\right) = Q \tag{6-15}$$

Q 称为阿贝不变量。它表示一折射面的物空间和像空间的 Q 值是相等的，其数值随共轭点位置而异。式(6-15)可变为

$$n'u' - nu = \frac{n' - n}{r}h \tag{6-16}$$

亦可变为

$$\frac{n'}{l'} - \frac{n}{l} = \frac{n' - n}{r} \tag{6-17}$$

上式称为单个折射面的高斯公式。

6.3.3 共轴球面系统的光路计算过渡公式

共轴球面系统由多个单折射面构成，每个折射面的光路计算公式均是相同的，只是需要由一个面过渡到下一个面的公式。图 6-7 为三个折射面组成的共轴球面系统，间隔 d_1 和 d_2 均以前一个面的顶点为原点，后面顶点位于右方为正。对于多个折射面，近轴光的光路计算如下：

$$\begin{cases} n_2 = n'_1, n_3 = n'_2, \cdots, n_k = n'_{k-1} \\ u_2 = u'_1, u_3 = u'_2, \cdots, u_k = u'_{k-1} \\ y_2 = y'_1, y_3 = y'_2, \cdots, y_k = y'_{k-1} \\ l_2 = l_1 - d_1, l_3 = l'_2 - d_2, \cdots, l_k = l'_{k-1} - d_{k-1} \end{cases} \tag{6-18}$$

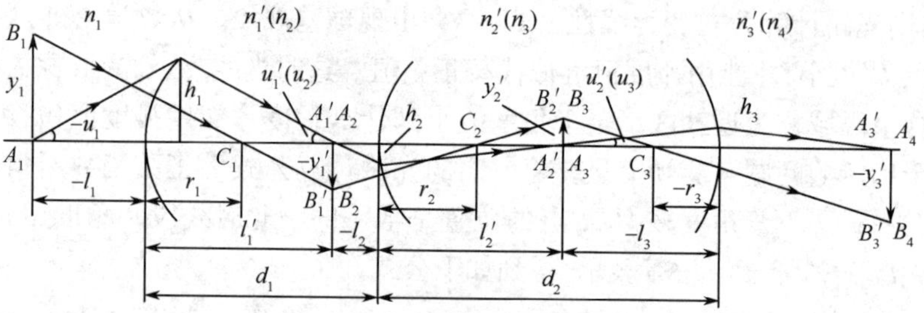

图 6-7　3 个折射面组成的共轴球面系统

远轴光(实际光线)

$$\begin{cases} n_2 = n'_1, n_3 = n'_2, \cdots, n_k = n'_{k-1} \\ U_2 = U'_1, U_3 = U_2, \cdots, U_k = U'_{k-1} \\ Y_2 = Y'_1, Y_3 = Y'_2, \cdots, Y_k = Y'_{k-1} \\ L_2 = L'_1 - d_1, L_3 = L'_2 - d_2, \cdots, L_k = L'_{k-1} - d_{k-1} \end{cases} \tag{6-19}$$

上面两式为共轴球面系统光路计算过渡公式。应指出,遇到反射面时,$n_k = -n'_{k-1}$,d_k 取负值。对于近轴光,尚可得出折射面入射高度的过渡公式为

$$h_2 = h_1 - d_1 u'_1, h_3 = h_2 - d_2 u'_2, \cdots, h_k = h_{k-1} - d_{k-1} u'_{k-1} \tag{6-20}$$

有了光路计算公式,便可以对共轴球面系统进行光路计算了。

6.4　共轴球面系统的放大率和拉亥不变量

在近轴区,即在高斯光学范畴内,光路计算公式变得比较简单,这就便于引入有关物理概念及建立有关数学模型。

6.4.1　单个折射面的放大率和拉亥不变量

1. 垂轴放大率 $\boldsymbol{\beta}$

如图 6-8 所示,对于单个折射面,像和物在垂直光轴方向的比值称为垂轴放大率,用符号 β 表示:

$$\beta = \frac{y'}{y} = \frac{l' - r}{l - r} \tag{6-21}$$

又根据式(6-15)得

$$\beta = \frac{y'}{y} = \frac{nl'}{n'l} \tag{6-22}$$

2. 沿轴放大率 $\boldsymbol{\alpha}$

(1) 微小线段的沿轴放大率 α。微小线段的沿轴放大率 α 定义为

$$\alpha = \frac{\mathrm{d}l'}{\mathrm{d}l} \tag{6-23}$$

α 可对式(6-17)微分得到放大率:

$$-\frac{n'\mathrm{d}l'}{l'^2} + \frac{n\mathrm{d}l}{l^2} = 0$$

$$\alpha = \frac{\mathrm{d}l'}{\mathrm{d}l} = \frac{nl'^2}{n'l^2} \tag{6-24}$$

比较式(6-22)与式(6-24)得

$$\alpha = \frac{n'}{n}\beta^2 \tag{6-25}$$

(2)如图 6-9 所示,有限线段的沿轴放大率 $\bar{\alpha}$,定义为

$$\bar{\alpha} = \frac{l_2' - l_1'}{l_2 - l_1} \tag{6-26}$$

根据式(6-17)可得

$$\frac{n'}{l_1'} - \frac{n}{l_1} = \frac{n'}{l_2'} - \frac{n}{l_2} = \frac{n' - n}{r}$$

得

$$\bar{\alpha} = \frac{n'}{n}\beta_1\beta_2 \tag{6-27}$$

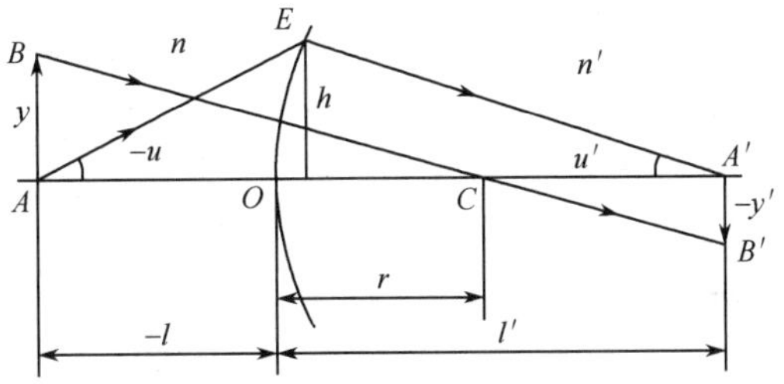

图 6-8　单个折射面中的垂轴放大率

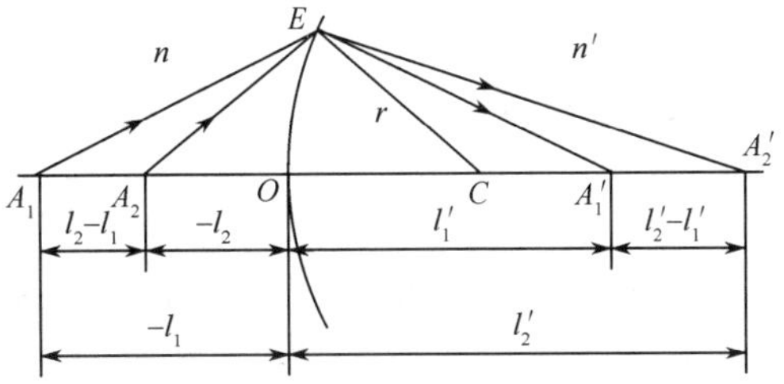

图 6-9　有限线段的沿轴放大率

3. 角放大率 γ

像方孔径角 u'和物方孔径角 u 的比值称为角放大率,用字母 γ 表示:

$$\gamma = \frac{u'}{u} \tag{6-28}$$

利用 $h=lu=l'u'$得

$$\gamma = \frac{l}{l'} \tag{6-29}$$

由式(6-29)与式(6-22)比较,得

$$\gamma = \frac{n}{n'} \cdot \frac{1}{\beta} \tag{6-30}$$

4. 三个放大率间关系

$$\beta = \alpha\gamma \tag{6-31}$$

5. 拉亥不变量 J

由垂轴放大率 β 和角放大率 γ 的表达式得

$$nuy = n'u'y' = J \tag{6-32}$$

式(6-32)称为拉格朗日—亥姆霍兹(Lagrauge-Helmholtz)恒等式。J 称为拉格朗日—亥姆霍兹不变量,简称拉亥不变量。它表明了光传播过程中物(像)面尺寸和照度之

间的关系。

6.4.2 共轴球面系统的放大率和拉亥不变量

由式(6-18)、式(6-19)和式(6-20)三个过渡公式,可得出共轴球面系统的放大率和拉亥不变量。

1. 垂轴放大率 β

$$\beta = \beta_1\beta_2\cdots\beta_k = \frac{n_1}{n_k'}\cdot\frac{l_1'l_2'\cdots l_k'}{l_1l_2\cdots l_k} = \frac{n_1u_1}{n_k'u_k'} \tag{6-33}$$

2. 沿轴放大率 α

$$\alpha = \alpha_1\alpha_2\cdots\alpha_k = \frac{n_k'}{n_1}\beta^2 \tag{6-34}$$

3. 角放大率 γ

$$\gamma = \gamma_1\gamma_2\cdots\gamma_k = \frac{n_1}{n_k'}\cdot\frac{1}{\beta} \tag{6-35}$$

4. 三放大率之间的关系

$$\beta = \alpha\gamma \tag{6-36}$$

5. 拉亥不变量

$$n_1y_1u_1 = n_2y_2u_2 = \cdots n_k'y_k'u_k' = J \tag{6-37}$$

习　　题

1. 一厚度为200mm的平行玻璃板,玻璃折射率$n=1.5$,下面放一直径为1mm的金属片。若在玻璃板上盖一张纸,要求在玻璃板上任何方向上均看不到金属片,试问纸片最小直径为多少?

2. 导出球面反射镜的高斯公式。

3. 游泳池水深1.8m,水折射率$n=4/3$,人站在池边觉得水深为多少?

4. 一玻璃半球,折射率$n=1.5$,$r_1=50$mm,$r_2=\infty$,玻璃半球平面镀银,一物高$y=10$mm的物体放在顶点前100mm处,试求像高y'。

第 7 章　理想光学系统

7.1　理想光学系统的物像共轭理论

由光路计算公式可以看出，由于折射定律中三角函数的非线性，即使单个折射面也有球差，不可能完善成像。除了球差，光学系统还能产生其他像差。所以实际光学系统成像是不完善的。这种成像的缺陷小到什么程度才是被允许的呢？为解决这问题，首先应建立一个理论基准模型，用实际光学系统与之比较。再根据接收器件的敏感及容限特性，决定设计的光学系统是否可用。这个理论基准模型便是理想光学系统。前面已经引入了点光源、光线的概念。在此基础上把高斯光学推广到光学系统，即在高斯光学范畴内建立起理想光学系统的数学模型。这种光学系统成像是完全理想的。物空间中的任何一个点，像空间必有且只有一个点与之对应，物空间一条直线，像空间有一条且只有一条直线与之对应，进而推得面与面对应，体与体对应，这就是物像共轭理论。由于不考虑衍射，所以理想光学系统成像是绝对完善的。理想光学系统的物像共轭理论可归结为以下几点：

(1) 物空间的每一个点均对应于像空间一个点，而且只有一个点。这两个对应点称为物像空间的共轭点。

(2) 物空间每一条直线对应于像空间一条直线，而且只有一条直线，这两条对应直线称为物像空间的共轭直线。

(3) 如果物空间任意点位于任意条直线上，那么像空间的共轭点也必在该直线的共轭直线上。

这些定义可以推广到共轭面和共轭体。

7.2　理想光学系统的基点和基面

有了理想光学系统的共轭理论，再根据高斯光学的线性关系，可以建立起理想光学系统的数学模型。这种理想光学系统是把光学系统抽象为由基点和基面构成，由这些基点和基面可以求得物像共轭关系。

7.2.1　理想光学系统的焦点、焦平面

下面讨论光轴上无限远物点与对应像点的共轭关系。图 7-1 所示为一光学系统对光轴上无限远物点的成像情况。A_1E_1 是物空间光轴上无限远物点发出的一条光线（平行于光轴），$G_k F'$是经光学系统后的共轭光线，与光轴交于F'。

由于高斯光学成线性关系，物空间光轴上无限远点发出的所有平行光轴的光线均会聚于F'点，故F'点为物空间光轴上无限远物点的共轭点，即像点。F'称为光学系统的像方焦点。根据光路的可逆性，同样可以得到像空间光轴上无限远点的共轭点 F。F 称为物方焦点。

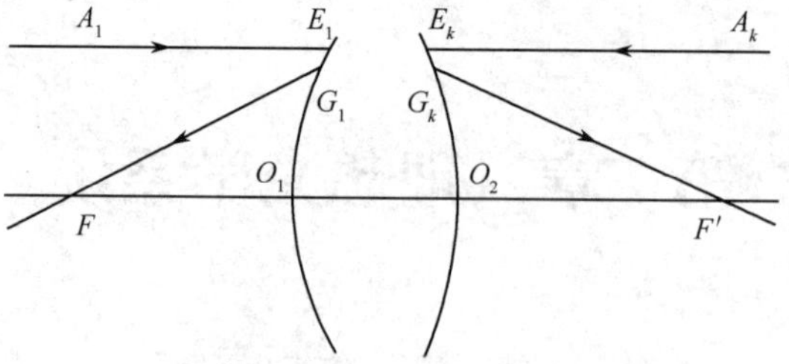

图 7-1　光学系统对无限远物点的成像

过像方焦点F'所作光轴的垂面称为像方焦平面，物空间光轴外物点发出的斜平行光束经光学系统后会聚于像方焦平面上。过物方焦点 F 所作光轴的垂面称为物方焦平面，像空间光轴外点发出的斜平行光束经光学系统后会聚于物方焦平面上。反之，焦平面上任意点发出的光束经光学系统后均为平行光束。

7.2.2　理想光学系统的主平面、主点

在图 7-2 中，延长入射光线 A_1E_1 和出射光线 $G_k\ F'$，得到交点 Q'。同样在像空间再作一条平行光轴的光线 A'_kE_k，其物方共轭光线为 G_1F。延长此两条光线交于 Q 点。设光线 A_1E_1 和 A'_kE_k 入射高度相同，显然 Q 和 Q'点是一对共轭点。分别过 Q 和 Q'点作光轴的垂面 QH 和 $Q'H'$，这两平面为共轭平面。在此二平面内的任何共轭线段，如 QH 和 $Q'H'$，垂轴放大率均为 1。称此二共轭平面为主平面，其中 QH 为物方主平面，$Q'H'$为像方主平面。它们和光轴的交点分别为 H 和 H'，H 称为物方主点，H'称为像方主点。

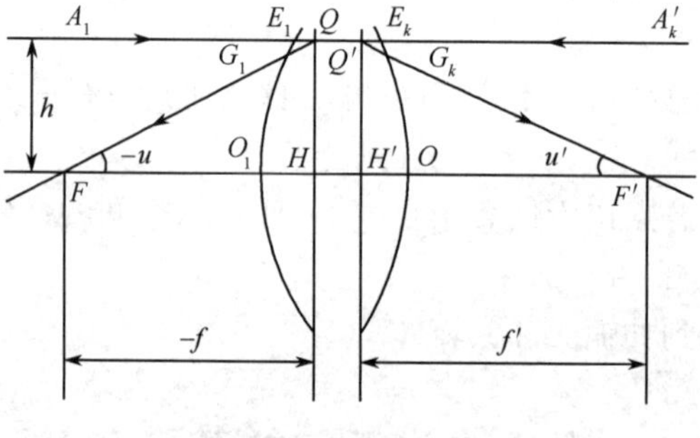

图 7-2　主平面的定义

7.2.3　焦距

以物方主点 H 为原点，物方焦点到物方主点的距离 HF 称为物方焦距，用 f 表示。

$$f = \frac{h}{u} \tag{7-1}$$

以像方主点 H'为原点，像方焦点到像方主点的距离称为像方焦距，用f'表示。

$$f' = \frac{h}{u'} \tag{7-2}$$

7.2.4　节点

理想光学系统除主点、焦点两种基点外，尚还有一种基点，就是角放大率为 1 的点，即光线通过此点，其共轭光线与之平行。一般光学系统位于空气中，即物空间介质折射率 n 和像空间介质折射率 n'相同，此时物方节点 J 和物方主点 H 重合，像方节点 J'和像方主

点 H'重合。若 $n' \neq n$ 时,则不是如此。比如单个球折射面,物、像方主点重合,均为球面顶点;物、像方节点重合,均为球心。显然主点和节点不重合。

有了基点和基面,理想光学系统的数学模型就建立起来了,从而便可以通过图解法和解析法求任意位置和大小的物体经光学系统所成的像。

7.3 理想光学系统的物像关系

根据理想光学系统基点和基面的性质,已知物空间任意位置的点、线、面,用作图法求其共轭的点、线、面的位置,称为图解法求像。

对理想光学系统而言,从一点发出的一束光经光学系统折射、反射后,必然交于一点。因此,要确定像点的位置,只须求出两条特定光线在像方空间的共轭光线,它们的交点即为像点。这两共轭光线可根据基点、基面的性质求得。可选择的光线有:①平行光轴的入射光线,其共轭光线通过像方焦点;②通过物方焦点的光线,其共轭光线平行于光轴;③通过物方节点的入射光线,其共轭光线必通过像方节点,且与入射光线平行;④倾斜于光轴入射的平行光束,其共轭光束必交于像方焦平面上一点;⑤自物方焦平面上一点发出的光束,其共轭光束必为和光轴有一定倾斜角的平行光束;⑥共轭光线在主面上投射高度相等。

7.3.1 轴外物点或垂轴线段的图解法求像

如图 7-3 所示,有一个垂轴线段 AB 经光学系统成像。此光学系统位于空气中,即节点和主点重合,其理想光学系统数学模型用基点、基面表示。根据基点和基面的性质,由轴外点 B 可引出三条特殊光线,分别为 BM, $BH(BJ)$, BN。它们的共轭光线分别为 $M'B'$, $H'B'(J'B')$ 和 $N'B'$,其交点为 B'。显然,B'为 B 的像,$A'B'$为 AB 的像。实际上,只要任取此三条光线中的任意两条,即可完成轴外物点或垂轴线段的图解法求像。

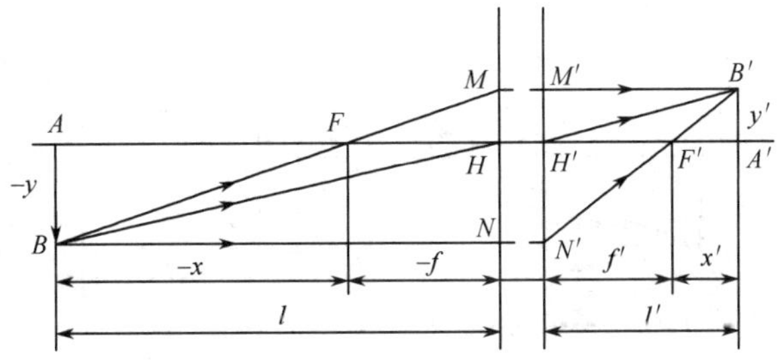

图 7-3　垂直线段经光学系统成像

7.3.2 轴上点图解法求像

根据轴外点图解法求像已经解决了轴上点求像的问题。如果不作垂轴线段,也可根据基点、基面性质求轴上点的像。如图 7-4(a)所示。由光轴上点 A 任意引出一条光线 AM,然后通过物方焦点 F 作一条和 AM 平行的光线 FN,其共轭光线为 $N'B'$。AM 和 FN 的共轭光线必交于像方焦平面的 B'点。如图 7-4(b)所示。$M'B'$即为 AM 的共轭光线,它和光轴的交点 A'为 A 的像。此外,也可通过物方焦平面和 AM 的交点 B 作一条平行于光轴的光线,它的共轭光线$N'F'$必通过F'点,AM 的共轭光线 $A'M'$平行于 $N'F'$,同样可求得 A'。

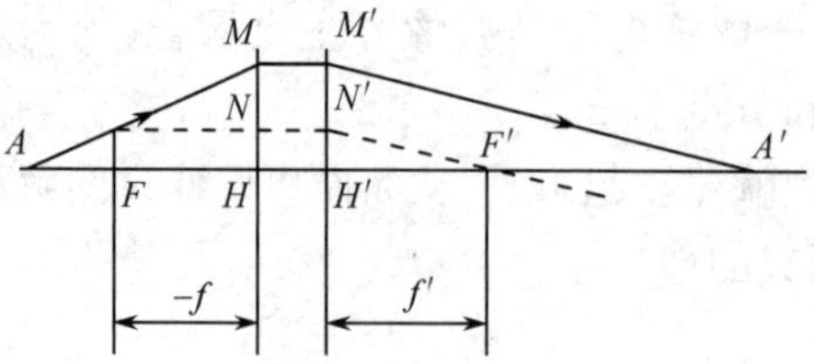

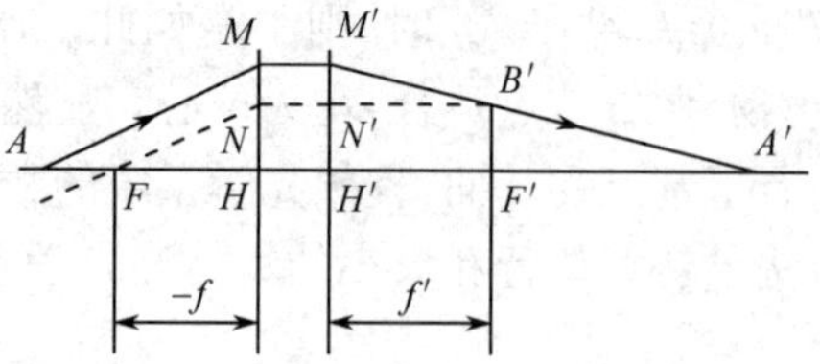

图 7-4　轴上点作图法求像

图解法求像简单、直观。通过图解法可以考察学习者对概念的理解是否清楚,但是若准确得出像的大小和位置,需要采用解析法。

7.3.3　解析法

根据理想光学系统的基点、基面及物像共轭关系,可以得出有关公式,从而计算像的大小和位置。

1. 牛顿(Newton)公式

如图 7-5 所示,物点 A 到物方焦点 F 距离用 x 表示,原点为 F;像点 A' 至像方焦点 F' 距离用 x' 表示,原点为 F',仍规定光线由左向右传播,原点右方线段为正,左方线段为负。由图中几何关系可知

$$-\frac{y'}{y}=\frac{-f}{x}=\frac{x'}{f'}$$

从而得

$$xx'=ff' \tag{7-3}$$

这便是著名的牛顿公式。同时还会得出垂轴放大率为

$$\beta=\frac{y'}{y}=-\frac{f}{x}=-\frac{x'}{f'} \tag{7-4}$$

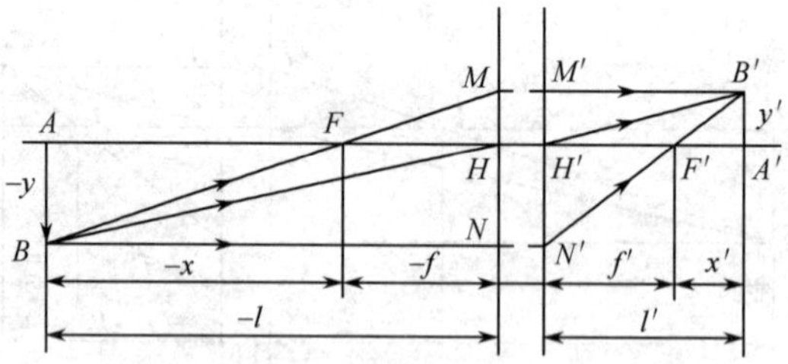

图 7-5　牛顿公式中的符号意义

2. 高斯公式

若以主点为原点,则

$$x=l-f,x'=l'-f'$$

将上式代入牛顿公式(7-3),得

$$lf'+l'f=ll'$$

将上式两边同时除以 ll',可得

$$\frac{f'}{l'}+\frac{f}{l}=1 \tag{7-5}$$

式(7-5)为理想光学系统的高斯公式。同时可得垂轴放大率

$$\beta = \frac{l'}{l} \tag{7-6}$$

由拉亥不变量 $J=n'u'y'=nuy$ 可得

$$\frac{f'}{f} = -\frac{n'}{n} \tag{7-7}$$

代入式(7-5)得

$$\frac{n'}{l'} - \frac{n}{l} = \frac{n'}{f'} \tag{7-8}$$

式(7-5)为更适用的高斯公式。若理想光学系统位于同一介质(如空气)中,即 $n'=n$,则

$$\frac{1}{l'} - \frac{1}{l} = \frac{1}{f'} \tag{7-9}$$

有了牛顿公式、高斯公式和垂轴放大率公式,便可以根据物体位置和大小求像的位置和大小。

7.4 理想光学系统的组合

一个光学系统可以由一个部件或几个部件组成,每个部件可以是一个透镜或几个透镜。这些部件称为光组。光组可以单独看作为一个理想光学系统。有时,光学系统由若干个光组构成,每个光组的基点、基面及相互位置已知,需求组合后光学系统的基点和基面。

7.4.1 两个光组的组合

图 7-6 为两个光组组合的光路示意图。组合后的物方焦距 f,位置 x_F 及物方主面位置 x_H 以 F_1 为原点;像方焦距 f',位置 x'_F 及像方主面位置 x'_H 以 F'_2 为原点。线段 l'_F, l'_H 则以 H_1 为原点;l'_F, l'_H 以 H'_2 为原点;两光组间距离 d 以 H'_1 为原点;光组 1 像方焦点 F'_1 至光组 2 物方焦点 F_2 距离 Δ 称为光学间隔,它以 F'_1 为原点。仍然规定原点右方线段为正,左方为负,从而确定各线段的符号。

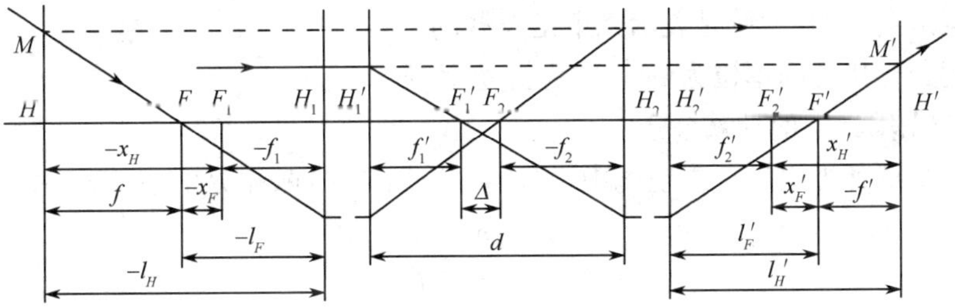

图 7-6 两个光组组合的光路

由图 7-6 中几何关系得

$$\Delta = d - f'_1 + f_2 \tag{7-10}$$

$$x_F = \frac{f_1 f'_1}{\Delta} \tag{7-11}$$

$$x'_F = -\frac{f_2 f'_2}{\Delta} \tag{7-12}$$

$$f = \frac{f_1 f_2}{\Delta} \tag{7-13}$$

$$f' = -\frac{f'_1 f'_2}{\Delta} \tag{7-14}$$

$$l_F = -f'\left(1 + \frac{d}{f_2}\right) \tag{7-15}$$

$$l'_F = f'\left(1 - \frac{d}{f'_1}\right) \tag{7-16}$$

$$l_H = -f'\frac{d}{f'_1} \tag{7-17}$$

$$l'_H = -f'\frac{d}{f_2} \tag{7-18}$$

7.4.2 多个光组的组合

两个光组的组合可以根据几何关系求得组合后理想光学系统的基点、基面和有关参量。但是三个以上光组的组合再用这种方法就要复杂得多。为此介绍一种简便的方法。先引入光束的会聚度、光焦度及其折光度等概念。

1. 光束的会聚度、光学系统的光焦度及其单位折光度

一线段被所在介质折射率除所得之值称为该线段在介质中的折合线段。例如:l'/n' 和 l/n 称为光学系统主点到物点和像点的折合距离。它们的倒数 n'/l' 和 n/l 则被称为光束的会聚度,用符号 Σ' 和 Σ 表示;而 n'/f' 和 n/f 称为光学系统的折合焦距,它们的倒数 n'/f' 和 n/f 称为光学系统的光焦度,像方光焦度 n'/f' 用符号 Φ 表示。这样高斯公式(7-8)可写为

$$\boldsymbol{\Sigma}' - \boldsymbol{\Sigma} = \boldsymbol{\Phi} \tag{7-19}$$

式(7-19)表示一对共轭点的光束会聚度之差等于光学系统的光焦度。Σ' 和 Σ 为正时表示光束是会聚的,为负时表示光束是发散的。

会聚度和光焦度的单位为 m^{-1},称为折光度(屈光度)。

2. 多个光组组合的计算公式

设光学系统各光组均位于空气中,将高斯公式(7-9)两端分别乘以 h,则

$$\frac{h}{l'} - \frac{h}{l} = \frac{h}{f'}$$

即

$$u' - u = h\Phi \tag{7-20}$$

将式(7-20)应用到各光组,则

$$\begin{cases} u'_1 - u_1 = h_1\Phi_1 \\ u'_2 - u_2 = h_2\Phi_2 \\ \quad\vdots \\ u'_k - u_{k-1} = h_k\Phi_k \end{cases} \tag{7-21}$$

又知 $u_2=u'_1, u_3=u'_2, \cdots, u_k=u'_{k-1}$,得

$$u'_k - u_1 = h_1\Phi_1 + h_2\Phi_2 + \cdots + h_k\Phi_k = \sum_{i=1}^{k} h_i\Phi_i \tag{7-22}$$

令平行光轴的光入射,$u_1=0$,则

$$u'_k = h_1\Phi = \sum_{i=1}^{k} h_i\Phi_i$$

即

$$\Phi = \frac{1}{h_1}\sum_{i=1}^{k} h_i\Phi_i \tag{7-23}$$

上式表示各光组对系统光焦度的贡献正比于平行光轴的光线在各光组的投射高度 h_i。只要知道了各光组的光焦度 Φ_i 和高度 h_i,便可求得系统的光焦度 Φ。先假定 h_1,再根据公式

$$h_i = h_{i-1} - d_{i-1}u'_{i-1} \tag{7-24}$$

$$u'_i - u_i = h_i\Phi_i \tag{7-25}$$

可求得 h_i,从而得出有关参量。下面以 3 个光组组合为例,说明其计算方法。

例 7-1 如图 7-7 所示,有 3 个透镜,其焦距分别为$f'_1=100$mm、$f'_2=50$mm、$f'_3=-50$mm,间隔$d_1=10$mm、$d_2=10$mm,求组合系统像方焦距f'和 l'_F。

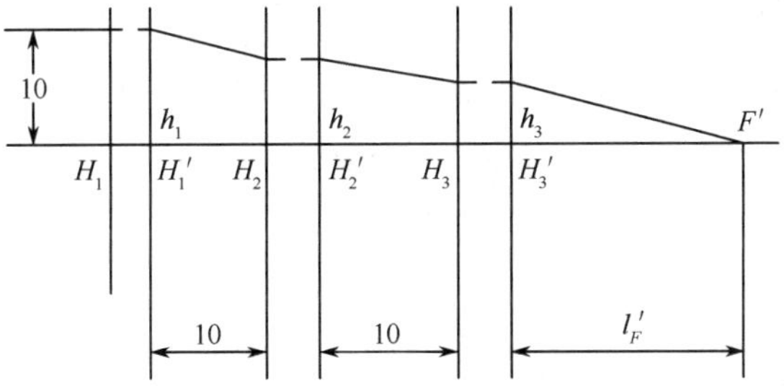

图 7-7 3 个透镜的组合系统

解:取 $h_1=10$mm,则

$$u'_1 = \frac{h_1}{f'_1} = \frac{10}{100} = 0.1$$

$$h_2 = h_1 - d_1u'_1 = 10 - 10 \times 0.1 = 9(\text{mm})$$

$$u'_2 = u_2 + h_2\Phi_2 = u'_1 + h_2\Phi_2 = 0.1 + \frac{9}{50} = 0.28$$

$$h_3 = h_2 - d_2u'_2 = 9 - 10 \times 0.28 = 6.2(\text{mm})$$

$$\Phi = \frac{1}{h_1}(h_1\Phi_1 + h_2\Phi_2 + h_3\Phi_3) = \frac{1}{10}\left(\frac{10}{100} + \frac{9}{50} - \frac{6.2}{50}\right) = 0.0156(\text{mm}^{-1})$$

$$f' = \frac{1}{\Phi} = 64.103(\text{mm})$$

$$u'_3 = \frac{h_1}{f'} = 0.156$$

$$l'_F = \frac{h_3}{u'_3} = 39.744(\mathrm{mm})$$

7.5 单 透 镜

组成光学系统的光学零件有透镜、棱镜和反射镜等,其中透镜用得最多。单透镜是最基本的元件。它是由两个折射面构成的,每个折射面均可视为单独的光组,故透镜是两个光组的组合。图 7-8 为单个折射面的基点、基面示意图。图 7-9 为两个折射面组合后的基点、基面示意图。

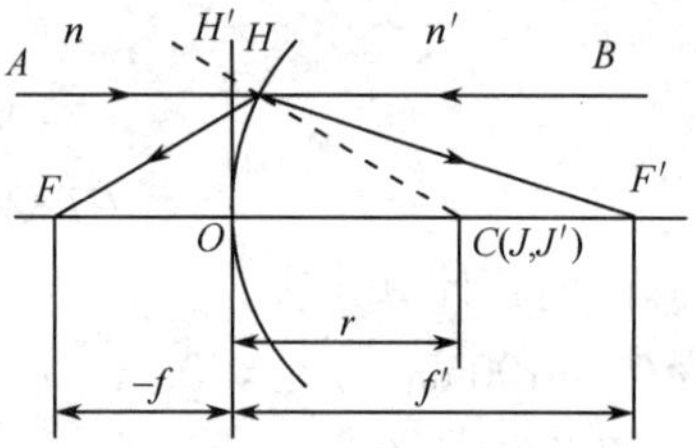

图 7-8 单个折射面的基点、基面

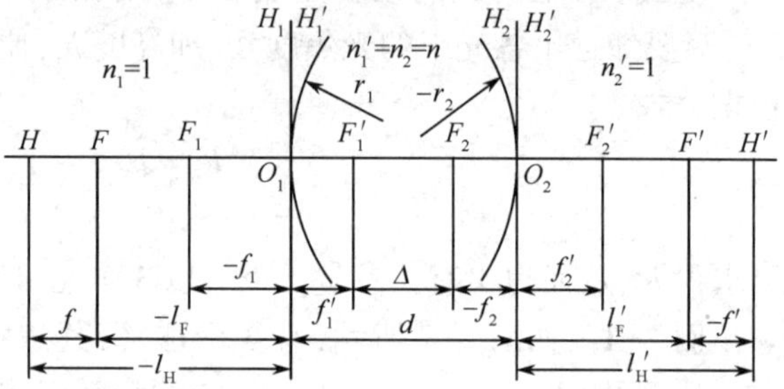

图 7-9 两个折射面组合后的基点、基面

由单个折射面近轴公式

$$\frac{n'}{l'} - \frac{n}{l} = \frac{n' - n}{r}$$

分别取 $l=\infty$,和 $l'=\infty$,得

$$f' = \frac{n'r}{n' - n},\ f = -\frac{nr}{n' - n}$$

设组成透镜的两折射面半径为 r_1 和 r_2,厚度为 d,玻璃折射率为 n,透镜位于空气,则 $n_1=1$,$n'_1=n_2=n$,$n'_2=1$。两折射面的焦距可由上面公式求得

$$f_1 = -\frac{r_1}{n - 1},\ f'_1 = \frac{nr_1}{n - 1}$$

$$f_2 = \frac{nr_2}{n - 1},\ f'_2 = -\frac{r_2}{n - 1}$$

透镜的光学间隔

$$\Delta = d - f'_1 + f_2 = \frac{n(r_2 - r_1) + (n - 1)d}{n - 1}$$

代入式(7-13)和式(7-14)得

$$f = \frac{-nr_1r_2}{(n - 1)[n(r_2 - r_1) + (n - 1)d]} \tag{7-26}$$

$$f' = \frac{nr_1r_2}{(n - 1)[n(r_2 - r_1) + (n - 1)d]} \tag{7-27}$$

设 $\rho_1=\frac{1}{r_1}$,$\rho_2=\frac{1}{r_2}$,则

$$\Phi=(n-1)(\rho_1-\rho_2)+\frac{(n-1)^2}{n}d\rho_1\rho_2 \tag{7-28}$$

再根据式(7-15)~式(7-18)得

$$l'_F=f'\left(1-\frac{n-1}{n}d\rho_1\right) \tag{7-29}$$

$$l_F=-f'\left(1+\frac{n-1}{n}d\rho_2\right) \tag{7-30}$$

$$l'_H=-f'\cdot\frac{n-1}{n}d\rho_1 \tag{7-31}$$

$$l_H=-f'\cdot\frac{n-1}{n}d\rho_2 \tag{7-32}$$

在这些公式中,式(7-28)是最主要的。厚度 d 比较小的透镜称为薄透镜,其光焦度为

$$\Phi\approx(n-1)(\rho_1-\rho_2) \tag{7-33}$$

由式(7-33)可以看出 $\rho_1-\rho_2$ 决定了薄透镜可能有各种结构,如双凸(双凹),平凸(平凹),弯月等,如图 7-10 所示。在 $\rho_1-\rho_2$ 固定的条件下,ρ_2/ρ_1 决定了透镜的形状,从而得出不同的像差。即像差和透镜的结构形状有关。

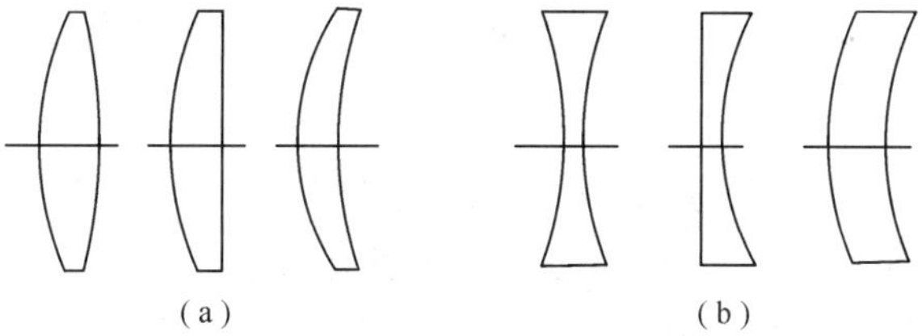

图 7-10　薄透镜的各种结构

(a)正透镜;(b)负透镜。

7.6　等效节点、透镜及透镜系统的动态成像特性

7.6.1　等效节点

在高斯光学范畴内,可将透镜和透镜系统抽象为理想光学系统,用基点和基面表示,从而得出其静态成像特性。当透镜及透镜系统运动时,像的位置发生变化,其动态成像可由等效节点的变化来描述。

等效节点是指透镜及透镜系统绕其转动像点不发生变化的点,称为三维零值点。等效节点 J_0 位于光轴上,如图 7-11 所示。

将轴外一对共轭点 A 和 A'连接,其连线和光轴的交点 J_0 即为等效节点。由于透镜和透镜系统发生大运动时,像质明显变坏,所以透镜和透镜系统只允许微小运动。以 H 和 H'为原点,等效节点 J_0 到物方主点(节点)$H(J)$的距离为$-d_{l0}$,到像方主点(节点)$H'(J')$

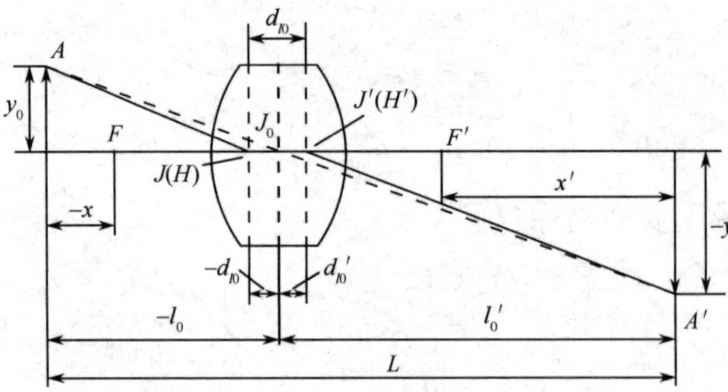

图 7-11 透镜系统内等效节点示意

距离为 d'_{l0},则

$$\begin{cases} d'_{l0} = \beta d_{l0} \\ -d_{l0} + d'_{l0} = d_0 \end{cases} \tag{7-34}$$

$$\begin{cases} d_{l0} = \dfrac{1}{\beta - 1} d_0 \\ d'_{l0} = \dfrac{\beta}{\beta - 1} d_0 \end{cases} \tag{7-35}$$

当物体位于无限远时,$x \to -\infty$,对 d'_{l0}取极限

$$\lim d'_{l0} = \lim \frac{\beta}{\beta - 1} d_0 = \lim \frac{\dfrac{f'}{x}}{\dfrac{f'}{x} - 1} d_0 = 0$$

可见物体位于无限远时,等效节点 J_0 和像方节点(主点)$J'(H')$重合。

7.6.2 等效节点运动产生的像点位移和放大率变化

等效节点的运动反映了透镜和透镜系统的运动。它能产生像点位移和放大率的变化。

(1)等效节点沿光轴方向移动 Δx_0(沿光线方向为正)产生的像点位移

$$\Delta l = (1 - \beta^2) \Delta x_0 \tag{7-36}$$

垂轴放大率变化为

$$\Delta \beta = \frac{\beta^2}{f'} \Delta x_0 \tag{7-37}$$

(2)等效节点垂直于光轴方向移动 Δy_0(向上移动为正)产生的像点位移

$$\Delta y' = (1 - \beta) \Delta y_0 \tag{7-38}$$

垂轴放大率不变。

习　　题

1. 两薄透镜组成的光学系统,$f' = 100\text{mm}$,$f'_2 = 50\text{mm}$,间隔 $d = 50\text{mm}$,求组合系统的焦距 f'。

2. 一透镜，$r_1 = 68.1\text{mm}$，$r_2 = -213.48\text{mm}$，厚度 $d = 15\text{mm}$，$n = 1.5163$，求此透镜的焦距。

3. 作图法求像和共轭光线。

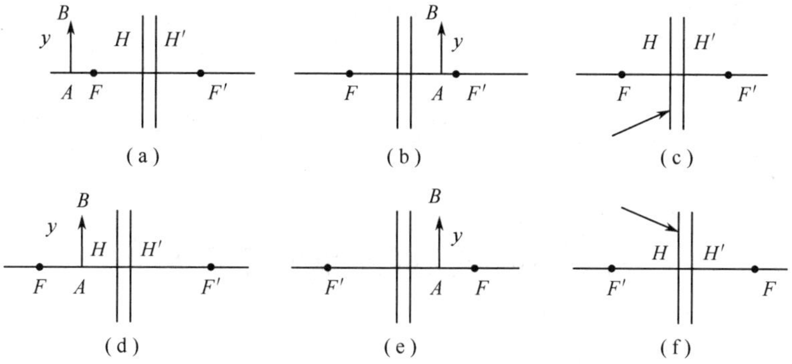

习题图 7-1

4. 一光学系统由 3 个薄透镜组成，其焦距分别为$f'_1 = 50\text{mm}$，$f'_2 = -30\text{mm}$，$f'_3 = 50\text{mm}$，间隔分别为 $d_1 = d_2 = 15\text{mm}$，求此光学系统的焦距 f'和截距 l'_F。

5. 一薄透镜，$f' = 100\text{mm}$，$\beta = -1^\times$，物体不动，若透镜沿光轴向右移动 20mm，求移动后的垂轴放大率 β_m 和像点位移。

6. 一块厚透镜，$n = 1.6725$，$r_1 = 120\text{mm}$，$r_2 = -320\text{mm}$，$d = 30\text{mm}$，求其焦距和主面位置。如物距 $l = -500\text{mm}$，问像距 l'为何值？等效节点位置在何处。若平行光入射，等效节点又在何处。

第 8 章　平面和平面镜系统

光学系统除透镜外,还常用平面反射镜、棱镜、平板玻璃等平面光学元件。其中用得最广泛的是反射棱镜。

8.1　平面反射镜和平行平板

8.1.1　平面反射镜

1. 单平面镜

单平面反射镜成“镜像”。“镜像”是物空间的右手笛卡儿坐标系 xyz 经单个平面镜成像后变为左手笛卡儿坐标系 $x'y'z'$,如图 8-1 所示,在数学上称为镜像变换。显然单个平面反射镜成一个垂轴放大率绝对值 $|\beta|=1$ 的虚像。

2. 双平面镜

双平面反射镜成“相似像”。相似像是物空间的右手直角坐标经双平面反射镜成像后为右手笛卡儿坐标 $x'y'z'$,数学上称为旋转变换。双平面反射镜也成一个垂轴放大率绝对值 $|\beta|=1$的虚像。

设两平面反射镜夹角为 α,则光线经其反射后入射光线和出射光线夹角为 φ,则 $\varphi=2\alpha$。且当双平面反射镜绕其交棱旋转时,出射光线方向不变,如图 8-2 所示。

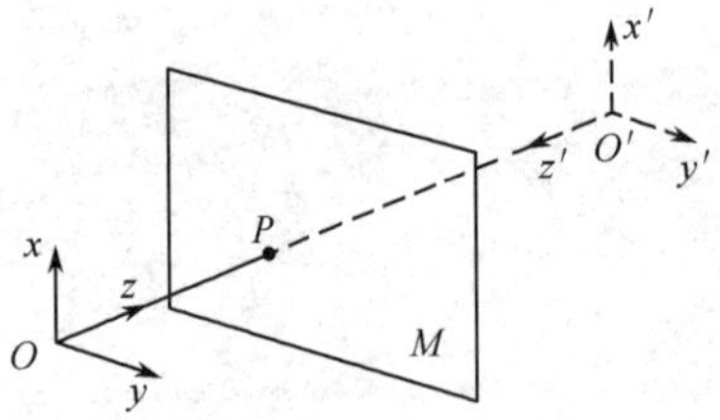

图 8-1　平面镜的镜像

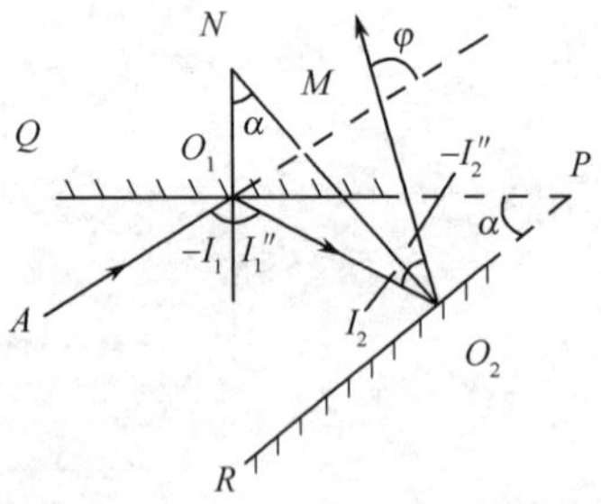

图 8-2　双平面镜对光线的交换

3. 多面镜

奇数多平面反射镜具有单平面反射镜的成像性质,偶数多平面反射镜具有双平面反射镜的成像性质。

8.1.2　平行平板

平行平板是由两个互相平行的折射平面构成的光学元件,它也可看成焦距无限大的透镜。

1. 平行平板的成像特性

由图 8-3 的几何关系和折射定律可以得出物点 A 经平行平板成像后像点为 A'_2。A'_2

和 A 间距离为

$$\Delta L' = \left(1 - \frac{\tan I'_1}{\tan I_1}\right) d \tag{8-1}$$

式中：d 为平行平板厚度；I_1 和 I'_1 分别为光线在第一个平面的入射角和折射角。不同的入射角 $\Delta L'$不相等，所以平行平板也和单个折射面及透镜一样，出射光束波面不再是球面波，不能完善成像。

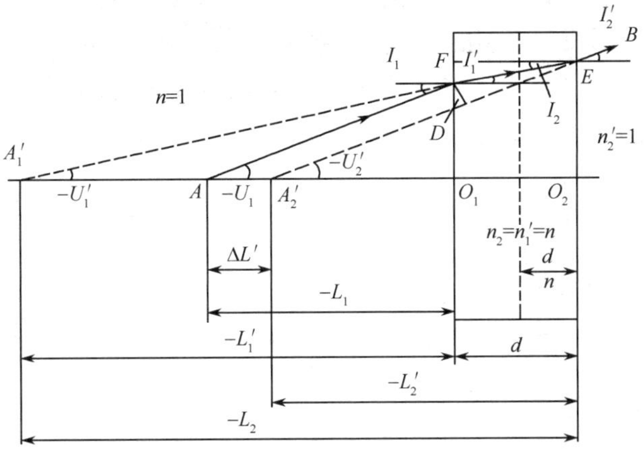

图 8-3　物点 A 经平行平板成像

2. 平行平板的等效光学系统

在高斯光学范畴内，式(8-1)可变为

$$\Delta l' = \left(1 - \frac{i'_1}{i_1}\right) d = \left(1 - \frac{1}{n}\right) d = \frac{n-1}{n} d \tag{8-2}$$

上式表明对于理想光学系统而言，平行平板的作用是将物点平移 $\Delta l'$得到像点。在光路计算时，可以将平板玻璃简化为一个等效空气层，此等效空气层厚度为

$$\bar{d} = \frac{d}{n} \tag{8-3}$$

在光学系统外形尺寸计算时，可直接由等效空气层两面的光线的交会情况确定平板玻璃或反射棱镜的几何尺寸。

8.2　反射棱镜

8.2.1　反射棱镜的一些基本概念

(1) 反射棱镜的光轴：光学系统光轴通过反射棱镜的部分。

如图 8-4 中的 ABC 折线就是反射棱镜的光轴。若将棱镜展开成等效平板，则棱镜光轴为直线。

(2) 光轴长度：反射棱镜光轴的几何总长度。对于光轴垂直入射面入射的反射棱镜，它相当于展开成等效平板的厚度。如图 8-4 所示,反射棱镜的光轴长度为 $AB+BC$。

(3) 光轴截面:由棱镜光轴所决定的平面。如图 8-4 所示的直角棱镜中,由线段 AB、线段 BC 所成平面就是此棱镜的光轴截面。

① 入射光轴截面:包含入射光轴的光轴截面。

② 出射光轴截面:包含出射光轴的光轴截面。

(4) 平面反射棱镜:光轴在同一个平面内折转的反射棱镜。

(5) 空间折转反射棱镜:光轴在空间折转的反射棱镜。

在光学系统中,平面反射棱镜用得比较多。此类反射棱镜的入射光轴截面和出射光轴截面重合。空间折转反射棱镜的入射光轴截面、出射光轴截面不一定重合。如图 8-5(a)这种普罗Ⅰ型反射棱镜的出射光轴截面和入射光轴截面垂直,而图 8-5(b)这种普罗Ⅱ型反射棱镜入射光轴截面和出射光轴截面平行。

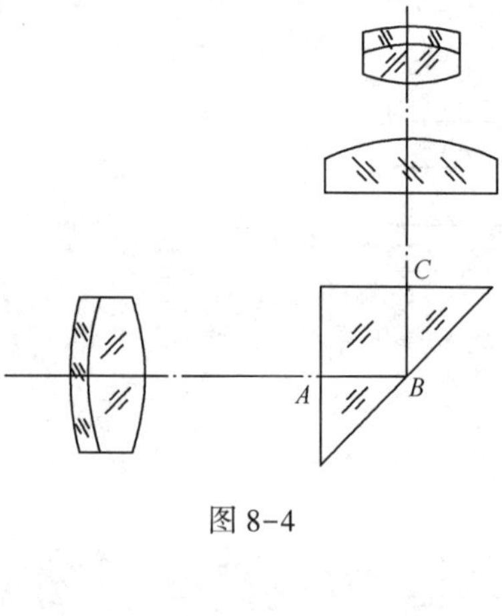

图 8-4

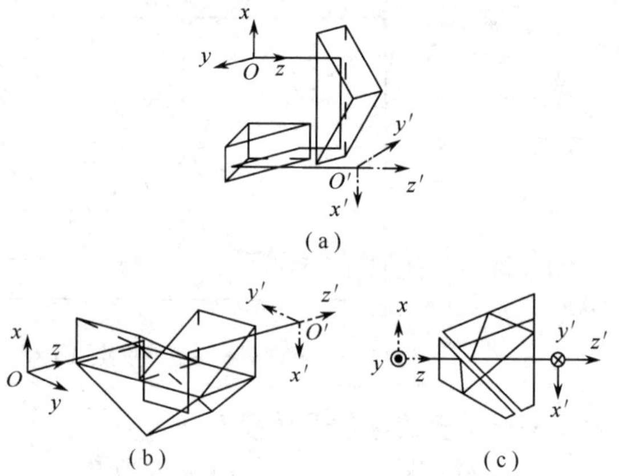

图 8-5　转向棱镜

(a)普罗Ⅰ型转向棱镜;(b)普罗Ⅱ型转向棱镜;(c)别汉棱镜。

(6) 光学平行度:将反射棱镜展成等效平板后,这一等效平板的平行度称为反射棱镜的光学平行度,以符号 θ 表示。对于光轴垂直入射的反射棱镜,θ 就是光轴出射前和出射面法线的夹角。

① 第一光学平行度:光学平行度在光轴截面内的分量,用符号 θ_{I} 表示。

② 第二光学平行度:光学平行度在垂直光轴截面方向的分量,用符号 θ_{II} 表示。

8.2.2　反射棱镜系统的静态方向共轭关系

由于反射棱镜系统使光轴发生折转,故物像方向共轭关系变得复杂。为此须在物空间建立一右手直角坐标系 xyz,以便求得与之共轭的像坐标系 $x'y'z'$。

根据国家标准规定,x 代表入射光轴,yz 平面代表物平面,取 z 轴垂直光轴截面,x'代表出射光轴,$y'z'$平面代表像平面。首先确定出射光轴方向 x',然后根据是否有屋脊面,若无屋脊面,则 z'轴和 z 轴同向;若有屋脊面,则 z'轴和 z 轴反向。确定了 x'轴和 z'轴后,再根据反射次数的奇偶确定 y'轴:反射次数为奇数时,$x'y'z'$为左手坐标;反射次数为偶数时,$x'y'z'$为右手坐标。

图 8-5 中及表 8-1 中的棱镜即是按此方法确定的像坐标 $x'y'z'$。

8.2.3 反射棱镜的展开,等效平板

根据反射棱镜经各反射面的成像过程,可以将反射面展开成等效平板。其展开过程和方法是追迹光轴。光轴遇到反射面(或屋脊面)后,首先求反射面(或屋脊面)对棱镜成的像,然后再以成了像的下一个反射面对前一个棱镜像再成像,依此进行下去。图 8-6 中列出了几种典型反射棱镜的展开过程实例。

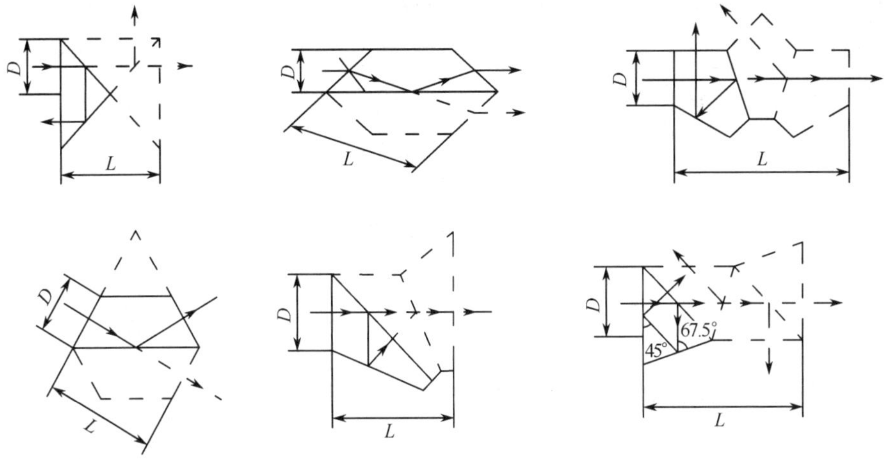

图 8-6 几种典型反射棱镜的展开过程

8.3 反射棱镜的动态方向共轭关系

8.3.1 反射棱镜的作用矩阵

反映反射物像矢量方向共轭关系的矩阵称为反射棱镜的作用矩阵,用 $\boldsymbol{R}$ 表示。设物矢量为 $\boldsymbol{A}$,像矢量为 $\boldsymbol{A}'$,它们均在像坐标 $x'y'z'$ 内标定,则

$$\boldsymbol{A}' = \boldsymbol{R}\boldsymbol{A} \tag{8-4}$$

作用矩阵反映了反射棱镜物、像矢量的静态方向共轭关系。可由下式求得

$$\boldsymbol{R} = \begin{bmatrix} \cos(x,x') & \cos(x,y') & \cos(x,z') \\ \cos(y,x') & \cos(y,y') & \cos(y,z') \\ \cos(z,x') & \cos(z,y') & \cos(z,z') \end{bmatrix} \tag{8-5}$$

8.3.2 反射棱镜转动定理

1. 反射棱镜转动定理

设反射棱镜绕空间任意轴 $\boldsymbol{P}$ 旋转 α,则像矢量变为

$$\boldsymbol{A}'_m = \boldsymbol{S}\boldsymbol{Q}^{(-1)^{t-1}}\boldsymbol{A}' \tag{8-6}$$

式中:$\boldsymbol{A}'$为反射棱镜的静态像矢量;$\boldsymbol{A}'_m$ 为反射棱镜转动后所成的像矢量;$\boldsymbol{S}$ 为棱镜绕 $\boldsymbol{P}$ 轴旋转的旋转矩阵;t 为棱镜反射系数;$\boldsymbol{Q}^{(-1)^{t-1}}$为棱镜绕 $\boldsymbol{P}$ 轴经棱镜所成的像 $\boldsymbol{P}'$轴旋转的旋转矩阵。

这里

$$
\boldsymbol{S}=\begin{bmatrix}
\cos\alpha+(1-\cos\alpha)\boldsymbol{P}_{x'}^{2} & (1-\cos\alpha)\boldsymbol{P}_{x'y'}-\sin\alpha\boldsymbol{P}_{z'} & (1-\cos\alpha)\boldsymbol{P}_{z'}\boldsymbol{P}_{x'}+\sin\alpha\boldsymbol{P}_{y'}\\
(1-\cos\alpha)\boldsymbol{P}_{x'}\boldsymbol{P}_{y'}+\sin\alpha\boldsymbol{P}_{z'} & \cos\alpha+(1-\cos\alpha)\boldsymbol{P}_{y'}^{2} & (1-\cos\alpha)\boldsymbol{P}_{y'}\boldsymbol{P}_{z'}-\sin\alpha\boldsymbol{P}_{x'}\\
(1-\cos\alpha)\boldsymbol{P}_{z'}\boldsymbol{P}_{x'}-\sin\alpha\boldsymbol{P}_{y'} & (1-\cos\alpha)\boldsymbol{P}_{y'}\boldsymbol{P}_{z'}+\sin\alpha\boldsymbol{P}_{x'} & \cos\alpha+(1-\cos\alpha)\boldsymbol{P}_{z'}^{2}
\end{bmatrix}
\tag{8-7}
$$

$$
\boldsymbol{Q}^{(-1)^{t-1}}=(-1)^{t-1}\cdot
$$

$$
\begin{bmatrix}
\cos\alpha+(1-\cos\alpha)\boldsymbol{P}'^{2}_{x'} & (1-\cos\alpha)\boldsymbol{P}'_{x'y'}-\sin\alpha\boldsymbol{P}_{z'} & (1-\cos\alpha)\boldsymbol{P}'_{z'}\boldsymbol{P}'_{x'}+(1-\sin\alpha\boldsymbol{P}'_{y'})\\
(1-\cos\alpha)\boldsymbol{P}'_{x'}\boldsymbol{P}'_{y'}+\sin\alpha\boldsymbol{P}'_{z'} & \cos\alpha+(1-\cos\alpha)\boldsymbol{P}'^{2}_{y'} & (1-\cos\alpha)\boldsymbol{P}'_{y'}\boldsymbol{P}'_{z'}-\sin\alpha\boldsymbol{P}'_{x'}\\
(1-\cos\alpha)\boldsymbol{P}'_{z'}\boldsymbol{P}'_{x'}-\sin\alpha\boldsymbol{P}'_{y'} & (1-\cos\alpha)\boldsymbol{P}'_{y'}\boldsymbol{P}'_{z'}+\sin\alpha\boldsymbol{P}'_{x'} & \cos\alpha+(1-\cos\alpha)\boldsymbol{P}'^{2}_{z'}
\end{bmatrix}
\tag{8-8}
$$

式中：$\boldsymbol{P}_{x'}$，$\boldsymbol{P}_{y'}$，$\boldsymbol{P}_{z'}$和$\boldsymbol{P}'_{x'}$，$\boldsymbol{P}'_{y'}$，$\boldsymbol{P}'_{z'}$分别为$\boldsymbol{P}$和$\boldsymbol{P}'$在像坐标$x'y'z'$三个轴上的投影。

反射棱镜转动定理用文字表述为：当反射棱镜绕空间任意轴$\boldsymbol{P}$转动α后，像矢量$\boldsymbol{A}'$先绕$\boldsymbol{P}$的像$\boldsymbol{P}'$转α（t为奇数时）或$-\alpha$（t为偶数时），然后再绕$\boldsymbol{P}$转动α。

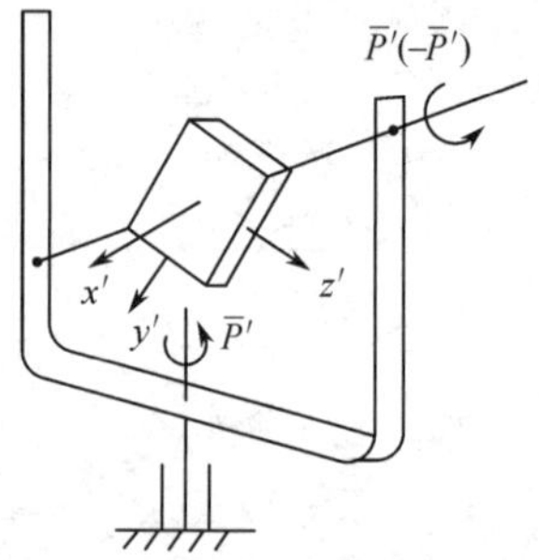

图 8-7　反射棱镜的光轴

反射棱镜转动定理可形象地表现出来，如图 8-7所示结构，根据理论力学知识，反射棱镜转动定理可写为如下形式：

$$
\boldsymbol{A}'_m=\boldsymbol{Q}_m^{(-1)^{t-1}}\boldsymbol{S}\boldsymbol{A}'
\tag{8-9}
$$

上式表示，当反射棱镜绕空间任意轴$\boldsymbol{P}$转动α后，像矢量$\boldsymbol{A}'$先绕$\boldsymbol{P}$轴转动α，然后再绕转动后的$\boldsymbol{P}'$轴转α（t为奇数时）或$-\alpha$（t为偶数时）。

2. 反射棱镜微量转动定理

由式（8-6）和式（8-9）可以看出，反射棱镜转动定理的数学表达式是两个矩阵相乘，即两个二阶张量相乘。张量运算没有交换律，即转动顺序不能改变。但是当反射棱镜微量转动时，式（8-7）和式（8-8）变为反对称矩阵（张量）。数学上已经证明反对称张量等价于矢量，所以反射棱镜微量转动定理可写为

$$
\boldsymbol{\mu}'=\Delta\alpha\boldsymbol{P}+(-1)^{(t-1)}\Delta\alpha\boldsymbol{P}'
\tag{8-10}
$$

即

$$
\boldsymbol{\mu}'=[\boldsymbol{E}+(-1)^{(t-1)}R]\Delta\alpha\boldsymbol{P}'
\tag{8-11}
$$

式中：$\boldsymbol{\mu}'$为像矢量微量转角矢量；$\boldsymbol{E}$为单位矩阵；$\Delta\alpha$为反射棱镜微量转角。

显然反射棱镜微量转动定理可遵循矢量运算法则，即交换律适用。

8.3.3　反射棱镜的像偏转、像偏转极值轴向、像偏转极值及特征方向

由反射棱镜转动定理可以导出反射棱镜的动态成像特性。

1. 像偏转

像矢量（或像体）的微量旋转称为像偏转，用微量转角矢量$\boldsymbol{\mu}'$表示。它的方向表示像矢量旋转的转轴方向，模表示转角大小。

（1）x'像偏转：像偏转矢量$\boldsymbol{\mu}'$在x'轴上投影，用$\boldsymbol{\mu}'_{x'}$表示。

（2）y'像偏转：像偏转矢量$\boldsymbol{\mu}'$在y'轴上投影，用$\boldsymbol{\mu}'_{y'}$表示。

（3）z'像偏转：像偏转矢量$\boldsymbol{\mu}'$在z'轴上投影，用$\boldsymbol{\mu}'_{z'}$表示。

2. 像偏转极值轴向和像偏转极值

(1) x'像偏转极值轴向:反射棱镜绕其转动产生 x'像偏转最大值的方向,用单位自由矢量 $\boldsymbol{u}$ 表示。其像偏转极值用$\mu'_{x'_{max}}$表示。

(2) y'像偏转极值轴向:反射棱镜绕其转动产生 y'像偏转最大值的方向,用单位自由矢量 $\boldsymbol{v}$ 表示。其像偏转极值用$\mu'_{y'_{max}}$表示。

(3) z'像偏转极值轴向:反射棱镜绕其转动产生 z'像偏转最大值的方向,用单位自由矢量 $\boldsymbol{w}$ 表示。其像偏转极值用$\mu'_{z'_{max}}$表示。

8.3.4 特征方向

反射棱镜绕其转动不产生像偏转的方向称为特征方向,用单位自由矢量 $\boldsymbol{T}$ 表示。

表 8-1 和表 8-2 给出平面棱镜的特征方向及像偏转极值轴向和像偏转极值的求法。

由表 8-1 和表 8-2 可以求得任何一种平面棱镜的特征方向及像偏转极值轴向和像偏转极值。

表 8-1　平面非屋脊棱镜(包括 FP-0°)的特征方向、极值轴向及像偏转极值

轴	t 为奇数,成"镜像"		t 为偶数,成"相似像"	
	位　置	像偏转极值	位　置	像偏转极值
$\boldsymbol{T}$	入射光轴反向后和出射光轴夹角平分线	0	垂直光轴截面	0
$\boldsymbol{\mu}$	入射光轴夹角和出射光轴夹角平分线,与 X'轴成锐角	$\mu'_{x'_{max}}=2\Delta a\cos\dfrac{\beta}{2}$	入射光轴反向后和出射光轴夹角平分线,与 X'轴成锐角	$\mu'_{x'_{max}}=2\Delta a\sin\dfrac{\beta}{2}$
$\boldsymbol{\nu}$	入射光轴夹角和出射光轴夹角平分线,与 Y'轴成锐角	$\mu'_{y'_{max}}=2\Delta a\sin\dfrac{\beta}{2}$	入射光轴夹角和出射光轴夹角平分线,与 Y'轴成锐角	$\mu'_{y'_{max}}=2\Delta a\sin\dfrac{\beta}{2}$
$\boldsymbol{W}$	垂直光轴截面,与 Z'轴同向	$\mu'_{z'_{max}}=2\Delta a$	—	—
注	出射光轴和入射光轴方向相反时($\beta=180°$),棱镜绕空间任意轴旋转均不产生像倾斜($\mu'_{x'}=0$)		出射光轴和入射光轴方向相同时($\beta=0°$),绕棱镜空间任意轴旋转均不产生像偏转($\mu'_{x'}=\mu'_{y'}=\mu'_{z'}=0$)	
例	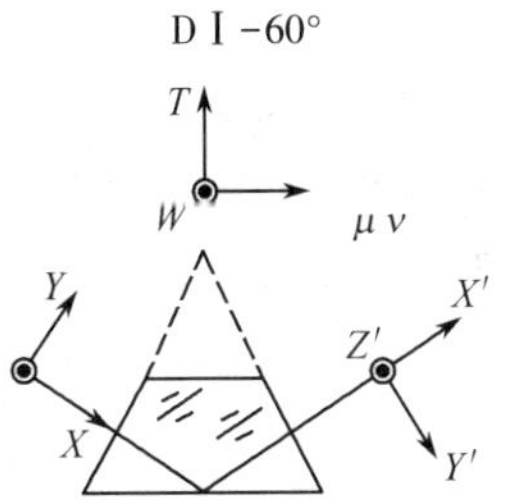		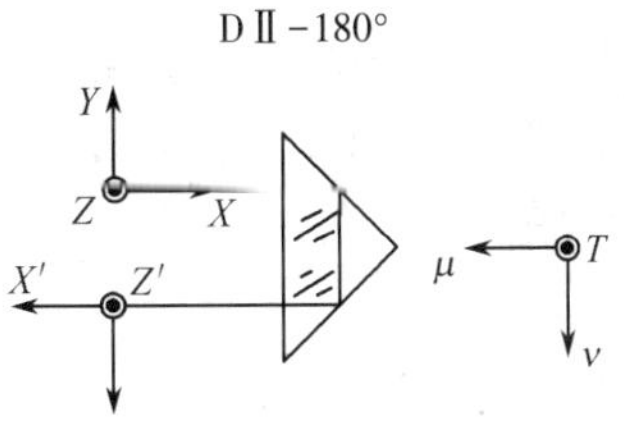	

8.3.5 反射棱镜绕空间任意轴旋转产生的像偏转

若反射棱镜绕空间任意轴 $\boldsymbol{P}$ 转动 $\Delta\alpha$ 角,则产生的像偏转可用下式计算:

$$\begin{cases}\boldsymbol{\mu}'_{x'}=\mu'_{x'_{max}}\cdot\cos\alpha\\ \boldsymbol{\mu}'_{y'}=\mu'_{y'_{max}}\cdot\cos\beta\\ \boldsymbol{\mu}'_{z'}=\mu'_{z'_{max}}\cdot\cos\gamma\end{cases}\tag{8-12}$$

式中：α,β,γ 分别为 $\boldsymbol{P}$ 轴和 $\boldsymbol{u},\boldsymbol{v},\boldsymbol{w}$ 轴的夹角。

表 8-2　平面屋脊棱镜之特征方向、极值轴向和像偏转极值

轴	t 为奇数，成"镜像"		t 为偶数，成"相似像"	
	位　置	像偏转极值	位　置	像偏转极值
$\boldsymbol{T}$	垂直光轴截面	0	入射光轴反向后和出射光轴夹角平分线	—
$\boldsymbol{\mu}$	入射光轴夹角和出射光轴夹角平分线，与 X' 轴成锐角	$\mu'_{x'_{\max}}=2\Delta a\cos\dfrac{\beta}{2}$	入射光轴反向后和出射光轴夹角平分线，与 X' 轴成锐角	$\mu'_{x'_{\max}}=2\Delta a\sin\dfrac{\beta}{2}$
$\boldsymbol{\nu}$	入射光轴夹角和出射光轴夹角平分线，与 Y' 轴成锐角	$\mu'_{y'_{\max}}=2\Delta a\cos\dfrac{\beta}{2}$	入射光轴夹角和出射光轴夹角平分线，与 Y' 轴成锐角	$\mu'_{y'_{\max}}=2\Delta a\cos\dfrac{\beta}{2}$
$\boldsymbol{W}$	—	—	垂直光轴截面，与 Z' 轴同向	$\mu'_{z'_{\max}}=2\Delta a$
注	出射光轴和入射光轴方向相反时（$\beta=180°$），棱镜绕空间任意轴旋转均不产生像偏转（$\mu'_x=\mu'_y=\mu'_z=0$）		出射光轴和入射光轴方向相同时（$\beta=0°$），棱镜绕空间任意轴旋转均不产生像倾斜（$\mu'_{x'}=0$）	
例	DLI_J-45° 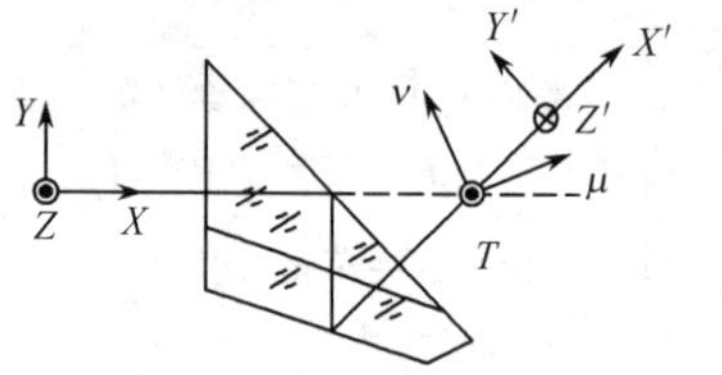		DI_J-90° 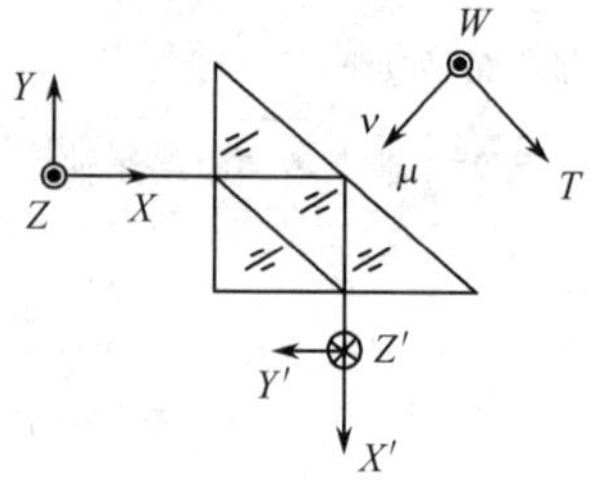	

8.4　折射棱镜和光楔

8.4.1　折射棱镜

光线在两表面均发生折射的棱镜称为折射棱镜。折射棱镜主要作用是产生色散，用于光谱仪器中。光线经折射棱镜发生偏转，如图 8-8 所示。当入射面的入射角 I_1 和出射面的折射角 I'_2 绝对值相等时，光线偏转角最小，由此产生了用最小偏角法测量玻璃折射率。

8.4.2　光楔

当平行平板两面有一定的夹角 θ 或折射棱镜两面夹角很小时，称这种光学元件为光楔。光楔主要用于测微装置中。因为光线经过光楔折射后，偏角近似为

$$\delta=(n-1)\theta \tag{8-13}$$

若两光楔相对旋转，光线经它们后偏转为

$$\delta=2(n-1)\theta\cos\phi \tag{8-14}$$

式中：ϕ 为每个光楔的旋转角度（图 8-9）。

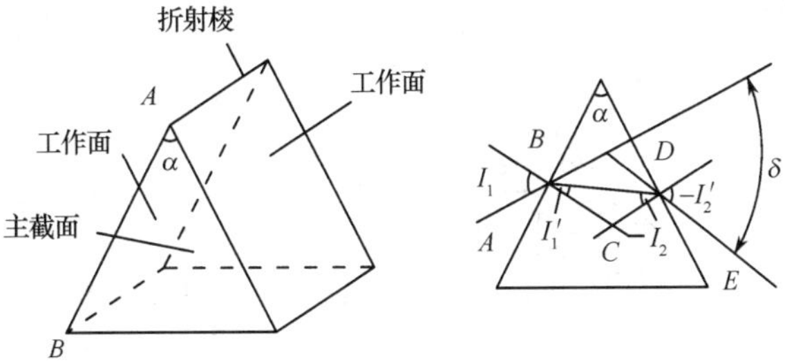

图 8-8　折射棱镜对光线的偏折

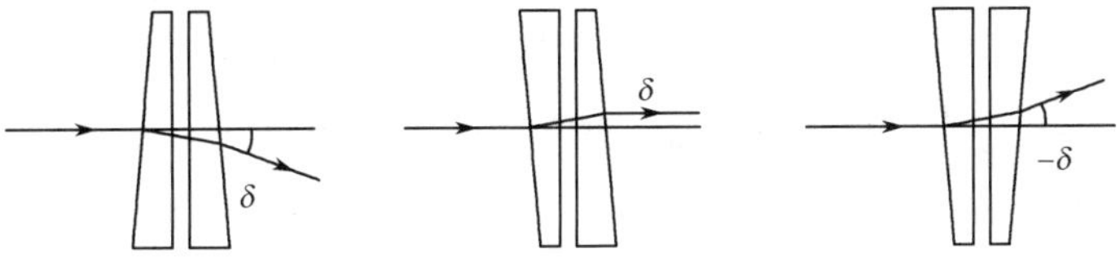

图 8-9　双光楔的旋转

8.5　光学材料

光学材料分为透射光学材料和反射光学材料。透射光学材料有光学玻璃、光学晶体和光学塑料三类。反射光学材料有银、铝等。其中光学玻璃用得最多,故这里介绍光学玻璃的一些光学特性。

(1) 玻璃折射率 n 用 D 光($\lambda=589.29\text{nm}$)的折射率表示。

(2) 平均色散 n_F-n_C:用 F 光($\lambda=486.13\text{nm}$)和 C 光($\lambda=656.27\text{nm}$)的折射率差表示,又称中部色散。

(3) 阿贝常数 γ:又称平均色散系数,用下式表示。

$$\gamma=\frac{n-1}{n_F-n_C} \tag{8-15}$$

(4) 部分色散:任意两种光波折射率之差 $n_{\lambda_1}-n_{\lambda_2}$。

(5) 相对色散:部分色散和平均色散之比$(n_{\lambda_1}-n_{\lambda_2})/(n_F-n_C)$。

习　题

1. 如习题图 8-1 所示,直角棱镜的玻璃折射率 $n=1.5$,分别求 A 点和 B 点的像。

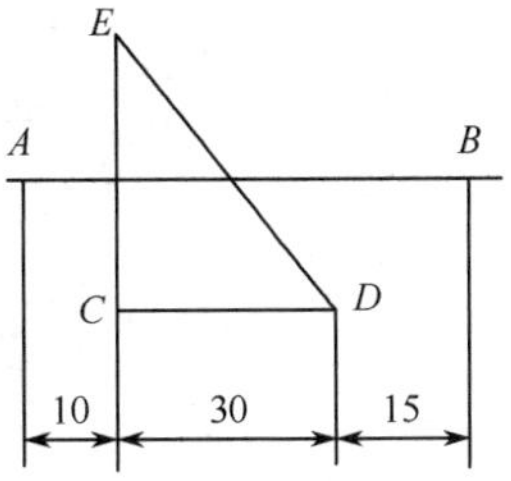

习题图 8-1

2. 分别求习题图 8-2 中的像坐标。

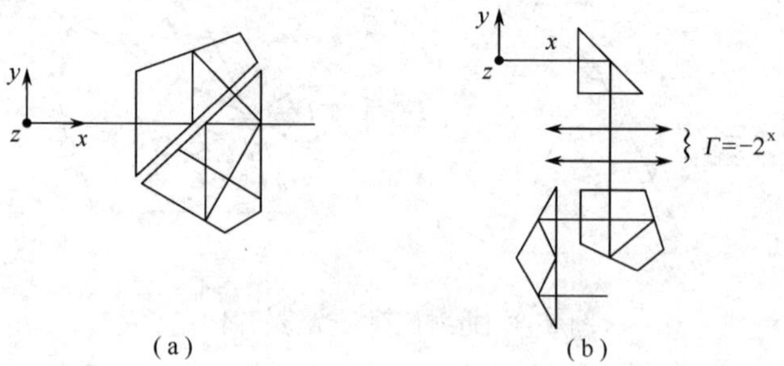

习题图 8-2

3. 求习题图 8-3 中直角棱镜分别绕 x'轴、y'轴，z'轴旋转 $\Delta\alpha,\Delta\beta,\Delta\gamma$ 产生的像偏转。并求此棱镜的作用矩阵。

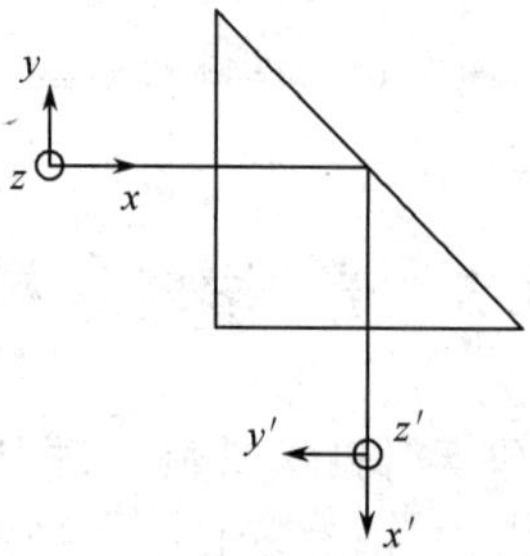

习题图 8-3

4. 设计一个线阵 CCD 扫描系统。已知线阵 CCD2048 像元尺寸 0.014mm，视场 $2\omega=10°$，求物镜焦距f'和选用什么棱镜。

第9章　光学系统中的光束限制

任何一个光学系统均只能允许有限口径的光束进入，并只能对有限视野的物体成像。装在光学系统光学元件上的金属框称为光阑。根据这些光阑的不同作用，可分为孔径光阑、视场光阑、消杂光光阑等。

9.1　光学系统的孔径光阑和视场光阑

9.1.1　光学系统的孔径光阑、入射光瞳和出射光瞳

限制光学系统轴上物点发出光束的孔径角或口径的光阑称为孔径光阑。孔径光阑可能在光学系统前、后或中间。孔径光阑经它前面光学系统成的像称为入射光瞳，简称入瞳；经它后面光学系统成的像称为出射光瞳，简称出瞳。如图9-1所示，孔径光阑 Q_1Q_2 位于两透镜中间，它经前面透镜的像 P_1P_2 为入瞳，它限制了轴上物点 A 发出的光束进入光学系统的孔径角 U；孔径光阑 Q_1Q_2 经后面透镜成的像 $P'_1P'_2$ 为出瞳，由此可确定轴上像点 A' 的像方孔径角 U'。

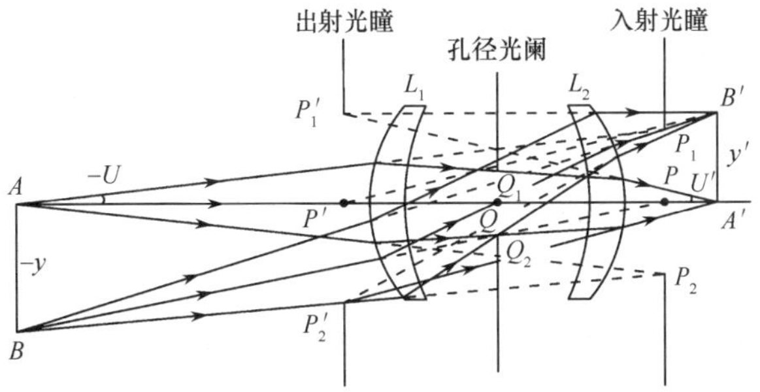

图9-1　孔径光阑、入瞳与出瞳

确定孔径光阑的方法是：首先将所有光阑经前面光学系统成像；然后由轴上物点向这些像（物）的边缘引光线，其孔径角（或口径）最小的即为入瞳，与入瞳共轭的光阑则为孔径光阑，此孔径光阑经后面光学系统成的像则为出瞳。

9.1.2　光学系统的视场光阑、入射窗和出射窗

限制光学系统成像视场的光阑称为视场光阑。视场光阑可位于光学系统前、后或中间。视场光阑经它前面光学系统成的像为入射窗，简称入窗；经它后面光学系统成的像为出射窗，简称出窗。如图9-2所示，两薄透镜 L_1 和 L_2 构成一光学系统。L_1 为孔径光阑（入瞳），透镜 L_2 的框为视场光阑，它经前面的透镜 L_1 成的像 P_1P_2 为入射窗，而它本身又为出射窗。此光学系统的像方半视场尺寸为 $A'B'$，物方半视场尺寸为 AB。

确定视场光阑的方法是将所有光阑经前面光学系统成像，然后由入瞳中心向这些像的边缘引光线，孔径角最小的像即为入射窗，与之共轭的光阑为视场光阑，经后面光学系

统成的像则为出射窗。

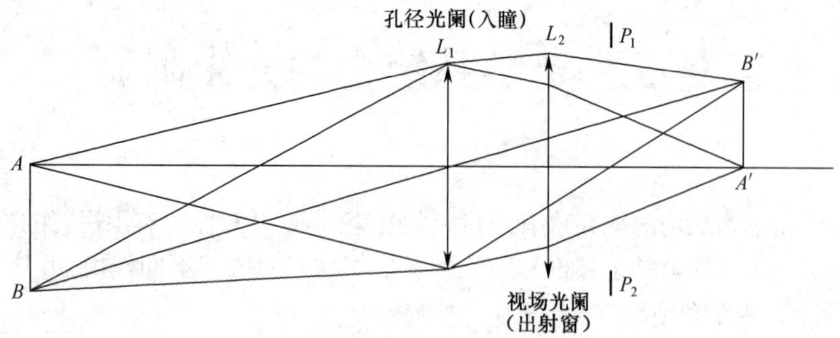

图 9-2　视场光阑、入射窗与出射窗

P_1P_2—入射窗

9.2　渐　　晕

孔径光阑限制了轴上物点发出的光束的孔径角或口径。对于轴外物点发出的光束,除受到孔径光阑的限制外,还可能受到其他光阑的限制,使轴外点发出的光束口径小于轴上点发出的光束的口径,造成轴外像点的照度小于轴上像点的照度,这种现象称为渐晕。

此外,在确定视场光阑时,是在假定入瞳无限小的前提下得出的。实际入瞳总有一定的大小。此时入射窗并不能完全决定光学系统的成像范围。如图 9-3(a)所示,轴外物点 B_1 发出的光束在入瞳面上的口径和轴上点 A 发出的光束在入瞳面上的口径基本相同;

图 9-3(b)轴外点 B_2 发出的光束在入瞳面上的口径远小于轴上点 A 发出的光束在入瞳面上的口径;图 9-3(c)轴外物 B_3 发出的光束在入瞳面上的口径为零。这说明视场越大,像面照度越小。这便是渐晕一词的来源。

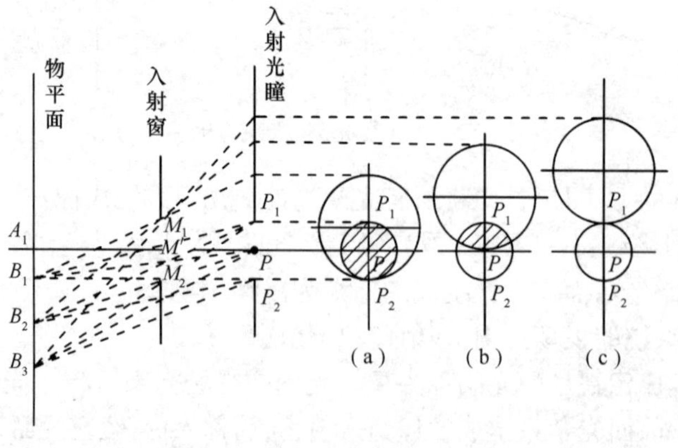

图 9-3　渐晕系数

(a)$K=1$;(b)$K=0.5$;(c)$K=0$。

渐晕大小用渐晕系数表示,常用的是线渐晕系数(面渐晕系数计算复杂,很少采用)。线渐晕系数是轴外物点发出的光束在入瞳处子午面内的长度与轴上物点发出的光束在入瞳处子午面内长度的比值,如图 9-3 中(a)$K=1=100\%$,(b)$K=P_1P/P_1P_2\approx 0.5=50\%$,(c)$K=0=0\%$。

子午面是指轴外物点和光轴构成的平面。此外,通过入瞳中心的光线称为主光线。显然主光线必通过孔径光阑中心和出瞳中心,所以主光线是一条折线。子午面也可定义为主光线和光轴组成的平面。

9.3 光学系统的景深

应用光学中的理想光学系统是相对实际光学系统(有几何像差的光学系统)而建立起来的数学模型,它是完全理想的。点光源成像为一个几何点,即 δ 函数,没有考虑衍射现象。如果考虑衍射,物点经理想光学系统成像应为一个艾里斑,即点扩散函数。在第 3 章中已给出像点附近的空间光强分布,并指出像点附近光强绝大部分集中在沿轴长度为 $4\lambda/n'\sin^2u'$,直径小于等于艾里斑,由它和接收器件的特性可以确定像方景深,它再除以光学系统的沿轴放大率(对于望远系统可用牛顿公式)即可得到物方景深。

对于目视光学系统,根据瑞利判断和斯托列尔准则可知像方景深为 1 倍焦深,即 $\lambda/n'\sin^2u'$;对于非目视光学系统,如摄影系统,应根据接收器件像素尺寸计算景深。

应指出计算光学系统的景深不应该用物理景深和几何景深相加的方法,其原因请参阅参考文献[13]。

9.3.1 光学系统的景深

应用光学中的理想光学系统是相对实际光学系统(有几何像差及制造误差的光学系统)而建立起的数学模型,它是完全理想的。点光源成像为一个几何点(δ 函数),没有考虑衍射现象。实际上考虑衍射,像点应为一个艾里斑,即点扩散函数。第 3 章里已给出像点附近的空间光强分布曲线,并指出光强大部分集中在沿光轴长度为 $4\lambda/n'\sin^2u'$ 范围内,并根据瑞利判断和斯托列尔准则,1 倍焦深 $\lambda/n'\sin^2u'$ 范围内可以认为成像是完善的,称之为光学系统的像方景深,将其除以沿轴放大率(对于望远镜可用牛顿公式)即可得到光学系统的物方景深。

9.3.2 接收器件的景深

景深是以图像是否清晰来确定的。光学系统所形成的艾里斑若远小于接收器件每个像素的尺寸 d,图像是否清晰应以接收器来判断。其对应的像方景深为 $\Delta l'-\dfrac{d}{2\tan u'}$,同样除以沿轴放大率得到物方景深。

9.3.3 光电系统的景深

取光学系统和接收器件景深较大的为光电系统的景深。

9.4 远 心 光 路

在光学仪器中,有很大一部分是测量仪器,分两类:一类测量仪器的光学系统放大率固定,使被测物体的像和一标尺比较,求被测物体的尺寸,如工具显微镜、阿贝比长仪等计量仪器;另一类测量仪器将标尺放在不同位置,改变光学系统的放大率,使标尺的像等于一个已知值，以求得仪器到标尺的距离，如大地测量仪器中的水平仪、经纬仪等。

9.4.1 物方远心光路

第一类测量仪器在显微光学系统实像面上放置已知刻度值的透明玻璃标尺（分划板），物体 BC 置于共轭的物面上，在显微物镜像方焦平面上放置孔径光阑，如图 9-4 所示。由于光学系统的垂轴放大率已知，只要读出像 $B'_1B'_2$ 在标尺上的数值，便可求得。

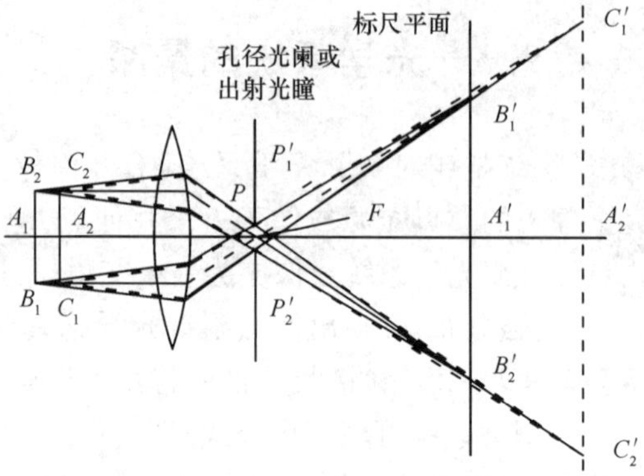

图 9-4 物方远心光路

物体 B_1B_2 的尺寸。若物体放置有误差，如位于 A_2 位置，则经显微物镜后共轭像为 A'_2，但由于孔径光阑位于显微物镜像方焦平面上，主光线和标尺的交点仍为 $B'_1B'_2$，即在标尺上读取的数值仍为 $B'_1B'_2$，故而不会影响测量结果。这种在像平面处放置孔径光阑，物方主光线平行于光轴的光路称为物方远心光路。

9.4.2 像方远心光路

第二类测量仪器是物体尺寸已知，一般是带有刻度的标尺，将其置于仪器前方，通过仪器的内调焦望远镜观察物体，并使物体成像于望远镜分划板的刻线面上，读出已知刻线间距对应的标尺长度，从而求得标尺至仪器的距离。这类仪器是将孔径光阑置于望远物镜的物方焦平面上，如图 9-5 所示。

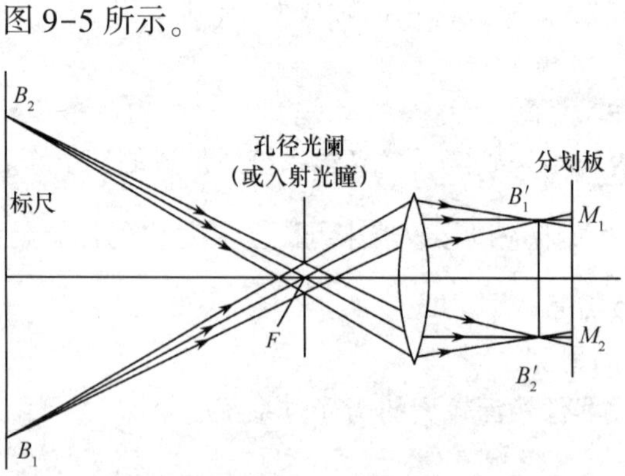

图 9-5 像方远心光路

如果有了调焦误差，即仪器分划板刻线面 M_1M_2 不和标尺的像面 $B'_1B'_2$ 重合，由于主光线在分划板刻线面投射高度仍为 $B'_1B'_2$，即 $M_1M_2=B'_1B'_2$，故也不会影响测量结果。这种在物镜物方焦平面处放置孔径光阑，使像方主光线平行于光轴的光路称为像方远心光路。

习　题

1. 135 照相机底片尺寸 36mm×24mm，物镜焦距$f'=50$mm，求最大视场角。

2. 一照相物镜，设其由三个薄透镜组成，$f'_1=50$mm，$f'_2=-30$mm，$f'_3=50$mm 间隔 $d_1=d_2=15$mm，孔径光阑位于第二块透镜前 5mm，口径 $D_0=20$mm，求入射直径和相对孔径。

3. 一个望远系统，视场 $2\omega=7°$，物镜焦距$f'_0=100$mm，目镜焦距$f'_e=12.5$mm，分别视为薄透镜，物镜框为孔径光阑，$D=25$mm，试求出瞳直径和出瞳距，和 50%渐晕时目镜的口径。

4. 一个测量显微镜，物镜放大倍率 $\beta=-3^{\times}$，共轭距 $s=180$mm，目镜焦距$f'_e=12.5$mm，问孔径光阑应置于何处。设物镜为薄透镜，数值孔径 $NA=0.1$，试求物镜焦距、口径及孔径光阑口径和出瞳直径、出瞳距。

第10章 光度学基础和色度学简介

一个完整的成像系统由三部分组成:物体(辐射体)、能量的传播系统(介质,光学系统)和像的接收器件。因此,讨论成像系统的能量传输和转换必须对此三部分的物理性质进行研究。物体是一种电磁波辐射体,眼睛为接收器件的光学系统是对 $7.8\times10^{-7}\sim3.8\times10^{-1}$m 范围内的电磁波有所反应,一般将这部分辐射量称为光度量。但是,从广泛的意义上讲,应将对接收器件有所响应的辐射量称为光度量,只不过是将原来定义的光学量予以扩展而已,这并不影响讨论的结果。所以光度学是研究光度量的,而色度学则是根据人眼的光谱特性进行研究工作的一门科学。

10.1 辐射量和光度量及其单位

10.1.1 辐射量

(1) 辐射能 Q_e:辐射体辐射出的能量。单位:焦耳(J)。

(2) 辐(射)通量 Φ_e:单位时间内通过某一面积的辐射能。单位:焦耳/秒=瓦(J/s)。

(3) 辐(射)出射度 M_e:辐射体单位面积上发出的辐(射)通量。单位:焦耳/秒·米^2 (J/s·m^2)。

(4) 辐(射)照度 E_e:单位面积上接收的辐(射)通量。单位:焦耳/秒·米^2(J/s·m^2)。

(5) 辐(射)强度 I_e:点辐射源或小面元在某一方向上单位立体角内发出的辐(射)通量。单位:焦耳/秒·球面度(J/s·sr)

(6) 辐(射)亮度 L_e:辐射体某一面元上单位面积在空间某方向单位立体角内辐射的辐(射)通量。单位:焦耳/秒·米^2(J/s·m^2·sr)。

10.1.2 光度量

(1) 光能:能被接收器件响应的辐射能。单位:焦耳(J)。

(2) 光通量 Φ:能被接收器件响应的辐通量。单位:流明(lm)。

$$1\text{lm} = 1\text{J/s} \tag{10-1}$$

(3) 光出射度 M:光源单位发光面发出的光通量。单位:流明/米^2(lm/m^2=J/s·m^2)。

(4) 光照度 E:单位受照面积接收的光通量。单位:勒克斯(lx)。

$$1\text{lx} = 1\text{lm/m}^2 = \text{J/s}\cdot\text{m}^2 \tag{10-2}$$

(5) 发光强度 I:点光源或小面元在某一方向上单位立体角内发出的光通量。单位:坎德拉(cd)。

$$1\text{cd} = 1\text{lm/sr} = 1\text{J/s}\cdot\text{sr} \tag{10-3}$$

(6) 光亮度 L:光源某一面元上单位面积在空间某一方向单位立体角内辐射的光通

量。单位：熙提 Sb(cd/cm^2)。

$$1Sb = 1cd/cm^2 = 1J/s \cdot sr \cdot cm^2 \tag{10-4}$$

光亮度的示意图如图 10-1 所示。设面元面积为 dA，微小立体角为 $d\Omega$，面元法线为 N，空间某方向与 N 夹角为 θ，在此方向在 $d\Omega$ 立体角内辐射的光通量为 $d\phi$，则光亮度为

$$L = \frac{d\phi}{\cos\theta dA d\Omega} = \frac{1_N}{\cos\theta dA} \tag{10-5}$$

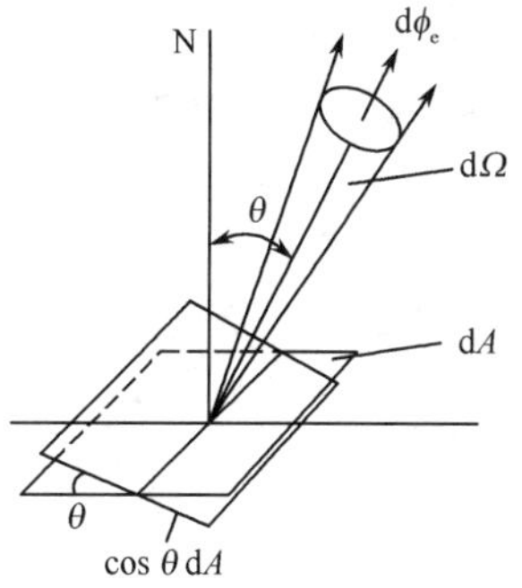

图 10-1　辐亮度定义中各量的示意图

10.1.3　光度量和辐射量之间的关系

光谱光效率函数。物体(光源)作为电磁波的辐射体，其辐射通量 Φ_e 是波长的函数，用 $\Phi_e(\lambda)$ 表示。$\Phi_e(\lambda)$ 取决于光源的性质。光能的传输系统，如介质和光学系统，对不同波长的辐射能透射率不同，用 $T(\lambda)$ 表示。接收器件也对不同波长的辐射发生不同响应，用 $V(\lambda)$ 表示。$\Phi_e(\lambda)$、$T(\lambda)$ 和 $V(\lambda)$ 统称为光谱光效率函数。其中 $\Phi_e(\lambda)$ 又称为光源的绝对光谱功率分布函数，$T(\lambda)$ 称为光谱透射比，$V(\lambda)$ 称为接收器件的光谱响应函数。对于目视仪器，即人眼为接收器件的系统，$V(\lambda)$ 由称为视见函数。整个成像系统在波段 $\lambda_1 \sim \lambda_2$ 内有效光通量为

$$\Phi = K_m \int_{\lambda_1}^{\lambda_2} \Phi_e(\lambda) T(\lambda) V(\lambda) d\lambda \tag{10-6}$$

式中：K_m 为视见函数最大值(规化为 1)的单色光波辐射通量和光通量的转换系数，又称绝对光谱光效率值。对于任意波长的相对光谱，光效率值则为

$$K(\lambda) = K_m V(\lambda) \tag{10-7}$$

对于人眼的光谱响应函数，视见函数 $V(\lambda)$，人们研究得比较多，国际照明委员会(CIE)根据多组测试结果，分别于 1924 年和 1951 年正式推荐两种视见函数：明视觉视见函数 $V(\lambda)$ 和暗视觉视见函数 $V'(\lambda)$。同时分别给出相应的绝对光谱光效率值 K_m 和 K'_m。可见光通过光学系统后的光通量为

$$\begin{cases} \Phi = K_m \int_{380}^{780} \Phi_e(\lambda) T(\lambda) V(\lambda) d\lambda & \text{明视觉} \\ \Phi - K'_m \int_{380}^{780} \Phi_e(\lambda) T(\lambda) V'(\lambda) d\lambda & \text{暗视觉} \end{cases} \tag{10-8}$$

式中：K_m 为波长 $\lambda = 555nm$ 单色光的光谱光效率值，$K_m = 683lm/W$；$K'_m = 1755lm/W$ 为波长 $\lambda = 507nm$ 单色光的光谱光效率值；$V(\lambda)$ 为明视觉时的视见函数；$V'(\lambda)$ 为暗视觉时的视见函数。

对于人眼，一般取明视觉的绝对光谱光效率值，用 K 表示，即 $K = K_m$。至于其他接收器件，有效光通量的计算公式相同，但式中 K、$V(\lambda)$、$T(\lambda)$ 不同。如锑铯光电管不能接收 600nm 以上的红光，红外 CCD 器件不能接收可见光，硅光电池的光谱光效率函数也与人眼的光谱光效应函数不同。一些热敏元件的响应系数所有波段均是相同的。因此式(10-6)为通用的公式，根据不同的光源，光能传输系统、接收器件代入不同的参量。

10.1.4　余弦辐射体

由式(10-5)可以看出，一般的发光面在空间不同方向的光亮度是不同的。从应用的

角度希望成像系统的物面在空间各方向的光亮度相同。具有这种性质的发光体称为余弦辐射体。余弦辐射体的光强度分布为

$$I_\theta = I_N\cos\theta \tag{10-9}$$

式中：I_N 为发光面法线方向的光强度；I_θ 为与发光面法线成 θ 角方向的光强度。

余弦体的发光强度特性如图 10-2 所示。将式(10-10)代入式(10-5)，得

$$L_\theta = L_N = 常量 \tag{10-10}$$

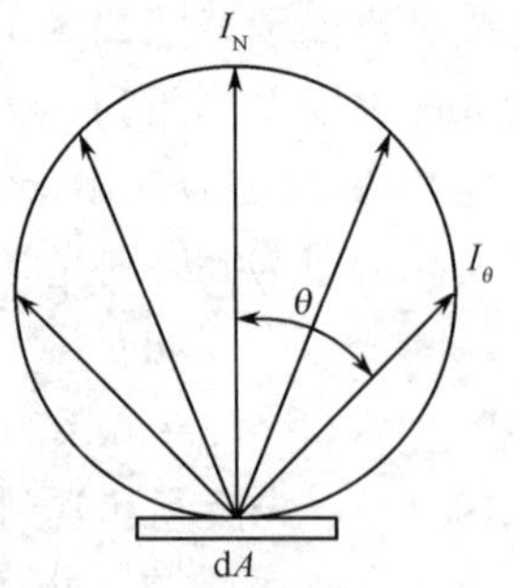

图 10-2　余弦辐射体发光强度的空间分布

余弦辐射体向平面孔径角 U 的立体角范围内的光通量由下式计算

$$\Phi = L\mathrm{d}A\int_0^{2\pi}\mathrm{d}\phi\int_0^U\sin\theta\cos\theta\mathrm{d}\theta = \pi L\mathrm{d}A\sin^2 U \tag{10-11}$$

当 $U=\pi/2$ 时，$\sin^2 U=1$，则

$$\Phi = \pi L\mathrm{d}A \tag{10-12}$$

这是余弦辐射体向 2π 立体角发出的总光通量。根据定义，余弦辐射体的光出射度为

$$M = \frac{\Phi}{\mathrm{d}A} = \pi L \tag{10-13}$$

应当指出，物理光学中的光强和应用光学中的发光强度不是同一个物理量。物理光学中的光强和应用光学中的照度和光出射度的量纲相同。

10.2　光在介质中传播时光度量的变化规律

表征点光源光度特性的重要参数是发光强度，描述面光源光度特性的重要参数是光亮度，像面上光度特性的重要参数是照度。

10.2.1　点光源在距离 r 处表面上形成的照度

一点光源 S 在距离 r 处的面元 dA 上产生的照度为

$$E = \frac{\mathrm{d}\Phi}{\mathrm{d}A} \tag{10-14}$$

由图 10-3 可知，设面元法线和 r 方向夹角为 θ，dA 对 S 所张立体角为 dΩ，则有

$$\mathrm{d}\Omega = \frac{\cos\theta\mathrm{d}A}{r^2}, \mathrm{d}\Phi = I\mathrm{d}\Omega = \frac{I\cos\theta\mathrm{d}A}{r^2}$$

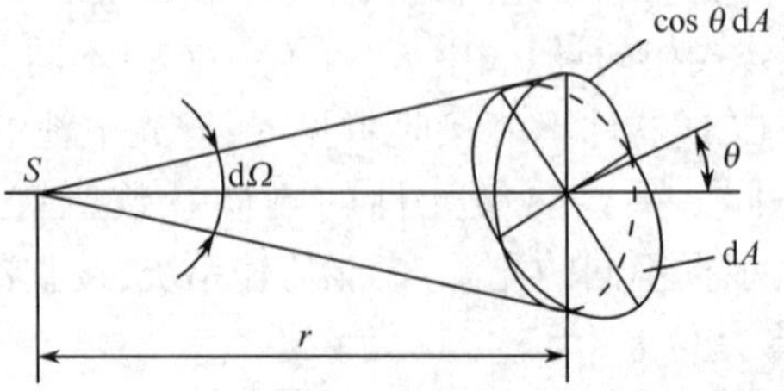

图 10-3　点光源在与之距离为 r 处的表面上形成的照度

故

$$E = \frac{1}{r^2}\cos\theta \tag{10-15}$$

10.2.2 面光源在距离 r 处表面上形成的照度

在图 10-4 中，dA_s 代表面光源的面元面积，dA 为被照表面面元面积，其表面照度为

$$E = \frac{d\Phi}{dA} = \frac{L dA_s \cos\theta_1 \cos\theta_2}{r^2} \tag{10-16}$$

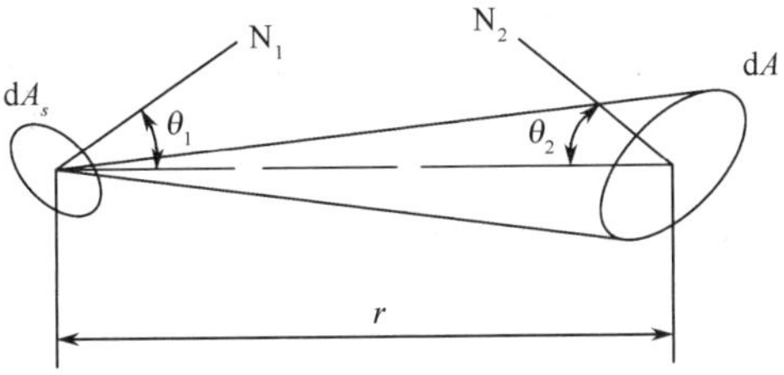

图 10-4　面光源在与之距离为 r 的表面上形成的照度

10.2.3 同一均匀介质中元光管内光亮度的传递

元光管是指两端截面积很小的光管光能只在此光管内传播，如图 10-5 所示。dA_1 和 dA_2 两个微小面元，两者间距离为 r，N_1 和 N_2 分别为两面元法线，θ_1 和 θ_2 分别为两个面元中心连线和 N_1、N_2 的夹角。面元 dA_1 发出的光传到 dA_2 上的光通量为

$$d\Phi_1 = L_1\cos\theta_1 dA_1 d\Omega = L_1\cos\theta_1 dA_1 \frac{dA_2\cos\theta_2}{r^2}$$

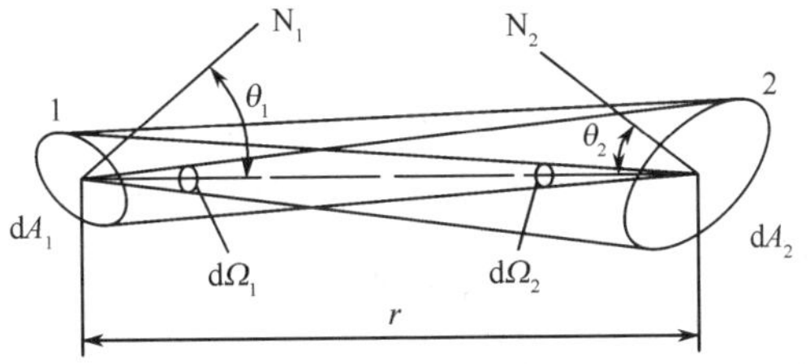

图 10-5　元光管内光亮度传递

面元 dA_2 发出的光传到 dA_1 上的光通量为

$$d\Phi_2 = L_2\cos\theta_2 dA_2 d\Omega = L_2\cos\theta_2 dA_2 \frac{dA_1\cos\theta_1}{r^2}$$

因为 $d\phi_1 = d\phi_2$，故

$$L_1 = L_2 \tag{10-17}$$

上式表明光在元光管内传播时，各截面上的光亮度相同。即光在元光管内传播亮度不变。

10.2.4 光束在界面上反射和折射后的亮度

一束光投射到两介质分界面上，此光束相当于一个元光管。经反射和折射后又形成反射光束(管)和折射光束(管)，图 10-6 为其空间示意图。图中 i，i_1，i' 分别表示入射角、反射角和折射角。光束在界面投射面积为 dA。用 L、L_1 和 L' 分别表示入射光束、反射光束和折射光束的光亮度，则它们的光通量分别为

$$\begin{cases} d\Phi = L\cos i d\Omega dA \\ d\Phi_1 = L_1 \cos i_1 d\Omega dA \\ d\Phi' = L'\cos i' d\Omega dA \end{cases} \tag{10-18}$$

由反射定律知$|i_1| = |i|$,及 $d\Omega_1 = d\Omega$,得

$$\frac{d\Phi_1}{d\Phi} = R = \frac{L_1 \cos i_1 d\Omega_1 dA}{L\cos i d\Omega dA} = \frac{L_1}{L}$$

故

$$L_1 = RL \tag{10-19}$$

由式(10-19)可见,反射光束的光亮度等于入射光束光亮度乘以界面反射率。

对于折射光束

$$\frac{d\Phi'}{d\Phi} = R = \frac{L'\cos i' d'\Omega dA}{L\cos i d\Omega dA} = \frac{L'\cos i' d'\Omega}{L\cos i d\Omega} \tag{10-20}$$

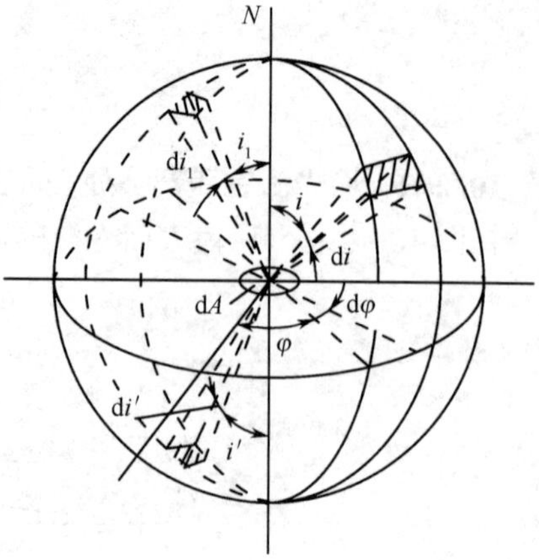

图 10-6　界面上反射和折射

由能量守恒定律知

$$d\Phi' = d\Phi - d\Phi_1 = (1 - R)d\Phi \tag{10-21}$$

由图 10-6 可知

$$\begin{cases} d'\Omega = \sin i' di' d\Phi \\ d\Omega = \sin i di d\Phi \end{cases} \tag{10-22}$$

又由折射定律知

$$\begin{cases} n'\sin i' = n\sin i \\ n'\cos i' di' = n\cos i di \end{cases} \tag{10-23}$$

故而

$$n'^2 \sin i' \cos i' di' = n^2 \sin i \cos i di \tag{10-24}$$

由式(10-18)、式(10-19)、式(10-20)和式(10-22)得

$$L' = (1 - R) \cdot \frac{n'^2}{n^2} L \tag{10-25}$$

若介面反射率 R 很小,以至可以忽略,则

$$L' = \frac{n'^2}{n^2} L \tag{10-26}$$

即

$$\frac{L'}{n'^2} = \frac{L}{n^2} \tag{10-27}$$

说明理想折射时(无反射)光亮度除以介质折射率的平方为定值。

10.3　成像系统像面的光照度

整个成像系统最后的光度标准为像面上接收器件感应到的光照度。光束在传输过程中,由物面上各点发出的光束到达像面上的照度是有差别的,故分别讨论轴上像点和轴外像点的光照度。此外,应指出的是由于光度量的频谱特性,即光度量(如光通量)是波长

(或频率)的函数,使光度计算变得很困难。与 10.2 节一样,本节所讲述的光度量均是针对平均波长而言的,即光度学是研究平均波长光的光度特性的。

10.3.1 轴上像点的光照度

图 10-7 为一成像光学系统的示意图。dA 为物面轴上点周围所包含的微小面元。与之共轭的是像面上的 dA'。设物面为余弦辐射体,则由式(10-11)可知进入光学系统的光通量为

$$\Phi = \pi L \mathrm{d}A \sin^2 U \tag{10-28}$$

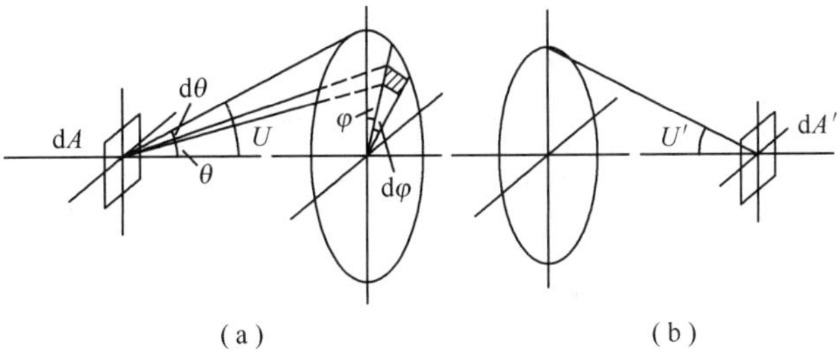

图 10-7 成像光学系统

(a)入瞳;(b)出瞳。

由出瞳出射的光束到达 dA'上的光通量为

$$\Phi' = \pi L' \mathrm{d}A' \sin^2 U' \tag{10-29}$$

设光学系统的透过率(透射比)为 T,则

$$\Phi' = T\Phi \tag{10-30}$$

故而

$$\Phi' = T\pi L \mathrm{d}A \sin^2 U$$

面元 dA'上的光照度为

$$E = \frac{\Phi'}{\mathrm{d}A'} = T\pi L \sin^2 U \cdot \frac{\mathrm{d}A}{\mathrm{d}A'} \tag{10-31}$$

因

$$\frac{\mathrm{d}A}{\mathrm{d}A'} = \frac{1}{\beta^2}$$

像面上照度为

$$E = \frac{T}{\beta^2}\pi L \sin^2 U \tag{10-32}$$

当系统满足正弦条件(见 10.4)时,$\beta = n\sin U / n'\sin U'$,则

$$E = \frac{n'^2}{n^2} T\pi L \sin^2 U' \tag{10-33}$$

上式为轴上像点的照度计算公式。位于空气中的光学系统,$n' = n = 1$,则有 $E = T\pi L \sin^2 U'$。

10.3.2 轴外像点的照度

图 10-8 为轴外点和轴上点像方孔径角的关系示意图。由图得知

$$\sin U'_m \approx \sin U' \cos^2 \omega$$

式中：U'_m 是轴外点像方孔径角；ω 为半视场角。

又由式(10-29)得知像面上各点的光照度与像方孔径角正弦的平方成正比。设轴外点的光照度为 E_m，则有

$$E_m = E\cos^4\omega \tag{10-34}$$

可见随着视场的增大，像点照度降低得比较大。

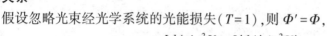

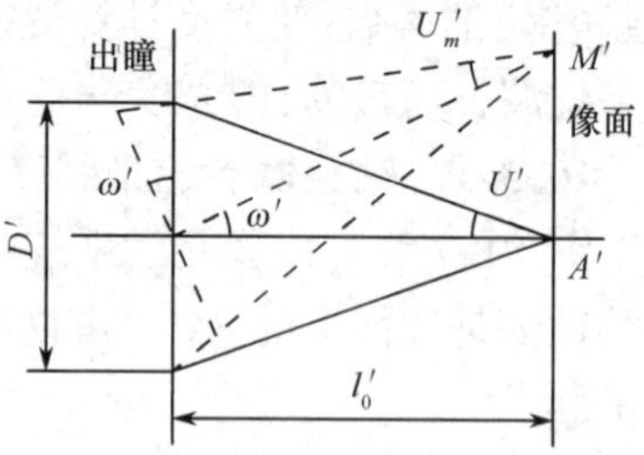

图 10-8

10.3.3 光学系统中光通量的传递与拉亥不变量的关系

假设忽略光束经光学系统的光能损失（$T=1$），则 $\Phi'=\Phi$，

$$L\mathrm{d}A\sin^2U = L'\mathrm{d}A'\sin^2U'$$

$$n^2\mathrm{d}A\sin^2U = n'^2\mathrm{d}A'\sin^2U'$$

即

$$n^2y^2\sin^2U = n'^2y'^2\sin^2U'$$

若令 $u=\sin U$，$u'=\sin U'$，则

$$n^2y^2u^2 = n'^2y'^2u'^2 = J^2$$

由此可见，拉亥不变量反映了光能的传递规律。如光学系统的垂轴放大率的绝对值大于1，则像面尺寸大于物面尺寸，像面上的照度小于物面上的照度（或光出射度）。所以拉亥不变量不单纯表示物像共轭关系，它是光学系统的一个重要性能指标。

10.4 光学系统光能损失计算

实际光学系统由许多折射面和反射面。折射面的反射损失，反射面和介质的吸收损失等均不可忽略。

10.4.1 光在折射面的透过率

由第1章得知光波在界面折射时，反射率与入射角有关。但入射角小于45°时，反射率曲线变化不大。一般光学系统折射面的入射角均小于45°，故可近似按正入射计算反射率

$$R_1 = \left(\frac{n'-n}{n'+n}\right)^2 \tag{10-35}$$

透过折射面的光通量为

$$\Phi_1 = (1-R_1)\Phi = T_1\Phi \tag{10-36}$$

一般没镀增透膜面 $R_1=0.95$，镀增透膜面 $R_1=0.98$。

10.4.2 介质吸收损失

一般空气的吸收可忽略，除非光在空气中光程非常长。介质吸收损失主要是指光学材料（多为玻璃）的吸收损失。吸收率用 α 表示。则透明度为 $1-\alpha$，透过光学材料的光通量为

$$\Phi_2 = (1-\alpha)d\Phi = T_2\Phi \tag{10-37}$$

式中：d 为光学材料的厚度（cm）。一般光学玻璃 $\alpha\approx0.015$，$T_2=0.985$。

计算光学系统的透过率公式为

$$T = T_1 T_2 R \tag{10-38}$$

10.4.3 光在反射面的反射率

设反射面的反射率为 R,经反射面后的光通量为

$$\Phi_3 = R\Phi \tag{10-39}$$

常用的反射面反射率:镀铝反射面 $R \approx 0.85$,镀银反射面 $R \approx 0.95$,反射棱镜全反射面 $R \approx 1$,多层干涉反射膜面(高反膜面)$R \approx 0.98 \sim 0.99$。

10.4.4 举例

一光学系统,未镀增透膜折射面 8 个,镀增透膜折射面 5 个,镀银反射面 3 个,所有光学元件厚度和为 7.5cm,试求光学系统的透过率和光能损失。

解:透过率

$$T = T_1 R T_2 = 0.95^8 \times 0.98^5 \times 0.985^{7.5} \times 0.98^3 = 0.48 = 48\%$$

光能损失

$$1 - T = 0.52 = 52\%$$

10.5 色度学简介

光度学中专门研究眼睛对颜色的响应程度的部分称为色度学。人通过怎样的机理感觉颜色,自古以来就是一个引起科学家高度兴趣的问题,至今已提出了许多假说。其中最有影响的是杨—亥姆霍兹(Young-Helmhaltz)的三原色说和赫林(Hering)的对立颜色说。

三原色说是 1802 年由杨氏提出,1894 年由亥姆霍兹进行定量分析而形成的。该学说提出:在视网膜上存在能感受红色(R)、绿色(G)、蓝色(B)的锥体细胞,一切颜色特性都由这些锥体细胞的响应程度确定。三原色说是建立在通过适当混合红色、绿色、蓝色就能再现所有颜色这一实验基础上的,并不是由理论推导出的学说。但彩色电视、照相技术、印刷等都是基于这个学说研制出来的,因此该学说具有很强的现实说服力。

1878 年赫林提出一种学说,指出视网膜上存在着响应红—绿、黄—蓝、白—黑的三种响应细胞,所有颜色特性均由这些细胞的响应程度确定。他是基于这样体验到的事实而得出的,仅有带黄的红色而无带绿的红色。从而认为绿和红是一组对立色,相应的黄和蓝,白和黑也是对立色,称之为对立颜色说。这种学说认为有红、绿、黄、蓝四种色,故称四色说。

三原色说和对立颜色说都是基于经验事实提出的,两者都能无矛盾地说明各种颜色的视觉现象。目前常用的是三原色说。

10.5.1 色度学中的基本概念和颜色混合定律

1. 颜色刺激

能够引起人眼颜色知觉的辐射量称为颜色刺激。它与波长有关,称为颜色刺激函数,用$\phi(\lambda)$表示。由于不同波长的视见函数不同,常采用光源相对光谱功率分布函数 $S(\lambda)$ 表示光源的光谱特性,即

$$S(\lambda) = KV(\lambda)\phi(\lambda) \tag{10-40}$$

2. 三原色

波长 $\lambda = 700$nm(红),$\lambda = 546.1$nm(绿),$\lambda = 435.8$nm(蓝)的三种光称为三原色。用

三原色可以匹配所有颜色。

3. 三刺激值

用三原色配某种颜色的光，所需三原色的光度量称为三刺激值。分别用符号 R，G，B 表示。

4. 光谱三刺激值

（1）等能光谱色：用三原色配出的各种颜色辐射能量相当，这些颜色称为等能光谱色。

（2）光谱三刺激值：匹配等能光谱色所需三原色的量称为光谱三刺激值。它们是波长的函数，分别用 $\bar{r}_\lambda$、$\bar{g}_\lambda$ 和 $\bar{b}_\lambda$ 表示。

用三原色匹配等能白光时，所需三原色光亮度之比为 1.0000（红）：4.5907（绿）：0.0601（蓝），辐亮度之比为 72.0966（红）：1.3791（绿）：1.000（蓝）。

5. 颜色的分类

（1）非彩色：黑、白及黑与白之间深浅不同的灰色。

（2）彩色：非彩色外的所有颜色。

6. 颜色的表现特征

颜色可分为光源色和物体色。物体色又可分为反映反射光的表面色和透射光的透过色。

（1）明度：颜色的明亮程度相当于亮度。

（2）色调：区分不同颜色的特征，如红、橙、黄、绿、靛、蓝、紫等。

（3）彩度（含色和度）：表示颜色的“鲜艳”程度，即接近某特定波长光的程度或颜色的纯洁度。

7. 颜色混合

（1）色光混合（加混色）：不同颜色的光直接混合，是参加混合各光之和，又称加混色。

（2）色料混合（减混色）：白光照射到物体上，由于组成物体的物质对光有选择地吸收，物体呈一定的颜色。相当于从白光中去掉被吸收的颜色，从而形成新的颜色，称为减混色。

8. 格拉斯曼（Grassman）颜色混合定律

1853 年格拉斯曼总结出颜色混合定律，其内容如下：

（1）人的视觉只能分辨颜色的明度、色调和彩度的变化。

（2）如果将一种颜色连续变化的光和一种固定颜色的光混合，得到的是颜色连续变化的光。两种非互补颜色混合，产生两颜色的中间色，其色调取决于它们的比例。

（3）明度、色调和彩度相同的光，在颜色混合中是等效的。

（4）混合色的亮度是各色光亮度之和。

格拉斯曼颜色混合定律只适用于色光混合，不适用于色料混合。

10.5.2 色品坐标和色品图

用色品表示颜色的色调和彩度，而不考虑它的明度，则任何颜色 $C(\mathrm{c})$ 只取决于三刺激值在总颜色刺激值中的比例，即三刺激值的相对量。光谱色的颜色方程为

$$C(\mathrm{c}) \equiv R(\mathrm{R}) + G(\mathrm{G}) + B(\mathrm{B}) \tag{10-41}$$

令

$$r=\frac{R}{R+G+B},g=\frac{G}{R+G+B},b=\frac{B}{R+G+B} \tag{10-42}$$

则

$$1.0(\mathrm{c})=r(\mathrm{R})+g(\mathrm{G})+b(\mathrm{B}) \tag{10-43}$$

由于 $r+g+b=1$，所以色品可以用平面坐标 r,g 表示。用 r,g 坐标表示颜色的平面图称为色品图。麦克斯韦首先用一个三角形色品图表示颜色，称为麦克斯韦三角形，如图 10-9 所示。图中标准白光的色品坐标为 $r=g=0.33$。

等能光谱色方程为

$$C_\lambda(\mathrm{c})\equiv\bar{r}_\lambda(\mathrm{R})+\bar{g}_\lambda(\mathrm{G})+\bar{b}_\lambda(\mathrm{B}) \tag{10-44}$$

其中，光谱三刺激值为代数量，可能出现负值。通过实验可以得出各波长单色光的三刺激值的比例是固定的，只决定于人眼的视觉特性。波长为 λ 的单色光的色坐标为

$$r_\lambda=\frac{\bar{r}_\lambda}{\bar{r}_\lambda+\bar{g}_\lambda+\bar{b}_\lambda},g_\lambda=\frac{\bar{g}_\lambda}{\bar{r}_\lambda+\bar{g}_\lambda+\bar{b}_\lambda},b_\lambda=\frac{\bar{b}_\lambda}{\bar{r}_\lambda+\bar{g}_\lambda+\bar{b}_\lambda} \tag{10-45}$$

对不同波长的单色光测得的人眼的 $\bar{r}_\lambda$，$\bar{g}_\lambda$ 和 $\bar{b}_\lambda$ 并计算出 r_λ，g_λ 和 b_λ，将它们逐点画在色品图上，可以连成扁马蹄形的曲线，称为光谱轨迹，如图 10-10所示。

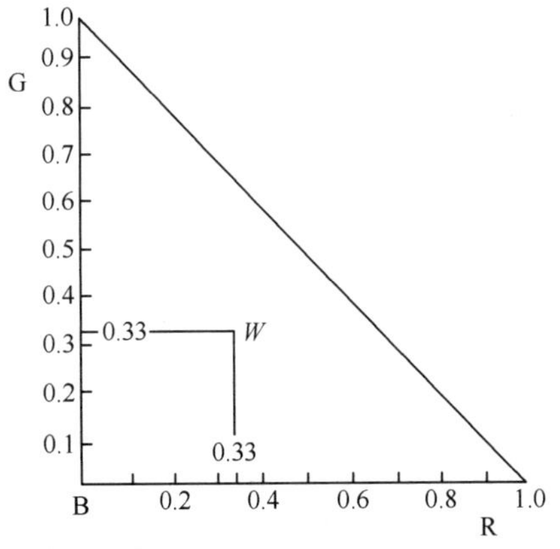

图 10-9　麦克斯韦颜色三角形

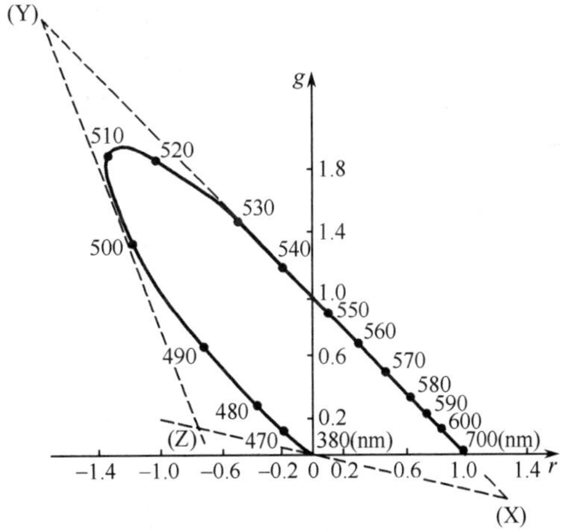

图 10-10　1931CIE—RGB 系统色品图

匹配相同波长的单色光的光谱三刺激值的比例是固定的，唯一不同的是光源的光谱功率分布不同。已知人眼的光谱三刺激值后，可根据光源的相对光谱光功率的分布函数 $S(\lambda)$ 得出该光源的三刺激值和色度坐标：

$$\begin{cases}R=\int_\lambda S(\lambda)\bar{r}_\lambda\mathrm{d}\lambda\\G=\int_\lambda S(\lambda)\bar{g}_\lambda\mathrm{d}\lambda\\B=\int_\lambda S(\lambda)\bar{b}_\lambda\mathrm{d}\lambda\end{cases} \tag{10-46}$$

将上式代入式(10-42)得 r,g,b。

10.6 CIE 标准色系统及标准照明体和标准光源

色度学主要是将人眼作为接收器件进行研究的一门学科。人眼对颜色的感觉既决定于外界的物理刺激又取决于人眼的视觉特性。为了测量和标定颜色,必须建立一个统一的标准。这一标准是在对许多观察者进行颜色视觉实验的基础上制定的。国际照明委员会(CIE)是这一标准的制定者。

10.6.1 CIE1931 标准色度学系统

CIE1931 标准色度学系统是 1931 年在 CIE 第八次会议上提出并推荐的。它包括 1931CIE-RGB 和 1931CIE-XYZ 两个系统。

1. 1931CIE-RGB 系统

该系统分别以 700nm,546.1nm 和 435.8nm 的光谱色为三原色,分别用 R、G 和 B 表示。系统的光谱三刺激值是根据实验数据确定的,如图 10-11 所示。

2. 1931CIE-XYZ 系统

1931CIE-RGB 系统可以用来标定颜色和色度的计算。但该系统的光谱三刺激值存在负值,既不便于计算又难于理解。因此 CIE 同时推荐了另一色度学标准,即 1931CIE-XYZ 系统,简称 CIE1931 系统。将图 10-10 中虚线三角形中三个顶点(X)、(Y)、(Z)分别作为三原色。建立 1931CIE-XYZ 系统主要考虑以下三个方面。

(1) 此系统中光谱三刺激值全为正值。

(2) 在 1931CIE-RGB 系统色品图上,光谱轨迹曲线在 570~700nm 是一条直线。新的 CIE1931 标准系统在此光谱段(X)(Y)(Z)三角形的(X)(Y)边应和这段直线重合。因此光波段的光谱色只涉及(X)原色和(Y)原色,与(Z)原色无关,使计算简化。

(3) 规定(X),(Y)两原色的亮度为零,(X)(Z)称为无亮度线。这样用三刺激值 X、Y、Z 计算色度时,因 Y 本身既代表色品又代表亮度,而 X、Z 只代表色品,没有亮度,故使亮度计算方便。图 10-12 为 CIE1931 标准系统的光谱三刺激值曲线,图 10-13 为 CIE1931 标准系统的色品图。

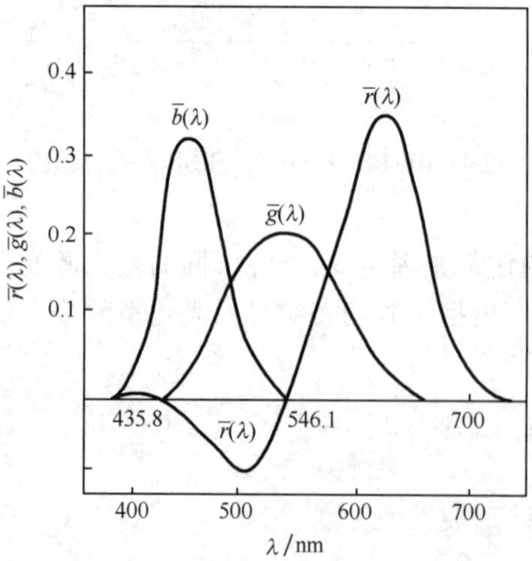

图 10-11 1931CIE—RGB 系统光谱三刺激值曲线

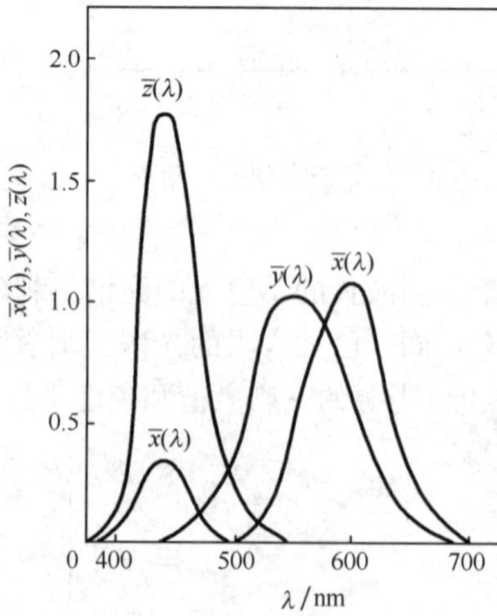

图 10-12 CIE1931 标准色度观察者光谱三刺激值曲线

CIE1931 标准系统有关三刺激值 X、Y、Z 光谱三刺激值 $\bar{x}(\lambda)$、$\bar{y}(\lambda)$、$\bar{z}(\lambda)$ 及色品坐标 xyz 的计算方法与 1931CIE-RGB 系统相似。此系统只在 2°视场内适用。对于大视场色品图,CIE 又推荐了 CIE1964 标准系统(略)。

10.6.2 CIE 标准照明体和标准光源

测量物体的颜色必须在一定的光源照射下进行。为了统一颜色测量和色度计算,CIE 推荐了标准照明体和标准光源。人们观察颜色,大部分是在白天日光下进行。CIE 主要是寻求和白天日光相同的光谱特性的照明条件。

将完全遵循普朗克辐射定律的物体称为完全辐射体,又称黑体。不同温度的黑体的光色在色品图形成一系列对应点。这些点连成一条弧形轨迹,称为普朗克轨迹,如图 10-14所示。当某一光源的色度(色调、明度、彩度)和某温度下的黑体的色度相同时,黑体的温度称为该光源的色温。

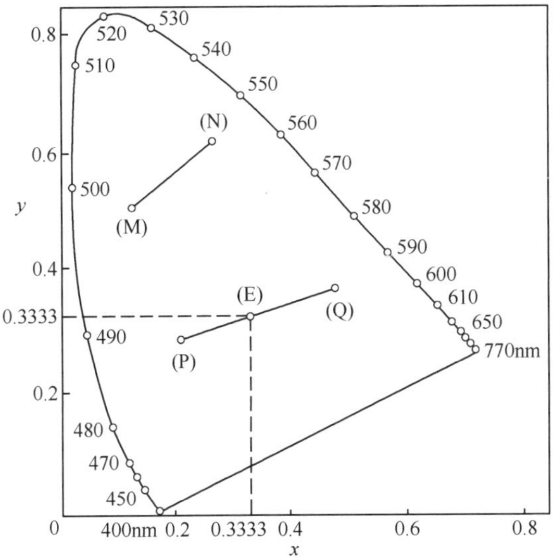

图 10-13　CIE1931 标准系统色品图

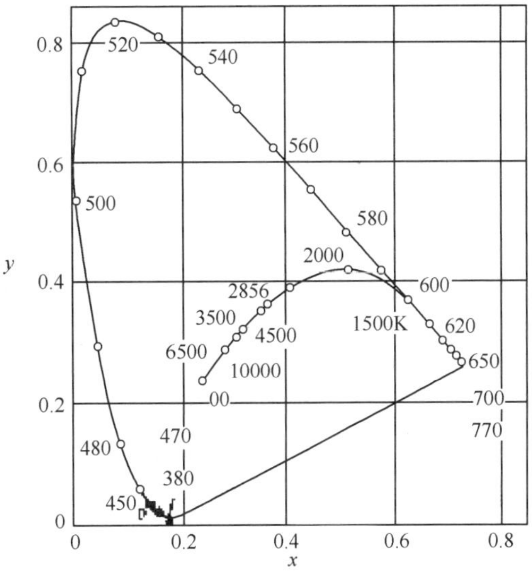

图 10-14　普朗克轨迹

白炽灯等热辐射光源的色度变化基本符合黑体轨迹。其他常用光源虽稍有差别,但色度变化曲线也在黑体轨迹附近。常用黑体轨迹上与光源色度曲线上最接近的一点的温度定为该光源的色温。

CIE 规定了两种标准光源 A 和 C。光源 A 是色温为 2856K 的充气钨丝灯;光源 C 是由光源 A 和 DG 滤波器(CIE 规定的滤波器)组合而成的光源。

CIE 规定了五种标准照明体 A、C、D_{65}、D_{55}和 D_{75}。标准照明体 A 和 C 由标准光源 A 和 C 实现。其中标准照明体 A 代表"国际实用温标"为 2856K 黑体辐射的光;标准照明体 C 代表相关色温为 6774K 的平均昼光;标准照明体 D_{65}代表相关色温约为 6504K 的平均昼光;标准照明体 D_{55}和 D_{75}则代表其他相关色温的平均昼光。

习　题

1. 直径为 2m 的圆桌面,中央上方 2m 处有一发光强度为 50cd 的点光源,试求桌面中心和边缘的光照度。

2. 分别求 135mm 照相机在 $F=5.6$ 及 $F=8$ 时拍摄远处光亮度 $L=4000/\pi(\mathrm{cd/m^2})$ 的物体时，底片中心和最边缘点的光照度。（135 相机 $f'=50\mathrm{mm}$，底片尺寸 36mm×24mm，透过率 $\Gamma=70\%$）

3. 10μW 氦氖激光器发出 $\lambda=0.6328\mu\mathrm{m}$ 的激光，光束口径 $\phi=0.24\mathrm{mm}$，发散角 $u=1\mathrm{mrad}$，已知 1W 辐射通量等于 683lm 光波的光通量，求此激光器的发光强度，光亮度及距激光器 10m 处屏上的光照度。

4. 一光学系统共有 10 个界面，其中反射面 2 个，反射率 $R=96\%$，折射面 8 个，透过率 $T=98\%$，光学玻璃总厚度 $\sum d=60\mathrm{mm}$，吸收率 $\alpha=0.015$，求系统的透过率。

第 11 章　眼睛与目视仪器

许多光学仪器的接收器件是人的眼睛。如显微镜和望远镜便是根据眼睛的特性设计的光学系统。

11.1　眼　　睛

11.1.1　眼睛的结构

眼睛是一个美妙的光学系统。其外表大体为球形，直径约为 25mm，它的内部构造如图 11-1所示。

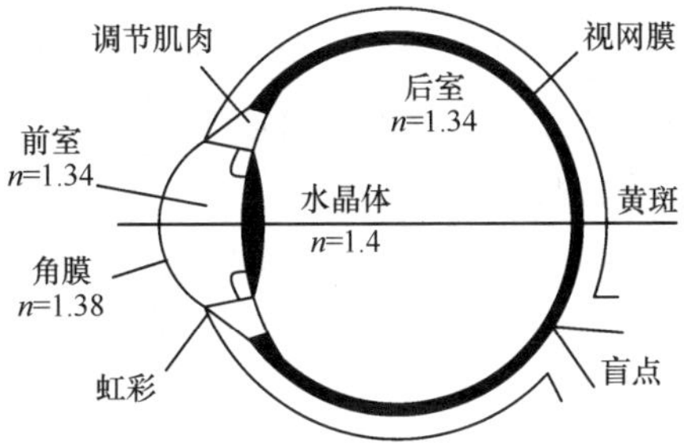

图 11-1　眼球的结构

角膜、前室、后室由各向同性均匀介质构成，其折射率分别为 1.3771、1.3374、1.336。水晶体是眼睛的核心，由变折射率介质组成。中央折射率为 1.42，最外层折射率为 1.373。它和角膜、前室、后室组成光学系统，在放松状态下对无限远物体完善成像。此光学系统焦距约为$f'=23$mm。物方主平面和像方主平面分别位于角膜后顶点 1.3mm 和 1.6mm 处。通过水晶体周围肌肉的作用，可以使水晶体前后表面曲率半径变化，从而改变光学系统的焦距，使不同距离的物体成像在视网膜上，所以眼睛是一个变焦光学系统。水晶体前面的虹彩相当于一个可变孔径光阑，称为瞳孔。根据外界光照度，瞳孔直径可在 2～8mm 间自动变化。网膜由神经细胞和神经纤维构成，其曲率半径约为 20mm，可克服场曲的影响。网膜有一黄斑，其水平尺寸为 1mm，垂直尺寸为 0.8mm。其上还有一个直径为 0.25mm 的凹部称为中心凹，此处密集了大量的感光细胞，它是网膜上视觉最灵敏的区域。中心凹和像方节点的连线称为视轴。眼睛的视场很大，约为 150°，在 6°～8°范围内成像最清晰。

11.1.2　眼睛的调节、正常眼、近视眼、远视眼和花眼

眼睛观察不同距离的物体时自动调焦的过程称为眼睛的调节。眼睛能看清的最远物点和最近物点分别称为眼睛的远点和近点。用 r 和 p 分别表示远点和近点到眼睛物方主点的距离，它们的倒数分别表示远点和近点发出光束的会聚发散度。两者之差用$\bar{A}$表示，

称为调节范围或调节能力。

$$\bar{A} = \frac{1}{r} - \frac{1}{p} = R - P \tag{11-1}$$

眼睛的调节能力与年龄有关,表 11-1 列出不同年龄者的调节能力。

表 11-1 不同年龄者的调节能力

年龄	p/m	P/m^{-1}	r/m	R/m^{-1}	$\bar{A}$/m^{-1}
10	-0.071	-14	∞	0	14
15	-0.083	-12	∞	0	12
20	-0.100	-10	∞	0	16
25	-0.118	-8.5	∞	0	8.5
30	-0.143	-7	∞	0	7
35	-0.182	-5.5	∞	0	5.5
40	-0.222	-4.5	∞	0	4.5
45	-0.286	-3.5	∞	0	3.5
50	-0.400	-2.5	∞	0	2.5

正常眼的远点在无限远,非正常眼中常见的是近视眼和远视眼。近视眼的远点在眼睛前方有限距离($r<0$),远视眼的远点在眼睛之后($r>0$),如图 11-2 所示。这使近视眼和远视眼在放松状态下看不清无限远物体,应分别配戴负透镜和正透镜,如图 11-3 所示。式(11-1)中的 R 表示近视或远视的程度,称为视度。单位是折光度(1/m)。医学上将 1 折光度称为 100°。

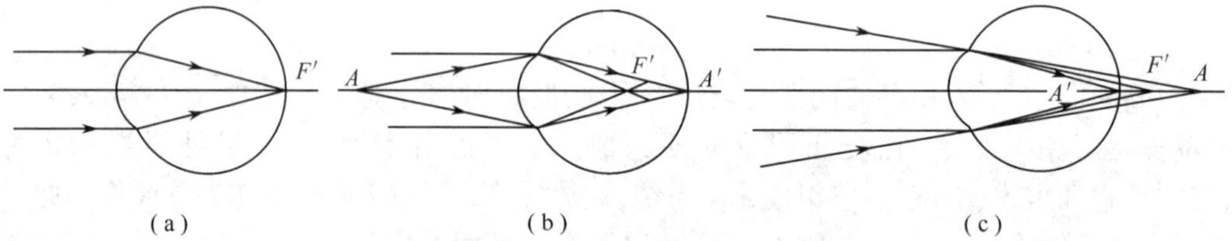

图 11-2 正常眼与非正常眼

(a)正常眼;(b)近视眼;(c)远视眼。

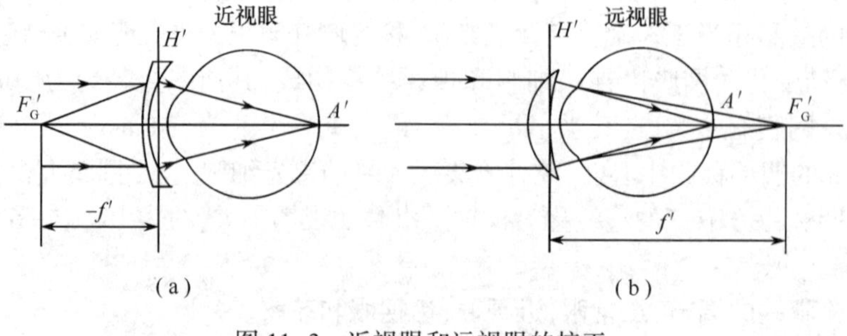

图 11-3 近视眼和远视眼的校正

正常眼虽然可以使无限远物体清晰地成像在视网膜上,但受到眼睛分辨率的限制,无法看清细节。即使具有正常眼的年青人,看书时一般也是将书放在眼睛前 250mm 左右,此距离通常称为明视距离。

随着年龄的增长，眼睛的调节能力下降。50 岁后即使年轻时为正常眼的人，他的远点仍在无限远，但近点却前移了，致使看书时必须把书放在眼前较远的地方。

受人眼分辨率的限制，此时他已不能看清书上字的细节，所以必须配一正透镜（即花镜，相当于放大镜），才能看清。将因年龄增长，调节能力下降的老年人的眼睛称为老花眼。显然，即使年轻时为近视眼的人，老年时也会变成老花眼。这里应特别指出，虽然老花眼者配戴的也是正透镜，但花眼不是远视眼，这个概念必须清楚。

根据瑞利判断，无限远物点发出的平面波和眼睛前 5m 左右的物点发出的球面波进入眼睛时波差小于 $\lambda/4$。所以眼睛在放松状态能够同时看清 5m 以外的物体，这便是眼睛的景深。由物理光学部分可知，瑞利判断和斯托列尔准则是统一的。人眼对光斑中心亮度变化 20%就有所感觉，此时波差恰为 $\lambda/4$。

11.1.3 眼睛的角分辨率、对准精度

将眼睛视为理想光学系统，概括物理光学得出的分辨角公式 $\theta_0 = 1.22\lambda/D$，可求得眼睛的角分辨率。设人眼瞳孔直径为 d，采用白光平均波长 $\lambda = 0.55\mu m$，则眼睛的角分辨率为

$$\alpha = \frac{140''}{d} \tag{11-2}$$

视网膜上神经细胞直径 $\Phi = 0.003mm$，对应的角分辨率为

$$\alpha_0 = \frac{\Phi}{f'} \times 206265'' \approx 30''$$

由式（11-2）可得眼睛实际角分辨率和 $d = 4.7mm$ 时眼睛的理论角分辨率恰好相等，因此两者是匹配的。白天正常照明下，眼瞳直径 $d = 2mm$。此时眼睛的角分辨率 $\alpha = 70''$，一般取 α 为 $1' \sim 3'$。

人眼的角分辨率是眼睛能够分开垂直视轴方向上两个靠近物点的能力。一些测量仪为了提高测量精度，克服因受眼睛角分辨率限制而造成的较大误差，采取了一定的对准方式。使垂直于视轴方向的两标记重合或置中的过程称为横向对准，简称对准。显然对准和分辨是两个概念，但两者均受眼睛衍射的影响，故又有联系。人眼的对准精度约为角分辨率的 1/10~1/4，对准方式的对准精度如表 11-2 所列。

表 11-2 几种典型对准方式的对准精度

瞄准方式	图案示意图	眼睛瞄准精度	瞄准方式	图案示意图	眼睛瞄准精度
二实线重合	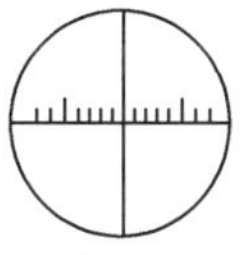	60″	双线对称夹单线		5″~10″
二实线的端部对准	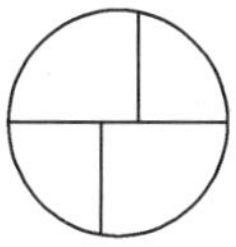	10″~20″	叉线对准单线	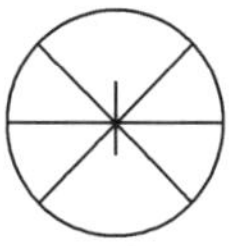	10″

11.1.4 双目立体视觉

1. 立体视差角(体视锐度)

人生双目,主要的作用是产生立体视觉。所谓立体视觉是指双眼对物体空间分布及物体体积的感觉。用单眼观察时,对物体的距离和大小的估计极为粗略,对于近距离的物体,是利用眼睛的调节而产生远近感觉。当物体位置较远时,因为水晶体的曲率已不改变或改变很小,估计很不准确。利用单眼调节来估计物体的距离,一般不超过5m。单眼观察空间物体是不能产生立体视觉的,虽然对于熟悉的物体,凭经验在大脑中可能想象为一空间物体。只有用双眼观察时,才能产生真正的立体视觉。

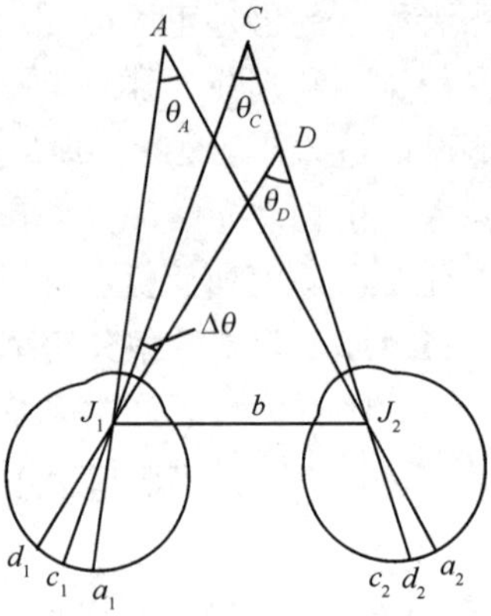

图 11-4 双目立体视觉

由图11-4可以看出产生双目立体视觉的原因。两眼节点 J_1 和 J_2 的连线称为基线,其长度为 b。当双目观察物点 A 时,两视轴之间夹角为 θ_A,称为视差角;而观察物点 C 时,视差角为 θ_C。若两物点距眼睛距离不相等,即视差角不相等,两视差角之差为

$$\Delta\theta = \theta_C - \theta_A \tag{11-3}$$

式中:$\Delta\theta$ 为立体视差。人眼能够感觉到的最小立体视差 $\Delta\theta_{min}$ 称为体视锐度。一般人的 $\Delta\theta_{min}$ 为10″,经训练可达3″~5″。

2. 立体视觉半径

当无限远物点对应的视差角 $\theta_\infty=0°$,有限距离物点对应的视差角 $\theta=\Delta\theta_{min}$ 时,人眼则能分辨它和无限远物点的距离差别。设人眼两瞳孔间距离为 $b=65$mm,则该点距眼瞳距离为

$$L_{max} = \frac{b}{\Delta\theta_{min}} \approx 1341(\text{m})$$

式中:L_{max} 为立体视觉半径,人的眼睛不能辨别体视半径以外物体的远近。在某些情况,观察点虽然位于体视半径内,仍有可能难于产生或不产生立体视觉,如①两物体(线)位于两眼基线的垂直平分线上。由于此时的像不位于视网膜的对应点,在目视点以外的点产生双像,破坏立体视觉。此时须把头移动一下,恢复立体视觉。②如图11-4中 C 点和 D 点在右眼中的像重合,C 点被 D 点遮住,右眼看不到 C 点,故无法估计 C 点的远近,只要移动头部便可使右眼观察到 C 点。

3. 立体视觉阈

双眼能辨别两点间的最短深度称为立体视觉阈,用 ΔL 表示。对 $\theta=b/L$ 微分,得

$$\Delta L = \frac{\Delta\theta L^2}{b} = \frac{\Delta\theta_{min} L^2}{b} \tag{11-4}$$

可见立体视觉阈与定位点距眼瞳的距离有关。若取 $b=65$mm,$\Delta\theta_{min}=10''$,则

$$\Delta L = \frac{\dfrac{10}{2\times10^5}L^2}{0.065} = 7.7\times10^{-4}L^2(\text{m}) \tag{11-5}$$

由式(11-5)可计算不同定位点的立体视觉阈。当 $L=100$m 时,$\Delta L=7.7$m。

用双目光学系统，使其两入瞳距 B 远大于人眼瞳孔距 b，可提高立体视锐度和增大体视半径。在激光测距机出现前，人们就是利用这种原理制造了 1m 基线和 3m 基线等体视测距机。

11.2 放 大 镜

11.2.1 视放大率

人眼对同一个距离物体大小的判断取决于物体在视网膜上像的大小，即取决于物体对眼睛所张的视角。受眼睛分辨率的限制，眼睛直接观察物体有时无法看清细节，为此需借助于光学仪器，如 11.1 节讲到的花镜。此外还有放大镜、显微镜、望远镜等。目视光学仪器的作用是物体经这些仪器后，其像对眼睛的张角大于眼睛直接观察物体时的张角。两者之比，称为视放大率，用 Γ 表示：

$$\Gamma = \frac{y'_{\mathrm{i}}}{y_{\mathrm{e}}} = \frac{\tan\omega'}{\tan\omega} \tag{11-6}$$

式中：y'_{i} 和 ω' 为通过目视光学仪器观察时物体在视网膜上成的像和视角；y_{e} 和 ω 分别是眼睛直接观察物体时视网膜上的像和视角。

11.2.2 放大镜的视放大率

眼睛直接观察明视距离（250mm）处的物体时，有

$$\tan\omega = \frac{y}{250}$$

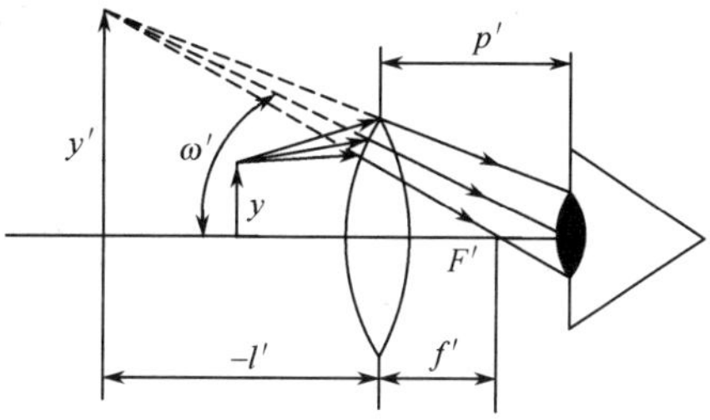

图 11-5 放大镜成像原理

由图 11-5 可知，眼睛通过放大镜观察物体时，有

$$\tan\omega' = \frac{y'}{p' - l'}$$

由式（11-6）可得

$$\Gamma = \frac{250y'}{y'(p' - l')}$$

由垂轴放大率公式

$$y' = -\frac{x'}{f'}y = \frac{f' - l'}{f'}y$$

可得

$$\Gamma = \frac{(f' - l')}{(p' - l')}\frac{250}{f'} \tag{11-7}$$

（1）对于年轻正常眼，将书本等放在明视距离比较舒适，字的大小是按明视距离人眼能分辨印刷的，用放大镜观察物体时，由式（11-7）可以看出视放大率 Γ 和眼睛位置 p' 有关，取 $p'-l'=250\mathrm{mm}$，则式（11-7）变为

$$\Gamma = \frac{250}{f'} + 1 - \frac{p'}{f'} \tag{11-8}$$

显然 p' 越小，Γ 越大。

当眼睛位于放大镜像方焦点处，则

$$\Gamma = \frac{250}{f'} \tag{11-9}$$

称为放大镜的标定值。

眼睛靠近放大镜时，$p' \approx 0$，则

$$\Gamma = \frac{250}{f'} + 1 \tag{11-10}$$

(2) 47岁~48岁以上的老年人，由于眼睛调节能力降低，近点前移(离眼睛距离较远)，看书时已无法分辨书上的字，为此需配戴花镜，花镜实际为一个放大镜，将书上的字成像于近点，同时将字放大，达到可分辨的程度，此时 $p'-l'$ 为近点距离。

11.2.3 放大镜的光束限制和视场

在放大镜和眼睛组合构成的光学系统中，眼睛的瞳孔为孔径光阑，又是出瞳；放大镜框为视场光阑，又为入射窗。由图 11-6 可以看出光束限制情况，渐晕系数 K 分别为 100%、50%和 0 时的像方视场角的正切分别为

$$\begin{cases} \tan\omega'_1 = (h - a')p' \\ \tan\omega' = \dfrac{h}{p'} \\ \tan\omega'_2 = \dfrac{h + a'}{p'} \end{cases} \tag{11-11}$$

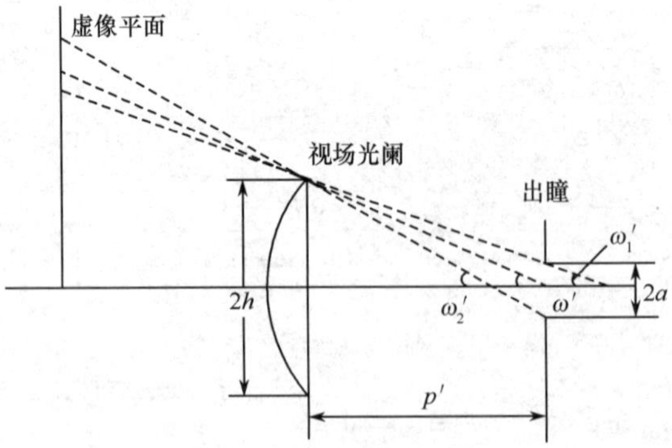

图 11-6 放大镜的光束限制

物体位于放大镜物方焦平面时，对于 50%渐晕的线视场为

$$2y = 2f'\tan\omega' = \frac{500h}{\Gamma p'} \tag{11-12}$$

可见，眼睛越靠近放大镜所能观察到的视场越大。放大镜的视放大率越大，视场越小。

11.3 显微系统

由式(11-9)可以看出。放大镜的视放大率与其焦距成反比。欲得到很大的视放大率,f'很小,加工困难,使用也不方便。为此,在放大镜前面加一透镜,先将物体放大成像,然后眼睛通过放大镜观察该像,此透镜称为物镜,放大镜称为目镜,两者组合称为显微镜。

11.3.1 显微镜的视放大率

图 11-7 为显微镜的光学系统,根据视放大率的定义得

$$\Gamma = \frac{\tan\omega'}{\tan\omega} = \frac{-250\Delta}{f'_o f'_e} = \beta\Gamma_e \tag{11-13}$$

式中:Δ 为光学间隔(它是物镜像方焦点至目镜物方焦点的距离,以前者为原点);f'_e 表示目镜焦距;f'_o 表示物镜焦距;β 为物镜垂轴放大率;Γ_e 为目镜视放大率。

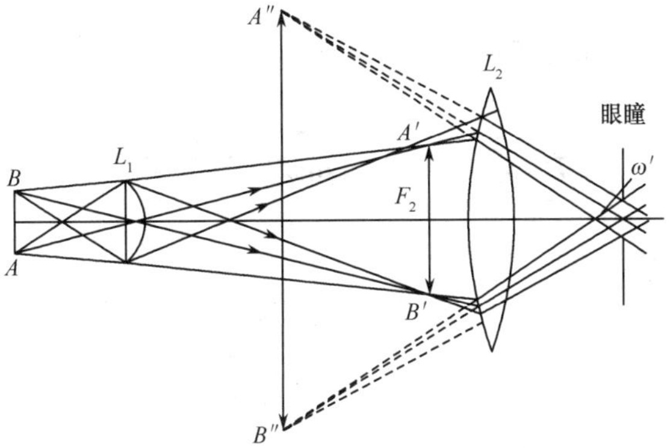

图 11-7 显微镜成像原理

显微镜光学系统的组合焦距为$f' = -f'_o f'_e/\Delta$,代入式(11-13)得

$$\Gamma = \frac{250}{f'} \tag{11-14}$$

式(11-14)与放大镜的视放大率公式相同,说明显微镜可视为复杂化的放大镜。

11.3.2 显微镜的光束限制和视场

1. 孔径光阑、入瞳、出瞳

采用低倍显微物镜时,物镜框为孔径光阑,又为入瞳。其出瞳在目镜像方焦点后不远处;采用中、高倍显微物镜时,孔径光阑位于物镜像方焦平面处,入瞳在物方无限远,出瞳也在目镜像方焦点后不远处,如图 11-8 所示。

对于物镜框为孔径光阑的显微镜,一般设计显微物镜时应满足正弦条件:$n'y'\sin U' = ny\sin U$,认为 $\sin U' \approx \tan U' = D'/2f'_o$,$D'$为出瞳直径,又知 $n'=1$。令 $NA = n\sin U$,为数值孔径,则

$$NA = n\sin U = \frac{y'}{y}n'\sin U' = \frac{\beta\Gamma_e D'}{500} = \frac{\Gamma D'}{500}$$

故而

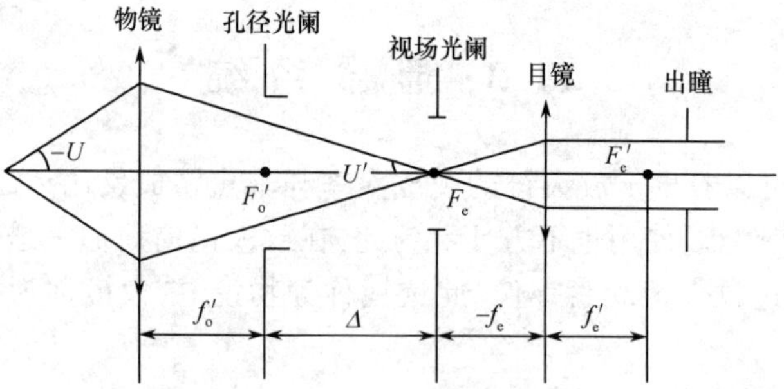

图 11-8　孔径光阑(入瞳)

$$D' = \frac{500NA}{\Gamma} \tag{11-15}$$

2. 视场光阑、入射窗、出射窗及视场

显微镜的视场光阑放置在目镜物方焦平面处,入射窗位于物面上,出射窗位于像方无限远。

显微镜的视场主要受目镜视场的限制,即视场光阑的大小应根据目镜视场确定。设视场光阑直径为 D_o,则

$$D_o = 2y' = 2f'_e \tan\omega' = \frac{500\tan\omega'}{\Gamma_e}$$

物方线视场为

$$2y = \frac{D_o}{\beta} = \frac{500\tan\omega'}{\Gamma} \tag{11-16}$$

可见,选定目镜后,显微镜的视放大率 Γ 越大,视场越小。

11.3.3　显微镜的分辨率和有效放大率

显微镜的分辨率为

$$\Delta y = \frac{0.61\lambda}{NA} \tag{11-17}$$

上式是瑞利提出的。道威认为两个相邻物点经光学系统形成的艾里斑中心距为 0.85 艾里斑半径中心亮斑半径时也能分辨,则

$$\Delta y = \frac{0.52\lambda}{NA} \tag{11-18}$$

设计显微镜时,应使其角分辨率和人眼角分辨率 α_e 匹配:

$$\frac{\Delta y \cdot \beta}{f'_e} = \alpha_e \tag{11-19}$$

Δy 若取式(11-18)的值,α_e 用分表示:

$$\frac{250 \times 0.52\lambda}{NA}\Gamma = \frac{\alpha_e}{3438}$$

波长取 $\lambda = 0.56\mu m$,则得

$$\Gamma = 250NA \cdot \alpha \tag{11-20}$$

设计显微镜时可按式(11-20)确定其视放大率。若取人眼分辨率 α 取 $2' \sim 4'$,则

$$500NA \leqslant \Gamma \leqslant 1000NA \tag{11-21}$$

有些书中将满足式(11-21)的视放大率称为显微镜的有效视放大率。

11.3.4 显微镜的景深

由瑞利判断和斯托列尔准则知在物镜成像面处的景深为 1 倍焦深 $\Delta l' = \lambda / n' \sin^2 U'$，除以物镜的沿轴放大率得物方景深为

$$\Delta l = \frac{\Delta l'}{\alpha} = \frac{\lambda}{n' \sin^2 U'} \cdot \frac{n' l^2}{n l'^2} = \frac{\lambda}{\sin^2 U'} \cdot \frac{u'^2}{n u^2}$$

由 $u \approx \sin U, u' \approx \sin U'$，则

$$\Delta l = \frac{n\lambda}{n^2 \sin^2 U} = \frac{n\lambda}{NA^2} \tag{11-22}$$

应指出当显微镜的出瞳直径 D' 小于或等于眼瞳直径时，按式(11-22)计算景深。若 D' 大于眼瞳直径时，眼瞳为孔径光阑，应按实际的光束孔径 U 计算景深。

11.3.5 显微镜的照明方法

1. 透明物体的照明方法

1）临界照明

如图 11-9 所示。光源经聚光镜后成像于物平面上，称为临界照明。其缺点是若光源表面亮度不均匀或明显有细小结构，如灯丝，将影响显微镜的观察效果。

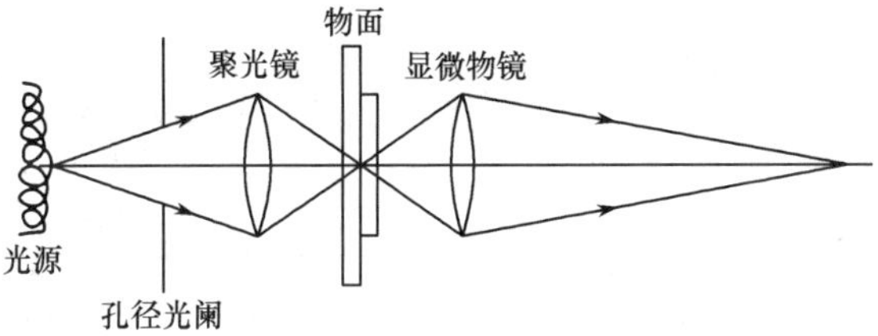

图 11-9 临界照明

由于是在聚光镜的物方焦平面处设置孔径光阑，聚光镜的出瞳位于无限远处，对于孔径光阑置于物镜像方焦平面的显微镜，其入瞳也在无限远，故聚光镜的出瞳和显微镜的入瞳重合。同时聚光镜的出射窗和显微镜的入射窗重合，形成“瞳对瞳，窗对窗”的特点。

2）柯勒(Kohler)照明

柯勒照明克服了临界照明中物平面光照度不均匀的缺点，如图 11-10 所示。聚光系统由两块透镜组成，前块透镜(称之为柯勒镜)将光源放大成像于第二块透镜的物方焦平面上，照明系统的视场光阑置于此焦平面，经第二块透镜后其出射窗位于无限远与显微镜的入瞳重合。照明系统的孔径光阑位于柯勒镜上或附近，经第二块透镜成像于物面上，即照明系统的出瞳和物面(显微镜的入射窗)重合。所以柯勒照明的特点是“窗对瞳，瞳对窗”。

2. 不透明物体的照明方法

观察不透明物体时，如金相显微镜，往往是采用从侧面或上面照明的方法。最常见的是如图 11-11 所示的照明方法，利用显微镜的物镜兼做聚光镜。

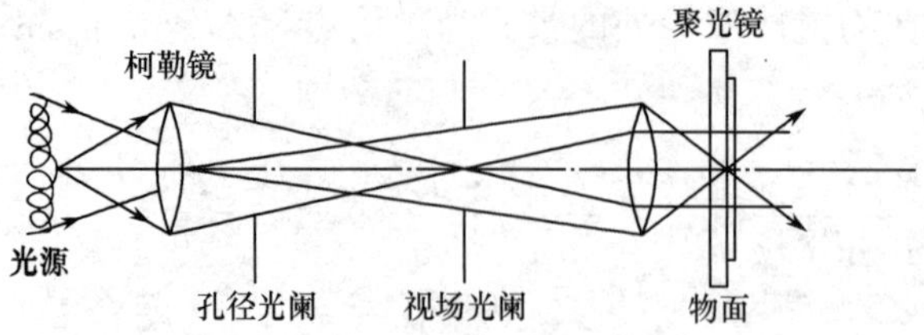

图 11-10　柯勒照明

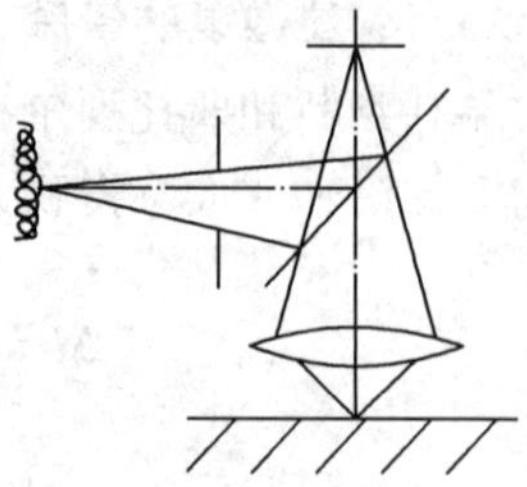

图 11-11　常见的照明方法

3. 用暗视场观察微粒的方法

用暗视场方法可以观察超显微质点。所谓超显微质点,是指那些小于显微镜分辨极限的微小质点。暗视场可以使进入物镜的是被微粒散射的光线,在暗的背景上产生亮的微粒像,对比度高,从而提高分辨率。

暗视场分为单向照明和双向照明。单向照明如图 11-12 所示。它对观察微粒的存在和运动是有效的,但对物体的细节再现不是有效的,有“失真现象”。双向照明可以消除这种失真现象,如图 11-13 所示。它是在普通三透镜聚光镜前放置一环形光阑,由聚光镜最后一片和载物玻璃片间浸以液体,经聚光镜后的环形光束在玻璃盖片内全反射而不能进入显微物镜,只有经微粒散射的光进入显微物镜。

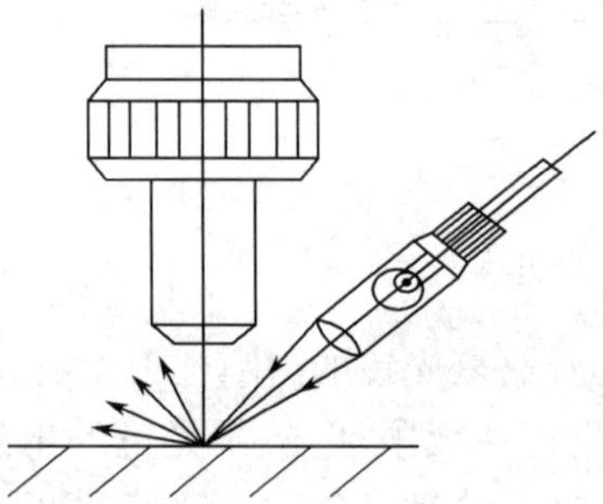

图 11-12　单向照明

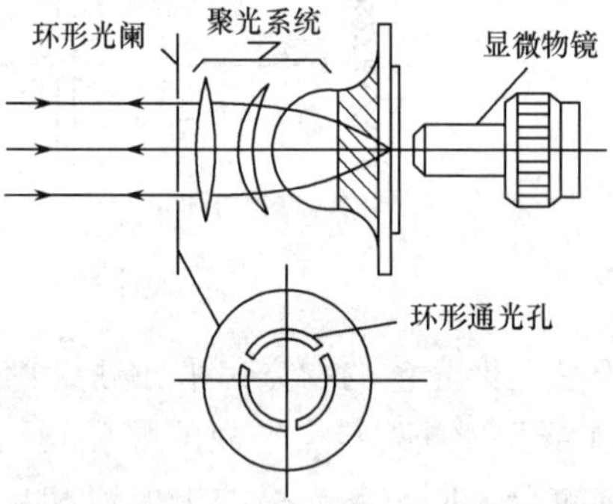

图 11-13　双向照明

11.3.6　显微物镜

显微物镜的放大率 β 在 $1^{\times}\sim100^{\times}$ 范围内,数值孔径 NA 随 β 增大而增大。见表 11-3 所列出一些显微物镜的 β 和 NA。

表 11-3　显微物镜的 β 和 NA 关系

参数	低　倍	中　倍	高　倍	高倍(浸油)
β	$1^{\times}\sim5^{\times}$	$5^{\times}\sim20^{\times}$	$20^{\times}\sim65^{\times}$	$90^{\times}\sim100^{\times}$
NA	0.1~0.15	0.15~0.35	0.35~0.85	1.2~1.35

图 11-14 列出几种典型显微物镜的结构型式。图 11-14(a)为低倍显微物镜,由一

块双胶合透镜即可。图 11-14(b)为中倍显微物镜,由两块双胶合透镜构成。图 11-14(c)为高倍显微物镜,在两块双胶合物镜前加一半球透镜,其第二面为齐明面。图 11-14(d)为浸油高倍显微物镜。图 11-14(e)为浸油复消色高倍显微物镜。图 11-14(f)为平场复消色显微物镜。图中有阴影线的透镜是由特殊材料萤石制成。设计这种物镜是光学设计两大难题之一。

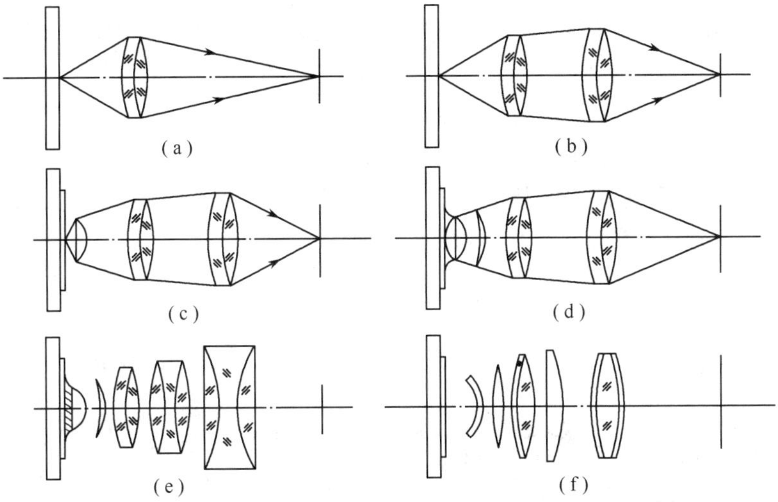

图 11-14　几种典型显微物镜

(a)低倍显微物镜;(b)中倍显微物镜;(c)高倍显微物镜;

(d)浸油高倍显微物镜;(e)浸油复消色高倍显微物镜;(f)平场复消色显微物镜。

11.3.7　超高分辨生物显微镜

1. 电子显微镜

由电子显微镜的阴极和阳极是数千伏到 300 万 V 的电场,虽然其分辨率为 nm 级,常温高速电子束会破坏生物标本。

2. 2017 年诺贝尔化学奖

2017 年瑞典皇家科学院将诺贝尔化学奖颁发给瑞典、英国、美国的三位科学家,表彰他们利用冷冻电子显微镜清晰展现生物分子复杂结构的突出贡献。其特点:①高速冷冻蛋白溶液,使之呈玻璃状,在高真空环境对高速电子束有较好的稳定性;②用波长 $\lambda=0.1\sim10$nm 的 X 光照射冷冻电子显微镜拍摄的较低分辨率和图像,经过图像处理得到高清晰度的三维图像。

值得深思的问题:物理概念及名次术语必须可选严谨,和 3.9 节"超衍射"不能随便使用一样。由式(11-18)和式(11-19)可以看出,2017 年诺贝尔化学奖获得者所以能用冷冻电子显微镜,且用 X 光照明才得到"超高分辨率"的三维生物标本清晰图像。"超衍射"一次很容易引起误导,且概念不清。对固定波长,"超分辨"是不可能实现的,光学基本理论是不可违背的。

探讨:受 2017 年诺贝尔化学奖启发,用 X 光照射荧光显微镜拍摄的图像,是否可研制出常温超高分辨的生物显微镜。

11.4 望 远 系 统

光学间隔 $\Delta=0$ 的光学系统为望远系统。理论上望远系统对无限远物体成像，现实中望远镜是观察远处物体的。

11.4.1 望远系统的视放大率

图 11-15 画出开普勒(Keplar)型望远系统的光路图。望远系统的视放大率

$$\Gamma=\frac{\tan\omega'}{\tan\omega}=-\frac{f'_o}{f'_e}=-\frac{D}{D'} \tag{11-23}$$

式中：D 为入瞳直径；D' 为出瞳直径。

由于 $\Delta=0$，所以任意位置的物体经望远系统成像，其垂轴放大率 β 均为定值，等于视放大率的倒数。角放大率 γ 也为定值，等于视放大率，即

$$\beta=\frac{1}{\Gamma},\quad \gamma=\Gamma \tag{11-24}$$

除开普勒型望远系统外，还有伽利略型望远系统，如图 11-16 所示。

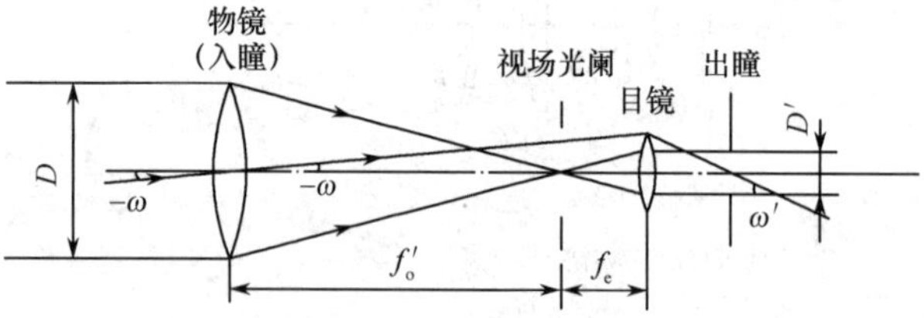

图 11-15　开普勒望远镜成像原理

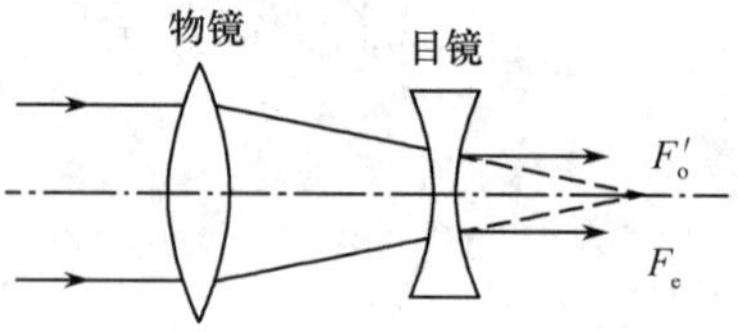

图 11-16　伽利略望远镜

11.4.2 望远镜的光束限制和视场

1. 孔径光阑、入瞳和出瞳、视场光阑、入射窗和出射窗

望远镜分为伽利略望远镜和开普勒望远镜两种类型。

伽利略望远镜在不考虑眼瞳的作用时，物镜框为孔径框，又为入瞳，出瞳为虚像，位于目镜前，图 11-17 中 p_1 为出射光瞳的中心点。由于出瞳无法与眼瞳重合，所以轴外光束有一部分无法进入眼瞳。所以一般将眼瞳作为孔径光阑，又为出瞳，入瞳位于眼瞳之后，是一个放大的虚像。视场光阑为物镜框，又为入射窗，出射窗位于物镜和目镜之间，如图 11-18 所示。

伽利略望远镜因在物镜焦平面上成的是虚像，无法放置分划板，不能做成瞄准和测量仪器。同时由光束限制可以看出，其视场小，欲提高视场物镜口径必然很大。目前已很少使用。

开普勒望远镜简化光路如图 11-19 所示，物镜为孔径光阑，又为入瞳，出瞳位于目镜像方焦点后不远处，视场光阑位于物镜像方焦平面处，出、入射窗均位于无限远。

2. 渐晕及外形尺寸计算

光学系统的外形尺寸计算是根据渐晕的要求确定各光学元件的尺寸。这里以开普勒望远镜为例说明其计算过程。

如图 11-19 所示渐晕系数 $K=50\%$ 的开普勒望远镜。受目镜口径的限制，有 50% 的

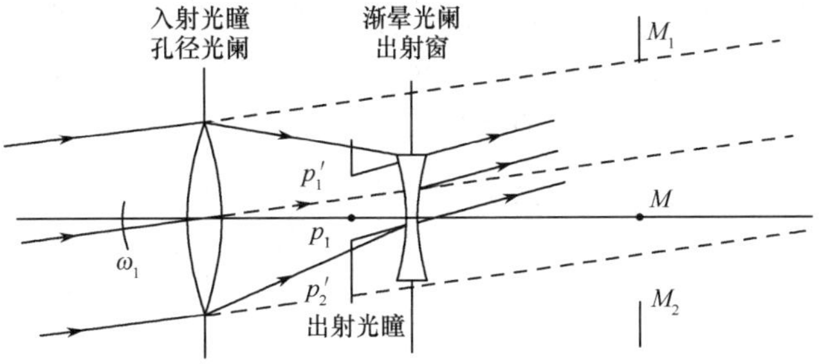

图 11-17　伽俐略望远镜的光束限制

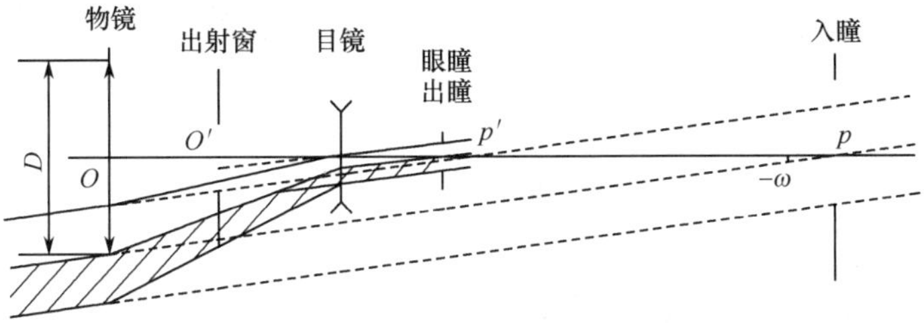

图 11-18　伽俐略望远镜的光束限制

渐晕。此时目镜口径为 $2(f_o'+f_e')\cdot\tan\omega$。有渐晕后,眼睛放在出瞳处并不合适,应放在图中眼点处。眼点是指最大视场的光束的对称中心线在像方和光轴的交点。它可在出瞳前,也可在出瞳后。

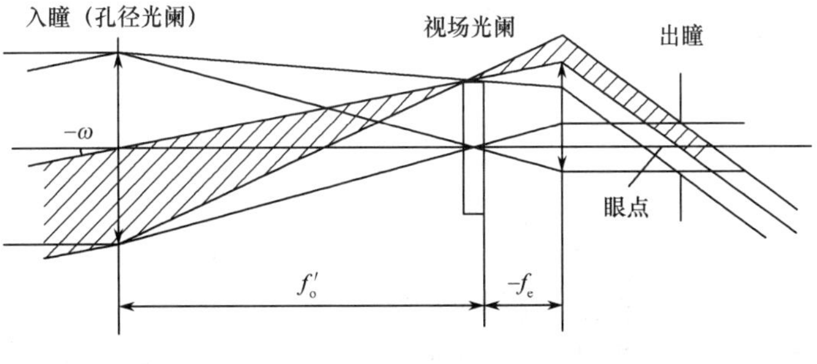

图 11-19　开普勒望远镜示意

下面以一实例说明双铰链微型望远镜外形尺寸的计算方法。

一双铰链微型望远镜,视放大率 $\Gamma=8^{\times}$,物方视场 $2\omega=7°$,采用别汉屋脊棱镜 $FB_J-0°$ 正像。物镜有效通光口径 $D=21$mm,相对口径 $D/f'=1/4$,线渐晕系数 $K=50\%$,且要求眼点和出瞳中心重合。计算棱镜和目镜的外形尺寸。

光学系统简化光路如图 11-20 所示。为保证线渐晕系数 $K=50\%$,且眼点和出瞳中心重合,经棱镜和目镜均限制最大视场的轴外光束,且均产生 $K=75\%$ 的渐晕(如图中斜线所示)。

为保证双管均为直筒,正像棱镜选别汉屋脊棱镜 $FB_J-0°$。其形状如图 11-21 所示。由国标 GB 7660—1987 可知其展成平板的厚度为有效通光口径的 5.16 倍。根据线渐晕系数 $K=75\%$ 的要求,并使棱镜尺寸尽量小,应使平板前后两面的有效通光口径相等。前面的通光口径由轴上光束确定,后面的通光口径由轴外光束确定。图 11-20 中虚线为平板的等效空气层。h_1 为物镜光束高度,h_2 为前面光束高度,h_3 为后面光束高度。为使棱镜口径尽量小,应使 $h_2=h_3=h$,为此有下列关系

$$\begin{cases} \dfrac{h}{h_1}=\dfrac{f'_o-l_1}{f'_o} \\[2ex] \dfrac{h-\dfrac{h_1}{2}}{y'-\dfrac{h_1}{2}}=\dfrac{f'_o-l_2}{f'_o} \\[2ex] f'_o=l_1+l_2+\dfrac{2hQ}{n} \end{cases} \tag{11-25}$$

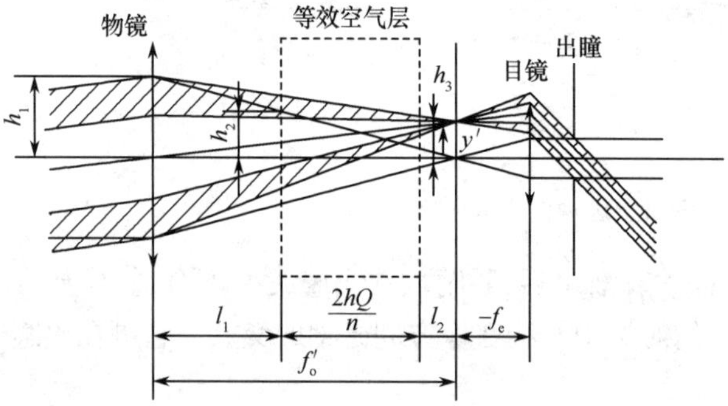

图 11-20　光学系统简化光路图

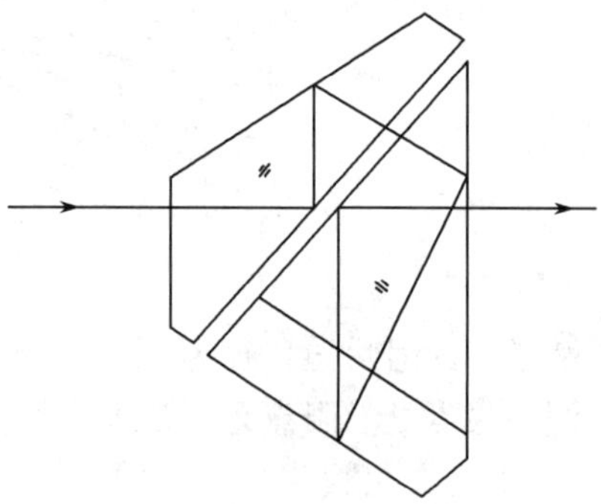

图 10-21　别汉屋脊棱镜

由式(11-23)解得

$$h=\frac{y'f'_o}{\dfrac{Q}{n}(h_1-2y')+f'_o\left(\dfrac{1}{2}+\dfrac{y'}{h_1}\right)} \tag{11-26}$$

式中:$f'_o=4D=4\times21=84$(mm);$y'=f'_o\tan3.5°=5.14$(mm);$Q=5.16$;$n=1.5163$(棱镜用 K_9 玻璃);$h_1=D/2=10.5$(mm)代入后得 $h=5.15$(mm)。棱镜有效通口径为 $D_2=2h=10.3$(mm)。由此可根据国标计算棱镜的各有关尺寸及位置($l_1=42.8$mm;$l_2=6.05$mm)。

目镜的最大口径 D_e 为

$$D_e=2(f'_o+f'_e)\tan\omega+\frac{D'}{4} \tag{11-27}$$

其中,$f'_e=\dfrac{f'_o}{\Gamma}=\dfrac{84}{8}=10.5$(mm),$D'=\dfrac{D}{\Gamma}=\dfrac{21}{8}=2.625$(mm)。

代入式(11-27)后得

$$D_e=2\times(84+10.5)\tan3.5°+\frac{2.625}{4}=12.22(\text{mm})$$

11.4.3　望远镜的分辨率与工作放大率

望远镜的理论分辨率,按瑞利判断

$$\alpha = \frac{140''}{D} \tag{11-28}$$

按道威判断

$$\alpha = \frac{120''}{D} \tag{11-29}$$

和显微镜一样，它应和人眼分辨率匹配，故

$$\Gamma\alpha = \alpha_e \tag{11-30}$$

和式(11-20)一样，式(11-30)是确定望远镜视放大率的依据。若按道威判断，人眼分辨率 $\alpha_e = 60'' = 1'$，则

$$\Gamma = \frac{D}{2} \tag{11-31}$$

一般将按上式得出的结果放大 1~1.5 倍，得出实际视放大率，称为实际放大率，又称工作放大率。

11.4.4 主观亮度和相对主观亮度

用眼睛直接观察物体或通过光学仪器观察物体时，像在视网膜上产生的刺激程度称为主观亮度。观察同一物体时，通过光学仪器观察产生的主观亮度和直接观察产生的主观亮度的比值称为相对主观亮度。

观察点光源(如夜空中的星体)时，主观亮度与进入眼睛的光通量有关。相对主观亮度为(忽略望远镜的光能损失)

$$G_1 = \Gamma^2 T \tag{11-32}$$

但是，若望远镜的出瞳直径 D' 小于眼瞳直径 d 时，相对主观亮度小于按上式计算的数值。因为进入望远镜的光通量没有全部被眼睛接收。总的来讲，通过望远镜观察点星体时会感到比直接观察亮。

观察面发光体时(如白天用望远镜观察景物)，主观亮度与视网膜上照度有关，相对主观亮度(忽略望远镜的光能损失)

$$G_2 = T \quad (D' \geqslant d)$$

$$G_2 = \left(\frac{D'}{d}\right)^2 T \quad (D' < d)$$

由此可见，用望远镜观察景物时比用眼睛直接观察要觉得暗。T 为望远镜透过率。

11.4.5 望远镜的景深

由瑞利判断和斯托列尔准则得知在物镜像面处的景深为

$$\Delta l' = \frac{\lambda}{n\sin^2 U'} = \frac{4f_o'^2\lambda}{D^2} \tag{11-33}$$

由牛顿公式得物方景深为

$$\Delta l = \frac{f_o'^2}{\Delta l'} = \frac{D^2}{4\lambda}$$

若物镜口径 $D = 20\text{mm}$，$\lambda = 0.56\times10^{-3}\text{mm}$，则

$$\Delta l = \frac{20^2}{4 \times 0.56 \times 10^{-3}} = 178571(\text{mm}) \approx 178.6(\text{m})$$

说明用此望远镜观察时可同时看清 178.6m 以外的物体。

11.4.6 望远物镜

由于视场比较小,望远物镜只要求校正球差、彗差和位置色差。望远物镜一般用双胶合透镜即可。有时用双分离式、三分离式物镜和主面前移的内调焦望远物镜等。设计长焦距、大口径复消色平行光管物镜是光学设计的难题。

11.5 目 镜

显微镜和望远镜是目视光学系统。它们所采用的目镜是相同的。目镜的特点是轴上点光束的孔径比较小,但视场大,故重点要求校正轴外像差:像散、场曲、畸变和倍率色差。目镜和一般放大镜不同,不能用单透镜。为了提高放大倍率,要求目镜的焦距短并有一定的镜目距(出瞳距)。一般在物镜的成像面(目镜的物面)附近加一块正透镜,将轴外光束压缩一下,此透镜称为场镜,它和后面的透镜组成目镜。目前已有一些典型目镜供选用,常用的目镜有惠更斯目镜、冉斯登目镜、凯涅尔目镜、对称目镜、无畸变目镜、艾尔弗目镜。

11.5.1 惠更斯目镜

惠更斯目镜由两块平凸透镜组成,其间隔为 d,如图 11-22 所示。图中 L_1 为场镜,L_2 为接目镜。它的光学特性为:视场 $2\omega'=40°\sim50°$,镜目距和焦距比值为 $p':f'=1:3$。

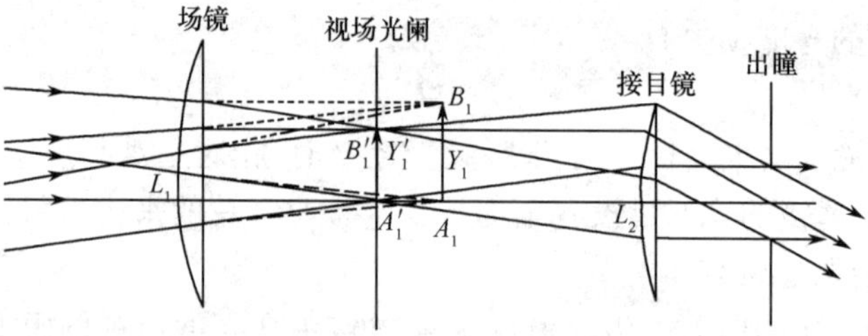

图 11-22 惠更斯目镜

11.5.2 冉斯登(Ramsden)目镜

冉斯登目镜由两块凸面相对的平凸透镜组成,其间隔 d 小于惠更斯目镜两透镜的间隔,如图 11-23 所示。光学特性:$2\omega'=30°\sim40°$,$p':f'=1:4$。

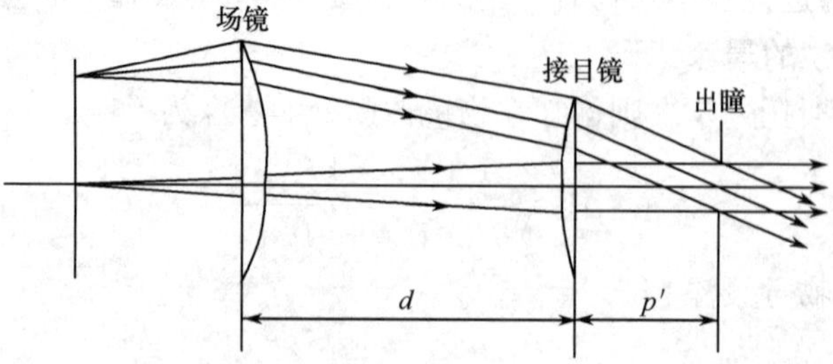

图 11-23 冉斯登目镜

11.5.3 凯涅尔(Kellner)目镜

将冉斯登目镜的接目镜改为双胶合透镜就变为凯涅尔目镜,如图 11-24 所示。光学特性:$2\omega'=40°\sim50°$,$p':f'=1:2$。

11.5.4 对称目镜

对称目镜由两胶合透镜构成,特点是出瞳距大,如图 11-25 所示。光学特性:$2\omega'=40°\sim42°$,$p':f'=1:1.3$。

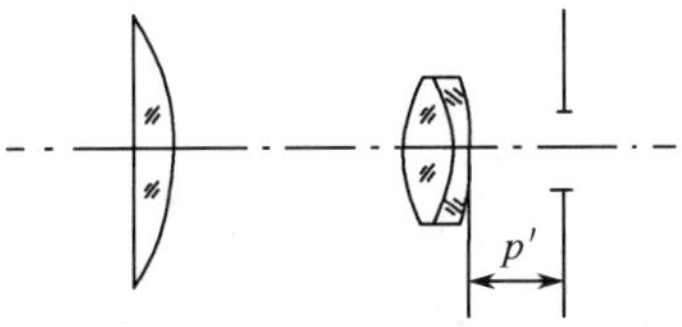

图 11-24 凯涅尔目镜

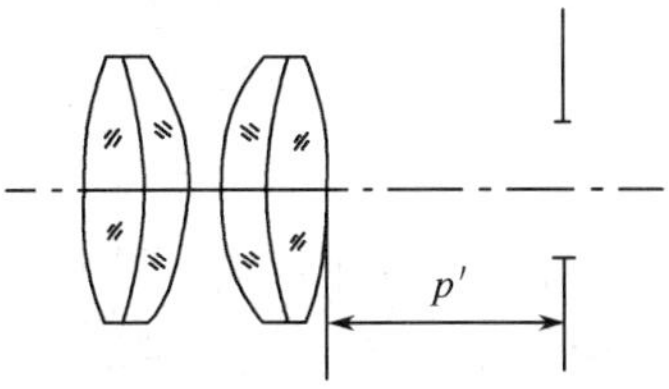

图 11-25 对称式目镜

11.5.5 无畸变目镜

由 1 块三胶合透镜和 1 块平凸透镜(接目镜)构成。特点是畸变小,如图 11-26 所示。光学特性:$2\omega'=40°$,$p':f'=1:0.8$。

11.5.6 艾尔弗(Erfle)目镜

由两胶合加 1 块单透镜构成。特点是视场大,如图 11-27 所示。光学特性:$2\omega'=60°\sim65°$,$p':f'=1:0.6$。

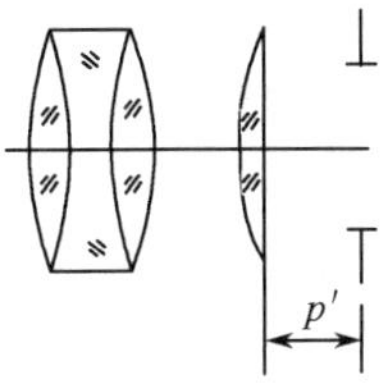

图 11-26 无畸变目镜

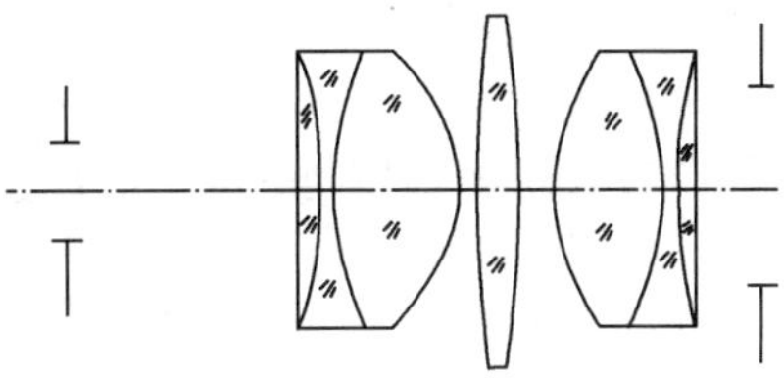

图 11-27 艾尔弗目镜

习　　题

1. 证明对于望远系统而言,将物体放在物镜前任何有限距离,其垂轴放大率恒等于视放大率的倒数。

2. 有人说 45 岁后的远视眼又称老花眼,这种说法对吗?为什么?

3. 一显微镜,已知物镜焦距 $f'_o=15\text{mm}$,光学间隔 $\Delta=150\text{mm}$,数值孔径 $NA=0.25$,目镜焦距 $f'_e=20\text{mm}$,物镜框为孔径光阑,照明波长 $\lambda=0.56\mu\text{m}$,试求其理论分辨率、视放大率和出瞳直径,并求其景深。

4. 一望远系统,视放大率 $\Gamma=8^{\times}$,视场 $2\omega=7°$,物镜焦距 $f'_o=96\text{mm}$,试求目镜焦距 f'_e,望远系统的理论分辨率及出瞳直径。

第12章 摄影系统

摄影系统的接收器件有感光胶片、光电变像管、电视摄像管和CCD器件等。它和目视系统不同,应根据这些接收器件的光学特性设计其光学系统。

12.1 摄影物镜的光学特性

摄影物镜的视场大,口径也大,故七种像差均要求较好地校正。其光学特性用焦距 f'、相对孔径 D/f' 和视场 2ω 表示。焦距决定像的大小,相对孔径决定像面照度,视场决定成像范围。

12.1.1 视场

视场的大小由物镜的焦距和接收器件的尺寸决定。焦距越长,像越大。接收器件尺寸一定的条件下,视场越小。拍摄无限远物体时,像的大小为

$$y' = -f' \cdot \tan\omega \tag{12-1}$$

在拍摄有限距离物体时,像的大小为

$$y' = \beta y = \frac{f'}{x}y \tag{12-2}$$

接收器件的框是摄影系统的视场光阑,又为出射窗,它决定成像范围。表12-1列出几种常用摄影底片的规格。

表12-1 常用摄影底片规格

底片种类	长/mm×宽/mm	底片种类	长/mm×宽/mm
135底片	36×24	120底片	60×60
35mm电影胶片	22×16	16mm电影胶片	10.4×7.5
航空摄影底片	180×180	航空摄影底片	230×230

常用的面阵CCD器件的规格有512×512,1024×1024,2048×2048像元,单个像元尺寸为0.013~0.014mm。

当接收器件一定时,物镜焦距越短,视场越大。

12.1.2 分辨率

物镜的理论分辨率和望远物镜相同。摄影系统的分辨率取决于物镜的分辨率和接收器件的分辨率。理论上讲应和目视光学系统一样,使两者匹配。但一般接收器件的分辨率远低于物镜的理论分辨率。在这种情况下,实际上接收器件的分辨率决定了系统的分辨率。摄影物镜的分辨率习惯上用像面上能分开的每毫米线对数表示。一些文献给出如下经验公式:

$$\frac{1}{N}=\frac{1}{N_{\mathrm{L}}}+\frac{1}{N_{\mathrm{r}}} \tag{12-3}$$

式中：N 为摄影系统分辨率，又称综合分辨率；N_{L} 为物镜理论分辨率；N_{r} 为接收器件的分辨率。

若按瑞利判断

$$N_{\mathrm{L}}=\frac{1}{f'\theta_0}=1.22\lambda\cdot\frac{D}{f'} \tag{12-4}$$

取 $\lambda=0.555\mu\mathrm{m}$

$$N_{\mathrm{L}}=1475\frac{D}{f'}=1475/F \tag{12-5}$$

式中：F 为光圈数。

$$F=\frac{f'}{D} \tag{12-6}$$

12.1.3 像面照度

摄影系统的像面照度主要取决于相对孔径。由第 8 章可知视场中心照度为

$$E=T\pi L\sin^2U'=\frac{T}{4}\pi L\left(\frac{D}{f'}\right)^2=\frac{T\pi L}{4F^2} \tag{12-7}$$

视场边缘照度为

$$E_{\mathrm{m}}=E\cos^4\omega \tag{12-8}$$

像面照度是不均匀的，随着视场的增加照度下降。

拍摄时应根据外界条件，即根据景物的亮度选择光圈数。一般的照相系统均有可变光阑，供使用者按镜头上的刻度值选择。此刻度值由国家标准按表 12-2 分挡，每挡间照度相差 1 倍。

表 12-2 摄影系统光圈与相对孔径的对应关系

D/f'	1:1.4	1:2	1:2.8	1:4	1:5.6	1:8	1:11	1:16	1:22
F	1.4	2	2.8	4	5.6	8	11	16	22

12.1.4 摄影物镜的景深

和目视系统不同，摄影系统的接收器件不是眼睛。评价摄影系统成像是否清晰，应根据物镜的衍射斑直径是否小于接收器件的像元尺寸（底片的颗粒，CCD 的像元直径）来定。由第 3 章中关于像面附近光强空间分布的论述得知，光强绝大部分集中在长为$4\lambda/n'\sin^2U'$的圆柱形区域内，圆柱边缘中心光强为零。在理想像面前后$\pm1.5\lambda/n'\sin^2U'$范围内，光斑尺寸变化不大，只是中心亮度变化。取此值为像方前后景深

$$\Delta l=\pm\frac{1.5\lambda}{n'\sin^2U'} \tag{12-9}$$

从而确定物方景深。

例 12-1 一台照相机，物镜焦距$f'=50\mathrm{mm}$，对 5m 处景物拍摄，试用国产 GB21 度胶卷，试求光圈分别为 11 和 2.8 时的景深。

解：GB21 度胶卷的颗粒直径约为 0.012mm，光圈为 11 和 2.8 时，像面上分辨尺寸分别为

$$\Phi_1 = \frac{140F}{206265} = \frac{140 \times 11}{206265} = 0.0075(\text{mm})$$

$$\Phi_2 = \frac{140 \times 2.8}{206265} = 0.002(\text{mm})$$

可见物镜的理论分辨率远高于底片的分辨率。照相机的分辨率主要取决于底片的分辨率。取物距 $x=-5000\text{mm}$,像距为

$$x' = -\frac{f'^2}{x} = -\frac{50^2}{-5000} = 0.5(\text{mm})$$

像面处前后景深分别为

$$\Delta x_1 = \frac{1.5\lambda}{n'\sin^2 U'} = 6\lambda F^2, \Delta x_2 = -6\lambda F^2$$

由牛顿公式得物方前后景深距离分别为

$$x_1 = -\frac{f'^2}{x + \Delta x_1} = \frac{-f'^2}{0.5 + 6\lambda F^2}$$

$$x_2 = \frac{-f'^2}{0.5 - 6\lambda F^2}$$

(1) $F=11$ 时。

$$x_1 = -\frac{50^2}{0.5 + 6 \times 0.00056 \times 11^2} = -2758(\text{mm}) = -2.76(\text{m})$$

$$x_2 = -\frac{50^2}{0.5 - 6 \times 0.00056 \times 11^2} = -26755(\text{mm}) = -26.75(\text{m})$$

说明在距相机 2.76~26.76m 范围内的物体均能在底片上清晰成像。

(2) $F=2.8$ 时。

$$x_1 = -4.92(\text{m}) \qquad x_2 = -5.1(\text{m})$$

可见光圈小时,只能对 5m 前后很小范围内的物体在底片上得到清晰像。

通过上面分析计算可以得出这样的结论:光圈大时,通光口径小,景深大。通光口径小到一定程度,景深很大。比如焦距 $f'=50\text{mm}$ 的相机,通光口径取 4mm,可以对 2.5m 以外的物体同时清晰成像。傻瓜相机就是根据这一原理设计制造的。这种相机孔径光阑不变,通光口径小,不用调焦和调光圈,依靠闪光灯保证像面照度。反之,光圈小,通光口径大,景深小,瞄准面前后景物会模糊。

12.2 摄影物镜的类型

摄影物镜要求校正七种像差。这就给光学设计带来一定的困难。校正垂轴像差的方法是采用对称结构,对于垂轴放大率 $\beta=-1$ 的光学系统,孔径光阑放在中间,用完全对称结构,垂轴像差:彗差、畸变和倍率色差均得到完全校正。但摄影物镜垂轴放大率不为 -1,采用的是准对称结构,使垂轴像差得到部分校正。因此一般摄影物镜的孔径光阑放在透镜中间。此外,摄影系统的接收器件不是眼睛,像差允限比目视系统宽,属大像差系统。设计者很少采用 PW 法,一般是由镜头库中选取相近镜头,在计算机上缩放、优化。

经近百年的实践,人们已总结出多种典型结构,常用的有如下几种。

12.2.1　匹兹万(Petzvel)物镜

匹兹万物镜是1841年由匹兹万设计的。它是世界上第一个用计算方法设计出的镜头,也是1910年以前在照相机上应用最广、孔径最大的镜头。

最初的结构型式如图12-1(a)所示。1878年以后,后组改为胶合型式,如图12-1(b)所示。技术指标:相对孔径 $D/f'=1/1.8$,视场 $2\omega=16°$。

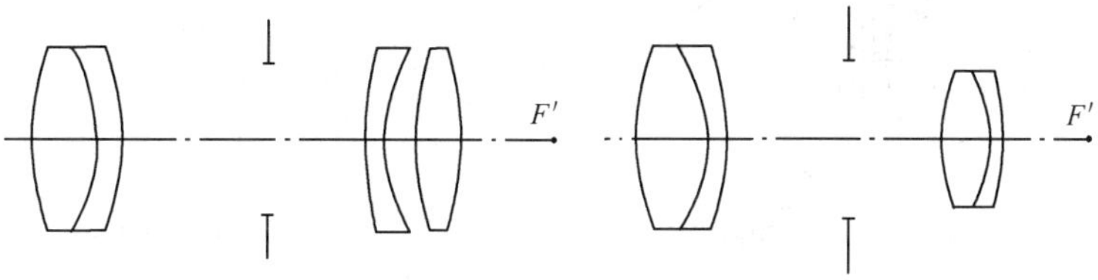

(a)　　　　　　(b)

图12-1　匹兹万物镜

(a)最初结构;(b)改后结构。

12.2.2　三片式物镜

三片式物镜是同时校正七种像差的最简单结构,它是摄影物镜的基本结构型式。许多的照相物镜是在它的基础上复杂化而成。技术指标:相对孔径 $D/f'=1/3.5$,视场 $2\omega=55°$。结构型式如图12-2所示。

12.2.3　天塞(Tessan)物镜和海利亚(Helear)物镜

天塞物镜的基本结构型式如图12-3所示。技术指标:相对孔径 $D/f'=1/3.5\sim1/2.8$,视场 $2\omega=55°$。

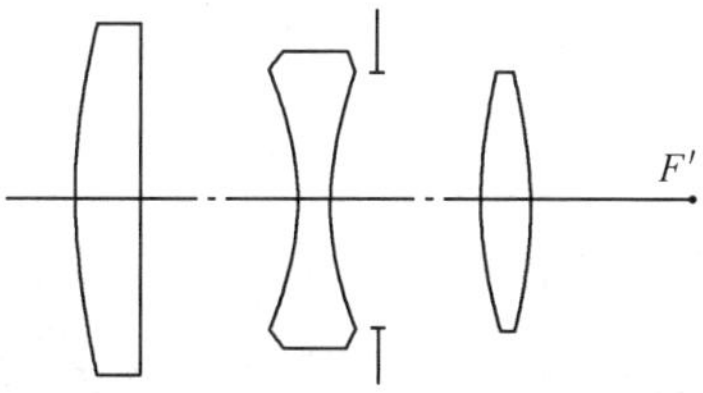

图12-2　三片式物镜

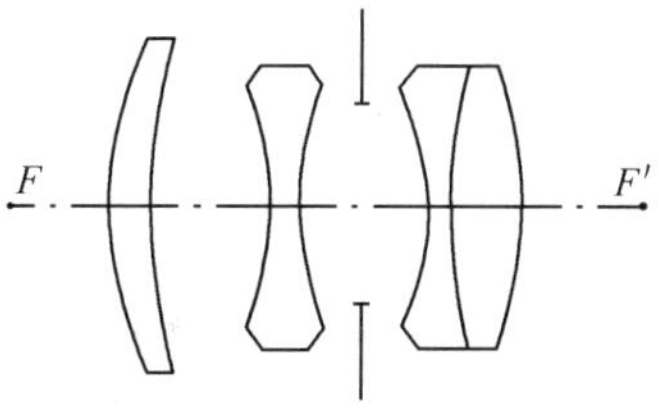

图12-3　天塞物镜

海利亚物镜的基本结构型式如图12-4所示。技术指标:$D/f'=1/2$,视场 $2\omega=40°\sim60°$。

12.2.4　双高斯物镜

双高斯物镜又称波兰那(Planar)物镜,它是又一类型的对称型物镜,其结构如图12-5所示。技术指标:相对孔径 $D/f'=1/2\sim1/1.7$,视场 $2\omega=40°\sim50°$。

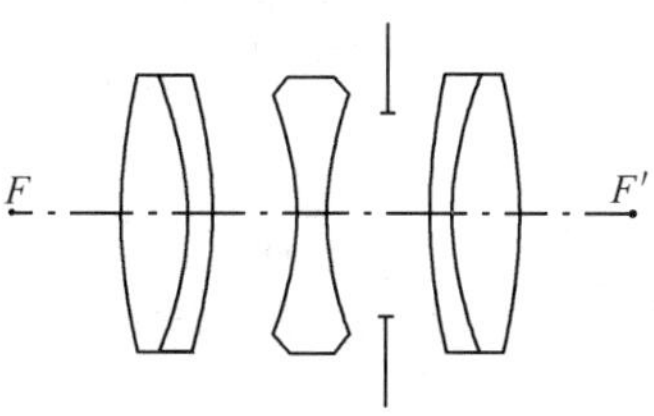

图12-4　海利亚物镜

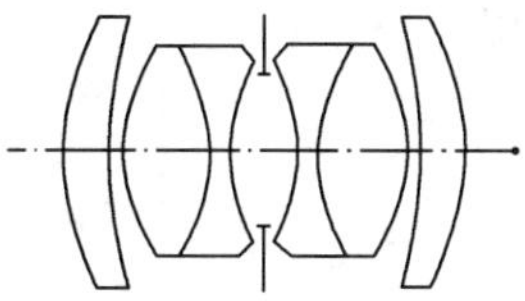

图12-5　双高斯物镜

由双高斯物镜复杂化后，可以衍生许多物镜，如图 12-6 所示为广角物镜，技术指标：相对孔径$D/f'=1/6.8$，视场 $2\omega=122°$。

12.2.5 远摄物镜

远摄物镜一般在高空摄影中使用。其焦距长，为缩短筒长 L，使主平面前移，远摄比 $L/f'<1/1.25$。技术指标：相对孔径 $D/f'=1/6.2$，视场 $2\omega=30°$，如图 12-7 所示。

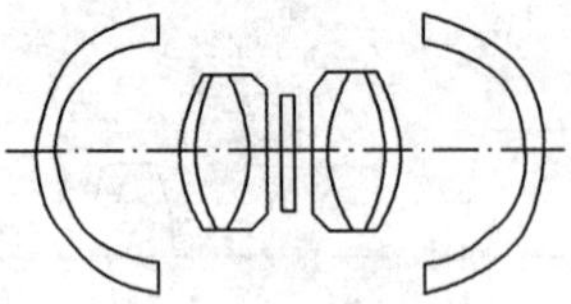

图 12-6 广角物镜

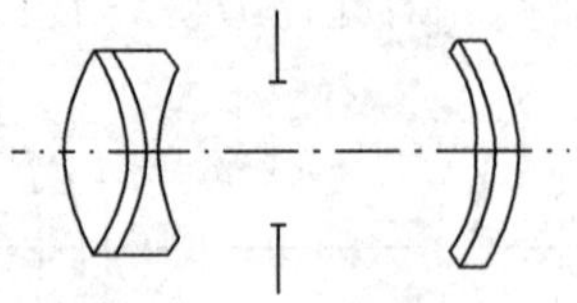

图 12-7 远摄物镜

12.2.6 变焦距物镜

变焦距物镜是焦距在一定范围内改变，而保持像面不动的光学系统。所以变焦光学系统是一种稳像光学系统。变焦范围的两个极限焦距，即长焦距和短焦距之比称为变倍比，简称“倍率”。

变焦距方法有两种：光学补偿法和机械补偿法。光学补偿法是使几个透镜组同方向等速运动，有几个透镜组就有几个像面稳定点，优点是运动方式简单，缺点是不能做到像面始终稳定。机械补偿法由前固定组、后固定组、变倍组和补偿组构成，如图 12-8 所示。其中变倍组线性沿光轴方向移动，补偿组非线性沿光轴方向移动。优点是像面始终稳定，缺点是变倍组非线性移动，机械加工困难。随着程控技术的发展，机械补偿法已广泛使用。下面简单介绍机械补偿法的光学原理。

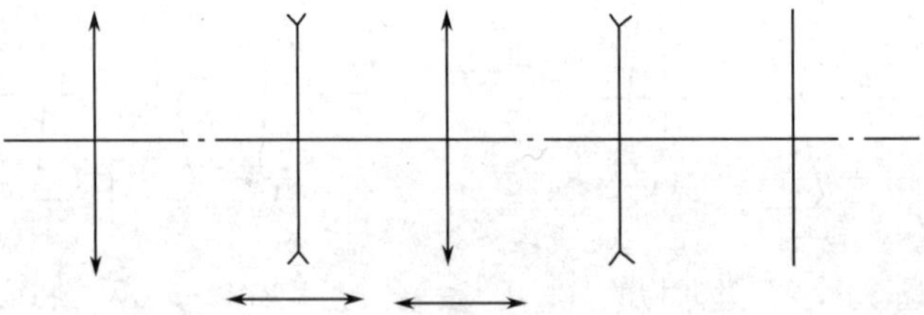

图 12-8 机械补偿法变焦系统的组成

设变倍组沿光轴移动量为 q_1，补偿组沿光轴移动量为 q_2。由动态光学和稳像原理得

$$\beta_2\beta_{20}(1-\beta_1\beta_{10})q_1+(1-\beta_2\beta_{20})q_2=0 \tag{12-10}$$

式中：β_{10}和 β_{20}分别是变倍组和补偿级在初始位置的垂轴放大率；β_1和 β_2 分别是移动后变倍组和补偿组的垂轴放大率。

经变换得

$$\left(\frac{1}{\beta_1\beta_{10}}-1\right)q_1+\frac{1}{\beta_1\beta_{10}}\left(\frac{1}{\beta_2\beta_{20}}-1\right)q_2=0 \tag{12-11}$$

由于

$$q_1=x'_{10}-x_1=-f'_1(\beta_{10}-\beta_1)$$
$$q_2=x'_{20}-x_2=-f'_2(\beta_{20}-\beta_2)$$

将 q_1、q_2 分别代入式(12-11),得

$$\left(\frac{1}{\beta_1}-\frac{1}{\beta_{10}}+\beta_1-\beta_{10}\right)f'_1=\left(\frac{1}{\beta_2}-\frac{1}{\beta_{20}}+\beta_2-\beta_{20}\right)f'_2 \tag{12-12}$$

式(12-10)~式(12-12)均为变焦镜头的稳像方程,由它们中的任何一个均可解出 q_2 和 q_1 的关系。

习　　题

1. 一个变焦摄影物镜,变倍比为4,物镜焦距 f'_0 为20~80mm,变倍过程中相对孔径保持不变,长焦时入瞳直径 $D=20$mm,视场 $2\omega=15°$,求短焦时的入瞳直径和视场。

2. 红外变焦摄影物镜一般采用折反射系统,如采用卡塞林格系统,此时变焦时是否还可以保证相对孔径不变,为什么?

第 13 章　几何像差概述及光学设计

像差理论是光学设计的理论基础。在建立起理想光学系统以后,将实际光学系统所成的像偏离理想光学系统所成像的误差称为几何像差,简称像差。光学设计者将几何像差分为七种,即球差、彗差、像散、场曲、畸变、位置色差和倍率色差。应指出,这种像差的划分方法是在一定的条件下得出的。比如彗差是限定在小视场,忽略了场曲、像散等像差;像散光束的子午焦线和弧矢焦线的数学描述则是在小口径、细光束的特定条件下(忽略彗差)得出的。产生像差的原因有如下三点:①光线计算公式的非线性;②物面为平面,折(反)射面为球面(曲面),成像面为曲面;③不同颜色(波长)的光在折射介质中折射率不同。

初级像差理论是求解光学系统初始结构的理论基础。初级像差系数法,即多年延用 PW 法是光学设计的基本方法。用这种方法设计望远物镜或低倍显微物镜尚可,若设计稍复杂的光学系统,如照相物镜等就遇到很大困难。因此人们常采用的方法是根据技术要求,选择一个已有的镜头进行缩放,根据经验或利用像差自动平衡程序进行像差修正。

本章对几何像差进行了综述,讨论了 PW 法,提出两种新的光学设计方法——波差法和最小偏向角法。给出简便求解单透镜、双胶合和三胶合曲率半径的公式,并以实例给出几种典型光学系统的结构参数,像差曲线,点列图和传递函数。

13.1　几何像差概述

13.1.1　球差

光轴上物点发出的光束经光学系统后,不同孔径的光线和光轴的交点不同(即像点位置不同),这种现象称为球差。从第 6 章里单个折射面的轴上点光束光路计算已看出这个问题。

图 13-1 是球差示意图。

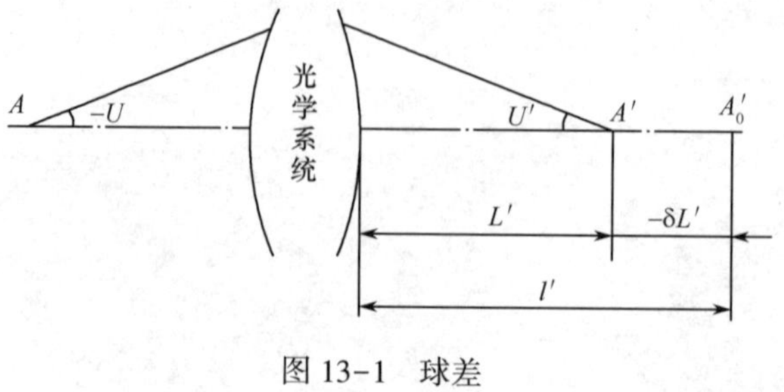

图 13-1　球差

图中 A 为光轴上一物点。由它发出一条孔径角为 U 的光线,经光学系统后出射光线

交光轴于 A' 点。A'_0 是理想像点，A' 和 A'_0 点的距离称为球差。球差以理想像点 A'_0 为原点，用符号 $\delta L'$ 表示。

$$\delta L' = L' - l' \tag{13-1}$$

不同孔径的光线和光轴交点不同。将最大孔径规化为 1，作为纵坐标，以球差 $\delta L'$ 为横坐标，可画出不同孔径光束的球差状况，这种曲线称为球差曲线，如图 13-2 所示。

为了说明球差产生的原因，现将单个折射面的实际光线和近轴光线计算公式分别写出。实际光线计算公式为

$$\begin{cases} \sin I = \dfrac{L-r}{r}\sin U \\ \sin I' = \dfrac{n}{n'}\sin I \\ U = U + I - I' \\ L' = r\left(1 + \dfrac{\sin I'}{\sin U'}\right) \end{cases}$$

近轴光线计算公式为

$$\begin{cases} i = \dfrac{l-r}{r}u \\ i' = \dfrac{n}{n'}i \\ u' = u + i - i' \\ l' = r\left(1 + \dfrac{i'}{u'}\right) \end{cases}$$

比较上面两式可以看出，由于正弦函数的非线性，由实际光线计算公式得出的 L' 值因 U 不同而不同。而近轴光线计算公式为线性关系式，u 无论取何值得出的 l' 均是一样的。因此，近轴光线计算公式是高斯光学的基础，即理想光学系统建模的理论依据。由此可见，实际光线计算公式的非线性是产生球差的原因，不但如此，它也是产生其他单色像差的原因。

光学系统是由许多折(反)射面构成的。反射面又可视为折射面的特例，分析清单个折射面的像差，就可举一反三。下面分析单个折射面的球差。图 13-3 所示单个折射面的光线折射情况，图中 B，B' 和 b，b' 是以球心 C 为原点。由图中几何关系可得

$$W_L = n'B'\sin U' = nB\sin U \tag{13-2}$$

$$W_l = n'b'u' = nbu \tag{13-3}$$

式中：W_L 和 W_l 为 W 不变量。

由式(13-2)可得出折射面的无球差点，将它改写为

$$B' = \frac{n\sin U}{n'\sin U'} \cdot B = KA \tag{13-4}$$

当 K 为恒值时，B' 与孔径角 U 无关，不产生球差。有如下三个无球差点。

(1) $K=1$，A 位于球面顶点，有

$$K = \frac{n\sin U}{n'\sin U'} = 1$$

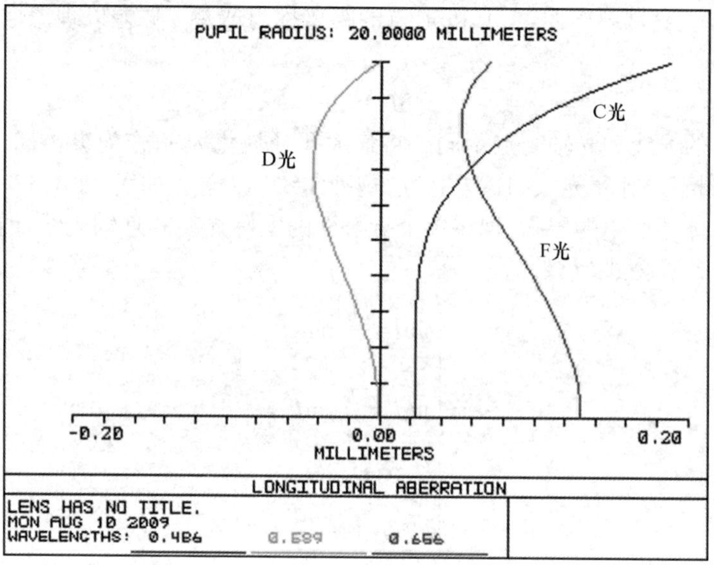

图 13-2 球差曲线

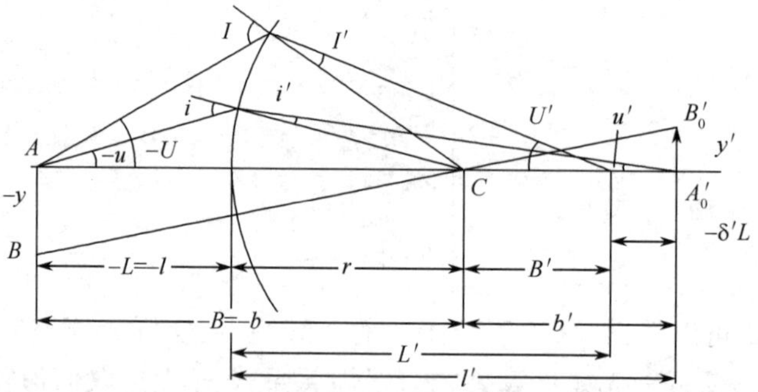

图 13-3 单个折射面的光线射面的像差

$$\frac{\sin U}{\sin U'}=\frac{n'}{n}=\frac{\sin I}{\sin I'}$$

$$I=U,U'=I$$

（2）$K=\frac{n}{n'}$，A 点位于球心上，有

$$K=\frac{n\sin U}{n'\sin U'}=\frac{n}{n'}$$

$$\sin U=\sin U'$$

$$U=U'=0$$

（3）$K=\frac{n^2}{n'^2}$，A 点位于齐明点，有

$$K=\frac{n\sin U}{n'\sin U'}=\frac{n^2}{n'^2}$$

$$\frac{\sin U}{\sin U'}=\frac{n}{n'}=\frac{\sin I'}{\sin I}$$

$$U=I',U'=I$$

$$B=\frac{\sin I}{\sin U}r=\frac{\sin I}{\sin I'}r=\frac{n'}{n}r,L-r=\frac{n'}{n}r$$

$$B'=\frac{\sin I'}{\sin U'}r=\frac{\sin I'}{\sin I}r=\frac{n}{n'}r,L'-r=\frac{n}{n'}r$$

$$\begin{cases}L=\dfrac{n+n'}{n}r\\[2ex]L'=\dfrac{n+n'}{n'}r\end{cases}\tag{13-5}$$

满足式(13-5)的一对共轭点称为齐明点。

单透镜是组成光学系统的基本单元,对于位于空气中的薄透镜

$$\Phi=(n-1)(\rho_1-\rho_2)=(n-1)G\tag{13-6}$$

显然光焦度 Φ 在折射率 n 固定后,只与曲率差 G 有关,即 Φ 一旦确定,G 为定值。但满足 G 可有不同的结构形式,即 ρ_1 和 ρ_2 的比值可变。透镜的球差与物距和透镜的结构形式有关。

13.1.2 位置色差和二级光谱

1. 位置色差

由于不同波长的光在介质中的折射率不同,所以光轴上发出的白光光束经光学系统后和光轴的交点不同,即不同颜色的光球差曲线不同。以波长 $\lambda=589.29\text{nm}$ 的 D 光近轴像点为原点,可画出不同颜色光的球差曲线。如图 13-2 中除画出 D 光的球差曲线外,还画出了 F 光($\lambda=486.13\text{nm}$)和 C 光($\lambda=656.27\text{nm}$)的球差曲线。由图可见 F 光和 C 光的近轴像点不重合,两像距之差称为位置色差,用 $\Delta l'_{FC}$ 表示:

$$\Delta l'_{FC}=l'_F-l'_C\tag{13-7}$$

对任意孔径的光束,位置色差为

$$\Delta L'_{FC}=L'_F-L'_C\tag{13-8}$$

2. 二级光谱

一些光学系统,如双胶合物镜可以将 D 光球差校正到边缘光线球差接近为零。0.707 口径光线球差最大,F 光和 C 光球差曲线在 0.707 处相交,如图 13-4(a)所示。这种物镜称为消色差物镜。F 光和 C 光球差曲线交点和 D 光球差曲线在 0.707 口径处的距离为二级光谱,用 $\Delta L'_{FCD}$ 表示。

$$\Delta L'_{FCD}=L'_{F0.7}-L'_{D0.7}=L'_{C0.7}-L'_{D0.7}\tag{13-9}$$

3 片以上的透镜系统可以做到 F 光、C 光和 D 光的球差曲线在 0.707 口径处相交,即二级光谱为零。这种物镜称为复消色物镜,如图 13-4(b)所示。

13.1.3 场曲

如图 13-57 所示,理想光学系统成像时,物面为平面,像面也为平面。实际光学系统由于折射面一般为球面(或非球面),成像面变为曲面,此曲面和理想成像平面之差称为场曲。用 x'_p 表示。从单个折射面便可清楚看出场曲形成的原因。

图 13-5 中 B 为轴外物点,在折射球面的轴心放一小孔光阑(孔径光阑),则 B 的理想像点为 B'_0。但实际像点不可能在 B'_0 处。以 O 为圆心,OA 为半径交 OB 于 B_1 点,又以 OA'_0

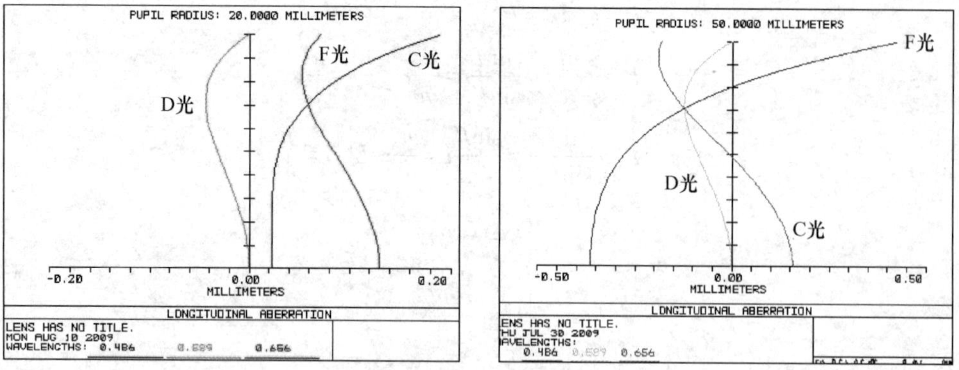

(a) (b)

图 13-4 球差曲线

(a)消色差曲线; (b)复消色差曲线。

为半径画圆交 OB_0' 于 B_1',则 B_1' 为 B_1 的像点。BB_1 乘以沿轴放大率 α 可得 B 的实际像点 B'。B' 至理想像点的距离即为场曲 x_p'。由上述分析可知场曲和视场 $\omega(y)$ 的平方成正比。即

$$x_P' \propto \omega^2(y) \tag{13-10}$$

对于光学系统

$$x'_P = J^2 \sum_{i=1}^{m} \frac{\phi_i}{n_i} \tag{13-11}$$

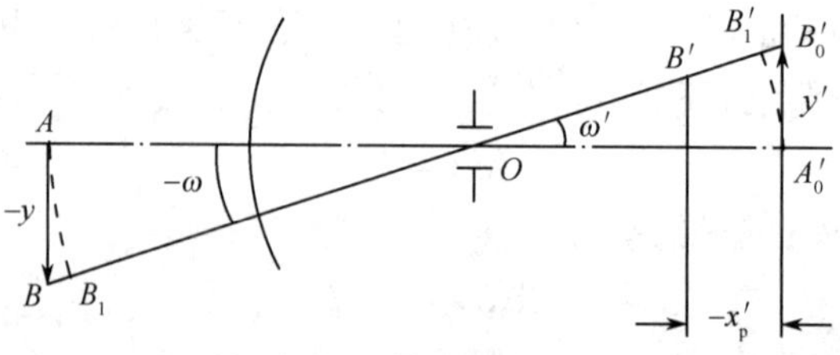

图 13-5 场曲

13.1.4 畸变与倍率色差

当主光线的实际角放大率不等于+1 时,即像方主光线不和物方主光线平行时,像方主光线和理想像面的交点不和理想像点重合,这种现象称为畸变,用 Δy 表示。如图 13-6 所示。

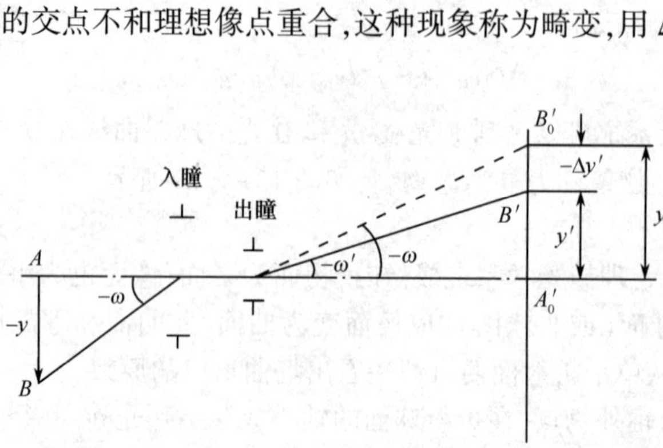

图 13-6 畸变的形成

$$\Delta y' = y' - y'_0 \tag{13-12}$$

若畸变为负值,称为桶形畸变;若畸变为正值,称为枕形畸变。图 13-7(a)表示理想像,(b)为枕形畸变,(c)为桶形畸变。

畸变和视场的三次方成正比。不同视场的垂轴放大率不同。在光学设计中,通常用相对畸变 q 表示。

$$q = \frac{\Delta y'}{y'_0} \times 100\% \tag{13-13}$$

不同波长的光畸变不同,即不同颜色的光主光线角放大率不等,造成即使在同一视场不同波长光的垂轴放大率不等。在像面上垂轴方向色差的出现,称为倍率色差,用 $\Delta y'_{FC}$ 表示。

$$\Delta y'_{FC} = y'_F - y'_C \tag{13-14}$$

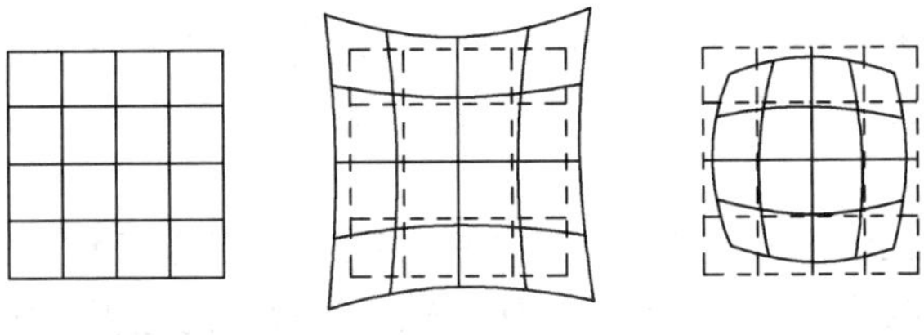

图 13-7　畸变

13.1.5　彗差、正弦条件、等晕条件与正弦差

1. 彗差

彗差是小视场大孔径像差。之所以把彗差限定于小视场是为了忽略场曲、像散、畸变等像差。图 13-8 为彗差示意图。为简化起见,设入瞳和出瞳重合,根据定义轴外物点和光轴构成的平面为子午面,过主光线作子午面的垂面为弧矢面。图中画出通过孔径边缘上 8 个点的光线在像面上的 4 个交点。可以看出通过孔径边缘的光线在像面上的交线为一个圆,如图 13-8(b)所示。同理,图 13-8(a)中孔径中间圆周通过的光线对应于图 13-8(b)的小圆。

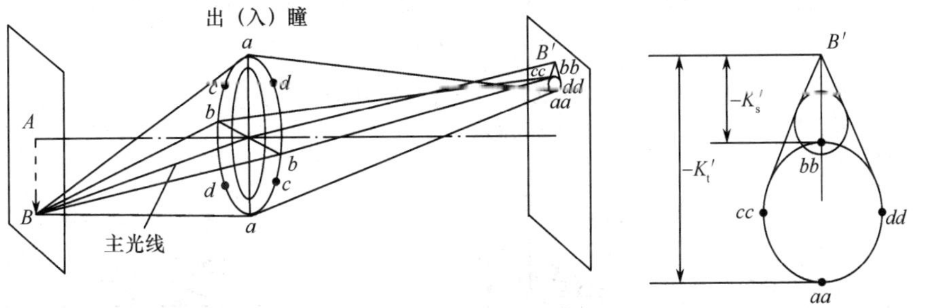

图 13-8　彗差

(a)彗差的形成;(b)彗差在像面上的分布。

可见越靠近孔径中心的圆周,通过它的光线的交线形成的圆越小,且越靠近主光线和

像面的交点 B'。全孔径光束在像面形成的光斑为彗星状,故称彗差。孔径边缘上、下光线在像面的交点 aa 至 B'点的距离称为子午彗差,用 K'_t表示。孔径边缘弧矢光线在像面交点 bb 至 B'距离称为弧矢彗差,用 K'_s表示。一般

$$K'_t = 3K'_s \tag{13-15}$$

2. 正弦条件

在球差部分论述了单个折射面的三个无球差点。由图 13-3 可以看出,对于无球差点有

$$\frac{B'}{B} = \frac{y'}{y} \tag{13-16}$$

再根据式(13-2),可得

$$n'y'\sin U' = ny\sin U \tag{13-17}$$

式(13-17)称为正弦条件。它表示满足上述关系时,轴上点无球差、轴外点无彗差。和拉亥不变量一样,它也可以推广至整个光学系统。

3. 等晕条件

正弦条件是垂轴小线段完善成像的条件。实际上光学系统对轴上点消球差只能使某一带光球差为零,其他带仍有剩余球差。所以轴上点也不能完善成像,所得的像为一弥散斑。当剩余球差不大时,弥散斑小,可认为像质是良好的。因此,对轴外邻近点的成像最多也只能要求和轴上像点一样,是一个仅有剩余球差引起的足够小的弥散斑。轴外点和轴上点具有同样成像缺陷的现象称为等晕成像。满足等晕成像的条件称为等晕条件。

等晕成像如图 13-9 所示。图中只画出光学系统的像空间,由于视场小,理想像高 y' 代替了细光束焦点的高度(不考虑场曲、像散和畸变)。Y'是轴外邻近点发出的边缘光线的会聚点 B'的高度,并和轴上点发出的边缘光的会聚点 A'处于一个平面内。

由图可知,轴上点和轴外点有相同的球差值,而且轴外点不失对称性,即没有彗差,这样的系统就满足等晕条件。

4. 正弦差

偏离等晕条件的程度用正弦差 SC'表示,如图 13-10 所示。图中 B'_s是轴外点弧矢光线的交点,弧矢彗差 $K'_s = Q'B'_s$。用 $K'_s/A'Q'$表示偏离等晕条件的程度,则

$$SC' = \frac{K'_s}{A'Q'} = \frac{Y'_s - A'Q'}{A'Q'} = \frac{Y'_s}{A'Q'} - 1 \tag{13-18}$$

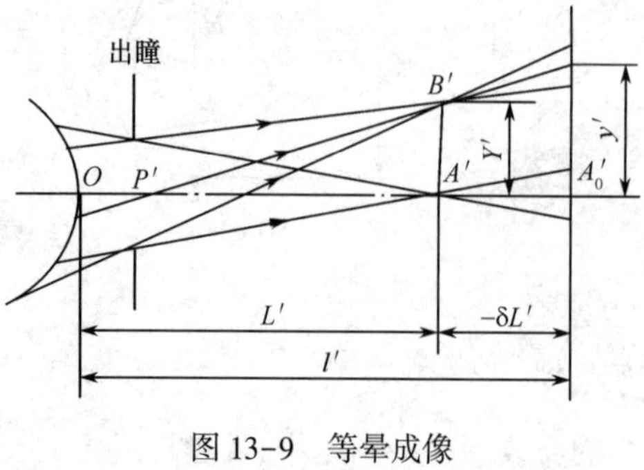

图 13-9 等晕成像

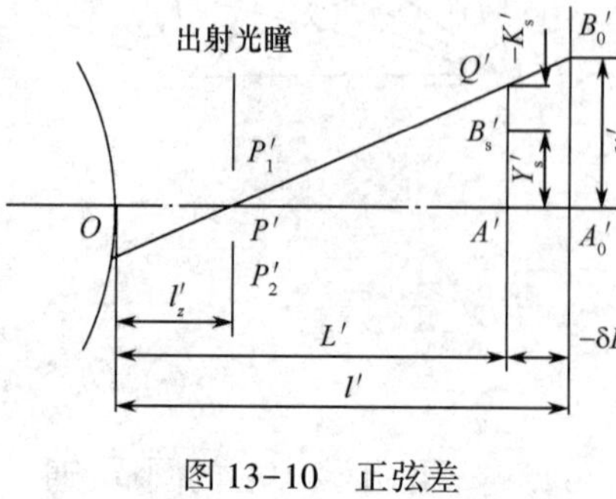

图 13-10 正弦差

经数学推导，得

$$SC'=\frac{\sin U}{\sin U'}\cdot\frac{u'}{u}-\frac{\delta L'}{L'-l'_z}-1 \tag{13-19}$$

由式(13-19)可得，正弦差 SC' 与球差和光阑位置有关。

13.1.6 像散

讨论彗差时限定在小视场的范围内。视场大时除产生彗差外，还会有像散等像差，使问题变得复杂。为抽象出像散光束的特点，将通光口径限定在很小范围，即讨论细光束的像散。由图13-8可以看出，通光口径越小，通过孔径边缘的光线在像面上形成的交线圆的主心越靠近主光线上的 B' 点。所以限定了细光束实际上是忽略了彗差。此时，子午光线的交点及弧矢光线的交点均位于主光线上。在子午光线的交点处有一垂直于子午面的线段，称为子午焦线；在弧矢光线交点处有一垂直于弧矢面的线段，称为弧矢焦线。在理想像面上弥散斑为一椭圆，如图13-11所示。

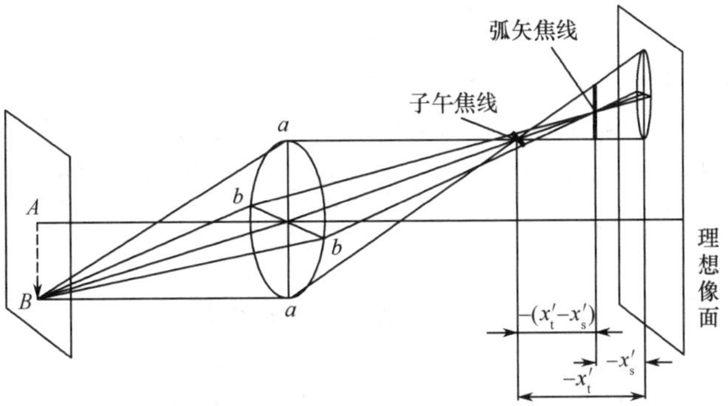

图13-11　像散

子午焦线到理想像面的距离称为子午场曲，用 x'_t 表示；弧矢焦线到理想像面的距离称为弧矢场曲，用 x'_s 表示。两者之差称为像散，用 x'_{ts} 表示。

$$x'_{ts}=x'_t-x'_s \tag{13-20}$$

像散与视场平方成正比，且和彗差、畸变、场曲、倍率色差一样与光阑位置有关。

13.2　初级像差理论简介及讨论

七种像差有的与口径有关(球差、位置色差)，有的与口径和光阑位置有关(彗差、像散)，有的与视场与光阑位置有关(畸变、倍率色差)，有的与光焦度有关(场曲)，色差则与材料折射率有关。它们均可表示成这些相关量的函数。如球差可写成光线入射高度 h (或孔径角 U)的函数 $\delta L'$：

$$\delta L'=A_1h^2+A_2h^4+A_3h^6+\cdots \tag{13-21}$$

将式(13-21)中第一项称为初级球差，第二项称为二级球差……，依次类推。二级以上球差统称为高级球差。其他像差也可如此划分。由初级像差可得出与有关参量的较为简单的函数关系。赛德根据初级像差的概念提出各种像差初级量的表达式。用 S_{I}、S_{II}、S_{III}、S_{IV}、S_{V} 和 C_{I}、C_{II} 分别表示单个折射面的初级球差、彗差、像散、场曲、畸变和位置色差、倍率色差系数，表达如下：

$$
\begin{cases}
S_{\mathrm{I}}=nlui(i'-u)(i-i') \\
S_{\mathrm{II}}=\dfrac{i_p}{i}S_{\mathrm{I}} \\
S_{\mathrm{III}}=\left(\dfrac{i_p}{i}\right)^2 S_{\mathrm{I}} \\
S_{\mathrm{IV}}=j^2\dfrac{n'-n}{nn'r} \\
S_{\mathrm{V}}=(S_{\mathrm{III}}+S_{\mathrm{IV}})\dfrac{i_p}{i} \\
C_{\mathrm{I}}=nlui\left(\dfrac{\delta n'}{n'}-\dfrac{\delta n}{n}\right) \\
C_{\mathrm{II}}=nlui_p\left(\dfrac{\delta n'}{n'}-\dfrac{\delta n}{n}\right)=\dfrac{i_p}{i}C_{\mathrm{I}}
\end{cases}
\tag{13-22}
$$

式中：i_p 为主光线入射角。

根据初级像差系数，针对望远物镜相对孔径不大，视场小，只需校正球差、彗差和位置色差，出现了 PW 法这一种光学设计方法。P 表征球差，W 表征彗差，位置色差则靠玻璃配对解决。

13.3 光学设计

光学设计是根据技术要求设计光学系统。一百年来能够求初始结构的只有 PW 法。但是由于受历史条件的限制（主要是计算手段的限制），康拉弟（Conrady）、斯留萨列夫（Crrocapeb）等只能采用这种方法进行设计。遗憾的是时至今日尚没有一种新的方法可以取代这种古老的方法。用 PW 法设计望远物镜、低倍显微物镜还可以——因为视场小，只要求校正球差、彗差和位置色差，用双胶合透镜即可。但是在设计大视场系统时需多片透镜就遇到了相当大的困难。20 世纪 70 年代前，光学设计者往往是利用已有的典型结构通过缩放，再根据经验进行设计，所以有人将光学设计称为一门手艺，即它主要不是依靠理论而是凭借经验。随着计算机技术的飞速发展，科学工作者已编制出光学设计软件，有人称之为自动设计程序，比较有名的是美国的 Code V 和 Zemax。它们是围绕着描述镜头的“数据库”（Database）进行优化设计的。我国有人称这种数据库为专家系统，即将国内外已有的镜头数据复制在计算机内，光学设计者可根据需要从中选取一种或几种，利用软件的像差自动平衡功能设计出所要求的光学系统。这种光学自动平衡程序不能改变原有的结构形式，只能发挥其潜力，使像差和性能指标达到预定的目标值。在像差自动平衡过程中，程序规定了某些数值的限制，如透镜中心厚度，工作距离等，称为边界条件，并根据像差和性能指标提出目标函数，使之趋于极小值。常用的方法有阻尼最小二乘法、自适应法等。不论使用什么方法，均要求设计者不但要熟悉计算机技术，更主要的是要懂得像差理论和有一定的设计经验。

光学设计水平的高低，可以从以下三个方面评价：一是在保证像差和性能指标的前提下，所用的透镜的片数少者为佳；二是同样在保证像差和性能指标的前提下，采用普通玻璃者为佳，因为特殊玻璃价格比普通玻璃高几倍甚至几十倍；三是零件的半径、偏心、厚度及零件间间隔公差小者为佳。目前存在的问题是由于光学设计优化软件的功能越来越强大，有些人认为光学自动设计程序解决了光学设计问题，这种观点是错误的。设计出来的光学系统加工、装调非常困难，这是目前普遍存在的问题。计算机技术的发展主要是提供了先进的计算手段和提高了计算速度。但是它不可能代替人的思维。如果对此没有清醒的认识，就会走入误区，就会限制人的创造灵感。百年来光学设计方法没有更新就是因为原有设计方法的数学模型不够完善，又没有提出新的数学模型。计算机技术的发展，使原来不敢设想的问题现在都可以实现。相信在不久的将来会出现一种新的光学设计方法，得出一种真正的光学自动设计程序，即自动选玻璃、求解初始结构（曲率半径、厚度等）和自动校正像差，使之达到令人满意的效果。

应当指出，通过理论分析和实例验证说明，初级球差系数 S_{I} 并非某球面产生球差对整个光学系统的初级球差贡献量，而是该球面本身产生的初级球差，从而 S_{II}、S_{III}、S_{IV}、S_{V} 也均是表征该球面自身的彗差、像散、场曲和畸变。因球差和波差相关，所以 S_{I} 表征的是初级波差，实践证明 S_{I} 为初级球差的 8 倍。由于波差是转面不变量，可以直接相加得系统的波差，故而多年沿用的初级像差理论没有出现大的问题。

几何像差的基础是球差，位置色差是不同颜色光的球差，彗差、像散、畸变、倍率色差除与球差有关外，尚与孔径光阑位置有关，场曲则与光焦度分配及玻璃材料的选择有关，色差的校正和玻璃配对有关。

光学系统中除平面元件外是由透镜组成，基本是单透镜和双胶合透镜。因此光学设计主要是研究单透镜和双胶合透镜的像差，其中最主要的是球差，然后根据孔径光阑的位置分析其他像差。

本节提出两种新的求解初始结构方法，并把作者多年来设计的典型光学系统提供给读者。

13.3.1 单透镜

1. 波差法

由于球差系数 S_{I} 为波差的 8 倍，波差可直接相加，为此对透镜两球面分别对 S_{I} 微分，即可在保证光焦度的条件下，求得透镜最小波差（球差）的结构形式。

单透镜的光焦度为

$$\phi=(n-1)(\rho_1-\rho_2)+\frac{(n-1)^2}{n}d\rho_1\rho_2=(n-1)G+\frac{(n-1)^2}{n}dQ$$

其中

$$G=(\rho_1-\rho_2) \tag{13-23}$$

$$Q=\rho_1\rho_2 \tag{13-24}$$

式中：Q 为形状系数，反映透镜的像差。

对于薄透镜

$$\phi=(n-1)G \tag{13-25}$$

第一面入射角为 i_1，折射角为 i_1'，第二面入射角 i_2，折射角为 i_2'，如图 13-12 所示。

分别对第一面、第二面球差系数 $S_{\mathrm{I}1}$ 和 S_{I} 取微分，得

$$\frac{dS_{I1}}{di'_1}=h_1n(n-1)(3i'^2_1-2u_1i'_1)$$

$$\frac{dS_{I2}}{di_2}=h_2n(n-1)(3i'^2_2-2u'_2i_2)$$

$\frac{dS_{I1}}{di'_1}+\frac{dS_{I2}}{di_2}=0$ 时波差有极值。

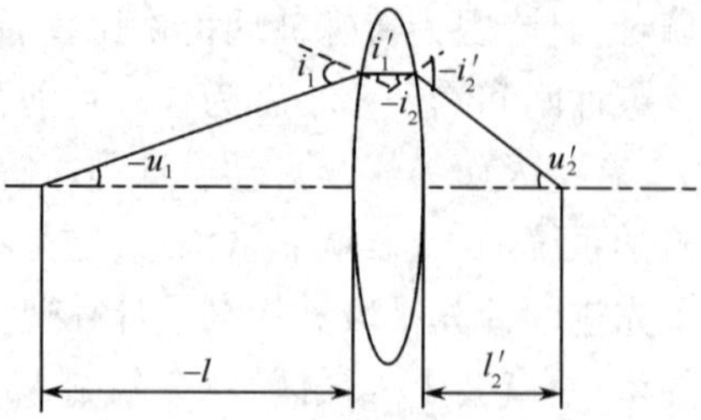

图 13-12 透镜对光线的解析

对于薄透镜而言，$h_2=h_1=h$，$di'_1=-di_2$，得透镜波差（球差）最小时

$$\rho_1=\frac{n(2n+1)}{2(n+2)}G+\frac{2(n+1)}{n+2}\frac{1}{l} \tag{13-26}$$

$$\rho_2=\rho_1-G \tag{13-27}$$

从而

$$r_1=\frac{1}{\rho_1}$$

$$r_2=\frac{1}{\rho_2}$$

显然，当 $l=-\infty$ 时

$$\rho_1=\frac{n(2n+1)}{2(n+2)}G,\rho_2=\frac{2n^2-n-4}{2(n+2)}G \tag{13-28}$$

当 $\beta=-1$ 时

$$\rho_1=\frac{G}{2},\rho_2=-\frac{G}{2} \tag{13-29}$$

例 13-1 一薄单透镜，用于白光物体在无限远，材料为 K9 玻璃（$n=1.5163$）口径 $D=20$mm，焦距 $f'=100$mm，厚度 $d=3$mm，求 r_1 和 r_2。

解：根据式（13-26）得到如表 13-1 所列结果：

表 13-1 单透镜结构参数（一）

参数	r/mm	d/mm	材料
1	59.38	2	K9
2	-395.59		

图 13-13 分别给出由 Zemax 计算出的球差曲线和 D 光的波差图，表 13-2 则列出了 S_I 和波差值及 S_I 和实际波差的关系，可见基本也是 8 倍关系。

表 13-2 S_I 与波差值的关系

参数	S_I/mm	S_I/λ	λ	$S_I(\lambda)/\lambda$
1	0.010725	18.1999	2.3157	7.8593
2	0.009557	16.2178	2.0562	7.8873
$\sum$	0.020282	34.4177	4.3719	7.8725

读者也可以在保证 G 不变的条件下，取不同的 r_1 和 r_2，验证一下上面结果是否是球

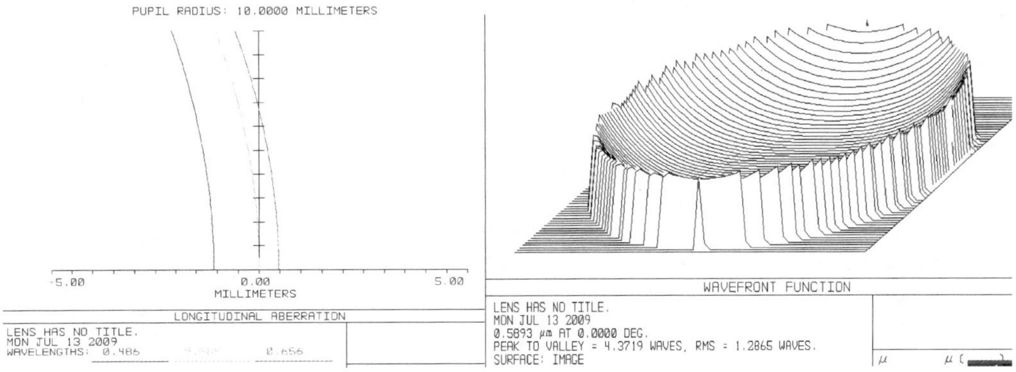

图 13-13　球差曲线与波差图

差(波差)为最小。此外,也取物体在有限距离计算按式(13-26)和式(13-27)计算透镜的两半径,验证一下是否球差(波差)最小。

由实例可以看出,单透镜独立使用时球差比较大,色差无法校正,且其他像差也比较严重。

2. 最小偏向角法

当 $i_1'=-i_2$ 时,光束偏折角接近最小,则

$$\rho_1=\frac{n}{2}G+\frac{1}{l} \tag{13-30}$$

当 $l=-\infty$ 时

$$\rho_1=\frac{n}{2}G \tag{13-31}$$

当 $\beta=-1$ 时

$$\rho_1=\frac{G}{2} \tag{13-32}$$

激光用单透镜一般为非成像光学系统,传输能量信息。视场很小,主要是校正球差。对于准直系统,无论是波差法还是最小偏向角法,小半径对向平行光,大半径一般为小半径的 6 倍左右,球差为最小值,若第二面为平面时,球差接近最小值,第一面取非球面,可校正球差。

例 13-2　波长为 632.8nm 氦氖激光器使用的单平凸透镜,凸面取二次圆锥面,材料为 K9 玻璃($n=1.5163$),口径 $D=20$mm,焦距 $f'=100$mm,视场 $2\omega=1°$,中心厚度 $d=2$mm,求 r_1 和非球面系数。

解:$\rho_1=G$,并根据校正球差要求,见表 13-3 所列的数据。

表 13-3　单透镜结构参数(二)

r/mm	d/mm	玻璃	二次圆锥曲面系数
51.466	2	K9	-0.58477
∞	98.6788		

图 13-14 给出球差、点列图、传递函数与场曲和畸变。表 13-4 为结构参数。

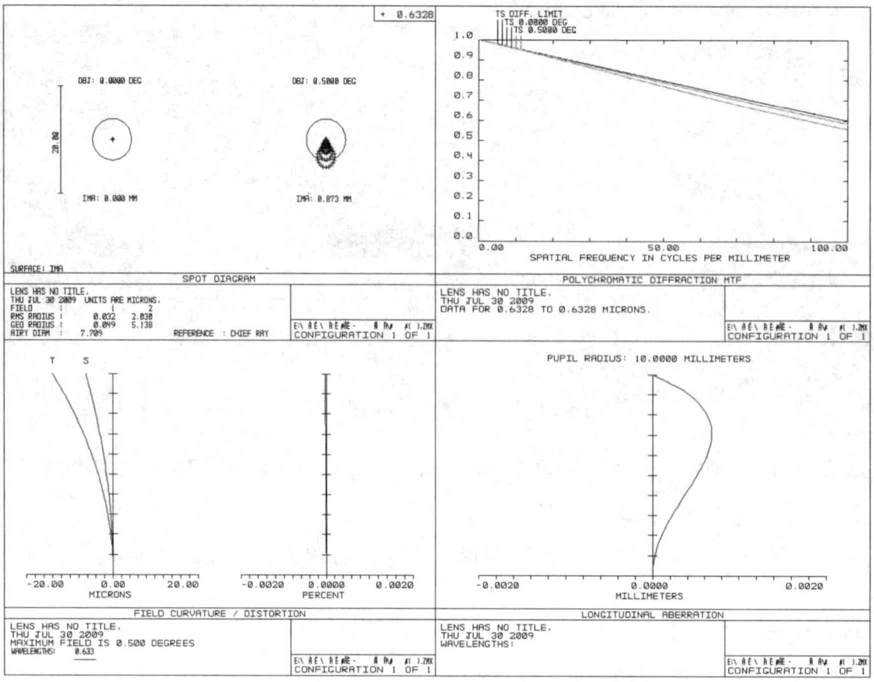

图 13-14　点列图、传递函数、场曲数和球差图

表 13-4　单透镜结构参数(三)

r/mm	d/mm	玻璃	二次圆锥曲面系数
∞	2	K9	
-51.466	99.9992		-2.294206696

根据彗差和球差的关系知,当球差为最小值时彗差也相应的小。对于平凸准直单透镜,凸面朝前比平面朝前球差小,彗差小,凸面采用非球面时,球差可很好校正,但后者彗差仍比前者大得多,传递函数也差,如图 13-15 所示。

13.3.2　双胶合物镜

1. 波差法

波差是转面不变量,球差系数 S_{I} 实际表征的是波差,因此用波差法设计双胶合物镜更为合理。

同样对薄双胶合物镜而言,$h_1=h_2=h_3=h$,其产生的波差为

$$w=h\left(\frac{1}{\tan U'}-\frac{1}{\sin U'}+\frac{1}{\sin U}-\frac{1}{\tan U}\right)+(n_1-1)(x_1-x_2)+(n_2-1)(x_2-x_3) \tag{13-33}$$

式中:h 为光线高度;U 为物方孔径角;U'为像方孔径角;x_1,x_2,x_3 分别为三个球面的矢高;n_1,n_2 分别为前后两透镜的折射率。

消色差双胶合物镜满足的条件是

$$\begin{cases}(n_1-1)G_1+(n_2-1)G_2=\phi\\ \delta n_{FC_1}G_1+\delta n_{FC_2}G_2=0\end{cases} \tag{13-34}$$

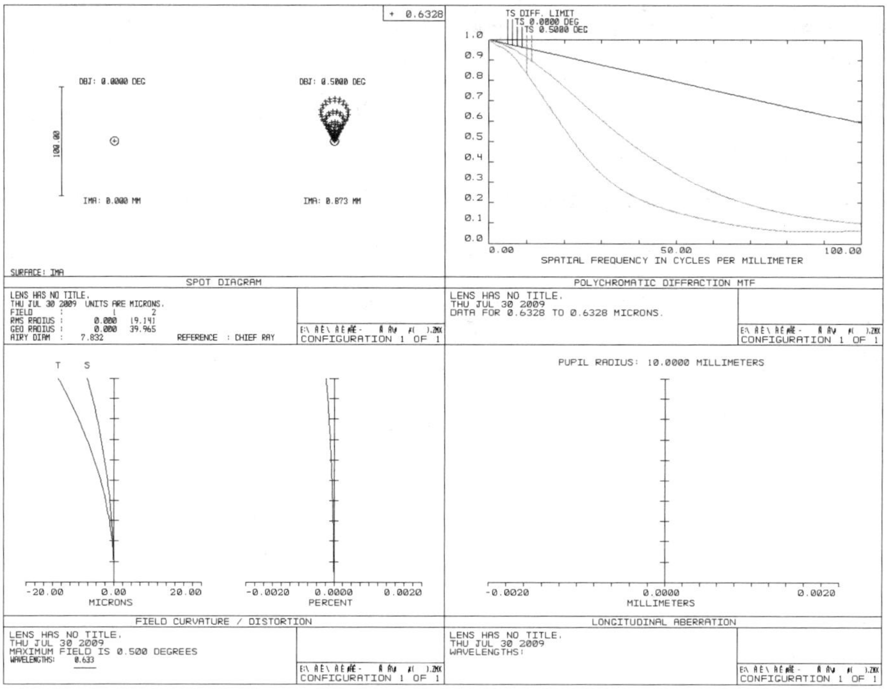

图 13-15 点列图、传递函数、场曲畸变和球差图

其中

$$\delta n_{FC_1}=n_{F_1}-n_{c_1}$$

$$\delta n_{FC_2}=n_{F_2}-n_{c_2}$$

将矢高进行级数展开

$$x=r-\sqrt{r^2-h^2}\approx\frac{h^2}{2r}+\frac{h^4}{8r^3}=\frac{h^2}{2}\rho+\frac{h^4}{8}\rho^3$$

则

$$\begin{cases}x_1-x_2=\dfrac{h^2}{2}G_1+\dfrac{h^4}{8}G_1^3+\dfrac{3h^4}{8}G_1Q_1\\[2mm] x_2-x_3=\dfrac{h^2}{2}G_2+\dfrac{h^4}{8}G_2^3+\dfrac{3h^4}{8}G_2Q_2\end{cases}$$

将 x_1,x_2 代入式(13-33)得

$$w=h\left(\frac{1}{\tan U'}-\frac{1}{\sin U'}+\frac{1}{\sin U}-\frac{1}{\tan U}\right)+\frac{h^2}{2}[(n_1-1)G_1+(n_2-1)G_2]+$$
$$\frac{h^4}{8}[(n_1-1)G_1^3+(n_2-1)G_2^3]+\frac{3h^4}{8}[(n_1-1)G_1Q_1+(n_2-1)G_2Q_2]$$

即

$$w=h\left(\frac{1}{\tan U'}-\frac{1}{\sin U'}+\frac{1}{\sin U}-\frac{1}{\tan U}\right)+\frac{h^2}{2}\phi+$$
$$\frac{h^4}{8}[(n_1-1)G_1^3+(n_2-1)G_2^3]+\frac{3h^4}{8}[(n_1-1)G_1Q_1+(n_2-1)G_2Q_2] \tag{13-35}$$

由式(13-34)根据光焦度和消色差要求解出 G_1,G_2 后,波差只与 Q_1,Q_2 有关,故称 Q

为透镜的结构参数,反映其形状(平凸,双凹,弯月等)。

取

$$\begin{cases}Q_1=\rho_1\rho_2=G_1\rho_1+\rho_2^2\\Q_2=\rho_2\rho_3=\rho_2^2-G_2\rho_2\end{cases}\tag{13-36}$$

将式(13-36)代入式(13-35),且令波差 $w=0$,则得出关于 ρ_2 的一元二次方程

$$A\rho_2^2+B\rho_2+C=0\tag{13-37}$$

解得

$$\rho_2=\frac{-B\pm\sqrt{B^2-4AC}}{2A}\tag{13-38}$$

式中

$$\begin{cases}A=(n_1-1)G_1+(n_2-1)G_2=\phi\\B=(n_1-1)G_1^3+(n_2-1)G_2^3\\C=\dfrac{8}{3h^2}\left(\dfrac{1}{\tan U'}-\dfrac{1}{\sin U'}+\dfrac{1}{\sin U}-\dfrac{1}{\tan U}\right)+\dfrac{4}{3h^2}\phi+\dfrac{1}{3}B\end{cases}\tag{13-39}$$

解出 ρ_2 后,即可求得各面半径

$$\begin{cases}r_2=\dfrac{1}{\rho_2}\\\rho_1=\rho_2+G_1,r_1=\dfrac{1}{\rho_1}\\\rho_3=\rho_2-G_1,r_3=\dfrac{1}{\rho_3}\end{cases}$$

2. 最小偏向角法

实际上透镜可视为角度不断变化的光楔,在最小偏向角时,球差最小。对于正透镜而言,当 $i_1'=-i_3$ 时接近最小偏向角,得

$$\rho_2=\frac{1}{n_1+n_2}\left[n_1G_2-n_2G_1+\left(\frac{n_1}{l'}+\frac{n_2}{l}\right)\right]\tag{13-40}$$

当 $l=-\infty$ 时

$$\rho_2=\frac{1}{n_1+n_2}[n_1G_2-n_2G_1+n_1\phi]\tag{13-41}$$

当 $\beta=-1$ 时

$$\rho_2=\frac{1}{n_1+n_2}\left[n_1G_2-n_2G_1+\frac{n_1-n_2}{2}\phi\right]\tag{13-42}$$

由式(13-34)解得 G_1 与 G_2 后,同样可求得 r_1,r_2,r_3。

例 13-3 表 13-5 分别列出由 PW 法、波差法和最小偏向角法得出的三种口径 $D=40\text{mm}$,焦距 $f'=200\text{mm}$,由 K9 与 ZF2 组合的双胶合物镜初始结构参数。

表 13-5　双胶合物镜结构参数(一)

PW 法		波差法		最小偏向角法	
r/mm	d/mm	r/mm	d/mm	r/mm	d/mm
123.46	6	118.95	6	123.99	6
−87.925	3.75	−90.25	3.75	−87.551	3.75
−258.497		−281.34		−256.67	

图 13-16 分别列出用 PW 法、波差法和最小偏向角法解出的初始结构参数对应的球差曲线。

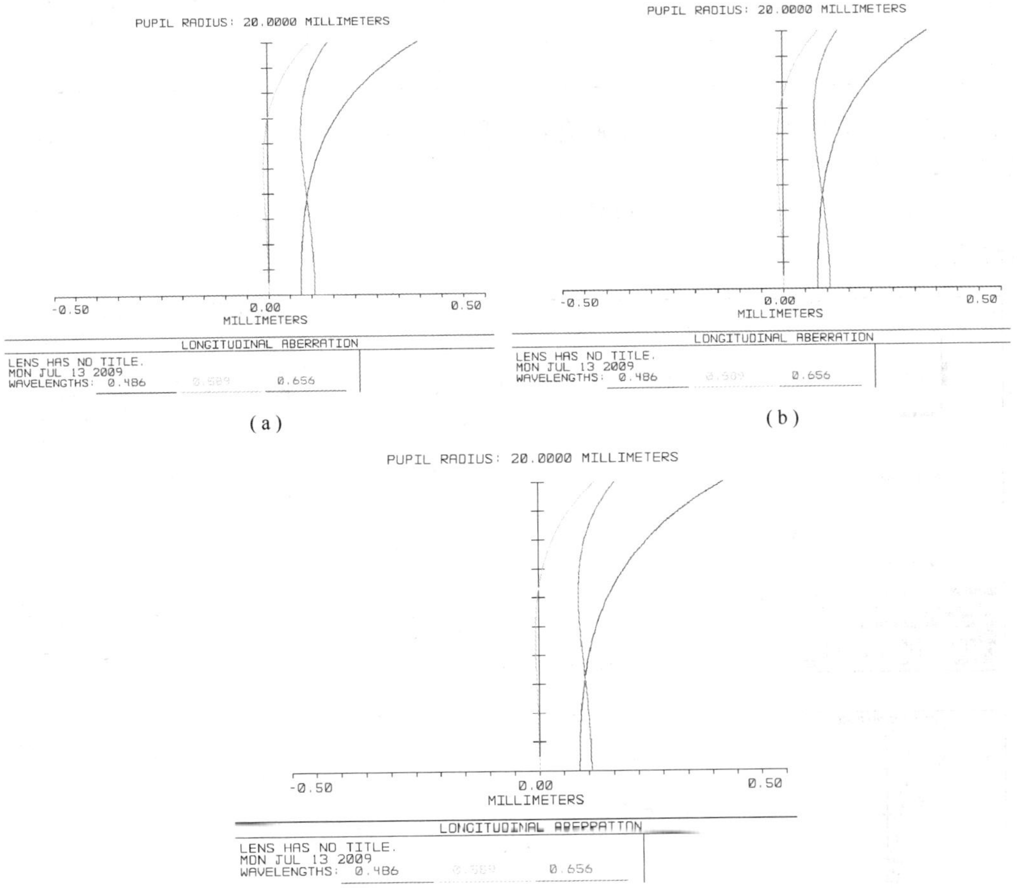

(a)　(b)　(c)

图 13-16　球差曲线

(a) PW 法；(b) 波差法；(c) 最小偏向角法。

由图 13-16 可以看出波差法最好，最小偏向角法和 PW 法基本差不多，设计起来最为简单的则是最小偏向角法。

13.3.3　摄远物镜

双胶合物镜虽然可以校正球差、彗差和位置色差，但无法校正场曲和像散，视场稍大就无法保证像质。为此，可在双胶合物镜后面加一弯月透镜构成摄远物镜，除主面前移缩短筒长外,更主要的是校正场曲和像散,提高成像质量。表 13-6 列出用 Zemax 优化的双胶合物镜数据和远摄物镜的结构参数,均为口径 $D=40$mm,焦距 $f'=200$mm,视场 $2\omega=7°$。

表 13-6　双胶合物镜结构参数(二)

双胶合物镜			摄远物镜		
r/mm	d/mm	玻璃	r/mm	d/mm	玻璃
115.93	6	K3	105.44	7	BaK7
-91.16	3.75	ZF2	-106.41	3.75	ZF6
-267.28			-469.90	65.98	
			31.70	11	BaK7
			25.29		

图 13-17 和图 13-18 分别为双胶合物镜和摄远物镜的点列图,调制传递函数曲线,场曲和畸变曲线及球差曲线。

比较图 13-17 和图 13-18 可以看出,同样技术条件下,像质摄远物镜明显优于双胶合物镜。

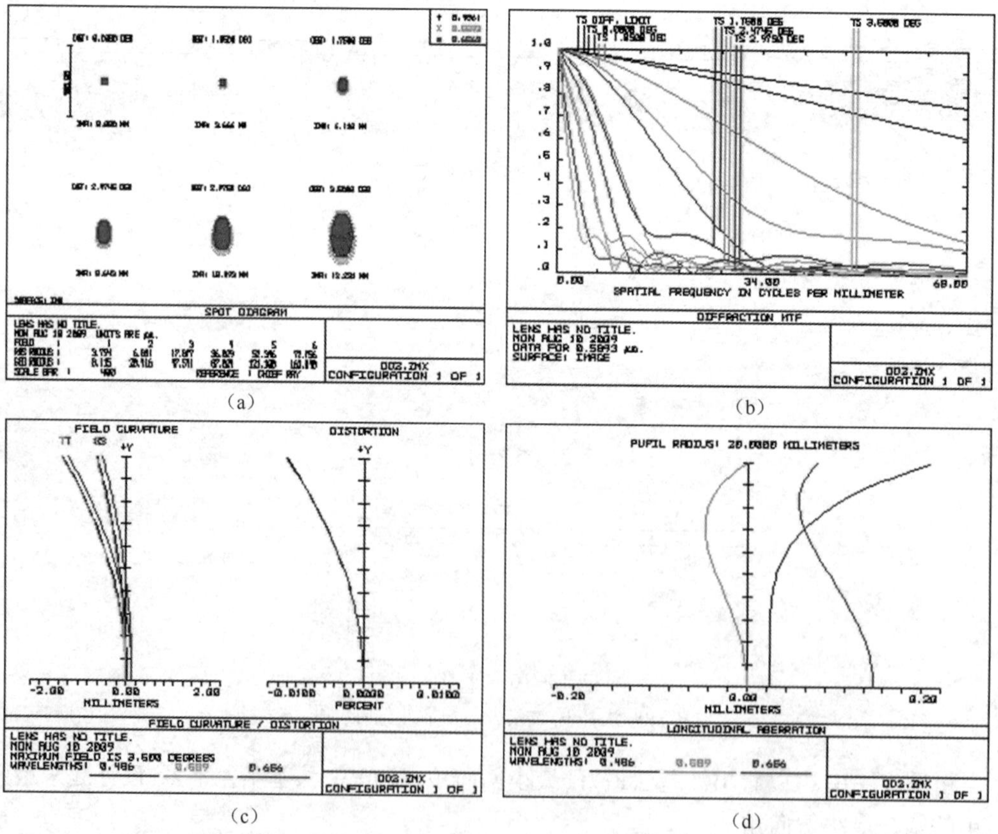

图 13-17　双胶合物镜

(a)点列图;(b)MTF 传递函数曲线;(c)场曲和畸变曲线;(d)球差曲线。

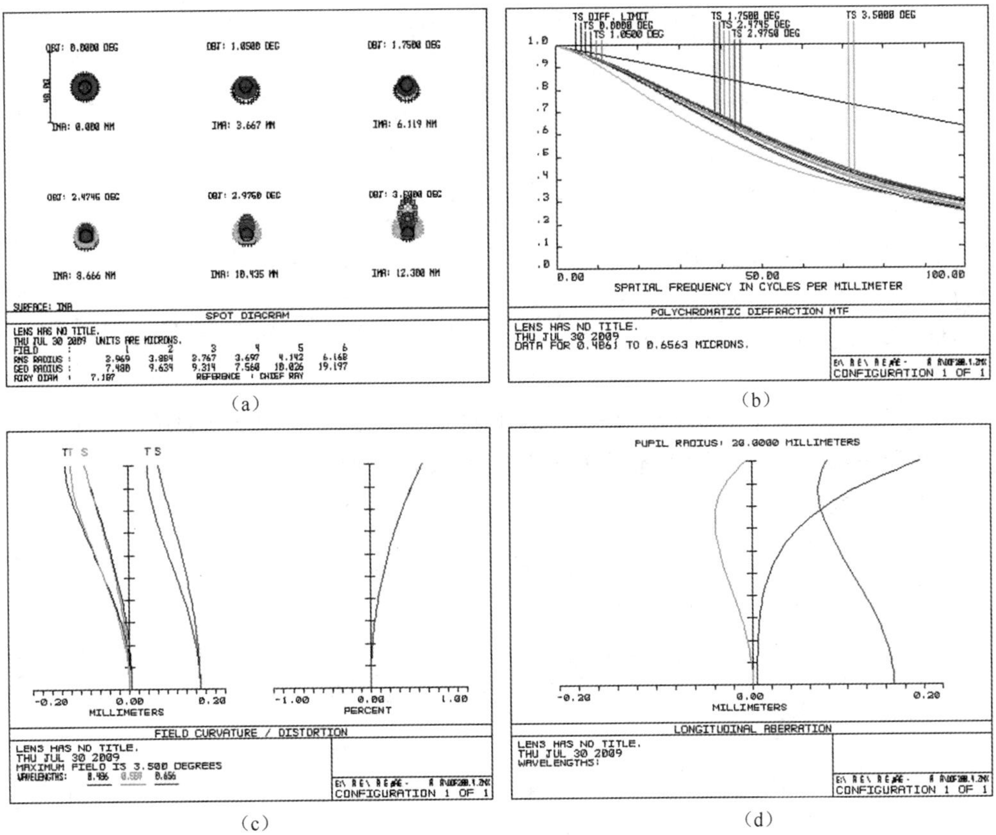

图 13-18　摄远物镜

(a)点列图;(b)MTF 传递函数曲线;(c)场曲和畸变曲线;(d)球差曲线。

13.3.4　三胶合物镜

双胶合物镜虽然能够消色差,但存在二级光谱,而且二级光谱约为焦距的 5/10000。因此对于长焦距平行光管和透射式天文望远镜过去曾是光学设计的难题。欲复消色最少用 3 片透镜,且其中 1 片为特殊色散玻璃透镜。下面讨论三胶合复消色长焦距平行光管物镜设计问题。

1. 波差法

三胶合物镜满足复消色差的条件是

$$\begin{cases}(n_1-1)G_1+(n_2-1)G_2+(n_3-1)G_3=\phi \\ \delta_{n_{FC_1}}G_1+\delta_{n_{FC_2}}G_2+\delta_{n_{FC_3}}G_3=0 \\ \delta_{n_{FD_1}}G_1+\delta_{n_{FD_2}}G_2+\delta_{n_{FD_3}}G_3=0\end{cases} \tag{13-43}$$

式中:n_1、n_2、n_3 分别为每块玻璃的 D 光折射率;$\delta_{n_{FC_1}}$、$\delta_{n_{FC_2}}$、$\delta_{n_{FC_3}}$ 分别为每块玻璃 F 光和 C 光折射率之差;$\delta_{n_{FD_1}}$、$\delta_{n_{FD_2}}$、$\delta_{n_{FD_3}}$ 分别为每块玻璃 F 光和 D 光折射率之差;ϕ 为三胶合物镜的光焦度。

$$\begin{cases} G_1=\dfrac{1}{r_1}-\dfrac{1}{r_2}=\rho_1-\rho_2 \\ G_2=\dfrac{1}{r_2}-\dfrac{1}{r_3}=\rho_2-\rho_3 \\ G_3=\dfrac{1}{r_3}-\dfrac{1}{r_4}=\rho_3-\rho_4 \end{cases} \tag{13-44}$$

某一口径光线的波差为

$$w=h\left(\frac{1}{\tan U'}-\frac{1}{\sin U'}+\frac{1}{\sin U}-\frac{1}{\tan U}\right)+(n_1-1)(x_1-x_2)+(n_2-1)(x_2-x_3)+(n_3-1)(x_3-x_4) \tag{13-45}$$

式中:h 为光线在三胶合物镜(设为薄透镜)上的光线高度;U 为物方光线孔径角;U' 为像方光线孔径角;x_1、x_2、x_3 分别为光线在三胶合物镜四个球面上的矢高。

将矢高进行级数展开

$$x=r-\sqrt{r^2-h^2}\approx\frac{h^2}{2r}+\frac{h^4}{8r^3}=\frac{h^2}{2}\rho+\frac{h^4}{8}\rho^3 \tag{13-46}$$

则

$$\begin{cases} x_1-x_2=\dfrac{h^2}{2}G_1+\dfrac{1}{8}h^4G_1^3+\dfrac{3}{8}h^4G_1Q_1 \\ x_2-x_3=\dfrac{h^2}{2}G_2+\dfrac{1}{8}h^4G_2^3+\dfrac{3}{8}h^4G_2Q_2 \\ x_3-x_4=\dfrac{h^2}{2}G+\dfrac{1}{8}h^4G_3^3+\dfrac{3}{8}h^4G_3Q_3 \end{cases} \tag{13-47}$$

式中

$$\begin{cases} Q_1=\rho_1\rho_2 \\ Q_2=\rho_2\rho_3 \\ Q_3=\rho_3\rho_4 \end{cases} \tag{13-48}$$

将式(13-47)代入式(13-45),得

$$w=h\left(\frac{1}{\tan U'}-\frac{1}{\sin U'}+\frac{1}{\sin U}-\frac{1}{\tan U}\right)+\frac{h^2}{2}[(n_1-1)G_1+(n_2-1)G_2+(n_3-1)G_3]+\frac{h^4}{8}[(n_1-1)G_1^3+(n_2-1)G_2^3+(n_3-1)G_3^3]+\frac{3h^4}{8}[(n_1-1)G_1Q_1+(n_2-1)G_2Q_2+(n_3-1)G_3Q_3] \tag{13-49}$$

由式(13-49)可看出,因为 $\phi_1\approx(n_1-1)G_1$,$\phi_2\approx(n_2-1)G_2$,所以

由式(13-43)解出 G_1、G_2、G_3 后,等于确定了每块透镜的光焦度,这样波差只与 Q_1、Q_2、Q_3 有关,故称 Q 为透镜的结构常数,反映其形状(平凸、平凹、双凸、双凹、弯月等)。

取

$$
\begin{cases}
Q_1=\rho_1\rho_2=G_1\rho_2+\rho_2^2 \\
Q_2=\rho_2\rho_3=\rho_2^2-G_2\rho_2 \\
Q_3=\rho_3\rho_4=\rho_2^2-(2G_2+G_3)\rho_2+G_2^2+G_2G_3
\end{cases}
\tag{13-50}
$$

将式(13-50)代入式(13-49),且令 $w=0$,则得到关于 ρ_2 的一元二次方程

$$
A\rho_2^2+B\rho_2+C=0 \tag{13-51}
$$

解得

$$
\rho_2=\frac{-B\pm\sqrt{B^2-4AC}}{2A} \tag{13-52}
$$

式中

$$
\begin{cases}
A=(n_1-1)G_1+(n_2-1)G_2+(n_3-1)G_3=\phi \\
B=(n_1-1)G_1^3+(n_2-1)G_2^3+(n_3-1)G^3 \\
C=\dfrac{8}{3h^2}\left(\dfrac{1}{\tan U'}-\dfrac{1}{\sin U'}+\dfrac{1}{\sin U}-\dfrac{1}{\tan U}\right)+\dfrac{4}{3h^2}A+\dfrac{1}{3}B+(n_3-1)G_2G_3(G_2-G_3)
\end{cases}
\tag{13-53}
$$

解出 ρ_2 后,便可求得各面半径

$$
\begin{cases}
r_2=\dfrac{1}{\rho_2} \\
\rho_1=\rho_2+G_1,r_1=\dfrac{1}{\rho_1} \\
\rho_3=\rho_2-G_2,r_3=\dfrac{1}{\rho_3} \\
\rho_4=\rho_3-G_3,r_4=\dfrac{1}{\rho_4}
\end{cases}
\tag{13-54}
$$

得出此初始解后,加上透镜的厚度,进行实际光路计算,得出相应的波色差,代入下面式组

$$
\begin{cases}
(n_1-1)G_1+(n_2-1)G_2+(n_3-1)G_3=\phi \\
\delta_{n_{\mathrm{FC}_1}}G_1+\delta_{n_{\mathrm{FC}_2}}G_2+\delta_{n_{\mathrm{FC}_3}}G_3=-\dfrac{2}{h^2}W_{\mathrm{FC}} \\
\delta_{n_{\mathrm{FD}_1}}G_1+\delta_{n_{\mathrm{FD}_2}}G_2+\delta_{n_{\mathrm{FD}_3}}G_3=-\dfrac{2}{h^2}W_{\mathrm{FD}}
\end{cases}
\tag{13-55}
$$

式中:W_{FC} 和 W_{FD} 分别为实际光路计算得出的 F 光和 C 光,D 光的波色差。

由式(13-55)解出 G_1、G_2、G_3 后,再将其代入式(13-53)和式(13-54),重新解出 r_1、r_2、r_3、r_4,重复以上的过程,直到 D 光球差校正到边缘为零,F 光和 C 光、D 光 3 种光在 0.707 口径相交。

2. 最小偏向角法

由最小偏向角法得

$$\rho_2=\frac{1}{n_1+n_3}[n_1(G_2+G_3)-n_3G_1]+\frac{n_1}{l'}+\frac{n_3}{l} \tag{13-56}$$

当 $l=-\infty$ 时

$$\rho_2=\frac{1}{n_1+n_3}[n_1(G_2+G_3)-n_3G_1+n_1\varphi] \tag{13-57}$$

当 $\beta=-1$ 时

$$\rho_2=\frac{1}{n_1+n_3}\left[n_1(G_2+G_3)-n_3G_1+\frac{n_1-n_3}{2}\varphi\right] \tag{13-58}$$

从而可求 r_1、r_2、r_3、r_4。

按上述思路,编制了光学自动设计程序,如图 13-19 所示。

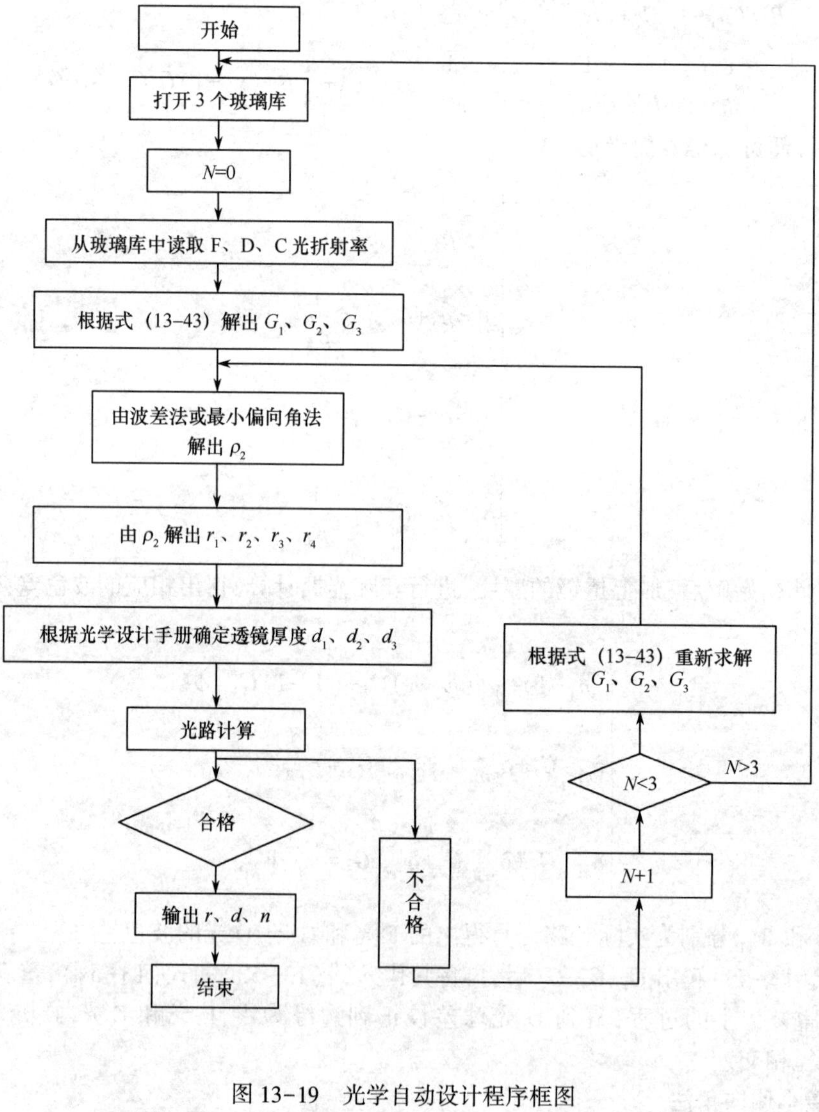

图 13-19　光学自动设计程序框图

此光学自动设计程序按双胶合物镜有关公式输入，求初始解时最小偏向角法更为简单。

13.3.5 透射式平行光管物镜

表 13-7 列出按上述光学自动设计程序得出的复消色平行光管物镜初始结构参数，其口径 $D=100\text{mm}$，焦距 $f'=1000\text{mm}$，视场 $2\omega=1°$。

表 13-7 复消色平行光管物镜结构参数

r/mm	d/mm	玻璃
438.2	12.5	K9
-3738.28	9	TF3
110.86	15.8	ZBaF8
5502.23	—	—

图 13-20 为其点列图、调制传递函数、像散场曲畸变和球差图。

可以看出，虽然复消色差了，但色球差比较大，即 D 光球差校正好后，F 光和 C 光球差大。这是透射式复消色物镜不足之处。

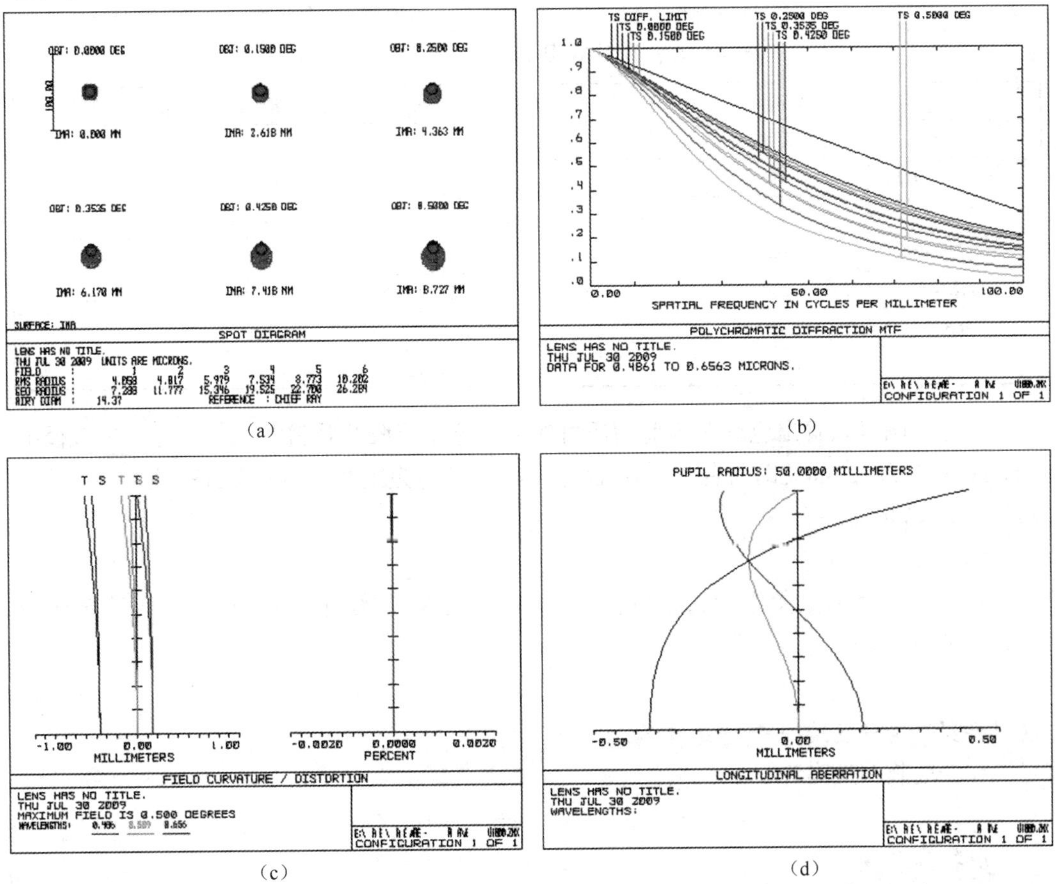

图 13-20 复消色平行光管物镜点列图、调制传递函数、像散场曲畸变和球差图

(a)点列图；(b)MTF 传递函数；(c)场曲和畸变曲线；(d)球差曲线。

13.3.6 折反式复消色平行光管物镜

为减小色球差和缩短筒长,采用折反射式复消色平行光管物镜,为解决非球面加工困难,主次反射镜均用球面,用前面两 K9 玻璃组成的无光焦度透镜校正主次反射镜产生的球差,用后面两双胶合物镜校正像散、场曲、克服两反射系统视场小(一般卡式系统和 RC 系统视场 $2\omega\approx20'$)的不足。另外次镜口径尽量小,降低遮拦比。图 13-21 为折反式复消色平行光管物镜的光路图,表 13-8 为其结构参数,其口径 $D=125\text{mm}$,焦距 $f'=1000\text{mm}$,视场 $2\omega=1°$。图 13-22 为其点列图、调制传递函数、像散、场曲畸变曲线和球差曲线。

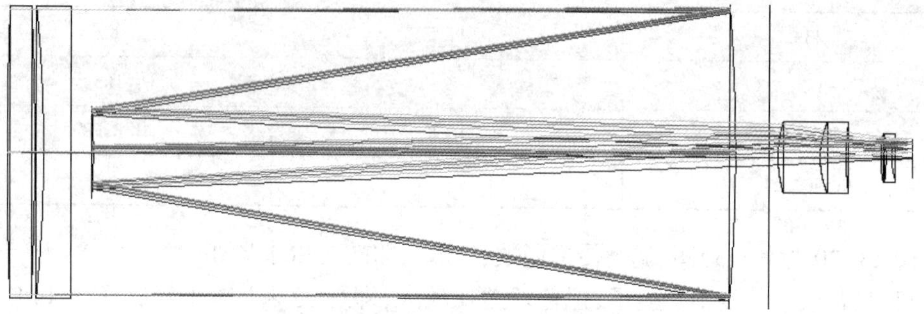

图 13-21 折反式复消色平行光管物镜

表 13-8 适时式复消色差物镜结构参数

r/mm	d/mm	玻璃	r/mm	d/mm	玻璃
1574.81	12.5	K9	∞	4	
-1241.70	4		53.78	18.75	ZF6
-610.59	12.5	K9	38.70	11.72	ZK7
-5970.30	300	Mirror	107.51	15.62	
-776.45	-290	Mirror	50.79	2.5	ZK7
-268.5	290		-74.02	2.56	ZF6
-776.45	15		29.49		

由球差图可以看出色球差为前面透射式复消色差三胶合物镜为 1/10,且通光口径由 100mm 增大为 125mm,即前者 $F=10$,后者 $F=8$。且均为焦距 $f'=1000\text{mm}$,视场 $2\omega=1°$。筒长降为 400mm 左右。

13.3.7 *fθ* 物镜

目前非接触在线检测工件尺寸已经广泛应用,其核心部件是 $f\theta$ 物镜,这种物镜的特点是一种负畸变物镜。

$$y'=f\theta \tag{13-59}$$

这里 θ 实际是视场角 ω。

无畸变物镜像高为

$$y_0'=f'\tan\omega=f'\tan\theta \tag{13-60}$$

$f\theta$ 物镜畸变为

$$\Delta y'=y'-y_0'=f(\theta-\tan\theta)\approx-\frac{\theta^3}{3}f' \tag{13-61}$$

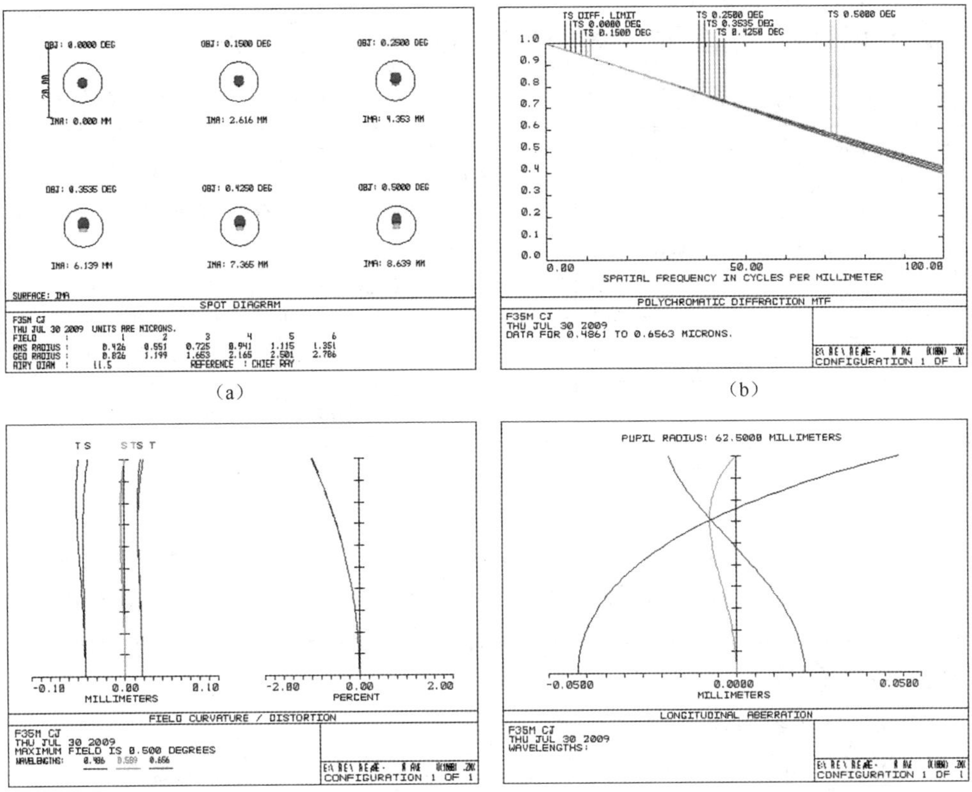

(c) (d)

图 13-22　点列图、传递函数、场曲畸变和球差图

(a)点列图;(b)MTF 传递函数曲线;(c)场曲和畸变曲线;(d)球差曲线。

fθ 物镜可以实现反射镜转动扫描时,物方光束角扫描和像方光束线扫描保持线性关系,保证不失真性。

例 13-4　技术指标。

测量尺寸:0~50mm

测量精度:$\sigma=1\mu m$

扫描光束口径:$D=2mm$

焦距:$f'=250mm$

图 13-23 为 *fθ* 物镜光路图,在物镜物方焦平面放置孔径光阑,构成像方远心光路,

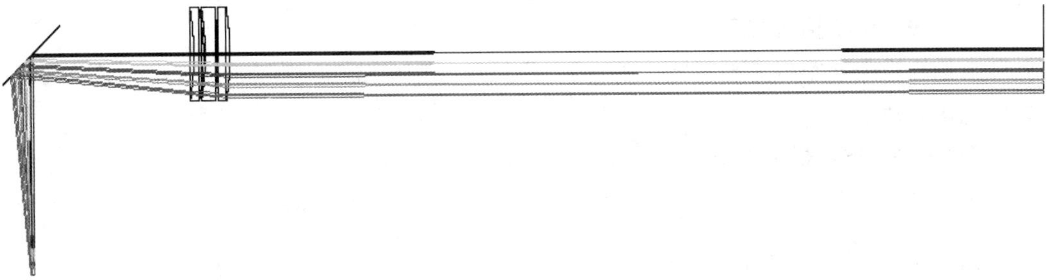

图 13-23　*fθ* 物镜光路图

表 13-9 为 $f\theta$ 物镜结构参数。

表 13-10 列出由物镜口至 2000mm 处各口径主光线的高度及两者之差。

表 13-9 $f\theta$ 物镜结构参数

r/mm	d/mm	Glass	Conic
STOP	130.6746	Mirror	
∞	-100		
183.19	-6	ZF6	
142.68	-1		2.089854
171.52	-6	K9	
∞	-1		
-561.58	-8	ZF6	
172.89	-2000		

表 13-10 $f\theta$ 物镜各口径主光线高度差

扫描角度 $\left(\frac{\theta}{\theta_m}\right)$	出口处主光线高度 h_0/mm	2000mm 处主光线高度 h/mm	$\Delta y=(h-h_0)$ /μm
0.25	6.250302	6.250314	0.012
0.5	12.50034	12.50041	0.07
0.75	18.75018	18.75035	0.17
1	25.00053	25.00049	-0.04

由表 13-10 可以看出，此 $f\theta$ 物镜可在镜头前 2000mm 范围内放被测工件，其中主光线高度差小于 0.17μm。足以保证测量精度，一般 $f\theta$ 物镜由于仅考虑负畸变忽略了全口径校正球差，导致主光线在不同距离变化，从而影响测量精度。这是此 $f\theta$ 镜头与一些资料给出的 $f\theta$ 镜头不同之处。

13.3.8 4*f* 系统物镜

4*f* 系统用于图像处理，核心部件仍是物镜，它的像质直接影响图像处理效果。表 13-11 列出其结构参数，图 13-24 为其点列图、传递函数、场曲畸变及球差图，点列图小于艾里斑，传递函数接近衍射极限。处理图像尺寸 $\phi=15$mm。波长 $\lambda=0.6328$μm。

表 13-11 4*f* 系统结构参数

r/mm	d/mm	玻璃	r/mm	d/mm	玻璃
	311.69		∞ (Stop)	-272.71	ZF6
79.47	13	ZF6	1551.00	10	
68.068	3		-230.00	3	ZF6
230.00	10	ZF6	-68.068	13	
-1551.00	272.71		-74.44	311.69	

13.3.9 全景相机物镜

全景相机是航空摄影相机的一种，因在飞行过程中可绕与飞行方向平行的轴旋转，可拍摄宽幅照片。

例 13-5 技术指标如下。

焦距：$f'=165$mm

相对孔径：$\frac{D}{f'}=\frac{1}{4}$

静态视场：$2\omega=40°$

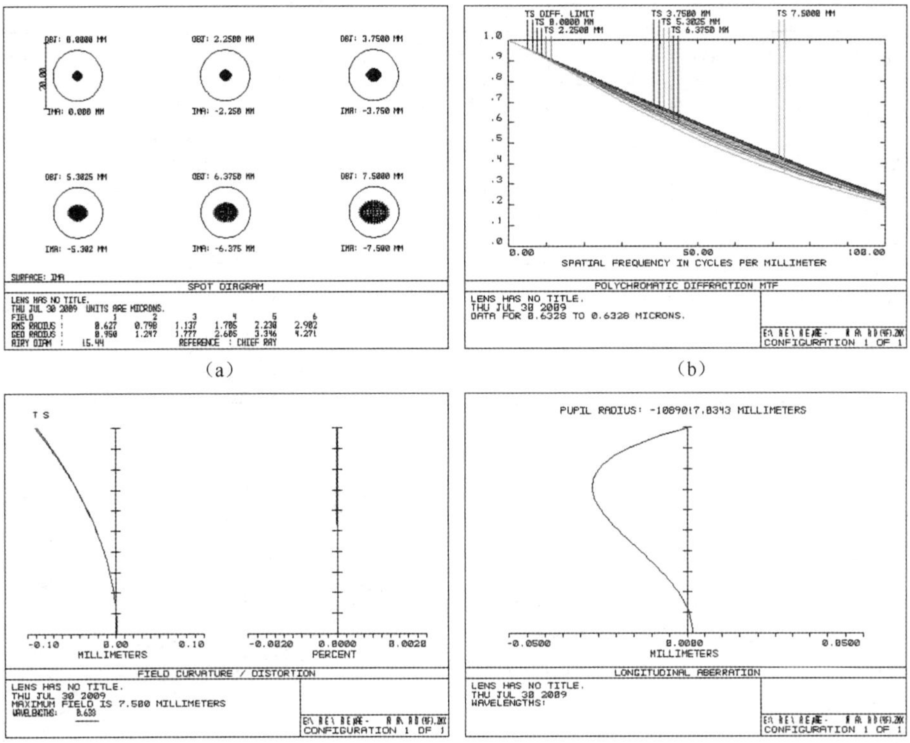

（a） （b）

（c） （d）

图 13-24　点列图、传递函数、场曲畸变和球差图

(a)总列图;(b)MTF 传递函数曲线;(c)场曲和畸变曲线;(d)球差曲线。

图 13-25 为全景相机光学系统图,表 13-12 列出结构参数,图 13-26 为其点列图,调制传递函数,像散场曲畸变曲线及球差曲线。全景相机特点是兼顾轴上和轴外像质,且公差比较宽。

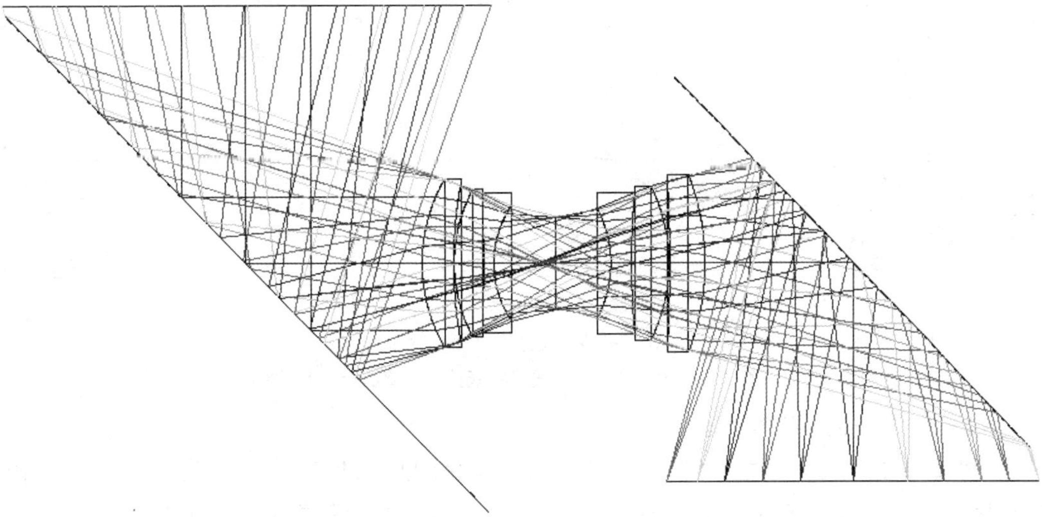

图 13-25　全景相机光学系统

表 13-12　全景相机结构参数

r/mm	d/mm	玻璃	r/mm	d/mm	玻璃
51. 4	9. 91	ZK7	-35. 32	6. 60	ZK7
128. 82	0. 22		224. 9	12. 08	
44. 67	9. 34	ZK7	-52. 48	0. 22	ZK7
-1106. 6	3. 28	TF3	-463. 4	11	
30. 06	19. 8		-76. 21		
∞	17. 44	TF3			

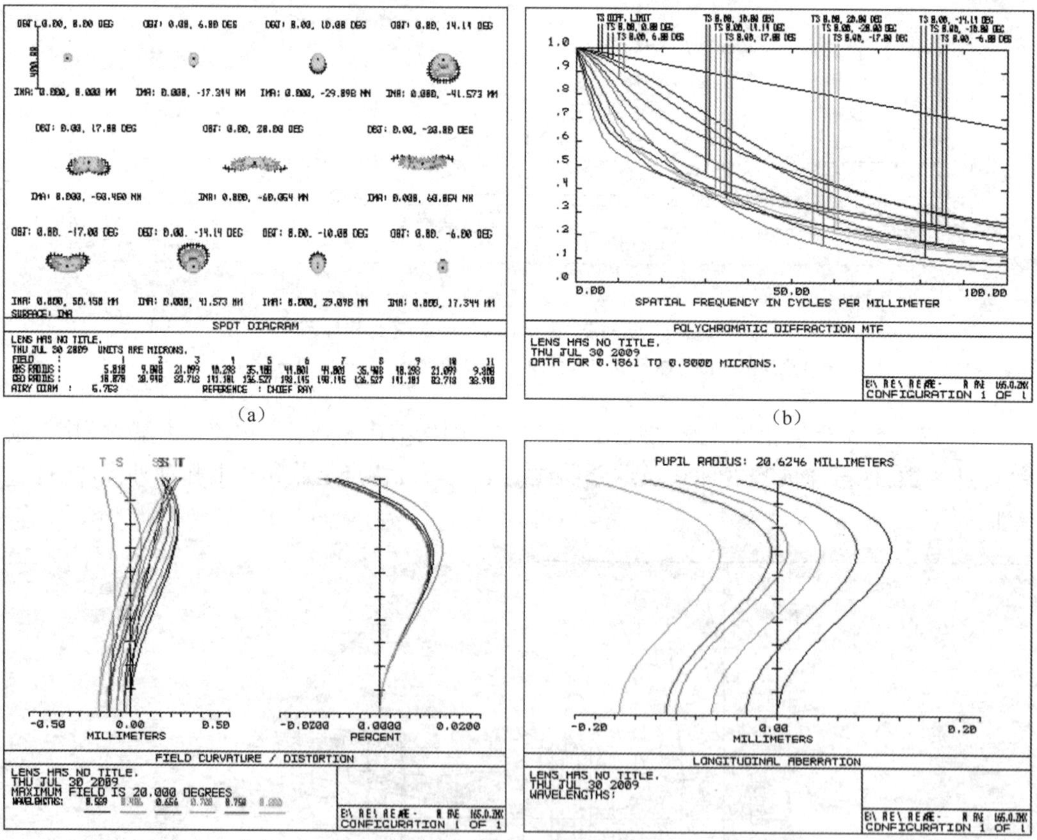

(a)　(b)　(c)　(d)

图 13-26　全景相机像质情况

(a)点列图;(b)MTF 传递函数曲线;(b)场曲和畸变曲线;(d)球差曲线。

13. 3. 10　变焦摄影物镜

变焦光学系统是一种焦距在一定范围内变化而像面保持不动的光学系统。早在1930 年,随着电影事业的发展,要求不同画幅尺寸的电影底片能够放映到同一尺寸的银幕上,或同一尺寸的电影底片能够放映到不同尺寸的银幕上。为了解决这些问题,要求发展放大倍率连续可变的放映镜头。目前变焦镜头都用改变透镜组之间的间隔来改变整个物镜的焦距。在移动透镜组改变焦距时,总是要伴随着像面的移动,因此要对像面的移动给以补偿。像移补偿的方法主要有光学补偿法和机械补偿法。1960 年后,随着机械加工工艺的改进,凸轮加工工艺的提高,机械补偿法得到广泛的应用。

目前电视摄影中已几乎全部采用变焦镜头。16mm 电影摄影镜头有被取代的趋势,35mm 电影新闻纪录摄影也逐渐采用变焦镜头。同时,135mm 照相机用的小型化变焦镜头在市场上也日益增多。变焦镜头被普遍应用于电视、电影、望远和显微摄影等科技领域,在宇宙空间通信、测距、导弹试验、火箭、卫星观测等方面也得到广泛应用。

变焦镜头的发展趋势正向着高倍率、大相对孔径、大视场、小型化和高成像质量的方向发展,但实际上这些要求之间是相互矛盾的。为了根据不同的需求,来解决它们之间的矛盾,也就产生了不同类型的变焦镜头。变焦镜头设计的最后阶段,即各透镜组的光学结构参数(半径、间隔、玻璃材料)确定之后,还需要计算变倍组与补偿组位移量之间的数值关系,以便用来指导加工凸轮轨道。

一般是变倍组线性运动,补偿组曲线运动。目前一般计算补偿组运动曲线都是多点拟合,这种方法的缺点是计算量大和有像跳两种。本书应用动态光学理论,给出补偿组运动解析表达式,保证变焦过程中像面始终稳定。

从动态光学理论上讲,变焦镜头属于一维动态稳像光学系统。应用动态光学理论可推导出像移补偿公式。由此公式可准确计算出补偿曲线,从而设计补偿像移的凸轮机构。

从光学设计角度看,变焦镜头属于大像差系统,七种几何像差均需校正,设计难度大,可以说变焦镜头是光学设计中最难设计的光学系统。本书提出了一种设计变焦镜头的新方法,并给出一种使像面完全稳定的机械像移补偿法。

1. 像移补偿公式

由动态光学理论可知,对于一个二组元稳像系统,其稳像方程为

$$\boldsymbol{R}_{2m}\boldsymbol{R}_2(\boldsymbol{E}-\boldsymbol{R}_{1m}\boldsymbol{R}_1)\boldsymbol{q}_1+(\boldsymbol{E}-\boldsymbol{R}_{2m}\boldsymbol{R}_2)\boldsymbol{q}_2=0 \tag{13-62}$$

式中:$\boldsymbol{R}_1$ 为光学元件 1 的静态作用矩阵;$\boldsymbol{R}_{1m}$为光学元件 1 的动态作用矩阵;$\boldsymbol{R}_2$ 为光学元件 2 的静态作用矩阵;$\boldsymbol{R}_{2m}$为光学元件 2 的动态作用矩阵;$\boldsymbol{E}$ 为单位矩阵;$\boldsymbol{q}_1$ 为光学元件 1 的运动矢量;$\boldsymbol{q}_2$ 为光学元件 2 的运动矢量。

由于变焦镜头变倍组和补偿组均为沿光轴的一维位移,故式(13-62)可简化为

$$\beta_{2m}\beta_2(1-\beta_{1m}\beta_1)\boldsymbol{q}_1+(1-\beta_{2m}\beta_2)\boldsymbol{q}_2=0 \tag{13-63}$$

式中:β_1 为变倍组初始位置的垂轴放大率;β_{1m}为变倍组运动后的垂轴放大率;β_2 为补偿组初始位置的垂轴放大率;β_{2m}为补偿组运动后的垂轴放大率;$\boldsymbol{q}_1$ 为变倍组沿光轴位移量;$\boldsymbol{q}_2$ 为补偿组沿光轴位移量。

一般情况下,$\boldsymbol{q}_1$ 为线性运动,由式(13-63)可得出 $\boldsymbol{q}_2$ 和 $\boldsymbol{q}_1$ 的运动关系,即

$$Aq_2^2+Bq_2+C=0 \tag{13-64}$$

式中

$$\begin{cases}A=(f_1'-\beta_1\boldsymbol{q}_1)\beta_2\\ B=\beta_1\beta_2\boldsymbol{q}_1^2+[f_2'(1-\beta_2^2)\beta_1-f_1'(1-\beta_1^2)\beta_2]\boldsymbol{q}_1-f_1'f_2'(1-\beta_2^2)\\ C=\beta_2^2f_2'[\beta_1\boldsymbol{q}_1-f_1'(1-\beta_1^2)]\boldsymbol{q}_1\end{cases} \tag{13-65}$$

即

$$\boldsymbol{q}_2=\frac{-B\pm\sqrt{B^2-4AC}}{2A} \tag{13-66}$$

由式(13-66)可以准确计算出补偿组的运动轨迹。

(1) 当 $\beta_1=\beta_2=-1$ 时,

$$\begin{cases}A=-f_1'-\boldsymbol{q}_1\\ B=\boldsymbol{q}_1^2\\ C=-f_2'\boldsymbol{q}_1^2\end{cases} \tag{13-67}$$

(2) 当 $\beta_1=-1,\beta_2=\infty$ 时,

$$\boldsymbol{q}_2=\frac{f_1'(1-\beta_1^2)-\beta_1\boldsymbol{q}_1}{f_1-\beta_1\boldsymbol{q}_1}\boldsymbol{q}_1=\frac{\boldsymbol{q}_1^2}{f_1+\boldsymbol{q}_1} \tag{13-68}$$

2. 光学设计指导思想

由参考文献[4]可知,光学系统的像差,除了和每个组元的像差有关外,还和该组元前、后光学系统的像差有关。所以在设计时应兼顾各组元的像差,即各组元均采用小像差,使光学系统进行小像差互补。这样不但光学系统成像质量好,而且元件的加工公差及装校公差也小,这对大像差光学系统(如摄影系统)尤为重要。

对于变焦系统,在长焦时,通光口径大、视场小;短焦时,通光口径小、视场大。为校正轴外像差,在短焦时采用准对称结构以使垂轴像差互相补偿。对每个组元,在通光口径最大时单独校正球差和位置色差。

对于二组元变焦系统,光焦度公式为

$$\boldsymbol{\Phi}=\frac{1}{h_0}(h_0\boldsymbol{\Phi}_0+h_1\boldsymbol{\Phi}_1+h_2\boldsymbol{\Phi}_2+h_3\boldsymbol{\Phi}_3) \tag{13-69}$$

消位置色差公式为

$$\delta_{n_{\mathrm{FC}_0}}h_0^2\boldsymbol{\Phi}_0+\delta_{n_{\mathrm{FC}_1}}h_1^2\boldsymbol{\Phi}_1+\delta_{n_{\mathrm{FC}_2}}h_2^2\boldsymbol{\Phi}_2+\delta_{n_{\mathrm{FC}_3}}h_3^2\boldsymbol{\Phi}_3=0 \tag{13-70}$$

式中:$\delta_{n_{\mathrm{FC}_0}}$、$\delta_{n_{\mathrm{FC}_1}}$、$\delta_{n_{\mathrm{FC}_2}}$、$\delta_{n_{\mathrm{FC}_3}}$ 分别为前固定组、变倍组、补偿组及后固定组的色散;h_0、h_1、h_2、h_3 分别表示轴上点全孔径光束在前固定组、变倍组、补偿组和后固定组的高度;$\boldsymbol{\Phi}_0$,$\boldsymbol{\Phi}_1$,$\boldsymbol{\Phi}_2$,$\boldsymbol{\Phi}_3$ 分别表示前固定组、变倍组、补偿组和后固定组的光焦度。

由式(13-69)和式(13-70)可以看出,为保证光焦度且要校正位置色差,可行的方法是各组元单独校正位置色差。

例 13-6 技术指标如下。

焦距:f'为 7.907~118.749mm

相对孔径:$\frac{D}{f'}=\frac{1}{4}$

视场角:2ω 为 41.56°~2.89°

光学总长:$L=188.93$mm

图 13-27 为在中焦时的光学系统图,表 13-13 为结构参数,图 13-28~图 13-30 分别为短焦、中焦、长焦时的点列图,调制传递函数,像散场曲畸变和球差曲线。

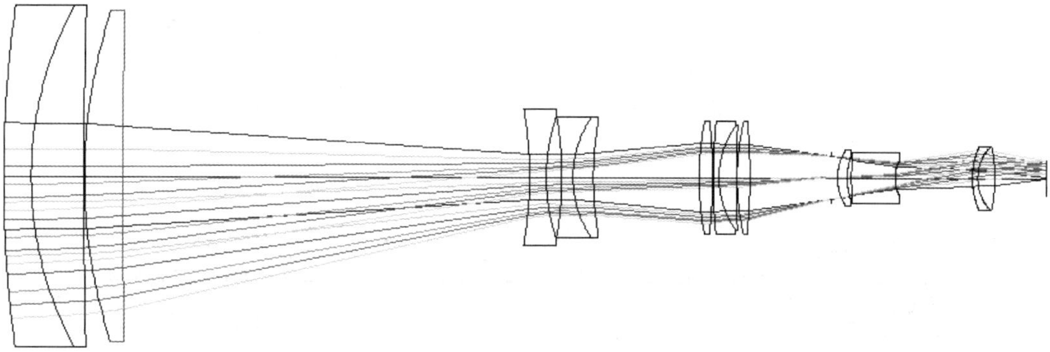

图 13-27 中焦时的光学系统

表 13-13 中焦时的光学系统结构参数

r/mm	d/mm	玻璃	r/mm	d/mm	玻璃
211.80	5	ZF2	15.74	3.16	BaK6
61.94	9.5	ZK6	251.20	0.1	
1235.90	0.1		41.59	2.37	ZK9
90.57	7	K9	-101.39	1.133~15~21.319	
2630.00	2.2~73.4~79.2		∞(Stop)	1	
-67.61	3	BaK7	8.551	1.85	BAF2
33.19	2.8		11.298	0.8	
-60.26	2	ZK7	284.40	8	BaK8
18.323	3.7	ZF6	6.637	14.25	
55.59	104.07~19~6.881		13.459	1	ZF6
51.54	2.39	ZK11	7.98	3.11	ZK7
-82.41	0.1		-26.06	9.2964~9.2966~9.2966	
103.99	1	ZF10			

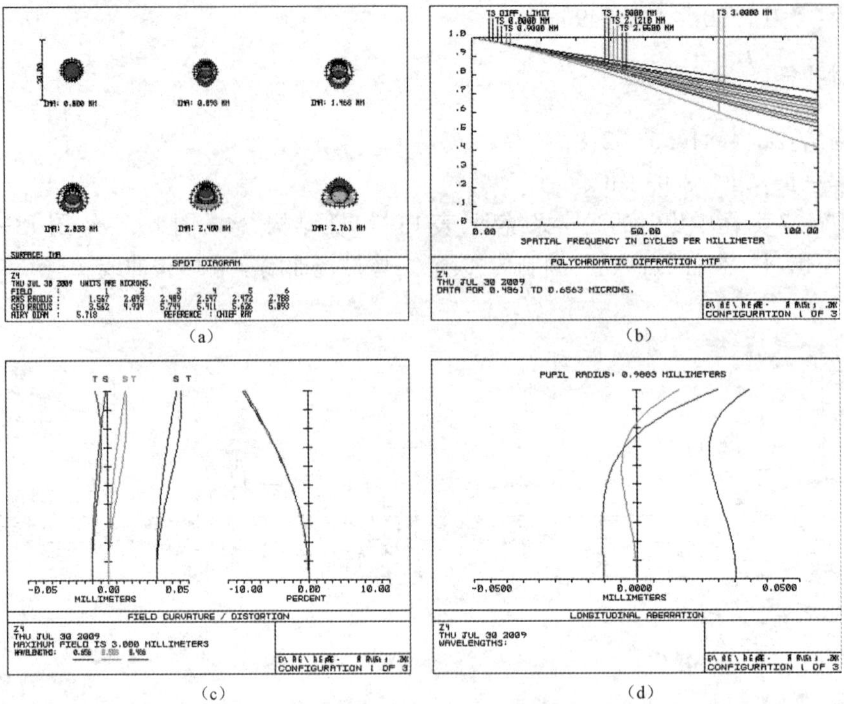

图 13-28 短焦时的像质情况

(a)点列图;(b)MTF 传递函数曲线;(c)场曲和畸变曲线;(d)球差曲线。

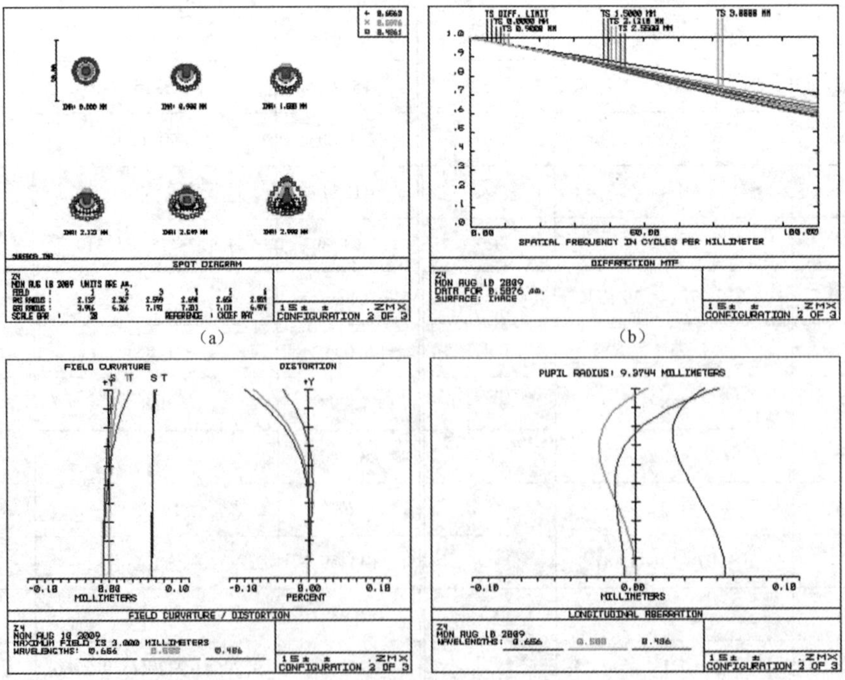

图 13-29 中焦时的像质情况

(a)点列图;(b)MTF 传递函数曲线;(c)场曲和畸变曲线;(d)球差曲线。

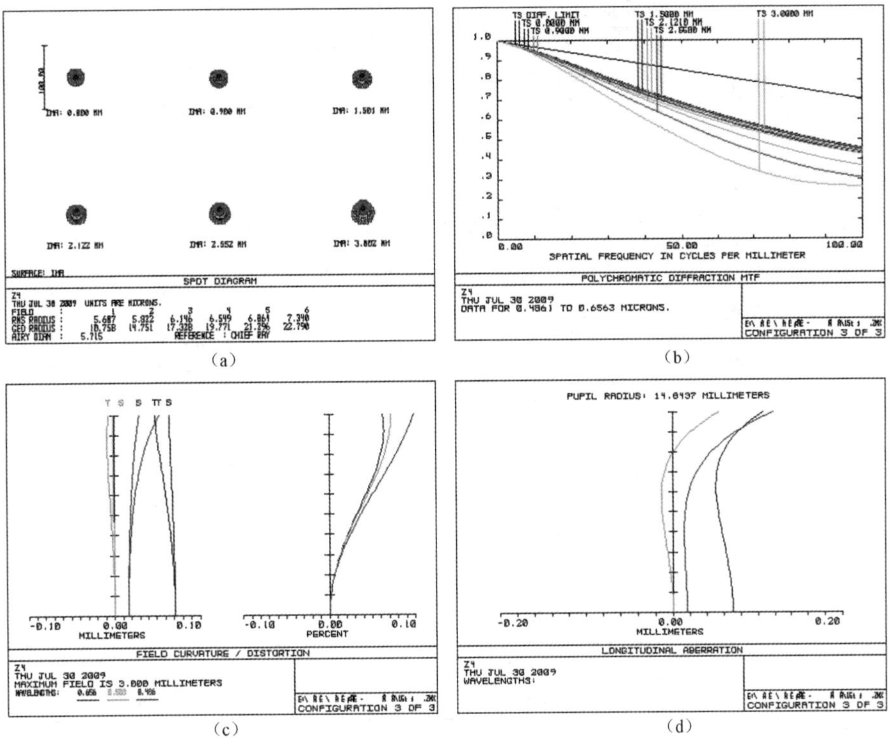

图 13-30 长焦时的像质情况

(a)点列图;(b)MTF 传递函数曲线;(c)场曲和畸变曲线;(d)球差曲线。

变焦镜头设计难点如下:

(1)变焦过程中满足像质要求。

(2)变焦过程中像面稳定。

(3)凸轮曲线的计算和加工。

其中(1)是光学设计应考虑的问题,(2)、(3)条紧密相关,如何计算出凸轮曲线是问题的关键。本书推导出式(13-63)和式(13-66),可准确计算出凸轮曲线,根据上述公式,将其输入到数控机床,便可精确加工凸轮。由上述实例中表 13-10 可以看出变焦过程中像面是完全稳定的,小于 0.2μm,考虑加工误差也可保证稳定精度 1~2μm。

例 13-7 技术指标如下。

焦距:$f' = 16.6401 \sim 503.342\text{mm}$

相对孔径:$\dfrac{D}{f'} = \dfrac{1}{3.3} \sim \dfrac{1}{6.4}$

视场角:$2\omega = 39.656° \sim 1.366°$

光学总长:$L = 483.003\text{mm}$

图 13-31 为中焦时的光学系统。

表 13-14 为例 13-7 中焦时光学系统的结构参数。

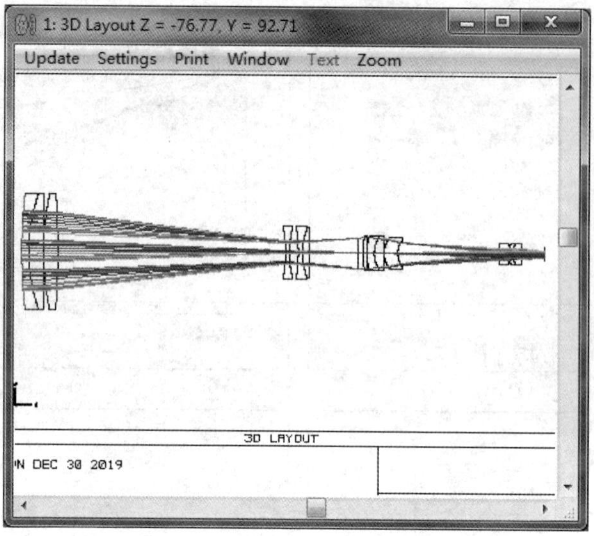

图 13-31　例 13-7 中焦时的光学系统

表 13-14　例 13-7 中焦光学系统的结构参数

中焦光学系统	r/mm	d/mm
H-LAF4	476. 4	6. 45
H-ZK7	163. 143	13. 48
	∞	0. 15
H-QK3L	272. 78	12. 78
	-750. 2	6. 43～140. 13～212. 13～227. 93
H-LAF10L	-110. 984	4. 49
	92. 5	8. 13
H-QK3L	-146. 162	4. 02
H- ZF7LA	63. 53	5. 83
	403. 6	310. 977～157. 748～45. 36～5. 639
	∞ (Stop)	4. 01
H-ZK1	83. 95	3. 64
	-403. 6	0. 1
H-LAF4	57. 745	6. 76
H-QK3L	26. 0	9. 09
	233. 984	0. 1
H-QK3L	23. 12	12. 36
	18. 78	34. 353～53. 882～94. 27～118. 191
H-QK3L	-56. 49	8. 65
	-57. 243	0. 1
H-LAF10L	47. 3	3. 32
H-QK3L	24. 21. 0	7. 78
	-232. 0	21. 03

图 13-32 为变焦时 4 个焦距的 MTF 曲线。

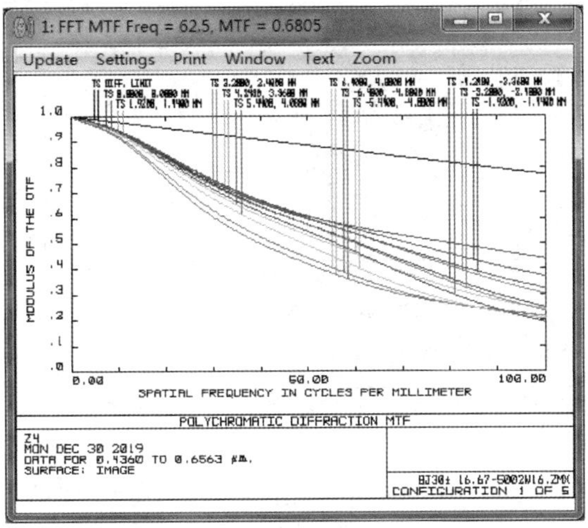

(a)

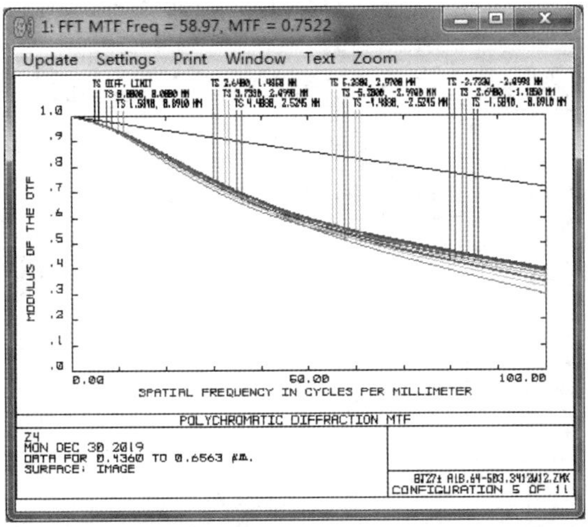

(b)

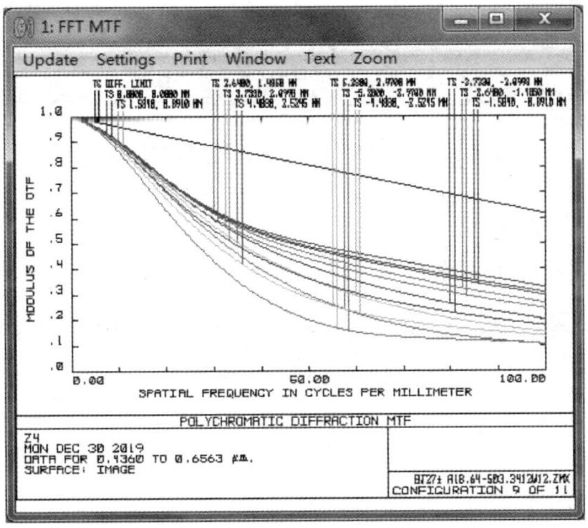

(c)

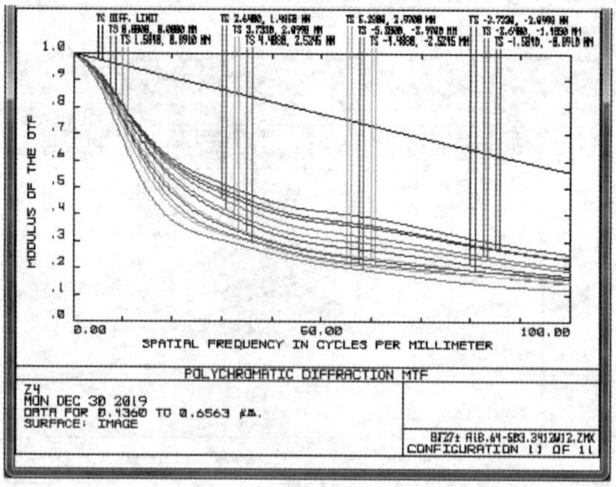

(d)

图 13-32　变焦时 4 个焦距的 MTF 传递函数曲线

(a) f' = 16.640mm MTF 曲线;(b) f' = 69.135mm MTF 曲线;

(c) f' = 291.392mm MTF 曲线;(d) f' = 503.342mm MTF 曲线。

图 13-33 为上述实例理论计算的变倍组和补偿组的运动曲线,变倍直线和补偿曲线交点是换根点。

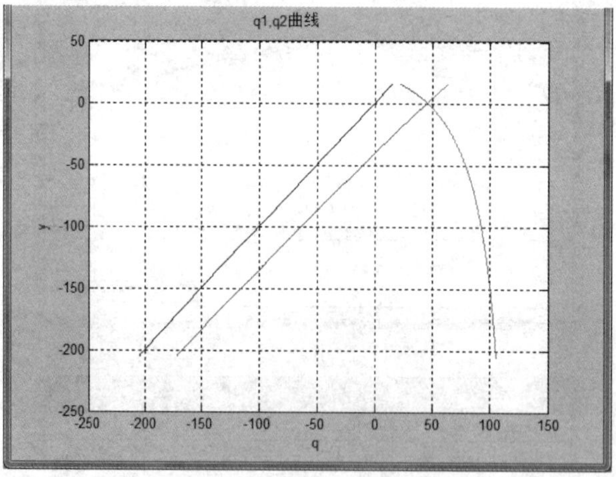

图 13-33　例 13-7 变焦曲线

13.3.11　高倍显微物镜

平像场、复消色高倍浸油显微物镜曾是光学设计的两大难题,直至目前为止,只有德国解决得比较好,其他国家包括日本仍没解决。其原因是既要平像场(消场曲、像散)又要复消色(消二级光谱)。当然还有材料、工艺等问题。

例 13-8　技术指标如下。

放大倍率:$\beta = 100^{\times}$

数值孔径:$NA = 1.25$

视场:$2y' = 22$mm

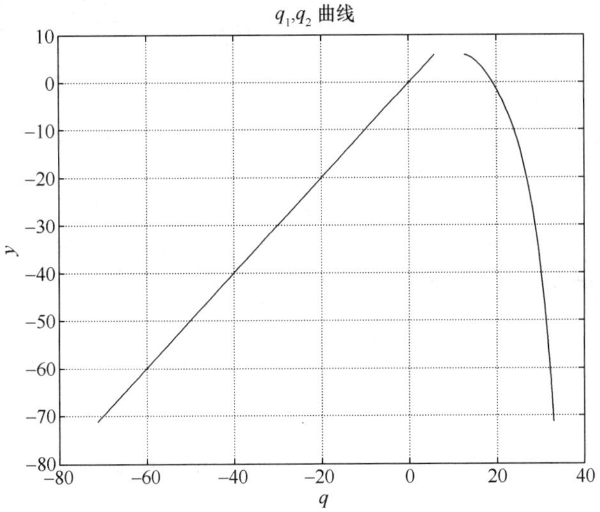

图 13-34　例 13-6 变焦曲线

图 13-35 为高倍显微镜光学系统图,表 13-15 为结构参数,图 13-36 与图 13-37 分别为正反光路的点列图,调制传递函数,像散场曲畸变曲线和球差曲线。

图 13-35　高倍显微物镜光学系统

表 13-15　高倍显微镜结构参数

r/mm	d/mm	玻璃	r/mm	d/mm	玻璃
∞	0.25	1.52,42.0	-13.55	0.5	
∞	2.565	BAK4	∞ (stop)	0.4	
-1.898	0.1		5.552	1.99	F7
-9.333	1.873	LAK11	2.718	6	LAK11
-5.886	0.1		2.323	1.15	
-104.08	1.594	LAK11	-1.7378	5.54	ZF7
-10.587	0.1		-4.231	0.5	
10.3	1.98	LAK11	-3.832	1.55	QK3
40.55	6.58		15.425	3.24	BaK4
17.076	4.3	LAK11	-7.477	65	
-5.012	1.0	ZF6	338	2	BaK8
7.477	0.6		-60.53	2.5	ZF2
16.67	1.0	ZF10	-135.64	199.4566	
5.272	3.8	BaK6			

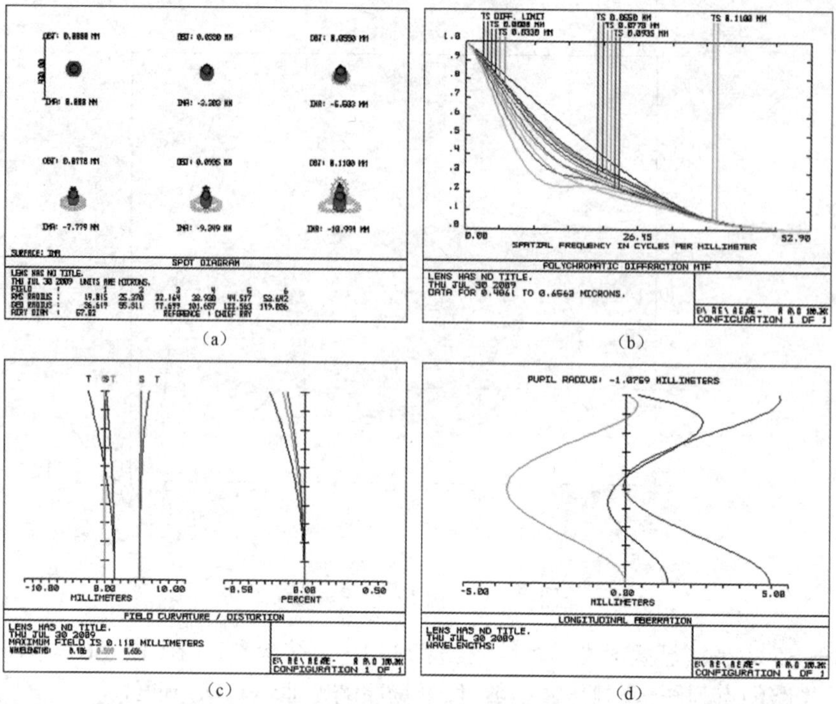

图 13-36　正光路像质情况

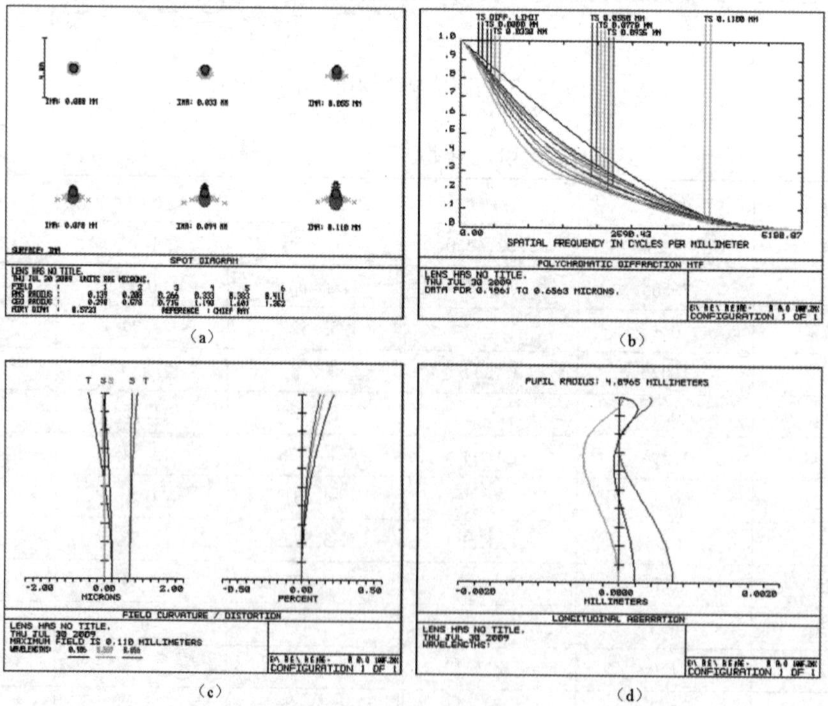

图 13-37　逆光路像质情况

(a)点列图;(b)MTF 传递函数曲线;(c)像散场曲畸变;(d)球差曲线。

由图 13-36 和图 13-37 可以看出,本实例实现了平像场而且二级光谱非常小。

13.3.12　离轴三反系统

卡塞格林、RC、格林高利、牛顿式等共轴反射系统的优点是全光谱(无色差),但缺点是:①视场小;②有中心遮拦;③杂散光大。为保持其优点,克服其缺点,20 世纪末国际上出现了离轴反射系统,其中离轴三反系统用得比较多。虽然其加工和装调较共轴系统复杂,但由于其优点很明显,已被大量采用,而且加工和装调问题已逐步得到解决。

例 13-9　技术指标如下。

焦距:$f'=2000$mm

相对孔径:$\dfrac{D}{f'}=\dfrac{1}{8}$

视场:子午为 0.2°,弧矢为 17°

图 13-38 为离轴三反光学系统图,表 13-16 列出结构参数,图 13-39 为其点列图、调制传递函数、点扩散函数和波差图。

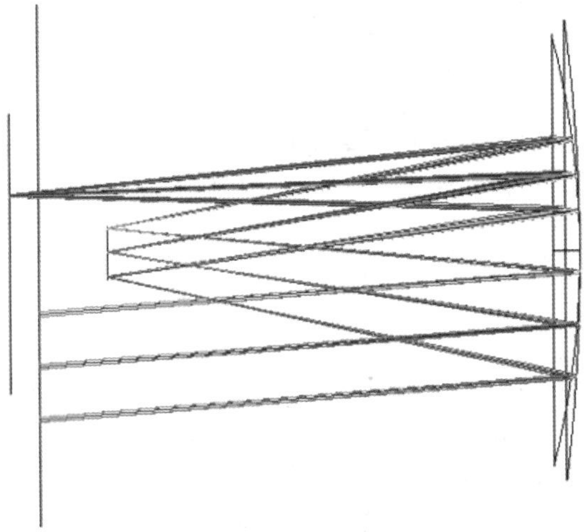

图 13-38　离轴三反光学系统

表 13-16　高倍显微物镜结构参数

r/mm	d/mm	玻璃	二阶系数	六阶系数
	1323			
-4264.876018044	-1153.494534398	反射镜	2.68747444×10^{-12}	-5.4755251×10^{-20}
-1362.437755610	1153.494534398	反射镜		
-1973.156509634	-1391.137500557	反射镜	-3.1521891×10^{-12}	-1.2651389×10^{-18}

由图 13-39 可以看出像质是相当好的。本实例的特点是次镜为球面,克服了凸面检验和加工的困难,且第一镜和第三镜为偶次非球面,圆锥二次曲面系数 conic 为零,只有

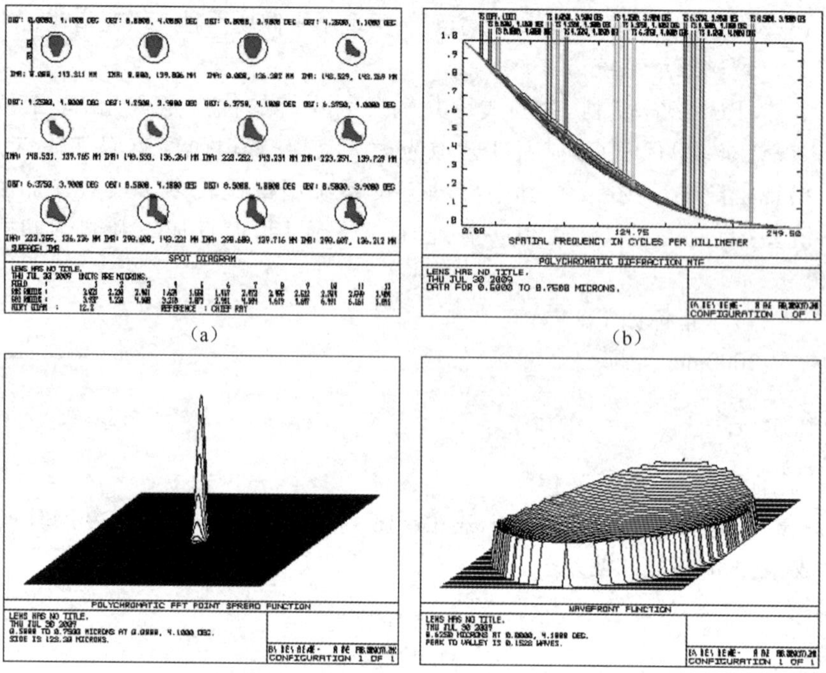

(a)　(b)　(c)　(d)

图 13-39　像质情况

(a)点列图;(b)MTF 传递函数曲线;(c)点扩散函数;(d)波差曲线。

四次和六次项,可在球面基础上加工。

习　题

1. 一个双胶望远物镜,焦距 $f'=80$mm,口径 $D=25$mm,其球差曲线如习题图 13-1 所示,问此双胶合望远物镜球差是否在允差内,二级光谱多少?

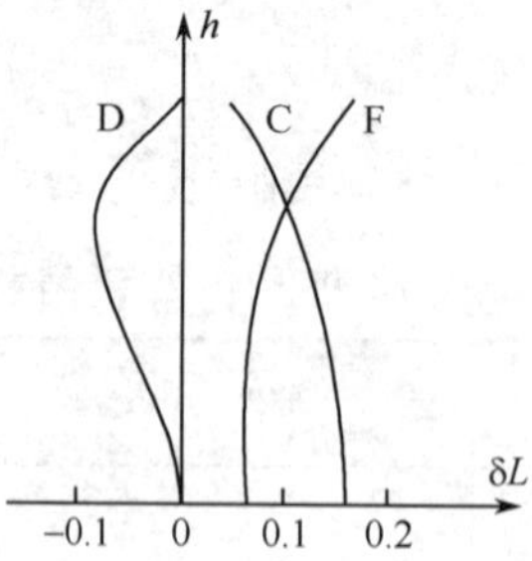

习题图 13-1

2. PW 法设计光学系统,P 表征球差,W 表征彗差,问这种方法设计光学系统有什么缺点?

3. 一个齐明透镜,第一面为平面并为物面,透镜厚度 $d=15$mm,问 ZF2 玻璃,$n=1.6725$,问第二面曲率半径多大?

第 14 章 光学系统的质量指标

如何评价光学系统的光信息传递质量，即对非成像光学系统的光束传输质量怎样？成像光学系统的成像质量如何？这些一直是光学工作者极为重视且不断探讨的问题。

如对成像光学系统，传统的评价方法是星点法和分辨率法。星点检验是观察点光源通过光学系统所得到的像斑形状。光学系统没有几何像差时，像斑为标准的艾里斑，有几何像差或离焦时，光强分散。光学系统有中心误差，装配应力或玻璃折射率不均匀等，均会使星点形状不对称或不规则。但这种方法属主观检验，不同的观察者看法存在差别，是定性和半定量的，它的规定也只能是比较抽象和笼统的。分辨率法比较简单、方便、意义明确，能够用数量表示。但它只能表述细节能不能分辨的界限，对于较粗线条的成像质量，不能做出定量的评价，就是说，有两个物镜分辨率一样，但粗线条的明晰度可能不一样。实际上是一个物镜质量好，另一个较差，但分辨率法反映不出来。此外，还会出现伪分辨情况，测出的分辨率可能比理论分辨率还高。

1900 年—1904 年德国光学工作者哈德曼（Hartman）基于几何像差的概念，用米字形光阑模拟光线，测量除畸变、倍率色差外的其他五种几何像差。其优点是测量结果可直接与光线追踪结果相比较。但它没考虑衍射，且测量工作量大。

此外还有阴影法、干涉法，它们比较适用于非成像光学系统，对于成像光学系统主要用于测量轴上点成像质量，测量范围受限制。

电视出现以后，同样涉及像质评价问题。从事电学行业和光学行业的人思维模式不同，他们将时域的问题扩展为空域，引入了空间频率的概念。菲涅耳—基尔霍夫衍射积分公式如将积分域拓宽到无穷大恰为傅里叶变换式，从而出现了傅里叶光学，推动了现代光学的发展，这恰恰证明了交叉学科的碰撞出现了科学进步的火花。对于像质评价则产生了光学传递函数法，从而使像质评价更为客观、合理。

14.1 分辨率

如前所述分辨率是以光学系统所能分辨开两垂轴靠近像点的能力为准。现在采用的有两种。

14.1.1 瑞利准则

瑞利认为当一个艾里斑的中心恰好位于另一个艾里斑的第一个暗环上时，即两衍射斑相距为艾里斑中心亮斑半径 r 时，人眼可以看到合成光强的明暗变化，可以分辨，此时对应的角半径为

$$\theta_0=\frac{1.22\lambda}{D}$$

若取 $\lambda=0.555\mu m$，则望远系统的分辨角为

$$\alpha=\theta=\frac{140''}{D} \tag{14-1}$$

显微镜的分辨率为

$$\Delta y=\frac{0.61\lambda}{NA} \tag{14-2}$$

若取 $\lambda=0.555\mu m$，摄影物镜的分辨率为

$$N=\frac{1475}{F} \tag{14-3}$$

14.1.2　道威(Dawes)准则

道威认为两艾里斑距离为 $0.85r$ 时可分辨，即

$$\theta_0=\frac{1.02}{D}\lambda \tag{14-4}$$

当 $\lambda=0.555\mu m$ 时，望远镜的分辨角为

$$\alpha_D=\frac{120''}{D} \tag{14-5}$$

显微镜的分辨率为

$$\Delta y_D=\frac{0.51}{NA}\lambda \tag{14-6}$$

摄影物镜的分辨率为

$$N=\frac{1766}{F} \tag{14-7}$$

至于采用哪种评价准则，读者可任取。建议评价零件时使用道威准则，评价系统时用瑞利准则。

14.2　光电系统的总体质量评价

对于非成像光电系统及小视场成像光电系统(如平行光管)用瑞利判断或斯托列尔准则，即波差评价；视场较大的成像光学系统用光学传递函数评价更为合理。

14.2.1　非成像光电系统和小视场光电系统的质量评价

瑞利判断或斯托列尔准则实质是用波差来评价光学系统质量，将 PV 值小于 $\lambda/4$ 作为系统的评价标准，此时其 RMS 值约为 $\lambda/14$。PV 表示波差的波峰波谷差值；RMS 表示波差的均方根值。实际应用时，可用星点法进行观察点列图(或衍射斑)应当规整，便于判读，并用干涉仪测量波差。

例 14-1　$F=8, f'=1000mm, 2\omega=1°$的折反射复消色平行光管物镜的结构参数，其波色差如图 14-1 所示。

可以看出在全视场主波长(D 光)波差 PV 值小于 $\lambda/10$，最大波差(F 光)PV 值小于 $\lambda/5$，满足瑞利判断和斯托列尔准则。另外从图 12-22 也可以看出点列图在全视场均小于艾里斑，调制传递函数接近衍射极限，且做到了复消色(二级光谱为零)。故平行光管成像质量相当好。

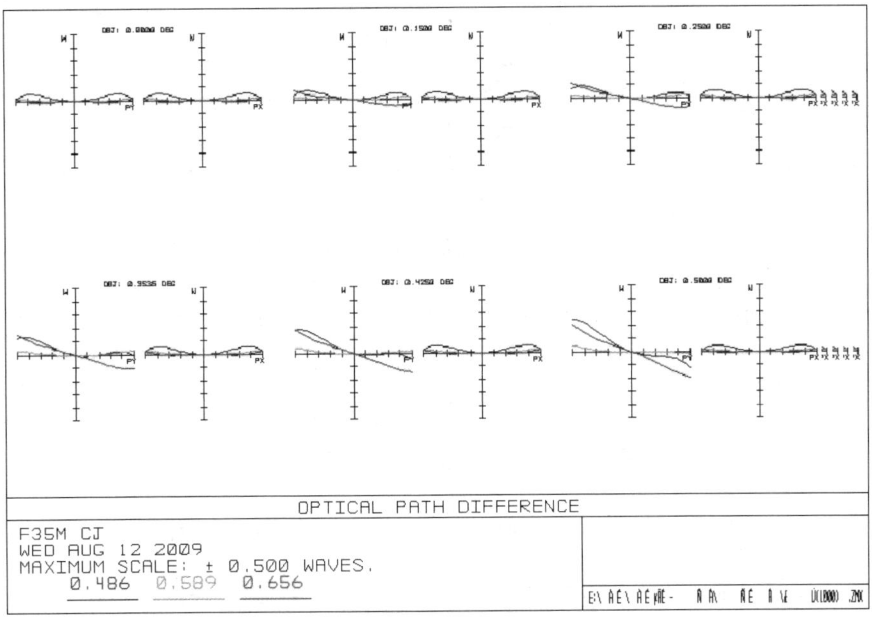

图 14-1　复消色平行光管物镜的波色差

14.2.2　成像光电系统的像质评价

成像光电系统一般采用光学传递函数,其图像用人眼观察,根据人眼的视觉图确定其分辨率,从而确定成像光电系统的像质。

光电系统的传递函数计算公式为

$$\mathrm{MTF}=\mathrm{MTF}_{(o)}\cdot\mathrm{MTF}_{(g)}\cdot\mathrm{MTF}_{(d)}\cdot\mathrm{MTF}_{(a)}\cdot\mathrm{MTF}_{(b)}\cdot\mathrm{MTF}_{(z)} \tag{14-8}$$

下面对公式中各项的物理意义分别予以说明。

1. 景物调制传递函数 $\mathrm{MTF}_{(o)}$

$\mathrm{MTF}_{(o)}$ 与景物的对比度、即衬度有关。

2. 光学系统的调制传递函数 $\mathrm{MTF}_{(g)}$

光学系统设计出来以后,由光路计算程序给出其传递函数 $\mathrm{MTF}_{(g)}$ 曲线。

3. 接收器件调制传递函数 $\mathrm{MTF}_{(d)}$

(1) 圆形颗粒接收器件。此类接收器件有纤维面板、微通道面等。排列形式为六角形,其调制传递函数为

$$\mathrm{MTF}_{(d)}=\frac{2J_1(\pi d\nu)}{\pi}d\nu\cos\left(\frac{\sqrt{3}}{2}\pi d\nu\right) \tag{14-9}$$

式中:d 为颗粒直径;ν 为空间频率。

图 14-2 为 $d=0.01\mathrm{mm}$ 时的调制传递函数曲线。

(2) 方形颗粒接收的器件。CCD 属于此类接收的器件,其调制传递函数为

$$\mathrm{MTF}_{(d)}=\frac{\sin(\pi dr)}{\pi dr}\cos(\pi dr) \tag{14-10}$$

式中:d 为 CCD 像元素边长。

图 14-3 为 $d=0.0065\mathrm{mm}$ 时的调制传递函数曲线,由图可知其截止频率。

$$\nu=\frac{1}{2d}=76.92\text{lp/mm}$$

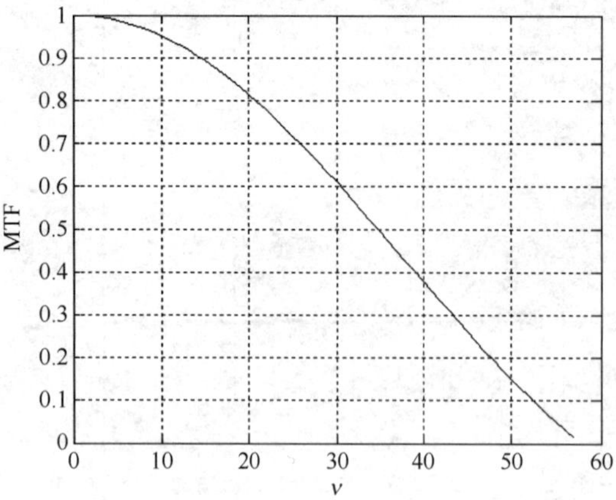

图 14-2 圆形颗粒接收器 MTF 随 ν 的变化曲线

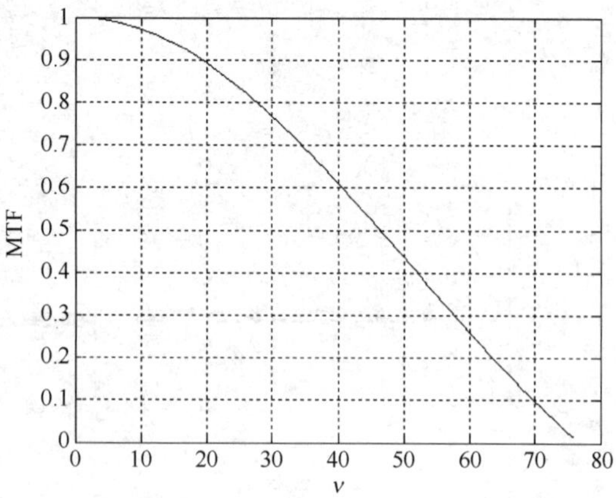

图 14-3 方形颗粒接收器 MTF 随 ν 的变化曲线

(3) 底片的调制传递函数,底片由乳剂感光颗粒组成,它是各向同性的,光照射到底片上,乳剂感光颗粒感光发生化学反应,其扩散函数是对称分布的,表达式一般为指数函数,即

$$A(\rho)=\frac{1}{2N}\exp\left(-\frac{\rho}{N}\right)$$

其调制传递函数为

$$\text{MTF}_{(\alpha)}=\frac{1}{1+(2\pi N\nu)^2} \tag{14-11}$$

式中:ν 为空间频率,$\nu=\frac{1}{\rho}$;N 为底片解像力(分辨率)。

解像力的测试方法是将分辨率板放在底片上曝光,显影后在显微镜下观察,人眼能分辨的空间频率最高的那一组即为底片解像力,理论上解像力应为乳胶颗粒直径的倒数,因此,乳胶颗粒越小,解像力越高。

图 14-4 为按式(14-11)计算的调制传递函数 $\text{MTF}_{(\alpha)}$。由图可以看,当空间频率 $\nu=400\text{lp/mm}$ 时,$\text{MTF}_{(\alpha)}\approx0.026$ 恰为人眼的视觉。即在显微镜下观察放大的照片时,对此组分辨率人眼刚刚可以分辨,称之为奈奎斯特(Niegst)频率。其他空间频率的调制传递函数可由计算得出。

4. 大气层的调制传递函数 $\text{MTF}_{(\alpha)}$

大气层的湍流会使光波发生偏折和抖动。其中抖动会使弥散斑变形,影响成像的质量。大气抖动一般可分为两类:一类是靠近地面,即水平大气抖动,频率高,抖动幅度也大;另一类为对流层的大气抖动,即垂直大气抖动,频率低,幅度小,当曝光时间短时对像质影响不大,只有在像质要求很高时才予以考虑,大气抖动的光学传递函数为

$$\text{MTF}_{(a)}=\exp(-2\pi^2 f'^2 a^2 \nu^2) \tag{14-12}$$

式中:f 为光学系统焦距;a 为大气抖动引起的光波偏角的均方值。

图 14-5 为 $a=2''$,$f'=165\text{mm}$ 时调制传递函数随焦距的变化曲线,由图可以看出,焦

距随长，大气抖动对光学传递函数的影响越大，因此，对于长焦距的光学系统，如星体相机，应重点考虑大气湍流对成像质量的影响，为此采用自适应光学，进行波面校正，自适应光学另一应用是全激光武器，对波面偏折和变形进行校正。

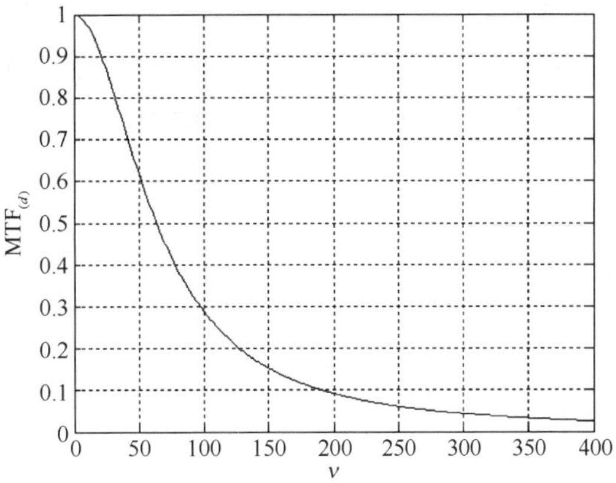

图 14-4　胶片 $MTF_{(d)}$ 随 ν 的变化曲线

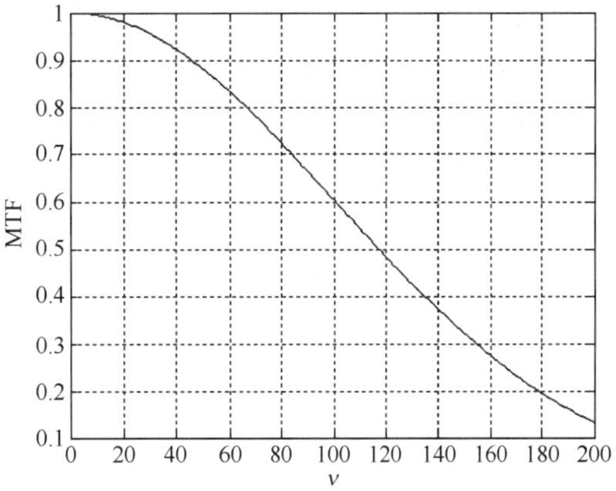

图 14-5　大气湍流 MTF 随 ν 的变化曲线

5. 像移补偿的调制传函 $MTF_{(b)}$

对于航空、航天相机必经进行像移补偿，像移补偿误差也会使系统调制传递函数降低，其调制传递函数按下式计算：

$$MTF_{(b)}=\frac{\sin(\pi d\nu)}{\pi d\nu} \tag{14-13}$$

$$d=\frac{fVt}{HK}$$

式中：f'为光学系统焦距；H 为飞行高度；t 为曝光时间；K 为像移补偿误差系数；V 为飞行速度。

图 13-6 为$f'=165\text{mm}$，$H=10\text{km}$，$V=300\text{m/s}$，$t=0.01\text{s}$，$K=10$ 时调制传函与空间频率关系曲线。

6. 机械振动的调制传递函数 $MTF_{(z)}$

光学系统安装在活动载体上，如飞机、坦克等，由于载体振动，必然成像模糊，为此应采用稳像光学系统。在没有采用稳像光学系统的仪器，一般也采用一定的防振措施，如弹簧或橡胶等，称为被动试振，可以将高频谐波去掉，使振动频率小于 20Hz。若曝光时间为 0.01s，则可使曝光振幅减小到$\frac{1}{Bt}=\frac{1}{5}$。

机械振动的调制传递函数为

$$MTF_{(z)}=J_0\left(\frac{\pi a\nu}{Bt}\right) \tag{14-14}$$

式中：a 为机械振动振幅；B 为机械振动频率；t 为曝光时间。

由动态光学知，对摄影相机

$$a = f'\beta$$

式中：f'为焦距；β为振动摆角。

图 14-7 为$f' = 165\text{mm}, \beta = 200\text{mrad}, B = 20\text{Hz}, t = \frac{1}{100}\text{s}$时调制传递函数随空间频率的变化曲线，为调制传函数曲线和振动角的关系曲线。

分别计算出各环节的调制传递函数，可根据式(14-8)计算光电系统的调制传递函数，无论是目视光学系统还是摄影光学系统，最后均是借人眼观察，根据人眼的分辨率及视觉判断其成像质量。

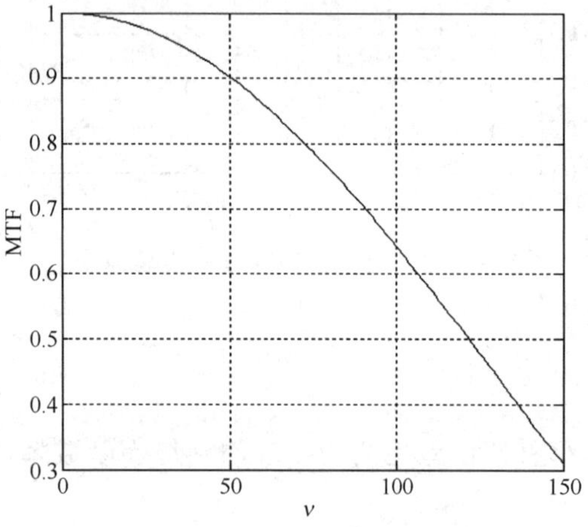

图 14-6　像移 MTF 随ν的变化曲线

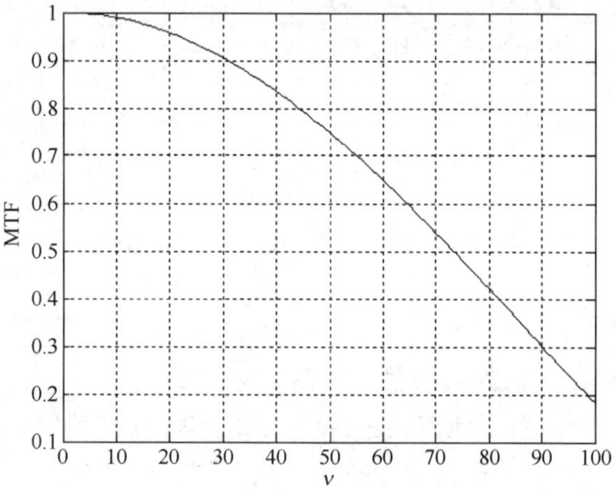

图 14-7　振动 MTF 随ν的变化曲线

14.2.3　人眼的分辨率及视觉阈

1. 人眼的分辨率

人眼是一种美妙的光学系统。其分辨率取决于光学系统和视网膜的分辨率，同时还要考虑环境及神经系统，是个复杂的问题，一般是在某种稳定环境下对人群进行统计测试，得出传递函数曲线，并确定分辨率，从理论讲，亦可对人眼分辨率进行粗略分析。

1）人眼光学系统的分辨率

由图 14-8 可知，水晶体和角膜、前室及后室组成人眼的光学系统，其光焦度为 58.48 屈光度，瞳孔直径为 2.5mm 左右成像质量最好，设其为理想光学系统，根据光学传递函数为光瞳函数的自相关这一概念，可计算人眼的调制传递函数。

$$\text{MTF}_1 = \frac{1}{\pi}[2\theta - \sin(2\theta)] \tag{14-15}$$

式中：$\theta = \arccos\frac{x}{2a}$；$x$为剪切量；$a$为瞳孔半径。

其中，

$$x = f'_e \lambda \nu$$

式中：f'_e为人眼焦距；λ为光波波长；ν为空间频率。

图 14-9 是$2a = 2.5\text{mm}, \lambda = 560\text{nm}$时按式(14-15)计算的调制传递函数曲线。

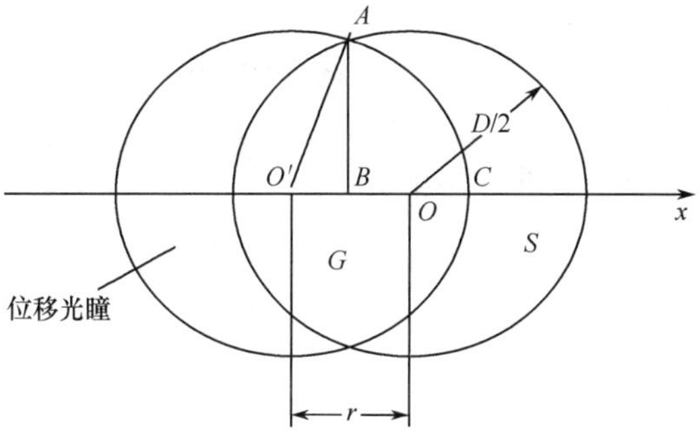

图 14-8　光瞳函数的自相关

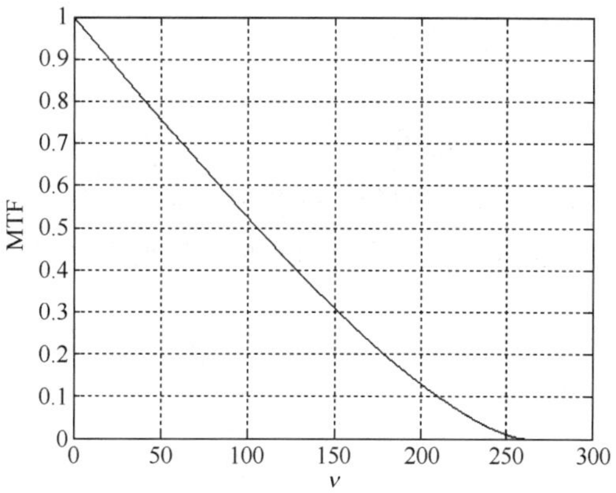

图 14-9　人眼光学系统的调制传递函数

2）视网膜的调制传递函数

视网膜可视为接收器件，视神经细膜直径 d 为 2~4μm，将其代入式（14-9）便可计算出其调制传递函数 MTF_2。图 14-10 为 $d=3\mu m$ 时按式（14-9）计算的视网膜调制传递函数曲线。

人眼的调制传递函数为

$$MTF_e = MTF_1 \cdot MTF_2 \tag{14-16}$$

图 14-11 曲线 1 为 $MTF_e = MTF_1 \cdot MTF_2$ 按在瞳孔 d 为 2.5mm，λ 为 0.00056mm 时计算的按式（14-16）人眼调制传递函数曲线，曲线 2 为实际测定调制传递函数曲线，两者在 $\nu=16$lp/mm，60lp/mm 及 160lp/mm 处相交，在其他频率有差异，特别是 30lp/mm 处差异比较大，这是因为神经系统的作用。

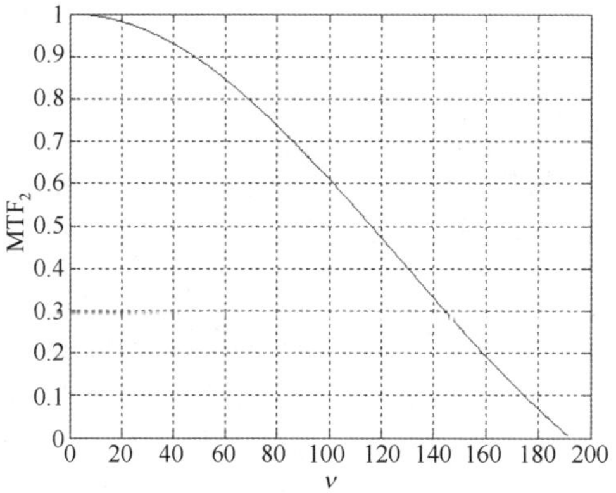

图 14-10　视网膜接收的调制传递函数

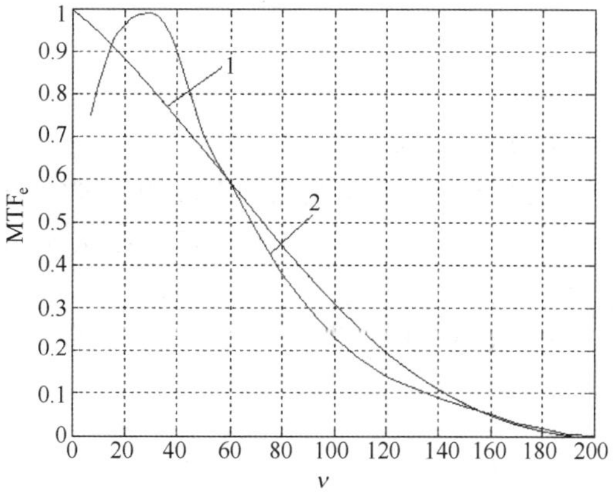

图 14-11　光学系统与接收器件综合调制传递函数

由图可以看出，人眼调制传递函数的截止频率为 200lp/mm 最高分辨率约为 180lp/mm。

2. 人眼的视觉阈

人眼作为接收器件，能够发现能量对此决定了调制传递函数的极限值，即

$$\mathrm{MTF}_{\min}=\frac{I_{\max}-I_{\min}}{I_{\max}+I_{\min}} \tag{14-17}$$

一般认为 $I_{\max}-I_{\min}=0.05$,则 $\mathrm{MTF}_{\min}=0.026$ · $\mathrm{MTF}_{\min}$ 称为人眼的视觉阈,由它可以确定光电系统的分辨率,如图 14-12 所示,视为一平等水平轴的直线,其和光电系统的调制传递函数曲线交点所对应的空间频率即为光电光学系统的分辨率。

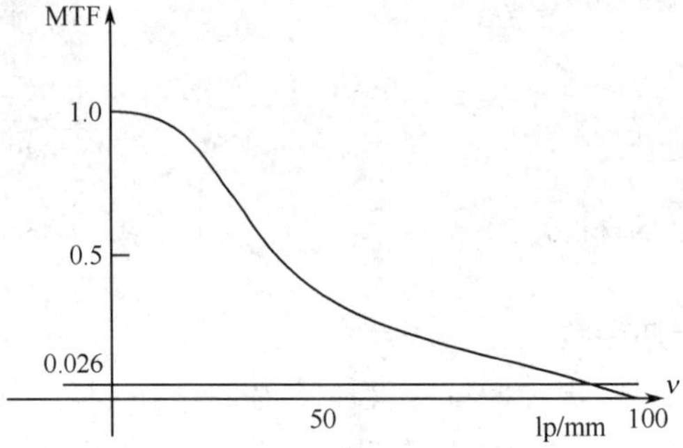

图 14-12　人眼的视觉阈

14.2.4　光电系统的分辨率

1. 目视分辨率

用显微镜观察光学系统的像面,使显微镜的数值孔径

$$NA>\frac{D}{2f'} \tag{14-18}$$

经显微镜放大后在视网膜成像的细节不受人眼分辨率的限制,并由人眼的视觉阈便可测得光学系统的目视分辨率。

2. 综合分辨率

光电系统在其接收器件上成的像,经放大后如照片或电视屏,最后用人眼观察,由于放大作用,它们在视网膜上的像不受人眼分辨率的限制,只由人眼的视觉阈决定其分辨率。

例 14-2　在 13.3.8 节给出了焦距 $f'=165$mm,光圈 $F=4$,静态视场 $2\omega=40°$ 的全景相机结构参数和相应曲线。本章图 14-2 与图 14-3 分别给出接收器为 CCD 和胶片的 $\mathrm{MTF}_{(d)}$ 调制传递函数曲线。图 14-4~图 14-6 则分别为大气、像移补偿残差及振动调制传递函数曲线 $\mathrm{MTF}_{(a)}$,$\mathrm{MTF}_{(b)}$ 和 $\mathrm{MTF}_{(z)}$。再根据光学系统调制传递函数曲线 $\mathrm{MTF}_{(g)}$,即可按式(14-8)计算该光电系统的传递函数 MTF,并根据人眼视觉阈 0.026 确定其分辨率。

表 14-1 为由图 14-4~图 14-6 曲线得出的空间频率 50~70lp/mm,对应的 $\mathrm{MTF}_{(a)}$ · $\mathrm{MTF}_{(b)}$ · $\mathrm{MTF}_{(z)}$,表 14-2 和表 14-3 分别为胶片及 CCD 相应空间频率对应的 $\mathrm{MTF}_{(d)}$,表 14-4~表 14-6 则为光学系统在 0°,14.14° 和 20° 相应空间频率对应的调制传递函数 $\mathrm{MTF}_{(g)}$。

表 14-1 大气抖动、像移补偿与机械振动的调制传递函数乘积

空间频率/(lp/mm)	50	55	60	65	70
$MTF_{(a)} \cdot MTF_{(b)} \cdot MTF_{(z)}$	0.595	0.530	0.460	0.403	0.338

表 14-2 胶片接收的调制传递函数

空间频率/(lp/mm)	50	55	60	65	70
$MTF_{(d)}$	0.618	0.573	0.530	0.490	0.453

表 14-3 CCD 接收的调制传递函数

空间频率/(lp/mm)	50	55	60	65	70
$MTF_{(g)}$	0.436	0.347	0.260	0.176	0.098

表 14-4 光学系统调制传递函数(0°视场)

空间频率/(lp/mm)	50	55	60	65	70
$MTF_{(g)}$	0.500	0.457	0.419	0.386	0.358

表 14-5 光学系统调制传递函数(14.14°视场)

空间频率/(lp/mm)	50	55	60	65	70
$MTF_{(g)}$	0.244	0.214	0.189	0.169	0.153

表 14-6 光学系统调制传递函数(20°视场)

空间频率/(lp/mm)	50	55	60	65	70
$MTF_{(g)}$	0.290	0.260	0.235	0.214	0.197

考虑到制造与加工误差等预留 2 倍余量,取视觉阈为 0.052 可以被人眼分辨从而得到对应不同接收器件不同视场的分辨能力。

3. 用胶片为接收器件时全景相机的分辨率

由表 14-7~表 14-9 可以看出 $MTF_{(o)}$ 在 0.9 时中心视场分辨率接近 70lp/mm,14.14°视场为 55lp/mm,20°视场为 54lp/mm,同样随着物体调制度(对比度)的下降,分辨率相应降低。

表 14-7 整体光学系统的调制传递函数(用胶片接收 0°视场)

物体调制度 $MTF_{(o)}$	空间频率/(lp/mm)				
	50	55	60	65	70
0.9	0.166	0.125	0.092	0.068	0.050
0.8	0.147	0.111	0.082	0.061	0.044
0.7	0.123	0.097	0.072	0.053	0.039
0.6	0.110	0.083	0.061	0.046	0.033

表 14-8 整体光学系统的调制传递函数(用胶片接收 14.14°视场)

物体调制度 $MTF_{(o)}$	空间频率/(lp/mm)				
	50	55	60	65	70
0.9	0.081	0.059	0.041	0.030	0.021
0.8	0.072	0.052	0.037	0.026	0.018
0.7	0.063	0.046	0.032	0.023	0.016
0.6	0.054	0.039	0.028	0.020	0.014

4. 用 CCD 为接收器件时全景相机的分辨率

由表 14-10~表 14-12 可以看出,$MTF_{(o)}$ 为 0.9 时,中心视场分辨率约为 58lp/mm;14.14°视场分辨率约为 51lp/mm;20°视场分辨率约为 54lp/mm。同样,随着物体调制度(对比度)的下降,分辨率相应降低。

表 14-9 整体光学系统的调制传递函数（用胶片接收 20°视场）

物体调制度 $MTF_{(o)}$	空间频率/(lp/mm)				
	50	55	60	65	70
0.9	0.096	0.071	0.051	0.038	0.027
0.8	0.086	0.063	0.046	0.034	0.024
0.7	0.075	0.055	0.040	0.029	0.021
0.6	0.064	0.047	0.034	0.025	0.018

表 14-10 整体光学系统的调制传递函数（用 CCD 接收 0°视场）

物体调制度 $MTF_{(o)}$	空间频率/(lp/mm)				
	50	55	60	65	70
0.9	0.117	0.076	0.045	0.025	0.011
0.8	0.104	0.067	0.040	0.022	0.009
0.7	0.091	0.059	0.035	0.019	0.008
0.6	0.078	0.050	0.030	0.016	0.007

表 14-11 整体光学系统的调制传递函数（用 CCD 接收 14.14°视场）

物体调制度 $MTF_{(o)}$	空间频率/(lp/mm)				
	50	55	60	65	70
0.9	0.057	0.035	0.020	0.011	0.005
0.8	0.051	0.031	0.018	0.010	0.004
0.7	0.044	0.028	0.016	0.009	0.003
0.6	0.038	0.024	0.014	0.007	0.003

表 14-12 整体光学系统的调制传递函数（用 CCD 接收 20°视场）

物体调制度 $MTF_{(o)}$	空间频率/(lp/mm)				
	50	55	60	65	70
0.9	0.068	0.043	0.025	0.014	0.006
0.8	0.060	0.038	0.022	0.012	0.005
0.7	0.053	0.033	0.020	0.011	0.005
0.6	0.045	0.029	0.017	0.009	0.004

14.2.5 关于超衍射光束和超分辨的分析与讨论

1. 超衍射光束

如第 3 章所述，自从 1987 年德宁（Durnin）等发表了有关无衍射光束（exact solution for nondiffraction beams）[15]或称超衍射光束（diffraction-free beams）[16]论文以来，超衍射光束成了讨论的热门话题。在 3.9 节通过严格的理论推导证明德宁是在没考虑衍射的情况下得出的。

第 3 章对“无衍射光束”经严谨地理论推导证明是在根本没考虑衍射的条件下得出的。

2. 超分辨的概念

成像光电系统分辨率的基本概念是在其像面分辨开两靠近物点像的能力。成像光电系统的分辨率主要由分光学系统的分辨率和光电接收器件的分辨率两部分组成。

1）光学系统的分辨率

光学系统分辨率极限由道威判断确定，波长起重要作用。提高光学系统分辨的方法是缩短波长，如紫外、荧光显微镜等。

2017 年瑞典皇家科学院将诺贝尔化学奖颁发给瑞典、英国、美国三位科学家，表彰他们利用冷冻电子显微镜清晰展现生物分子复杂的突出贡献。其特点：①高速冷冻蛋白溶液，使之成玻璃状，在高真空环境对高速电子束有较好的稳定性。②用 X 光 $\lambda = 0.1 -$

10nm 照射冷冻电子显微镜拍摄的较低分辨率图像,并形成高清晰度的三维图像。显然,由于用 X 光照明才得到超高分辨率的图像。

和所谓的超(无)衍射光束一样令人费解。所谓的超分辨是超越哪个光谱的分辨率?所以提出新的物理概念、名词术语必须科学、严谨。绝对不能用“超分辨”一词代替“超高分辨率”。

2) 光电接收器件的分辨率

光电接收器件 CCD(CMOS)的极限分辨空间频率是两个像素尺寸的倒数,即奈奎斯特(截止)频率。现在热议的“图像处理”及“计算光学”等只能做到改善实际光电系统的像质,使之接近极限分辨空间频率而已。

3. 常温超高分辨率生物显微镜的探讨

受 2017 年诺贝尔化学奖启发,用 X 光照射荧光显微镜拍摄的图像,是否可研制出常温超高分辨率生物显微镜。

第 15 章　现代光学系统

15.1　激光准直扩束和压缩系统

激光光束的特点是高强度、高方向性和高单色性。高强度是光束在非常狭小的范围内传播，即光束很细，能流密度大；高方向性是光束的发散角非常小，如氦-氖激光器的发散角仅为2mrad(7′)左右；高单色性则表现为高的相干性，如普通光源中单色性最好的Kr^{86}同位素发出$\lambda=605.7$nm 的单色光，光谱宽度 $\Delta\lambda=4.7\times10^{-4}$nm，相干长度为 0.78m，而单模氦-氖激光器发出$\lambda=632.8$nm 的单色光，光谱宽度 $\Delta\lambda=10^{-8}$nm，相干长度为 4×10^{4}m。基于上述这些特点，激光得到广泛的应用。激光光学系统的特点是光束传输，如何控制激光光束的结构，是激光光学系统重点考虑的问题。

15.1.1　激光准直扩束系统

激光光束的发散角很小，如何使发散角更小，使之接近平行光，这是激光扩束系统解决的问题。应当指出的是一些书中将激光光束描述成高斯光束，正如第 5 章所指出的高斯光束的概念本身是不准确的，振幅和光强随着偏离光束中心衰减，并非只有激光光束才是如此，从光学系统像点附近光强分布可以看出，其等强度曲线也是马鞍形的(沿轴)，在垂直光轴方向光强也是衰减的。这种光束特性是所有衍射光束所共同具有的。用波面这一概念去描述衍射光束也是不恰当的，因为在空间任意平面或球面的振幅分布是由几何波和衍射波的综合反映。因此，在设计激光光学系统时，也应和普通光学系统一样，忽略衍射。对于准直扩束系统，从应用光学可知任何一种望远系统，其角放大率 γ 为定值，等于视放大率 Γ。视放大率小于 1，则角放大率小于 1，像方孔径角 u'小于物方孔径角 u，即像方光束会聚度变小，光束更接近平行光。同时，光束口径随之扩大，因为垂轴放大率 β 为角放大率的倒数，这便是激光扩束系统的基本原理。如图 15-1 所示。

显然$|\Gamma|=|f_2'/f_1'|$越小，准直效果越好。设计此望远系统时，使球差尽量小，对应的波差就小，出射的光束截面为圆形的，有时为满足某种需求，可特意使准直扩束系统残留一定的球差，此时出射光束截面为环形光斑，如图 15-2 所示。这种光束结构可以用于轴孔同轴度检测和装配。它和用内调焦望远镜检测和装配同轴度相比，没有调焦引起的误差。

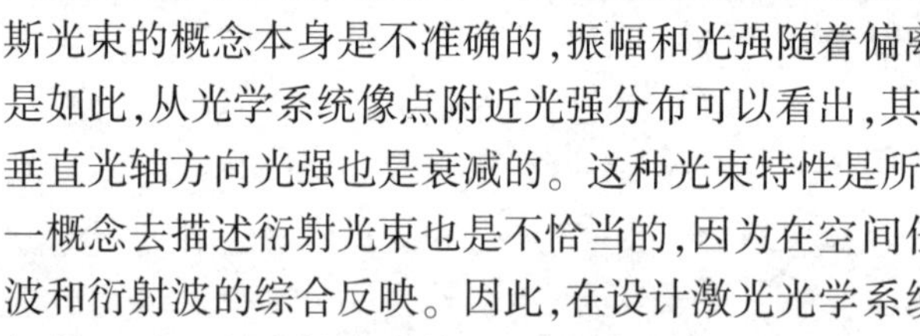

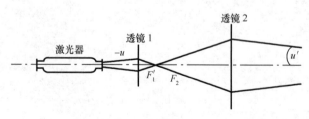

图 15-1　激光扩束系统

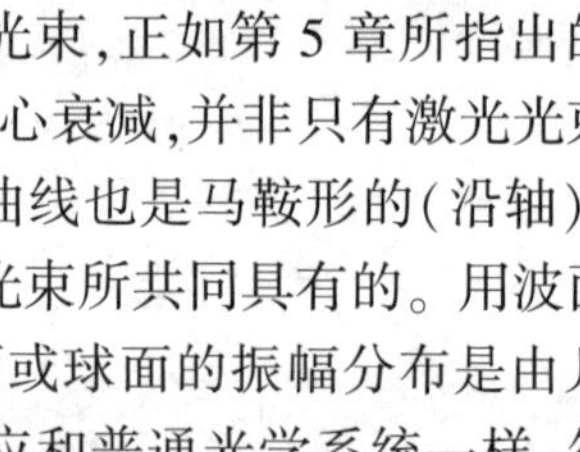

图 15-2　环形光斑出射光束截面

15.1.2　激光压缩系统

将图 15-1 的望远系统反过来放，即视放大率 $\Gamma>1$，则为激光压缩系统。这种光学系统使激光光束口径变小，但发散角变大。

15.2　激光扫描光学系统

利用激光的高方向性，可以设计激光扫描光学系统，用于制造印制线路板、激光打印机和机械零件外形尺寸测量等。简单的扫描光学如图 15-3 所示。

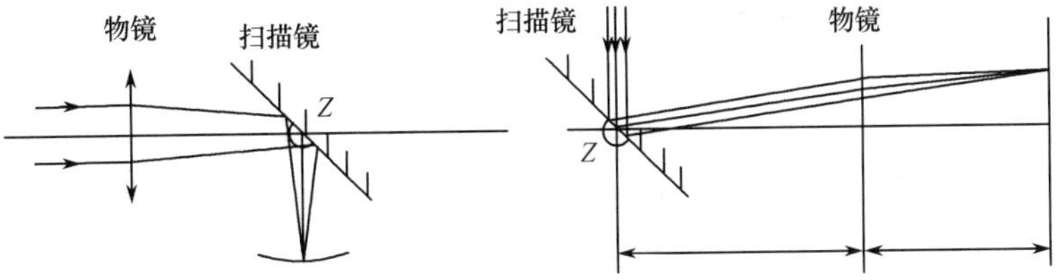

图 15-3　激光扫描光学系统

物镜后扫描光学系统是将扫描反射镜置于物镜后面放置扫描反射镜，它绕图中 Z 轴旋转，扫描像点运动轨迹为一圆弧。接收器件应置于此圆弧上。它的优点是物镜口径相对较小，且只要求校正轴上点像差。

物镜前扫描光学系统是将扫描镜通过物镜前焦点，在反射面上设置孔径光阑，构成远心光路，扫描镜绕 Z 轴转动时，扫描像点运动轨迹在物镜像方焦平面上，接收器件置于此平面上即可。它要求物镜口径大，且为 $f\theta$ 物镜，$f\theta$ 物镜是一种负畸变物镜，这种物镜的特点是焦平面上像高为

$$y'=f'\theta \tag{15-1}$$

而无畸变物镜像高为

$$y'_0=f'\cdot\tan\theta \tag{15-2}$$

$f\theta$ 物镜畸变为

$$\Delta y=y'-y'_0=f'(\theta-\tan\theta)\approx-\frac{-\theta^3}{3}f' \tag{15-3}$$

由像差理论知，畸变恰与视场的三次方成正比，故 $f\theta$ 物镜设计起来并不困难，这种扫描光学系统用得比较多。

用两块扫描镜可使激光光束二维运动，其原理如图 15-4 所示。平面反射镜 1 绕 $\boldsymbol{p}_1$ 轴转动，转角为 θ_1，平面反射镜 2 绕 $\boldsymbol{p}_2$ 轴转动，转角为 θ_2。xyz 为物坐标，$x'y'z'$ 为经反射镜后的像坐标，$x''y''z''$ 为经两反射镜后的像坐标。用 x 轴表示入射光束，且在像坐标 $x''y''z''$ 内标定，设 $x''y''z''$ 的坐标基为 i,j,k，初始位置时，入射光束 $\boldsymbol{A}=-k$，经反射镜 1 后光束 $\boldsymbol{A}'=-j$，再经反射镜 2 后，最后出射光束 $\boldsymbol{A}''=i$。由动态光学理论可得出两反射镜分

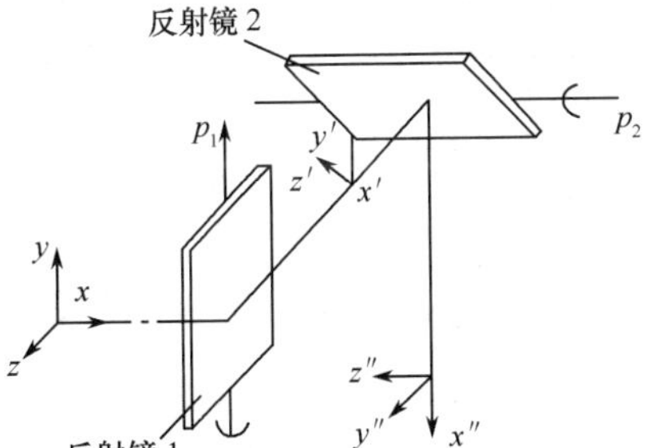

图 15-4　激光光束二维运动的双扫描镜原理

别转动 θ_1 和 θ_2 后的出射光束 $\boldsymbol{A}''_m$ 为

$$\boldsymbol{A}''_m=\boldsymbol{S}_2\boldsymbol{R}_2\boldsymbol{S}_1\boldsymbol{A}' \tag{15-4}$$

式中：$\boldsymbol{S}_1$ 和 $\boldsymbol{S}_2$ 分别为反射镜 1 和 2 转动后光线的旋转矩阵；$\boldsymbol{R}_2$ 为反射镜 2 的作用矩阵，它们均在像坐标 $x''y''z''$ 内标定。则

$$\boldsymbol{S}_1=\begin{bmatrix}1 & 0 & 0\\ 0 & \cos(2\theta_1) & \sin(2\theta_1)\\ 0 & -\sin(2\theta) & \cos(2\theta_1)\end{bmatrix} \tag{15-5}$$

$$\boldsymbol{R}_2=\begin{bmatrix}0 & -1 & 0\\ -1 & 0 & 0\\ 0 & 0 & 1\end{bmatrix} \tag{15-6}$$

$$\boldsymbol{S}_2=\begin{bmatrix}\cos(2\theta_2) & \sin(2\theta_2) & 0\\ -\sin(2\theta_2) & \cos(2\theta_2) & 0\\ 0 & 0 & 1\end{bmatrix} \tag{15-7}$$

$$\boldsymbol{A}'=\begin{bmatrix}0\\ -1\\ 0\end{bmatrix} \tag{15-8}$$

将式(15-5)~式(15-8)代入式(15-4)，得

$$\boldsymbol{A}''_m=\begin{bmatrix}\boldsymbol{A}_{mx''}\\ \boldsymbol{A}_{my''}\\ \boldsymbol{A}_{mz''}\end{bmatrix}=\begin{bmatrix}\cos(2\theta_1)\cos(2\theta_2)\\ -\cos(2\theta_1)\sin(2\theta_2)\\ \sin(2\theta_1)\end{bmatrix} \tag{15-9}$$

通过计算机程序控制两反射镜的转角 θ_1 和 θ_2，从而使出射光束轨迹按一定规律运动，可画出各式各样的图形。

随着 CCD 这种新型接收器件的出现，使光学和电子学、计算机技术结合得更加密切，先进的光电仪器是光、机、电一体化的。但是，目前 CCD 器件尺寸还比较小，特别是面阵 CCD，它限制了光电仪器的视场。比如欲测定导弹的飞行轨迹，需使用光电跟踪经纬仪，在保证探测距离的前提下，光电跟踪经纬仪光学系统的口径和焦距比较大，从而视场比较小，一般仅 1°左右，这给捕获和跟踪带来很大的困难。为此专门设计一种捕获、导引系统，确定了导弹的空间方位后，导引光电跟踪经纬仪，确保不丢失目标。此捕获、导引系统可采用别汉棱镜扫描，如图 15-5 所示。在物镜焦平面上放置线阵 CCD（目前线阵 CCD 尺寸可做得比较大），别汉棱镜绕光轴旋转，线阵 CCD 投向空间的像以 2 倍速度旋转，扫到目标后便可确定目标的空间方位。

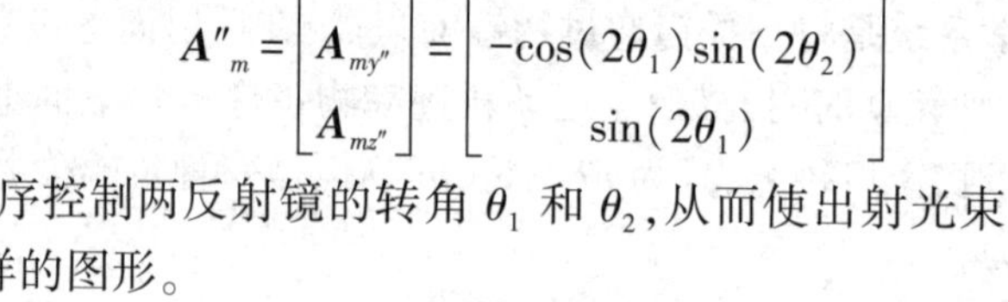

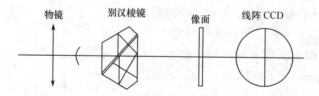

图 15-5　别汉棱镜扫描系统

15.3 扫瞄、模拟光学系统

15.3.1 扫瞄光学系统

一般的光学系统无法做到在一个很大视场内对任意目标进行详细观测，这不单是因为视场和倍率成反比，就光学系统自身结构也是不可能的。解决的办法是使光学系统运动，通过运动进行扫瞄跟踪以解决小视场与大倍率的问题。方法大体有两种：一是使整个光学系统运动，属于机械扫瞄光学系统；二是接收器件静止不动，对准目标是靠扫瞄头（光学探头）的运动来完成。前者无实际应用价值，这里只讨论后者。

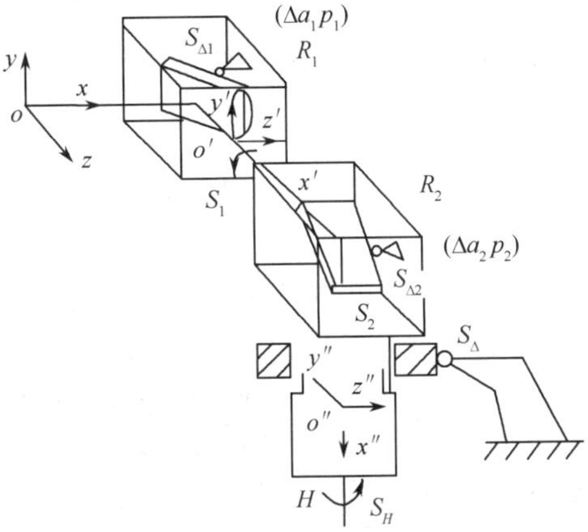

图 15-6　典型的扫描头

将扫描光学系统用于成像光学系统就变成了扫瞄光学系统。它的优点是只转动扫瞄头便可实现目标的扫瞄、捕获和跟踪，使光电仪器结构简单，操作方便。

典型的扫瞄头如图 15-6 所示。它由法线异面正交的两反射镜组成。反射镜 R_1 绕水平轴 x'转动，两反射镜 R_1，R_2 同时绕竖轴 x''转动，实现对观察景物全方位扫瞄、跟踪。成像光学系统可安装在扫瞄头下方，并带有像倾斜补偿元件（它的作用见光学模拟系统）。这种扫瞄、跟踪系统不但可使接收器件不动，且可实现多光谱的扫瞄、跟踪。

15.3.2 光学模拟系统

扫瞄系统可用于光学模拟。图 15-7 为宇航员训练器的光学系统。宇航飞行一般有五种姿态：正向飞行、偏航、俯仰、滚转和高度变化。正向飞行可由地球模型的旋转来模拟，飞行高度由扫瞄头对接的成像系统的变倍完成。余下的三个姿态由与 R_1 固连的窗口的方向模拟：俯仰由反射棱镜 R_1 绕 Z 轴旋转实现；偏航由反射棱镜 R_1 和 R_2 共绕 Y 轴旋转实现；滚动由反射棱镜 R_3 绕 Y 轴旋转实现。

光学模拟系统中的反射棱镜 R_3 即是滚转模拟元件，它转 $\alpha/2$，模拟滚转 α。同时它又是像倾斜补偿元件，在模拟俯仰时，R_1 绕 Z 轴转 β，R_3 需绕 Y 轴反转 $\beta/2$。在模拟偏航时，R_1 和 R_2 共绕 Y 轴转 γ，R_3 需绕 Y 轴反转 $\gamma/2$。光学扫瞄、跟踪系统的像倾斜补偿元件也是如此。

图 15-8 为一飞行航路模拟系统，用于模拟空中飞行目标的实际飞行情况。图中 H 为目标生成器，由照明系统 2 照明，经上面各光学元件成像最后投影到屏幕上。B 为成像系统，它的倍率变化可模拟目标的远近。窗口 C 和反射棱镜 R_1 固连。R_1 绕水平轴旋转 α_1，反射棱镜 R_1 和 R_2 组合共绕竖轴旋转 α_2，由 α_1 和 α_2 模拟目标的方位变化。R_3 为像倾斜补偿元件，作用和图15-8中 R_3 相同。飞行物对观察点的翻转姿态由 H 绕竖轴的旋转 α'_H实现。上述各动作的组合可模拟飞行物的运动。

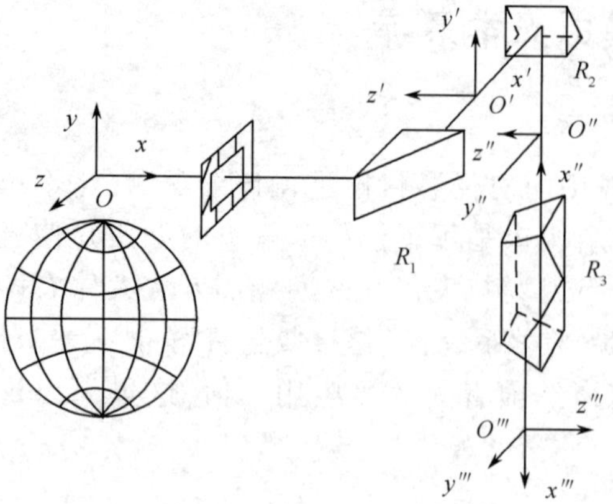

图 15-7　宇航员训练器的光学系统

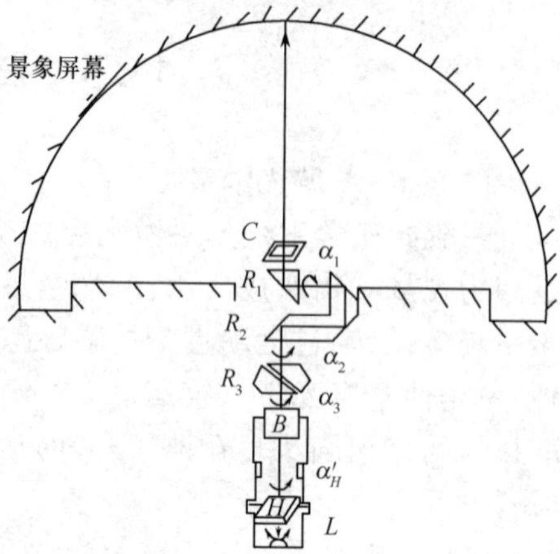

图 15-8　典型的扫描头

15.4　虚拟、增强现实系统

随着 CCD 器件的出现和计算机技术的发展，目前已出现了虚拟、增强现实系统，国外称为虚拟环境（virtual environment，VE）技术。它包括虚拟现实（virtual reality，VR）技术、增强虚拟（augmentde virtual，AV）技术和增强现实（augmentde reality，AR）技术。此类系统可将计算机生成的虚拟物体或场景叠加到真实场景中，使观察者对观察物的空间方位判断得更准确，其应用前景极为广泛。

增强现实系统中主要使用透射式头盔显示器。使用者即可通过它观察到外部的真实情况，又可以看到计算机生成的虚拟景物，是一种将虚拟景物和真实环境融合的显示设备，是 AR 系统中的关键设备。透射式头盔显示器主要由三个基本环节构成：虚拟环境显示通道、真实环境显示通道、图像融合及显示通道。目前文献上查到的 AR 头盔显示器如图 15-9～图 15-12 所示。

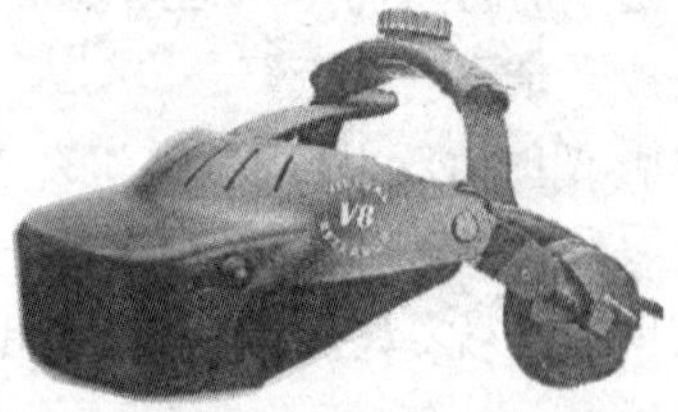

图 15-9　浸没式头盔显示器

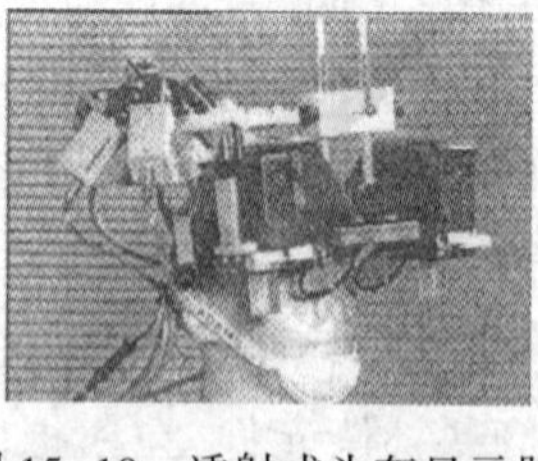

图 15-10　透射式头盔显示器

图 15-11　I-glasses 头盔显示器

图 15-12　改装的头盔显示器

图 15-9 为浸没式头盔显示器，它只有来自计算机图像的光学通道。图 15-10 为光学透射式显示器的雏形，它具有外部环境和计算机图像两个光学通道。图 15-11 是美国 Virtual I-0 公司的 VR 和 AR 两用的 I-glasses 头盔显示器。它是首台成型的产品，现在的许多研究机构均是在它的基础上进行改装。图 15-12 是美国科罗拉多矿业大学改装的头盔显示器。

虚拟、增强现实系统的核心部件是头盔显示器，它的基本工作原理如图 15-13 所示。人眼通过半反半透的光学合成器既可观察到外界景物的同时也可观察到液晶显示屏上的图像。液晶显示屏上的图像是由计算机生成的。此图像是由 CCD 摄像机和计算机储存的图像信息合成。根据不同的需求产生相应的图像。

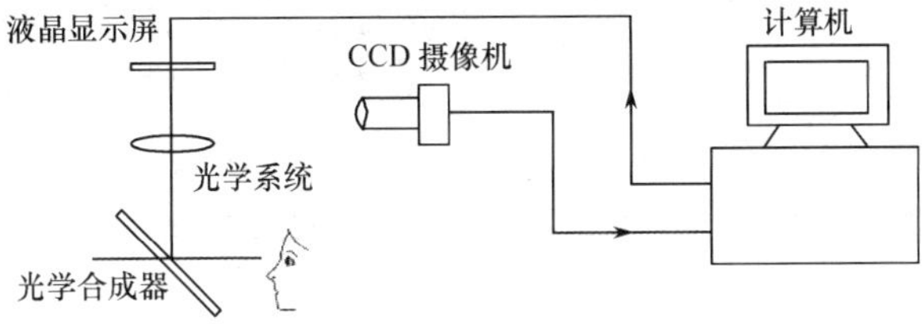

图 15-13　头盔显示器工作原理

虚拟、增强现实系统是刚刚产生的先进技术，目前为探索阶段。如果将其与扫瞄、模拟系统相结合，可以实现仿真等各种功能，其应用前景和学术价值将不可估量。

15.5　稳像光学系统

随着科学技术的发展，对光学仪器的性能、指标不断提出新的要求，不但应在静态下成像清晰，而且要在动态下维持良好的成像质量。

动态光学系统是指系统中光学元件之间有相互运动，如变焦系统、扫瞄、跟踪系统、光学模拟系统、稳像光学系统等。这些系统中光学组元的运动往往是为了实现某种目的。如前面讲的扫瞄、跟踪系统中扫瞄头的旋转是为了捕获、跟踪目标；光学模拟系统是为了模拟活动景象；变焦镜头的调焦组和补偿组的沿光轴移动是为了变倍和维持像面的稳定；稳像光学系统是由于光学仪器装在运动载体上，载体的运动必然导致像的运动，从而使成像模糊，为了维持图像的稳定清晰，要求各光学组元间有相互运动。实际上变焦镜头就是一种稳像光学系统。有些光学系统即是扫瞄、跟踪系统又要求稳像，其光学元件间的运动将更为复杂。

目前，世界上武器的技术水平正在迅速上升，未来战争将是高技术的，海湾战争已充分证明了这一点。武器的现代化必然要求其“眼睛”——光学仪器具有高性能。由于战争的立体化是在运动中进行对抗，因此要求光学系统具有良好的动态成像特性。美国的空中发射巡航导弹，采用图像相关技术，它包括地形匹配、景象匹配等。景象匹配是事先用卫星或飞机测定地面目标微波辐射图，将其储存于导弹微机内，作战时弹上微波辐射计测定地面目标辐射，并与弹上储存的图像比较以控制导弹的飞行，弹着点偏差仅 3~12m。由于导弹飞行中有高频小振动，故导弹上的光学系统必须是稳像光学系统才能获得清晰的图像。此外，在卫星或飞机拍摄过程中，免不了有随机振荡，当摄影机以小于 10Hz 的频率振动时，采用长焦距镜头摄影会大大降低分辨率。例如，焦距 1000mm 的物镜以 1/100s的曝光时间拍摄，在振荡为 0.1(°)/s 的情况下，不可能得到分辨率高于 25lp/mm 的照片，尽管其静态分辨率为 100lp/mm。因此，卫星或飞机上的摄影机应是稳像光学系统。又如目前德国的“豹”Ⅱ坦克、美国的 MI 坦克、俄罗斯的 T95 坦克等，其火控系统也均采用稳像瞄准镜。可见稳像光学系统的应用越来越广泛。

客观现实对稳像光学系统提出了广泛需求，可是设计、理论及方法却很落后。虽然稳像系统已成为世界上各国光学工作者关注的重要研究课题，科学技术比较发达的国家如美国、英国、日本等每年均有专利公布，出现的稳像光学系统多是设计者基于应用光学(静态光学)理论经过冥思苦想，通过多次试验研制出来的。有的结构复杂，有的稳像效果差，有的顾此失彼，有的则是一种稳像系统的衍化。总之，光学稳像理论尚不成熟，没做到优化设计。从某种意义上讲，设计工作尚在“必然王国”，没有上升到“自由王国”。

本节讲述稳像光学系统有关概念及设计方法，受篇幅所限，只引用动态光学得出的结论，给出稳像方程，读者可根据这些稳像方程设计结构简单、稳像效果好的稳像光学系统。

15.5.1 概念

(1) 动态光学系统：整个光学系统处于运动状态或光学系统中光学元件间有相对运动。

(2) 稳像光学系统：动态光学系统成的像相对接收器没有运动。

(3) 绝对稳像：像和接收器件相对惯性坐标系(大地坐标系)没有运动。

(4) 相对稳像：像和接收器件同步运动，相对静止。

(5) 整体稳定：整个光学系统用惯性元件稳定。其优点是安全可靠，缺点是惯性元件功率和尺寸大。

(6) 局部稳定：只用惯性元件稳定某一光学元件，光学系统中其余光学元件可随载体一起运动。

(7) 基准式稳像：用惯性元件直接稳定整个光学系统或某个光学元件。优点是频率特性好，高频振动也能稳像。原理上是自动补偿，不受振动频率的影响。缺点是只能采用动力陀螺。

(8) 随动式稳像：由惯性元件感知载体的运动，输出信号控制整个光学系统或某个光学元件的运动，使像相对接收器件静止。其优点是惯性元件作为敏感元件，可采用各种陀螺，如挠性陀螺、压电陀螺、光纤陀螺、激光陀螺等。其缺点是用陀螺控制整个光学系统回位或控制某一光学元件的运动，需加随动系统，使电路复杂，且有一定的响应时间。对高频振动稳像效果不好，振动频率超过 20Hz 无法稳像。

15.5.2 稳像方程

随动式稳像原理简单，对于整体稳定只要控制光学系统回位即可。而局部稳定往往是控制一个反射镜(或棱镜)运动。在第 4 章里已给出反射镜和反射棱镜的动态成像特性，设计起来也很容易。这里只介绍随动式光学稳像系统的设计方法，应用动态光学理论得出的稳像方程。

1. 平行光路稳像

平行光路稳像是将稳像光学元件(陀螺控制的光学元件)放在平行光路中。其稳像方程为

$$a_1(\Gamma_2-a_2)-\Gamma_1\Gamma_2=0 \tag{15-10}$$

式中：a_1、a_2 分别反映光学元件 1 和元件 2 的光轴折转角 β 的特性。当 $\beta=0°$时，a_1 和 a_2 为 1；$\beta=180°$时，a_1 和 a_2 为−1（只有这两种情况）。其中光学元件 2 为稳像元件，光学元件 1 为稳像元件前的光学元件。Γ_1 和 Γ_2 分别为光学元件 1 和 2 的视放大率。

由稳像方程(15−10)可解出多个稳像系统，从中选择结构简单，稳像效果好的。这里只列举出几种，如图 15−11 所示。图中 G_2 为稳像光学元件，G_1 为 G_2 前的光学元件。

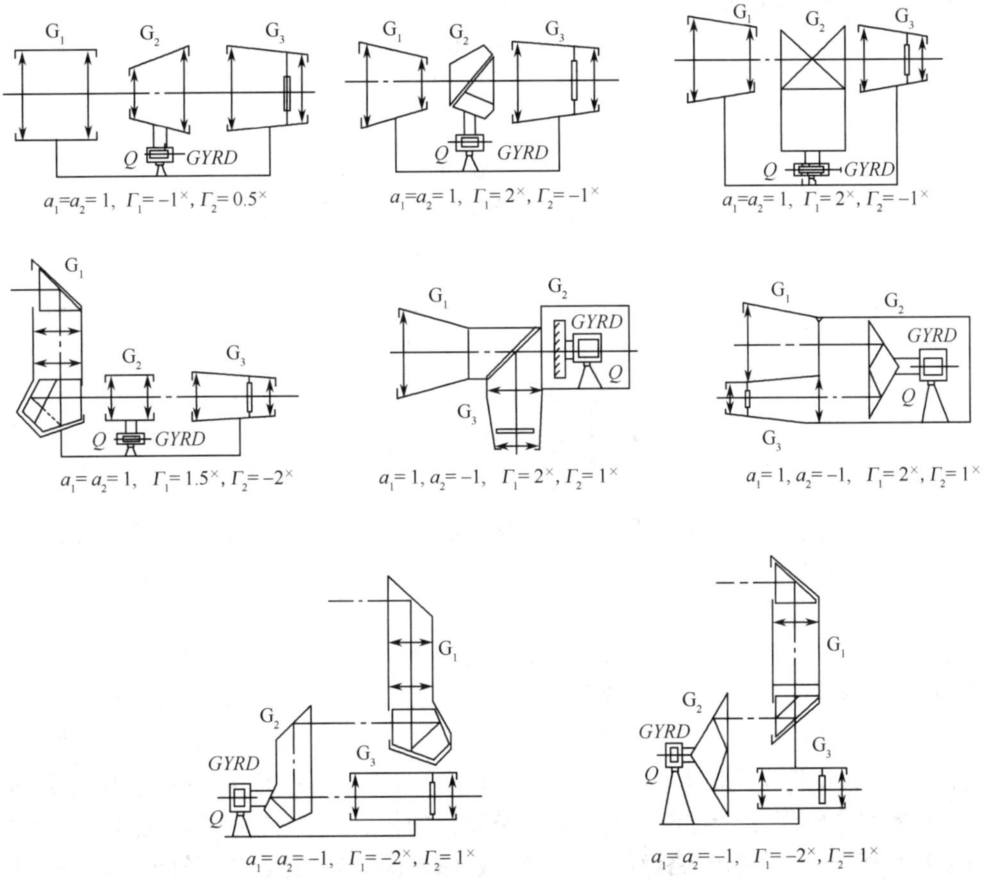

图 15−14　稳像光学系统

由动态光学理论亦可以得出下面的稳像方程：

$$(-1)^{t_2}\boldsymbol{R}_2[\boldsymbol{E}+(-1)^{t_1-1}\boldsymbol{R}_1]=\begin{vmatrix} a_{11} & 0 & 0 \\ 0 & 1 & 0 \\ 0 & 0 & 1 \end{vmatrix} \tag{15-11}$$

式中：t_1 为光学元件 G_1 的反射次数；t_2 为稳像光学元件 G_2 的反射次数；$\boldsymbol{R}_1$ 为光学元件 G_1 的作用矩阵；$\boldsymbol{R}_2$ 为稳像光学元件 G_2 的作用矩阵；$\boldsymbol{E}$ 为单位矩阵。

a_{11} 可为任何实数，若为 1 表示三维稳像，即像点稳定，且像相对接收器件无倾斜。否则有相对像倾斜。一般稳像系统只要求轴上像点相对接收器稳定，不要求消除相对像倾斜，因为微量像倾斜并不影响瞄准。由稳像方程(15−11)也可解出许多稳像系统，它和稳像方程(15−10)是统一的。图 15−10 所示的稳像光学系统也均是稳像方程(15−11)的二维稳像特解。

平行光路稳像的优点是稳像元件位于平行光路中，对陀螺转点位置无特殊要求，可在任意位置。缺点是结构复杂，光学元件 G_1 和 G_2 完全是为了稳像而加上的。如无须稳像，光学元件 G_3 本身便是一个完整的成像系统。

2. 会聚光路稳像

为减小光学系统的体积，将稳像光学元件放在会聚光路中。由动态光学理论得出会聚光路稳像的稳像方程为

$$\boldsymbol{RJ}-\boldsymbol{O}=0 \tag{15-12}$$

$$\boldsymbol{R}=\begin{bmatrix}\alpha & 0 & 0\\ 0 & \beta & 0\\ 0 & 0 & \beta\end{bmatrix} \tag{15-13}$$

式中：α 为稳像元件 G_2 的沿轴放大率；β 为稳像元件 G_2 的垂轴放大率。

$$\boldsymbol{J}=\begin{bmatrix}0 & -J_{z'} & J_{y'}\\ J_{z'} & & -J_{x'}\\ -J_{y'} & J_{x'} & 0\end{bmatrix} \tag{15-14}$$

$$\boldsymbol{O}=\begin{bmatrix}0 & -O_{z'} & O_{y'}\\ -O_{z'} & 0 & -O_{x'}\\ -O_{y'} & O_{x'} & 0\end{bmatrix} \tag{15-15}$$

式中：$J_{x'}$、$J_{y'}$、$J_{z'}$ 分别表示稳像元件 G_2 前的光学元件 G_1 的等效节点 J_0 在以陀螺转点 Q 为原点的直角坐标 $Qx'y'z'$ 三个轴上的投影；$O_{x'}$、$O_{y'}$、$O_{z'}$ 分别表示接收器件中心点 O 在 $Qx'y'z'$ 三个轴上的投影。

由稳像方程(15-12)可解出会聚光路的二维稳像光学系统，并求出陀螺转点的位置。图15-15给出解出的四种稳像光学系统。图 15-15(a)恰是一种美国专利，陀螺转点在别汉屋脊棱镜上的特定点上。图 15-15(b)是一个解，它是铜斑蛇导弹上采用的稳像光学系统，陀螺转点 Q 位于光轴上。图 15-15(c)是一个解，为一种美国专利，它的优点是陀螺转点位置可在空间任意位置，具有平行光路稳像的优点。图 15-15(d)是另外一个解，也具有这种优点。和平行光路稳像方程一样，稳像方程(15-12)也是多解的，读者可按它设计其他形式的稳像光学系统。

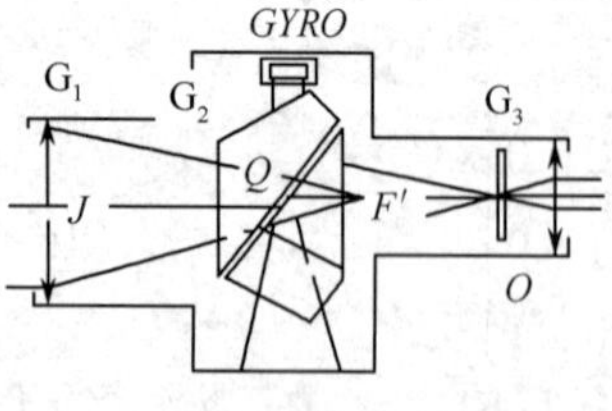

(a) $\beta_{x'}=1, \beta_{y'}=\beta_{z'}=-1$;

$O_{x'}=-J_{x'}=\dfrac{f'+(n-1)d/n}{2}$;

$O_{y'}=-J_{y'}=O_{z'}=-J_{z'}=0$

Q 固定于光轴上，$JQ=QO$

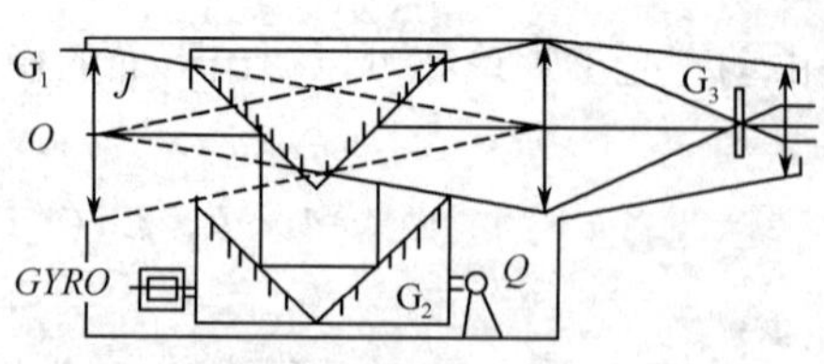

(b) $\beta_{x'}\ \beta_{y'}=\beta_{z'}=1$;

$O_{x'}=-J_{x'}$; $O_{y'}=-J_{y'}$; $O_{z'}=J_{z'}$

Q 能置于空间任意位置

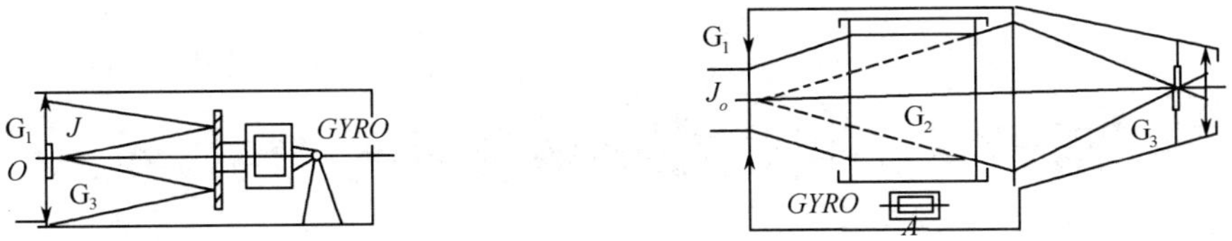

（c）$\beta_{x'} = -1, \beta_{y'} = \beta_{z'} = 1;$
$O_{x'} = -J_{x'}\ ; O_{y'} = -J_{y'}\ ; O_{z'} = J_{z'}$
Q 能置于光轴上任意位置

（d）$\beta_{x'}\ \beta_{y'} = \beta_{z'} = 1;$
$O_{x'} = -J_{x'}\ ; O_{y'} = -J_{y'}\ ; O_{z'} = J_{z'}$
Q 能置于空间任意位置

图 15-15　4 种稳像光学系统

附录 A　变焦镜头像移补偿公式

由动态光学理论可知,对于一个二组元稳像系统,其稳像方程为

$$\boldsymbol{R}_{2m}\boldsymbol{R}_2(\boldsymbol{E}-\boldsymbol{R}_{1m}\boldsymbol{R}_1)\bar{\boldsymbol{q}}_1+(\boldsymbol{E}-\boldsymbol{R}_{2m}\boldsymbol{R}_2)\bar{\boldsymbol{q}}_2=0 \tag{A-1}$$

式中:$\boldsymbol{R}_1$ 为光学元件 1 的静态作用矩阵;$\boldsymbol{R}_{1m}$ 为光学元件 1 的动态作用矩阵;$\boldsymbol{R}_2$ 为光学元件 2 的静态作用矩阵;$\boldsymbol{R}_{2m}$ 为光学元件 2 的动态作用矩阵;$\boldsymbol{E}$ 为单位矩阵;$\bar{\boldsymbol{q}}_1$ 为光学元件 1 的运动矢量;$\bar{\boldsymbol{q}}_2$ 为光学元件 2 的运动矢量。

由于变焦镜头变倍组和补偿组均为沿光轴的一维位移,故式(A-1)可简化为

$$\beta_{2m}\beta_2(1-\beta_{1m}\beta_1)q_1+(1-\beta_{2m}\beta_2)q_2=0 \tag{A-2}$$

式中:β_1 为变倍组初始位置的垂轴放大率;β_{1m} 为变倍组运动后的垂轴放大率;β_2 为补偿组初始位置的垂轴放大率;β_{2m} 为补偿组运动后的垂轴放大率;q_1 为变倍组沿光轴位移量;q_2 为补偿组沿光轴位移量。

令 $\beta_{2m}\beta_2\neq 0$,可得

$$(1-\beta_1\beta_{1m})q_1+\left(\frac{1}{\beta_2\beta_{2m}}-1\right)q_2=0 \tag{A-3}$$

一般情况下,q_1 为线性运动,由式(A-3)可得出 q_2 和 q_1 的运动关系,如图 A-1 所示。

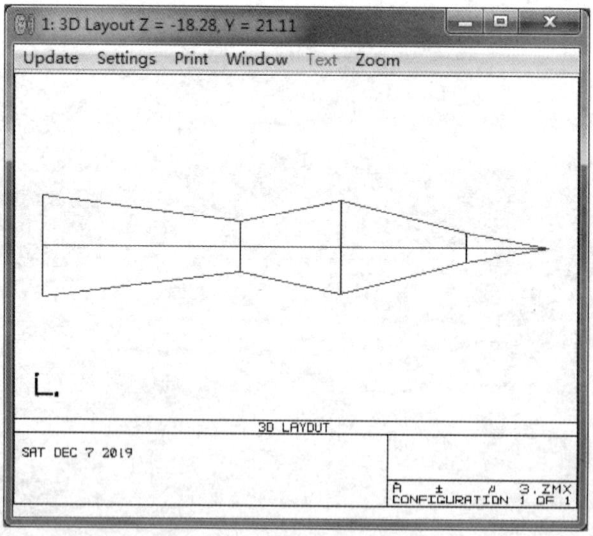

图 A-1　变焦镜头初始结构

满足稳像方程式(A-3)可以保证变焦过程中像面稳定,光学系统总长不变,图像始终清晰。

由理想光学系统高斯公式,可得

$$\frac{1}{l_1'} - \frac{1}{l_1} = f_1' \tag{A-4}$$

$$\frac{1}{l_{1m}'} - \frac{1}{l_{1m}} = f_1' \tag{A-5}$$

由式(A-4)和式(A-5),可得

$$\Delta l_1' = (1 - \beta_1\beta_{1m})q_1 \tag{A-6}$$

式中:$\Delta l_1'$ 表示变倍组 L_1 沿光轴移动 q_1,其像点移动的距离。

由垂轴放大率公式,可得

$$\beta_1 = \frac{f_1'}{x_1}, \beta_{1m} = \frac{f_1'}{x_{1m}} = \frac{f_1'}{x_1 - q_1}$$

代入式(A-6),可得

$$\Delta l_1' = (1 - \beta_1\beta_{1m})q_1 = \left(1 - \beta_1 \frac{\beta_1 f_1'}{f_1' - \beta_1 q_1}\right)q_1 = \frac{|f_1'(1 - \beta_1^2) - \beta_1 q_1|q_1}{f_1' - \beta_1 q_1} \tag{A-7}$$

设补偿组 L_2 沿光轴移动 q_2,此时垂轴放大率为

$$\beta_{2m} = \frac{f_2'}{x_{2m}} = \frac{f_2'}{f_2'/\beta_2 - q_2 + \Delta l_1'} = \frac{f_2'}{f_2'/\beta_2 - q_2 + q_1[f_1'(1 - \beta_1^2) - \beta_1 q_1]/(f_1' - \beta_1 q_1)}$$

则

$$\beta_{2m} = \frac{\beta_2 f_2'(f_1' - \beta_1 q_1)}{f_2'(f_1' - \beta_1 q_1) + f_1'(1 - \beta_1^2)\beta_2 q_1 - \beta_1\beta_2 q_1^2 - \beta_2(f_1' - \beta_1 q_1)q_2}$$

$$\frac{1}{\beta_2\beta_{2m}} = \frac{f_2'(f_1' - \beta_1 q_1) + f_1'(1 - \beta_1^2)\beta_2 q_1 - \beta_1\beta_2 q_1^2 - \beta_2(f_1' - \beta_1 q_1)q_2}{\beta_2^2 f_2'(f_1' - \beta_1 q_1)}$$

$$\frac{1}{\beta_2\beta_{2m}} - 1 = \frac{f_2'(f_1' - \beta_1 q_1) + f_1'(1 - \beta_1^2)\beta_2 q_1 - \beta_1\beta_2 q_1^2 - \beta_2(f_1' - \beta_1 q_1)q_2}{\beta_2^2 f_2'(f_1' - \beta_1 q_1)} - 1$$

$$\frac{1}{\beta_2\beta_{2m}} - 1 = \frac{f_2'(f_1' - \beta_1 q_1) + f_1'(1 - \beta_1^2)\beta_2 q_1 - \beta_1\beta_2 q_1^2 - \beta_2(f_1' - \beta_1 q_1)q_2}{\beta_2^2 f_2'(f_1' - \beta_1 q_1)} - \frac{\beta_2^2 f_2'(f_1' - \beta_1 q_1)}{\beta_2^2 f_2'(f_1' - \beta_1 q_1)}$$

由 $\Delta l_2' = \left(\frac{1}{\beta_2\beta_{2m}} - 1\right)q_2$,可得

$$\Delta l_2' = \frac{-\beta_2(f_1' - \beta_1 q_1)q_2^2 - \{\beta_1\beta_2 q_1^2 + [f_1'\beta_2(1 - \beta_1^2) - f_2'\beta_1(1 - \beta_2^2)]q_1 - f_1'f_2'(1 - \beta_2^2)\}q_2}{\beta_2^2 f_2'(f_1' - \beta_1 q_1)}$$

$$\Delta l_2' = \frac{-\beta_2(f_1' - \beta_1 q_1)q_2^2 - \{\beta_1\beta_2 q_1^2 + [f_1'\beta_2(1 - \beta_1^2) - f_2'\beta_1(1 - \beta_2^2)]q_1 - f_1'f_2'(1 - \beta_2^2)\}q_2}{\beta_2^2 f_2'(f_1' - \beta_1 q_1)} \tag{A-8}$$

由稳像方程式(A-3),可得

$$(1 - \beta_1\beta_{1m})q_1 + \left(\frac{1}{\beta_2\beta_{2m}} - 1\right)q_2 = \Delta l_1' + \Delta l_2' = 0$$

上式等号两端分别乘以-1,且令 $\beta_2^2 f_2'(f_1' - \beta_1 q_1) \neq 0$,可得

$$Aq_2^2 + Bq_2 + C = 0 \tag{A-9}$$

其中

$$\begin{cases} A = (f'_1 - \beta_1 q_1)\beta_2 \\ B = \beta_1\beta_2 q_1^2 + [f'_2(1-\beta_2^2)\beta_1 - f'_1(1-\beta_1^2)\beta_2]q_1 - f'_1 f'_2(1-\beta_2^2) \\ C = \beta_2^2 f'_2[\beta_1 q_1 - f'_1(1-\beta_1^2)]q_1 \end{cases}$$

附录B　无线电通信功率计算公式及应用到激光通信时公式的修正

光通信是在无线电波、微波、毫米波通信基础上发展起来的，一些公式基本上是沿用了无线电通信的公式，但是由于光波的波长短，在使用这些公式时千万不能套用，必须加以修正。

1. 无线电通信功率计算公式

无线电通信功率计算公式为

$$P_r = \frac{\pi^2 D_t^2 D_r^2}{16L^2\lambda^2}P_t \tag{B-1}$$

式中：D_t 为发射天线口径；D_r 为接收天线口径；L 为通信距离；λ 为通信波长；P_r 为接收功率；P_t 为发射功率。

将式(B-1)分解，可得

$$P_r = \left(\frac{\pi D_t}{\lambda}\right)^2\left(\frac{\lambda}{4\pi L}\right)^2\left(\frac{\pi D_r}{\lambda}\right)^2 P_t = G_t\left(\frac{\lambda}{4\pi L}\right)^2 G_r P_t \tag{B-2}$$

式中：G_t 为发射天线增益，$G_t = \left(\frac{\pi D_t}{\lambda}\right)^2$；$\left(\frac{\lambda}{4\pi L}\right)^2$ 为自由空间损耗；$G_r = \left(\frac{\pi D_r}{\lambda}\right)^2$ 为接收天线增益。

应当指出，上述公式在无线电通信相关书中可查到，是在衍射极限角 $\theta_0 = \frac{\lambda}{D_t}$ 的条件下得出的，它基本上可应用于微波和毫米波。由于激光波长短，公式必须予以修正。

表B-1列出有关波长数值范围和空域频率。

表B-1　有关波长数值范围和空域频率

名　称	波　长	频　率
长波	$1\times10^3 \sim 6\times10^3$m	$3\times10^5 \sim 0.5\times10^5$Hz
中波	$200 \sim 3\times10^3$m	$15\times10^5 \sim 1\times10^5$Hz
短波	$10 \sim 200$m	$3\times10^7 \sim 1.5\times10^6$Hz
超短波	$1 \sim 10$m	$3\times10^8 \sim 1.5\times10^7$Hz
微波	$0.001 \sim 1$m	$3\times10^{11} \sim 3\times10^8$Hz
毫米波	$0.3 \sim 10$mm	$3\times10^{11} \sim 3\times10^8$Hz

（续）

名　称	波　长	频　率
长波红外	8~12μm	$3.75\times10^{13}\sim2.5\times10^{13}$Hz
中波红外	3~5μm	$1\times10^{14}\sim6\times10^{13}$Hz
短波红外	1~3μm	$3\times10^{14}\sim1\times10^{14}$Hz
激光	0.8 ~ 1.6μm	$3.75\times10^{4}\sim1.875\times10^{14}$Hz
可见光	0.4~0.8μm	$7.5\times10^{4}\sim3.75\times10^{14}$Hz

2. 激光通信时公式的修正

由表 B-1 可以看出，由于无线电波长长，时域频率低，衍射角大，衍射极限角近似取 $\theta_0=\dfrac{\lambda}{D_t}$ 是可以的，且在大气中传播衰减很小。但对于激光来讲，$\lambda=0.8\sim1.55\mu m$，时域频率非常高，衍射极限角小，即使按 $\theta_0=\dfrac{1.22\lambda}{D_t}$ 计算也很难达到，且大气散射严重，要考虑大气、发射系统、接收系统的透过率，应根据实际发射角对公式进行修正，修正系数为 $T_oT_tT_r\left(\dfrac{\varphi_0^2}{\varphi^2}\right)$。

$$P_r=T_oT_tT_r\frac{\pi^2D_t^2D_r^2}{16L^2\lambda^2}\frac{\varphi_0^2}{\varphi^2}P_t \tag{B-3}$$

反之

$$P_r=\frac{16T_oT_tT_rL^2\lambda^2}{16L^2\lambda^2}\frac{\varphi^2}{\varphi_0^2}P_r \tag{B-4}$$

式中：T_0 为大气透过率；T_t 为发射系统透过率；T_r 为接收系统透过率；φ_0 为衍射极限角；φ 为实际衍射角。

附录 C　薛定谔方程和量子力学

1. 含时薛定谔方程

定态薛定谔方程单粒子体系，有

$$-\frac{\eta}{i}\frac{\partial\Psi}{\partial t}=-\frac{\eta^2}{2m}\nabla^2\Psi+V\Psi \tag{C-1}$$

式中：$\hbar=h/(2\pi)$；$\Psi=\Psi(x,y,z,t)$ 为波函数（wave function / state function），它描述体系的状态(量子态)，$|\Psi|^2\mathrm{d}\tau$ 表示 t 时刻，在(x,y,z)处微体积元 $\mathrm{d}\tau$ 中找到粒子的概率，即量子力学基本假设 I（ Postulate I ）；$V=V(x,y,z,t)$ 为体系的位能函数；∇^2为拉普拉斯算符，$\nabla^2=\dfrac{\partial^2}{\partial x^2}+\dfrac{\partial^2}{\partial y^2}+\dfrac{\partial^2}{\partial z^2}$。

2. 定态薛定谔方程

定态与时间无关(因光的视域频率太高),即 $V=V(x,y,z)$ 且 $\Psi(x,y,z,t)=f(t)\Psi(x,y,z)$,即由定态薛定谔方程得出的复定态函数表达式为

$$\Psi_{(r,t)}=\phi_{(r)}\mathrm{e}^{-\mathrm{i}Et/h} \tag{C-2}$$

式中:E 为光子能量;h 为普朗克常数。

参考文献

[1] 郭硕鸿．电动力学[M].北京:高等教育出版社,1997.

[2] 马拉卡拉 D. 光学车间检验[M].杨力,伍凡译.北京:机械工业出版社,1983.

[3] Wang Peng, atal. Analytic expression for Fresnel diffraction. J. Opt. Soc. Am. (A)., 1998. 15 (3):684-688.

[4] Joseph W. Goodman. 傅里叶光学导论[M]. 北京:电子工业出版社,2006.

[5] 梁铨廷．物理光学[M]. 北京:电子工业出版社,2008.

[6] Hal G. Kraus. Huygens-Fresnel-Kirchhoff wave-front diffraction foumulation: Spherical waves. J. Opt. Soc. Am (A).1989,6(8):1196 -1205.

[7] 王鹏,等．蚀刻光栅的矢量波分析与菲涅耳衍射理论[D].中国科学院上海光学精密机械研究所,1999.

[8] 王鹏,等．菲涅耳衍射解析表达式的物理意义[J].光学学报．1999. 28(1):72-74.

[9] 王鹏,等．光学系统像点附近的光强空间分布[J].光学学报．2000,20(2):160-166.

[10] 王志坚,等．瑞利判断与斯托列尔准则[J].光子学报．2000,29(7):621-625.

[11] 玻恩 M,沃耳夫 E. 光学原理[M].杨葭荪,等译．北京:科学出版社,1978.

[12] 王鹏,等．圆屏(球)和圆环菲涅耳衍射的解析表达式[J].光学学报．2000,20(3):351-355.

[13] Sommargren G E,atal. Diffraction of light by an opague. 1: Description and properties of the diffraction pattern[J].Applied Optics,1990,29(31):4646-4657.

[14] 王志坚,等．无衍射光束与零阶贝塞尔函数[J].长春理工大学学报．2002,15(2):19-21.

[15] Durnin J,atal. Exact solutions for non-diffraction beams. J. Opt. Soc. Am. (A). 1987,4(4):651-654.

[16] Durnin J,at al. Diffraction free beams[J].Phy. Rev. lett. 1987,58(15):1499-1501.

[17] 张以谟．应用光学[M]. 北京:电子工业出版社,2008.

[18] 郁道银,谈恒英．工程光学[M].北京:机械工业出版社,2006.

[19] 毛英泰．误差理论与精度分析[M].北京:国防工业出版社,1982.

[20] 王鹏,李润顺,王志坚.转面倍率与像差系数表达式中的问题[J].光学学报．1996,16 (10)173-177.

[21] 麦伟麟．光学传递函数及其数理基础[M]. 北京:国防工业出版社,1979.

[22] 王志坚,等．光学系统及元件动态下物像共轭理论[J].长春光学精密机械学院学报,1992(02):1-13.

[23] 周炳琨．激光原理[M]. 北京:国防工业出版社,2000.

[24] 吕百达．激光光学[M]. 北京:高等教育出版社,2002.